Einführung
in die mathematische
Logik

Einführung in die mathematische Logik

von
Prof. Dr. Heinz-Dieter Ebbinghaus
Universität Freiburg,
Prof. Dr. Jörg Flum
Universität Freiburg
und
Prof. Dr. Wolfgang Thomas
Universität Kiel

B·I·
Wissenschaftsverlag
Mannheim/Leipzig/Wien/Zürich

Die Deutsche Bibliothek – CIP-Einheitsaufnahme

Ebbinghaus, Heinz-Dieter:
Einführung in die mathematische Logik / von Heinz-Dieter Ebbinghaus; Jörg Flum; Wolfgang Thomas. – 3., vollst. überarb. und erw. Aufl. – Mannheim; Leipzig; Wien; Zürich: BI-Wiss.-Verl., 1992
ISBN 3-411-15603-1
NE: Flum, Jörg:; Thomas, Wolfgang:

Gedruckt auf säurefreiem Papier
mit neutralem pH-Wert (bibliotheksfest)

Druck: RK Offsetdruck GmbH, Speyer
Bindearbeit: Progressdruck GmbH, Speyer
Printed in Germany
ISBN 3-411-15603-1

Vorwort

Was ist ein mathematischer Beweis? Wie lassen sich Beweise rechtfertigen? Gibt es Grenzen der Beweisbarkeit? Kann man das Auffinden mathematischer Beweise Computern übertragen?

Erst in unserem Jahrhundert ist es der mathematischen Logik gelungen, diese Fragen zu klären und weitreichende Antworten zu geben. Im vorliegenden Buch werden die entsprechenden Ergebnisse systematisch dargestellt. Im Zentrum steht dabei die Logik erster Stufe. Zunächst wird der Gödelsche Vollständigkeitssatz bewiesen. Er zeigt, daß im Rahmen der Sprache erster Stufe die Folgerungsbeziehung mit der formalen Beweisbarkeit zusammenfällt: Mit einem Kalkül einfacher formaler Schlußregeln lassen sich alle Folgerungen aus einem gegebenen Axiomensystem gewinnen (und insbesondere alle mathematischen Beweise simulieren).

Ein Exkurs in die Modelltheorie stellt Hilfsmittel bereit, um die Ausdrucksfähigkeit der Sprache der ersten Stufe genauer abzuschätzen. Dabei zeigt sich, daß manche Wünsche offen bleiben müssen. So gestattet die Sprache der ersten Stufe nicht die Formulierung der für die Zahlentheorie oder die Analysis üblichen Axiomensysteme. Andererseits läßt sich diese Schwäche durch einen mengentheoretischen Aufbau der Mathematik kompensieren. Wir stellen die dazu benötigten Hilfsmittel bereit und diskutieren eingehend die subtile Beziehung zwischen Mengenlehre und Logik.

Die Gödelschen Unvollständigkeitssätze werden in Verbindung mit Ergebnissen ähnlicher Art (wie dem Satz von Trachtenbrot) behandelt, welche allesamt Grenzen maschinenorientierter Beweismethoden belegen. Begriffe und Ergebnisse der Berechenbarkeitstheorie, die für diese Diskussion erforderlich sind, werden anhand des Computermodells der Registermaschine erarbeitet.

Anschließend nutzen wir die beim Beweis des Gödelschen Vollständigkeitssatzes bereitgestellten Methoden zur Behandlung des Satzes von Herbrand. Dieser Satz bildet den Ausgangspunkt für eine ausführliche Darlegung der theoretischen Grundlagen der Logik-Programmierung. Die dabei verwendeten Resolutionsmethoden werden zuvor auf aussagenlogischer Ebene eingeführt.

Die erwähnten Ausdrucksschwächen der ersten Stufe motivieren die Suche nach stärkeren logischen Systemen. Wir stellen in diesem Zusammenhang u.a. die Sprache der zweiten Stufe und infinitäre Sprachen vor. In jedem Fall weisen wir nach, daß zentrale Sachverhalte der ersten Stufe ungültig werden. Die daraus erwachsende empirische Feststellung, daß kein logisches System, welches die Logik der ersten Stufe erweitert, auch deren Vorzüge besitzen kann, wird abschließend mit den Lindströmschen Sätzen präzisiert und beweisen.

Die Lektüre des Buches setzt keine spezifischen mathematischen Kenntnisse voraus. Sie fordert jedoch eine Vertrautheit mit der mathematischen Denkweise, wie man sie etwa im ersten Jahr eines Mathematikstudiums erwirbt.

Herr Carsten Butz hat die TEX–Version für die Druckvorlage erstellt. Für seine wertvollen Ratschläge, seine große Sorgfalt und seine unendliche Geduld gegenüber unseren sich immmer wieder ändernden Vorstellungen sei ihm an dieser Stelle herzlich gedankt. Beim Lesen der Korrekturen haben uns die Herren U. Bosse und O. Jäschke tatkräftig unterstützt. Die verständnisvolle Zusammenarbeit mit dem Verlag, insbesondere mit Herrn Hermann Engesser, hat uns ermuntert und wesentlich dazu beigetragen, die vorliegende umgearbeitete und erweiterte Auflage zügig zu erstellen.

Freiburg und Kiel, im Juni 1992

H.-D. Ebbinghaus
J. Flum
W. Thomas

Inhaltsverzeichnis

Zweiter Teil 155

Erster Teil

Kapitel I

Einleitung

Seit dem Ende des neunzehnten Jahrhunderts hat sich die *mathematische Logik* als eigenständige Disziplin entwickelt. Charakteristische Elemente finden sich schon in der traditionellen Logik (etwa bei *Aristoteles* oder *Leibniz*), jedoch wurde die stürmische Entwicklung in unserem Jahrhundert erst eingeleitet durch die Arbeiten von *Boole*, *Frege*, *Russell*, Mitgliedern des Kreises um *Hilbert* u.a.[1] Während die traditionelle Logik stark der Philosophie verhaftet ist, wird die mathematische Logik wesentlich durch die Mathematik geprägt, und dies in vielerlei Hinsicht:

(1) Durch *Motivation* und *Zielsetzung*. Es waren überwiegend Fragen zu den Grundlagen der Mathematik, die den Ausgangspunkt der Untersuchungen bildeten. So z.B. bei Frege das Bemühen um eine logisch-mengentheoretische Begründung der Mathematik, bei Russell die Überwindung der im Fregeschen System aufgetretenen Widersprüche und bei Hilbert dann die Forderung, die „üblichen Methoden der Mathematik samt und sonders als widerspruchsfrei zu erkennen" (sog. *Hilbertsches Programm*).

(2) Durch die *Art des Vorgehens*. Die mathematische Logik bedient sich vornehmlich *mathematischer* Methoden. Charakteristisch hierfür ist die Art und Weise, in der neue Begriffe geprägt, Definitionen gegeben und Argumentationen geführt werden.

[1] Aristoteles (384 - 322 v. Chr.), G. W. Leibniz (1646 - 1716), G. Boole (1815 - 1864), G. Frege (1848 - 1925), D. Hilbert (1862 - 1943), B. Russell (1872 - 1970).

(3) Durch die *Anwendungen in der Mathematik*. Die in der mathematischen Logik erarbeiteten Methoden und Resultate lassen sich nicht nur zur Behandlung von Grundlagenproblemen einsetzen, sie erweitern auch das methodische Rüstzeug der Mathematik selbst. Anwendungen lassen sich heute bereits in vielen Disziplinen der Mathematik verfolgen, so z.B. in der Algebra und der Topologie, aber auch auf verschiedenen Gebieten der theoretischen Informatik.

Diese mathematikbezogenen Aspekte stempeln die mathematische Logik jedoch nicht zu einer lediglich für den Mathematiker interessanten Wissenschaft. Der mathematische Zugang trägt nämlich u.a. zu einer Klärung von Begriffen und zu einer Präzisierung von Fragestellungen bei, die auch für die traditionelle Logik und für andere Gebiete wie die Erkenntnistheorie oder die Wissenschaftstheorie von grundsätzlicher Bedeutung sind. Die Ausrichtung auf mathematische Methoden, die zunächst eine Verengung darstellt, erweist sich somit als fruchtbare Bereicherung.

Wie in der traditionellen Logik sind auch in der mathematischen Logik *Schlüsse* und *Beweise* ein wesentlicher Gegenstand der Untersuchungen. Die mathematische Logik betrachtet dabei in erster Linie (vgl. (1)) Schlußweisen und Argumentationen, wie sie in *mathematischen Beweisen* auftreten. Hierzu werden (vgl. (2)) selbst wieder mathematische Methoden benutzt. Diese enge Verwandtschaft von Gegenstand und Methode mag – gerade bei der Diskussion von Grundlagenproblemen – den Eindruck erwecken, daß hier ein circulus vitiosus droht. Wir werden dieses Problem erst in Kapitel VII näher erörtern können und bitten den um Klärung bemühten Leser bis dahin um Geduld.

§1 Ein Beispiel aus der Gruppentheorie

In diesem und dem folgenden Paragraphen stellen wir zwei einfache mathematische Beweise vor, welche beispielhaft einige Schlußweisen des Mathematikers aufzeigen sollen. Anschließend skizzieren wir den Weg, den die Untersuchungen in diesem Buch nehmen werden.

Wir beginnen mit dem Beweis eines gruppentheoretischen Satzes. Dabei berufen wir uns auf die *Axiome der Gruppentheorie*, die wir zunächst angeben. Bezeichnen wir die Gruppenmultiplikation mit

$\circ$ und das Einselement mit e, so lassen sich die Axiome wie folgt formulieren:

(G1) Für alle x, y, z : $\quad (x \circ y) \circ z = x \circ (y \circ z)$.

(G2) Für alle x : $\quad x \circ e = x$.

(G3) Für alle x gibt es ein y mit $x \circ y = e$.

Eine *Gruppe* ist ein Tripel $(G, \circ^G, e^G)$, das (G1), (G2), (G3) erfüllt. Dabei ist G eine Menge, e^G ein Element von G und $\circ^G$ eine zweistellige Verknüpfung über G, d.h. eine Funktion, die für je zwei Elemente von G definiert ist und als Werte wieder Elemente von G hat. Die Variablen x, y, z beziehen sich auf Elemente von G, $\circ$ auf $\circ^G$ und e auf e^G.

Ein Beispiel für eine Gruppe ist $(\mathbb{R}, +, 0)$, die *additive Gruppe der reellen Zahlen*: $\mathbb{R}$ ist die Menge der reellen Zahlen, $+$ die gewöhnliche Addition und 0 die reelle Zahl Null. $(\mathbb{R}, \cdot, 1)$ ist dagegen keine Gruppe (mit der gewöhnlichen Multiplikation $\cdot$); z.B. läßt sich anhand der reellen Zahl 0 zeigen, daß das Axiom (G3) verletzt ist: Es gibt keine reelle Zahl r mit $0 \cdot r = 1$.

Tripel wie $(\mathbb{R}, +, 0)$ oder $(\mathbb{R}, \cdot, 1)$ werden wir in Zukunft *Strukturen* nennen; eine exakte Definition des Begriffs „Struktur" geben wir in Kapitel III.

Wir beweisen nun den folgenden Satz der Gruppentheorie:

1.1 Satz über die Existenz des Linksinversen. *Für alle x gibt es ein y mit $y \circ x = e$.*

Beweis. Sei x beliebig gewählt. Wegen (G3) gilt für ein geeignetes y:

(1) $$x \circ y = e.$$

Nach (G3) erhalten wir für dieses y ein z mit

(2) $$y \circ z = e.$$

Jetzt können wir schließen:

$$\begin{aligned} y \circ x &= (y \circ x) \circ e && \text{(nach (G2))} \\ &= (y \circ x) \circ (y \circ z) && \text{(wegen (2))} \\ &= y \circ (x \circ (y \circ z)) && \text{(nach (G1))} \\ &= y \circ ((x \circ y) \circ z) && \text{(nach (G1))} \\ &= y \circ (e \circ z) && \text{(wegen (1))} \\ &= (y \circ e) \circ z && \text{(nach (G1))} \\ &= y \circ z && \text{(nach (G2))} \\ &= e && \text{(wegen (2)).} \end{aligned}$$

Da x beliebig war, erhalten wir: Für jedes x gibt es ein y mit $y \circ x = e$. □[1]

Der Beweis zeigt, daß in jeder Struktur, die (G1), (G2), (G3) erfüllt, d.h. in jeder Gruppe, der Satz von der Existenz des Linksinversen gilt. Der Mathematiker beschreibt diesen Sachverhalt auch dadurch, daß er sagt, der Satz über die Existenz des Linksinversen *folge* aus den Axiomen der Gruppentheorie.

§2 Ein Beispiel aus der Theorie der Äquivalenzrelationen

Der Theorie der Äquivalenzrelationen liegen die folgenden drei Axiome zugrunde (man lese dabei xRy als "x ist zu y äquivalent"):

(E1) Für alle x: xRx.

(E2) Für alle x, y: Wenn xRy, so yRx.

(E3) Für alle x, y, z: Wenn xRy und yRz, so xRz.

Sei A eine nicht-leere Menge und R^A eine zweistellige Relation über A, d.h. $R^A \subset A \times A$. Für $(a, b) \in R^A$ schreiben wir auch aR^Ab. Das Paar (A, R^A) ist wieder ein Beispiel für eine Struktur. Wir nennen R^A eine *Äquivalenzrelation über A* und die Struktur (A, R^A) eine *Äquivalenzstruktur*, wenn (E1), (E2), (E3) erfüllt sind. Eine Äquivalenzstruktur ist z.B. das Paar $(\mathbb{Z}, R_5)$, bestehend aus der Menge $\mathbb{Z}$ der ganzen Zahlen und der Relation

$$R_5 = \{(a, b) \mid a, b \in \mathbb{Z},\ b - a \text{ ist durch 5 teilbar}\}.$$

Wir beweisen nun den folgenden einfachen Satz über Äquivalenzrelationen:

2.1 Satz. *Wenn x und y zu einem gemeinsamen Element äquivalent sind, so sind x und y zu denselben Elementen äquivalent.* Formaler*: Für alle x, y: Wenn es ein u gibt mit xRu und yRu, so gilt für alle z: xRz genau dann, wenn yRz.*

Beweis. Seien x, y beliebig vorgegeben und gelte für ein geeignetes u

(1) xRu und yRu.

[1] □ markiert fortan das Ende eines Beweises.

Aus (E2) erhalten wir dann

(2) $$uRx \text{ und } uRy.$$

Aus xRu und uRy ergibt sich mit (E3)

(3) $$xRy,$$

und aus yRu und uRx, ebenfalls mit (E3),

(4) $$yRx.$$

Sei nun z beliebig gewählt. Gilt

(5) $$xRz,$$

so erhalten wir aus (4) und (5) mit (E3)

$$yRz.$$

Gilt umgekehrt

(6) $$yRz,$$

so erhalten wir aus (3) und (6) mit (E3)

$$xRz.$$

Damit ist für alle z die Behauptung nachgewiesen. □

Der Beweis zeigt wiederum, daß jede Struktur der Gestalt (A, R^A), welche die Axiome (E1), (E2), (E3) erfüllt, auch den Satz 2.1 erfüllt, d.h. daß 2.1 aus (E1), (E2), (E3) folgt.

§3 Eine erste Analyse

Wir skizzieren einige gemeinsame Aspekte der beiden vorangehenden Beispiele.

Ausgangspunkt ist jeweils ein System Φ von Aussagen[1], welches ein *Axiomensystem* der betreffenden Theorie (der Gruppentheorie, der Theorie der Äquivalenzrelationen) darstellt. Der Mathematiker ist daran interessiert, die Aussagen zu ermitteln, welche aus Φ *folgen*. Dabei folgt eine Aussage ψ aus Φ, wenn in jeder Struktur, in der alle

[1]Wir verwenden hier den Begriff der Aussage in naiver Weise. So machen wir z.B. keinen Unterschied zwischen Aussagen und Aussageformen.

Aussagen aus Φ erfüllt sind, auch ψ gilt. Ein *Beweis* für ψ aus einem Axiomensystem Φ zeigt, daß ψ aus Φ folgt.

Hinsichtlich der Tragweite mathematischer Beweismethoden ist die Frage nach der *Umkehrung* dieses Zusammenhanges von Interesse:

(∗) Ist jede Aussage ψ, die aus Φ folgt, auch aus Φ beweisbar?

Ist z.B. jede Aussage, die in allen Gruppen gilt, auch aus den Gruppenaxiomen (G1), (G2), (G3) beweisbar?

Mit den Ausführungen in den Kapiteln II bis V und VII erhalten wir eine weitgehend positive Antwort auf die Frage (∗). Dabei ist es offenbar unerläßlich, die in (∗) auftretenden Begriffe „Aussage“, „folgt aus“, „beweisbar“ zu präzisieren. Wir deuten kurz an, wie wir hierzu verfahren werden.

(1) *Präzisierung des Begriffs „Aussage“*. Üblicherweise benutzt der Mathematiker zur Formulierung seiner Aussagen die Umgangssprache (z.B. Deutsch, Spanisch, ...). Da die Sätze der Umgangssprache hinsichtlich Aufbau und Bedeutung im allgemeinen nicht scharf bestimmt sind, lassen sie sich nicht durch eine präzise Definition erfassen. Aus diesem Grunde werden wir, orientiert an mathematischen Redewendungen, eine *formale Sprache* L einführen, d.h. eine Sprache, deren Aufbau – analog zu den heutigen Programmiersprachen – nach festen Regeln erfolgt: Ausgehend von einer Menge von Zeichen (Buchstaben) lassen sich in der Sprache L in normierter Weise Zeichenreihen (endliche Folgen von Zeichen) bilden, sog. *Ausdrücke*, welche umgangssprachlichen Aussagen entsprechen. L wird beispielsweise die Zeichen $\forall$ (lies: für alle), $\wedge$ (und), $\rightarrow$ (wenn – so), $\equiv$ (gleich) und Variablen wie x, y, z enthalten. Ausdrücke von L sind etwa

$$\forall x\, x \equiv x, \quad x \equiv y, \quad x \equiv z, \quad \forall x \forall y \forall z((x \equiv y \wedge y \equiv z) \rightarrow x \equiv z).$$

Trotz der zunächst sehr beschränkt erscheinenden Ausdrucksmöglichkeiten werden wir uns später davon überzeugen, daß sich eine Vielzahl mathematischer Aussagen in L formulieren läßt, ja, daß L sogar prinzipiell für die Mathematik ausreicht. Der Aufbau von L erfolgt in Kapitel II.

(2) *Präzisierung des Begriffs „folgt aus“*. Ähnlich wie den Axiomen (G1)–(G3) der Gruppentheorie in Strukturen der Gestalt $(G, \circ^G, e^G)$ eine Bedeutung zukommt, läßt sich in naheliegender Weise für L-Ausdrücke festlegen, ob sie in einer Struktur gelten oder nicht. Dies ermöglicht dann (in Kapitel III) die folgende Definition: *ψ folgt aus*

Φ genau dann, wenn ψ in jeder Struktur gilt, in der alle Ausdrücke von Φ gelten.

(3) *Präzisierung des Begriffs „Beweis"*. Ein mathematischer Beweis einer Aussage ψ aus einem Axiomensystem Φ besteht aus einer Folge von *Schlüssen*, welche von Axiomen aus Φ oder bereits hergeleiteten Aussagen zu neuen Aussagen führen und schließlich mit ψ enden. Der Mathematiker schreibt beim Übergang zu einer neuen Aussage etwa: Aus ... und _ _ _ erhalten wir unmittelbar ~~~. Und er erwartet, daß es für jeden evident ist, daß die Gültigkeit von ... und _ _ _ die Gültigkeit von ~~~ nach sich zieht.

Eine Analyse von Beispielen zeigt, daß die Evidenz solcher Schlüsse oft eng mit der Bedeutung der dabei auftretenden *Junktoren* (Bindewörter) wie „und", „oder", „wenn-so" und der dabei auftretenden *Quantoren* wie „für alle", „es gibt" zusammenhängt. So etwa beim ersten Schluß im Beweis von 1.1, wo wir von der Aussage „*für alle x* gibt es ein y mit $x \circ y = e$" darauf schließen, daß für das vorgegebene x ein y existiert mit $x \circ y = e$; oder beim Übergang von (1) und (2) nach (3) im Beweis von 2.1, wo wir von der Aussage "*xRu und yRu*" auf das linke Glied "*xRu*" und von der Aussage "*uRx und uRy*" auf das rechte Glied "*uRy*" schließen, um dann mit (E3) nach (3) zu gelangen.

Der formale Charakter der Sprache L ermöglicht es, diese Schlüsse als formale Operationen an Zeichenreihen (den L-Ausdrücken) darzustellen. So entspricht dem oben beschriebenen Schluß von "*xRu* und *yRu*" auf "*xRu*" der Übergang von dem L-Ausdruck $(xRu \wedge yRu)$ zu xRu. Wir können diesen Übergang auffassen als eine Anwendung der folgenden *Regel*:

(+) Man kann von einem L-Ausdruck der Gestalt $(\varphi \wedge \psi)$ zum L-Ausdruck φ übergehen.

Wir geben in Kapitel IV ein endliches System $\mathfrak{S}$ von Regeln an, die – wie (+) – einfachen Schlüssen entsprechen, welche der Mathematiker in seinen Beweisen benutzt.

Ein *formaler Beweis* des L-Ausdrucks ψ aus den L-Ausdrücken in Φ (den „Axiomen") besteht dann (nach Definition) aus einer Folge von Ausdrücken von L, die mit ψ endet und bei der jeder Ausdruck durch Anwendung einer Regel aus $\mathfrak{S}$ auf die Axiome oder auf vorangehende Ausdrücke der Folge entsteht.

Nachdem die Präzisierungen von Sprache, Folgerungsbegriff und Beweisbegriff vorgenommen sind, kann man sich exemplarisch davon überzeugen, daß mathematische Beweise durch formale Beweise in L imitiert werden können. In Kapitel V werden wir die zu Beginn dieses Paragraphen gestellte Frage (*) aufgreifen und positiv beantworten: Folgt ein Ausdruck ψ aus einer Menge Φ von Ausdrücken, so gibt es einen (sogar formalen) Beweis von ψ aus Φ. Dies ist der Inhalt des sog. *Gödelschen Vollständigkeitssatzes.*

§4 Ausblick

Der Gödelsche Vollständigkeitssatz bildet eine Brücke zwischen dem formalen Beweisbegriff und dem auf Strukturen bezogenen Folgerungsbegriff. In Kapitel VI legen wir dar, wie sich dieser Zusammenhang für algebraische Untersuchungen nutzbar machen läßt.

Mit dem Übergang zu einer formalen Sprache und einem exakten Beweisbegriff lassen sich nun metamathematische Untersuchungen auf einer präzisen Grundlage führen, so etwa Untersuchungen zur Rechtfertigung von mathematischen Schlüssen oder zur Widerspruchsfreiheit der Mathematik (Kapitel VII, X).

Schließlich eröffnet die Formalisierung des Beweisbegriffs die Möglichkeit, die Ausführung und die Prüfung von Beweisen Maschinen zu übertragen. In Kapitel X erörtern wir die Tragweite und die Grenzen solcher maschinellen Möglichkeiten.

Manche Ausdrücke von L lassen sich selbst „operativ" deuten. So kann man z.B. eine Implikation der Gestalt (wenn φ, so ψ) als die Aufforderung verstehen, von φ zu ψ überzugehen. In dieser Auffassung von L-Ausdrücken als Programmen wurzelt die *Logik-Programmierung*, die Ausgangspunkt für wichtige Programmiersprachen der sog. künstlichen Intelligenz ist. In Kapitel XI entwickeln wir die Grundlagen dieses Teilgebietes der „angewandten" Logik.

In den Ausdrücken von L beziehen sich die Variablen auf die *Elemente* von Strukturen, etwa auf die Elemente einer Gruppe oder die Elemente einer Äquivalenzstruktur. Bei gegebener Struktur nennt man die Elemente des Grundbereichs A oft *Objekte erster Stufe*, Teilmengen von A dagegen *Objekte zweiter Stufe*. Da L nur über Variablen für Objekte erster Stufe verfügt (und da demnach Bildungen wie "$\forall x$",

"$\exists x$" sich nur auf die Elemente einer Struktur beziehen), nennt man L eine *Sprache erster Stufe*.

Die sog. *Sprache zweiter Stufe* verfügt zusätzlich über Variablen für Teilmengen von Grundbereichen. Daher läßt sich etwa für eine gegebene Gruppe auch eine Aussage wie „Für alle Untergruppen ..." in der Sprache zweiter Stufe unmittelbar wiedergeben. Diese und andere Sprachen untersuchen wir in Kapitel IX. In Kapitel XIII werden wir allgemein zeigen können, daß keine Sprache, die ausdrucksstärker ist als L, über einen adäquaten formalen Beweisbegriff verfügt und andere nützliche Eigenschaften mit L teilt. L ist also in dieser Hinsicht eine „bestmögliche" Sprache. Dies mag ein Grund für die dominierende Rolle sein, welche die Sprache erster Stufe in der mathematischen Logik einnimmt.

Kapitel II

Syntax der Sprachen erster Stufe

Wir führen in diesem Kapitel die Sprachen erster Stufe ein. Sie genügen einfachen und übersichtlichen Bildungsgesetzen. Die Frage, ob und wie weit sich alle mathematischen Aussagen in solchen Sprachen formalisieren lassen, behandeln wir in späteren Kapiteln.

§1 Alphabete

Unter einem *Alphabet* $\mathcal{A}$ verstehen wir eine nicht-leere Menge von *Zeichen* (*Symbolen*). Alphabete sind etwa $\mathcal{A}_1 = \{0, 1, 2, \ldots, 9\}$, $\mathcal{A}_2 = \{a, b, c, \ldots, x, y, z\}$ (das Alphabet der kleinen lateinischen Buchstaben), $\mathcal{A}_3 = \{\circ, \int, a, d, x, f,), (\}$ und $\mathcal{A}_4 = \{c_0, c_1, c_2, \ldots\}$.

Endliche lineare Reihen von Zeichen eines Alphabets $\mathcal{A}$ nennen wir *Zeichenreihen* oder *Wörter* über $\mathcal{A}$. $\mathcal{A}^*$ bezeichne die Menge der Zeichenreihen über $\mathcal{A}$. Die Anzahl der in einer Zeichenreihe $\zeta \in \mathcal{A}^*$ vorkommenden Symbole heißt die *Länge* von ζ; dabei werden mehrfach vorkommende Symbole auch mehrfach gezählt. Die leere Zeichenreihe, d.h. die Zeichenreihe, die keine Symbole enthält, wird ebenfalls als ein Wort über $\mathcal{A}$ aufgefaßt. Wir bezeichnen sie mit $\square$. Die Länge von $\square$ ist Null.

Zeichenreihen über $\mathcal{A}_2$ sind etwa

$$leise, \quad xdbxaz,$$

Zeichenreihen über $\mathcal{A}_3$ sind beispielsweise

$$\int f(x)dx, \quad x \circ \int\int a.$$

Ist $\mathcal{A} = \{|, ||\}$, besteht also $\mathcal{A}$ aus den beiden Symbolen $a_1 := |$[1] und $a_2 := ||$, so läßt sich die Zeichenreihe ||| über $\mathcal{A}$ auf drei verschiedene Arten lesen: als $a_1a_1a_1$, als a_1a_2 und als a_2a_1. Wir werden im folgenden nur solche Alphabete $\mathcal{A}$ zulassen, bei denen jede Zeichenreihe sich auf genau eine Weise in Zeichen aus $\mathcal{A}$ zerlegen läßt. Der Leser überzeuge sich davon, daß die oben angegebenen Alphabete $\mathcal{A}_1, \ldots, \mathcal{A}_4$ dieser Bedingung genügen.

Es folgen einige Überlegungen, die die Anzahl der Zeichenreihen über einem Alphabet betreffen. Wie üblich nennen wir eine Menge M *abzählbar*, wenn sie nicht endlich ist und wenn es eine surjektive Abbildung α von der Menge $\mathbb{N} = \{0, 1, 2, \ldots\}$ der natürlichen Zahlen auf M gibt. Wir können M dann darstellen als $\{\alpha(n) \mid n \in \mathbb{N}\}$ oder – wenn wir für die Argumente die Indexschreibweise benutzen – als $\{\alpha_n \mid n \in \mathbb{N}\}$. Eine Menge M heißt *höchstens abzählbar*, wenn sie endlich oder abzählbar ist.

1.1 Lemma. *Für eine nicht-leere Menge M sind äquivalent:*
(a) *M ist höchstens abzählbar.*
(b) *Es gibt eine surjektive Abbildung $\alpha: \mathbb{N} \to M$.*
(c) *Es gibt eine injektive Abbildung $\beta: M \to \mathbb{N}$.*

Beweis.[2] Wir beweisen (b) aus (a), (c) aus (b) und (a) aus (c).

(b) *aus* (a): M sei höchstens abzählbar. Für abzählbares M gilt (b) gemäß Definition; für endliches M, etwa $M = \{a_0, \ldots, a_n\}$ (M ist nicht leer!) definieren wir $\alpha: \mathbb{N} \to M$ durch

$$\alpha(i) := \begin{cases} a_i, & \text{falls } 0 \le i \le n, \\ a_0, & \text{sonst.} \end{cases}$$

α ist offenbar surjektiv.

---

[1]Wir schreiben hier "$a_1 := |$" statt "$a_1 = |$", um deutlicher zu machen, daß a_1 durch die rechte Seite der Gleichung definiert wird.

[2]Ziel unserer Betrachtungen ist u.a. eine Diskussion des Beweisbegriffs. Der Leser mag daher erstaunt sein, daß wir Beweise bringen, bevor wir geklärt haben, was ein mathematischer Beweis sein soll. Wie bereits in Kapitel I angekündigt, kommen wir auf diese scheinbare Zirkelhaftigkeit in Kapitel VII zurück.

(c) *aus* (b): $\alpha: \mathbb{N} \to M$ sei surjektiv. Wir definieren eine injektive Abbildung $\beta: M \to \mathbb{N}$, indem wir für $a \in M$ setzen:

$$\beta(a) := \text{ das kleinste } i \text{ mit } \alpha(i) = a.$$

(a) *aus* (c): Sei $\beta: M \to \mathbb{N}$ injektiv, und M sei nicht endlich. Wir müssen zeigen, daß M abzählbar ist. Dazu reicht es, daß wir eine surjektive Abbildung $\alpha: \mathbb{N} \to M$ angeben. Wir definieren α induktiv gemäß

$$\begin{array}{lcl} \alpha(0) & = & \text{das } a \in M \text{ mit kleinstem } \beta\text{-Bild;} \\ \alpha(n+1) & = & \text{das } a \in M \text{ mit kleinstem } \beta\text{-Bild größer als} \\ & & \beta(\alpha(0)), \ldots, \beta(\alpha(n)). \end{array}$$

Da die β-Bilder in $\mathbb{N}$ nicht beschränkt sind, ist α für alle $n \in \mathbb{N}$ definiert, und offenbar tritt jedes $a \in M$ als Bild bei α auf. □

Mit Lemma 1.1 läßt sich leicht zeigen, daß jede Teilmenge einer höchstens abzählbaren Menge höchstens abzählbar ist und daß mit M_1 und M_2 auch $M_1 \cup M_2$ höchstens abzählbar ist. Die Menge $\mathbb{R}$ der reellen Zahlen ist weder endlich noch abzählbar; sie ist, wie man sagt, *überabzählbar* (vgl. Aufgabe 1.3).

Zur Darstellung mathematischer Sachverhalte und für grundlagentheoretische Diskussionen reichen, wie wir später zeigen werden, endliche Alphabete aus. Obendrein lassen sich die Zeichen so „konkret" wählen, daß man sie in die Tastatur einer Schreibmaschine aufnehmen kann. Die Benutzung abzählbarer Alphabete wie $\mathscr{A}_4$ fördert jedoch an manchen Stellen die Übersichtlichkeit. Aus diesem Grunde werden wir öfter von ihnen Gebrauch machen. Für einige Anwendungen von Methoden der mathematischen Logik in der Mathematik ist es nützlich, auch überabzählbare Alphabete in die Betrachtungen einzubeziehen. Beispielsweise ist die Menge $\{c_r \mid r \in \mathbb{R}\}$, die für jede reelle Zahl r das Symbol c_r enthält, ein überabzählbares Alphabet. Den Gebrauch solcher Alphabete rechtfertigen wir in VII.4.

1.2 Lemma. *Ist $\mathscr{A}$ ein höchstens abzählbares Alphabet, so ist die Menge $\mathscr{A}^*$ der Zeichenreihen über $\mathscr{A}$ abzählbar.*

Beweis. Sei p_n die n-te Primzahl, d.h. $p_0 = 2$, $p_1 = 3$, $p_2 = 5$ usf. Ist $\mathscr{A}$ endlich, etwa $\mathscr{A} = \{a_0, \ldots, a_n\}$ mit paarweise verschiedenen $a_0, \ldots, a_n$, oder ist $\mathscr{A}$ abzählbar, etwa $\mathscr{A} = \{a_0, a_1, a_2, \ldots\}$ mit paarweise verschiedenen a_i, so sei $\beta: \mathscr{A}^* \to \mathbb{N}$ die Abbildung mit

$$\beta(\square) := 1, \qquad \beta(a_{i_0} \ldots a_{i_r}) := p_0{}^{i_0+1} \cdot \ldots \cdot p_r{}^{i_r+1}.$$

Offenbar ist β injektiv und somit (vgl. 1.1(c)) $\mathscr{A}^*$ höchstens abzählbar. Da die Wörter $a_0, a_0a_0, a_0a_0a_0, \ldots$ in $\mathscr{A}^*$ liegen, ist $\mathscr{A}^*$ nicht endlich, insgesamt also abzählbar. □

1.3 Aufgabe. Gegeben sei eine Funktion $\alpha\colon \mathbb{N} \to \mathbb{R}$. Für $a, b \in \mathbb{R}$ mit $a < b$ zeige man, daß es im abgeschlossenen Intervall $I = [a, b]$ einen Punkt c gibt mit $c \notin \{\alpha(n) \mid n \in \mathbb{N}\}$. Man folgere: I und damit $\mathbb{R}$ sind überabzählbar. (Hinweis: Durch Induktion definiere man eine Folge abgeschlossener Intervalle $I = I_0 \supset I_1 \supset \ldots$ mit $\alpha(n) \notin I_{n+1}$ und verwende, daß $\bigcap_{n \in \mathbb{N}} I_n \neq \emptyset$ ist.)

1.4 Aufgabe. (a) Man zeige: Sind die Mengen $M_0, M_1, \ldots$ höchstens abzählbar, so ist auch deren Vereinigung $\bigcup_{n \in \mathbb{N}} M_n$ höchstens abzählbar.

(b) Man beweise Lemma 1.2 unter Verwendung von (a).

1.5 Aufgabe. Sei M eine Menge. Man zeige: Es gibt keine surjektive (und damit keine bijektive) Abbildung von M auf die Potenzmenge $\mathscr{P}(M) := \{B \mid B \subset M\}$ von M. (Hinweis: Für $\alpha\colon M \to \mathscr{P}(M)$ liegt $\{a \mid a \in M,\, a \notin \alpha(a)\}$ nicht im Bild von α.)

§2 Das Alphabet einer Sprache erster Stufe

In den formalen Sprachen, die wir aufbauen wollen, sollen u.a. die in Kapitel I behandelten Axiome, Sätze und Beweise für Gruppen und Äquivalenzrelationen formulierbar sein. In diesem Zusammenhang spielten die Junktoren, die Quantoren und die Gleichheitsbeziehung eine wesentliche Rolle. Wir werden daher in die Sprachen erster Stufe folgende Zeichen aufnehmen: $\neg$ (für „nicht"), $\wedge$ (für „und"), $\vee$ (für „oder"), $\to$ (für „wenn – so"), $\leftrightarrow$ (für „genau dann wenn"), $\forall$ (für „für alle"), $\exists$ (für „es gibt") und $\equiv$ (als Gleichheitszeichen). Weiterhin nehmen wir noch Variablen (für Elemente von Gruppen, Elemente von Äquivalenzstrukturen usf.) und Klammern als Hilfssymbole hinzu.

Zur Formulierung der Gruppenaxiome sind noch spezifisch gruppentheoretische Zeichen erforderlich, z.B. ein *zweistelliges Funktionssymbol*, etwa $\circ$, zur Kennzeichnung der Gruppenverknüpfung und ein Symbol, etwa e, zur Kennzeichnung des neutralen Elements. Wir nennen e ein Konstantensymbol oder kurz eine *Konstante*. Für die Axiome der Theorie der Äquivalenzrelationen benötigen wir ein *zweistelliges Relationssymbol*, etwa R.

Neben die zunächst genannten „logischen" Zeichen tritt demnach eine von Theorie zu Theorie wechselnde Menge S von Relationssymbolen, Funktionssymbolen und Konstanten. Jede solche Menge S wird eine Sprache erster Stufe bestimmen. Insgesamt setzen wir fest:

2.1 Definition. Das *Alphabet einer Sprache erster Stufe* umfaßt folgende Zeichen:

(a) $v_0, v_1, v_2, \ldots$ (*Variablen*);
(b) $\neg, \wedge, \vee, \rightarrow, \leftrightarrow$ (*nicht, und, oder, wenn – so, genau dann wenn*);
(c) $\forall, \exists$ (*für alle, es gibt*);
(d) $\equiv$ (*Gleichheitszeichen*);
(e)), ((*Klammersymbole*);
(f) (1) für jedes $n \geq 1$ eine (eventuell leere) Menge von *n-stelligen Relationssymbolen*;
    (2) für jedes $n \geq 1$ eine (eventuell leere) Menge von *n-stelligen Funktionssymbolen*;
    (3) eine (eventuell leere) Menge von *Konstanten*.

Fortan stehe $\mathscr{A}$ für die unter (a) bis (e) genannten Zeichen und S für die Menge der unter (f) genannten Zeichen. S kann leer sein. Selbstverständlich sollen die in (f) genannten Zeichen untereinander und von den Zeichen aus $\mathscr{A}$ verschieden sein.

S bestimmt eine Sprache erster Stufe (vgl. §3). Wir nennen $\mathscr{A}_S := \mathscr{A} \cup S$ das Alphabet dieser Sprache und S ihre *Symbolmenge*.

Einige Symbolmengen haben wir bereits kennengelernt: $S_{\mathrm{Gr}} := \{\circ, e\}$ für die Gruppentheorie und $S_{\mathrm{\ddot{A}q}} := \{R\}$ für die Theorie der Äquivalenzrelationen. Für die Theorie der geordneten Gruppen könnte man die Symbolmenge $\{\circ, e, R\}$ wählen, wobei das zweistellige Relationssymbol R jetzt zur Wiedergabe der Ordnungsrelation dient. Bei gewissen theoretischen Untersuchungen werden wir mit der Symbolmenge S_∞ arbeiten, welche die Konstanten $c_0, c_1, c_2, \ldots$ enthält und für jedes $n \geq 1$ die abzählbar vielen n-stelligen Relations- und Funktionssymbole $R_0^n, R_1^n, R_2^n, \ldots$ bzw. $f_0^n, f_1^n, f_2^n, \ldots$.

Fortan stehen $P, Q, R, \ldots$ für Relationssymbole, $f, g, h, \ldots$ für Funktionssymbole, $c, c_0, c_1, \ldots$ für Konstanten und $x, y, z, \ldots$ für Variablen.

§3 Terme und Ausdrücke in Sprachen erster Stufe

Es sei eine Symbolmenge S vorgegeben. Gewisse Zeichenreihen über $\mathscr{A}_S$ werden wir als *Ausdrücke* der zu S gehörenden Sprache erster Stufe ansehen. Falls z.B. $S = S_{Gr}$ ist, sollen

$$e \equiv e, \qquad e \circ v_1 \equiv v_2, \qquad \exists v_1 (e \equiv e \wedge v_1 \equiv v_2)$$

zu den Ausdrücken zählen, nicht jedoch

$$\equiv \wedge e, \qquad e \vee e.$$

Die Ausdrücke $e \equiv e$ und $e \circ v_1 \equiv v_2$ haben die Gestalt von Gleichungen. Die rechts und links vom Gleichheitszeichen stehenden Zeichenreihen nennt der Mathematiker *Terme*. Terme sind in „sinnvoller" Weise aus Funktionssymbolen, Variablen, Konstanten (und evtl. noch aus Klammern und Kommata) zusammengesetzt. Um eine präzise Definition der Ausdrücke und damit insbesondere auch der Gleichungen zu geben, müssen wir offenbar zunächst genauer festlegen, was wir unter Termen verstehen wollen.

In der Mathematik findet man unterschiedliche Notierungen für Terme, wie $f(x)$, fx, $x + e$, $g(x, e)$, gxe. Wir entscheiden uns für eine klammerfreie Darstellung, wie sie bei fx und gxe vorliegt.

Leichter als eine explizite Definition und genauer als eine vage Beschreibung der Terme (und später auch der Ausdrücke) ist die Angabe einer *Anleitung* (eines sog. *Kalküls*), die uns sagt, wie man Terme *herstellen* kann.

3.1 Definition. S-*Terme* sind genau diejenigen Zeichenreihen in $\mathscr{A}_S^*$, welche man durch endlichmalige Anwendung der folgenden *Regeln* erhalten kann:

(T1) Jede Variable ist ein S-Term.

(T2) Jede Konstante aus S ist ein S-Term.

(T3) Sind die Zeichenreihen $t_1, \ldots, t_n$ S-Terme und ist f ein n-stelliges Funktionssymbol aus S, so ist $ft_1 \ldots t_n$ ein S-Term.

Die Menge der S-Terme bezeichnen wir mit T^S.

Ist etwa f einstellig, g zweistellig und $S = \{f, g, c, R\}$, so ist

$$gv_0fgv_4c$$

ein S-Term. Zunächst sind nämlich c (nach (T2)) und v_0, v_4 (nach (T1)) S-Terme. Wenden wir (T3) auf die S-Terme v_4, c und das Funktionssymbol g an, erhalten wir, daß gv_4c ein S-Term ist. Abermalige Anwendung von (T3) auf den S-Term gv_4c und das Funktionssymbol f ergibt, daß fgv_4c ein S-Term ist, und eine letzte Anwendung von (T3) auf die S-Terme v_0 und fgv_4c und auf das Funktionssymbol g liefert schließlich, daß gv_0fgv_4c ein S-Term ist.

Wir sagen, daß man die Zeichenreihe gv_0fgv_4c im (zu S gehörenden) Termkalkül *ableiten* kann. Die oben geschilderte *Ableitung* kann man schematisch auch in der folgenden Form wiedergeben:

1.	c	(T2)
2.	v_0	(T1)
3.	v_4	(T1)
4.	gv_4c	(T3) auf 3. und 1. mit g
5.	fgv_4c	(T3) auf 4. mit f
6.	gv_0fgv_4c	(T3) auf 2. und 5. mit g.

Die hinter den Zeilennummern stehenden Zeichenreihen lassen sich jeweils mit einer Regel des Termkalküls gewinnen, bei Anwendung von (T3) unter Benutzung bereits gewonnener Zeichenreihen aus vorangehenden Zeilen. Entsprechende Informationen stehen in leicht deutbarer Weise an den Zeilenenden. Offenbar sind neben der Zeichenreihe in der letzten Zeile auch alle vorangehenden Zeichenreihen ableitbar, also S-Terme.

Der Leser zeige, daß für beliebige Variablen x und y die Zeichenreihen $gxgxfy$ und $gxgfxfy$ S-Terme sind. Wir wollen durch eine Ableitung demonstrieren, daß die Zeichenreihe $\circ x \circ ey$ ein S_{Gr}-Term ist.

1.	x	(T1)
2.	y	(T1)
3.	e	(T2)
4.	$\circ ey$	(T3) auf 3. und 2. mit $\circ$
5.	$\circ x \circ ey$	(T3) auf 1. und 4. mit $\circ$.

Der Mathematiker gibt den Term aus Zeile 4. häufig durch $e \circ y$ und den Term aus Zeile 5. entsprechend durch $x \circ (e \circ y)$ wieder. Auch wir werden uns der besseren Lesbarkeit halber manchmal solcher Darstellungsweisen bedienen.

3.2 Definition. *S-Ausdrücke* sind genau diejenigen Zeichenreihen in $\mathscr{A}_S^*$, welche man durch endlichmalige Anwendung der folgenden Regeln erhalten kann:

(A1) Für S-Terme t_1, t_2 ist $t_1 \equiv t_2$ ein S-Ausdruck.

(A2) Sind $t_1, \ldots, t_n$ S-Terme und ist R ein n-stelliges Relationssymbol aus S, so ist $Rt_1 \ldots t_n$ ein S-Ausdruck.

(A3) Ist φ ein S-Ausdruck, so ist $\neg\varphi$ ein S-Ausdruck.

(A4) Sind φ und ψ S-Ausdrücke, so sind $(\varphi \wedge \psi)$, $(\varphi \vee \psi)$, $(\varphi \rightarrow \psi)$ und $(\varphi \leftrightarrow \psi)$ S-Ausdrücke.

(A5) Ist φ ein S-Ausdruck und x eine Variable, so sind $\forall x\varphi$ und $\exists x\varphi$ S-Ausdrücke.

S-Ausdrücke, die wir mit (A1) und (A2) gewinnen können, heißen *atomar*, weil sie nicht aus anderen S-Ausdrücken zusammengesetzt sind. Man nennt $\neg\varphi$ das *Negat* von φ und $(\varphi\wedge\psi)$, $(\varphi\vee\psi)$, $(\varphi \rightarrow \psi)$ bzw. $(\varphi \leftrightarrow \psi)$ die *Konjunktion, Disjunktion* (oder *Adjunktion*), *Implikation* bzw. *Äquijunktion* von φ und ψ.

Die Menge der S-Ausdrücke bezeichnen wir mit L^S. L^S heißt *die zur Symbolmenge S gehörende Sprache erster Stufe* (häufig auch *Sprache der Prädikatenlogik erster Stufe*).

Statt von S-Termen und S-Ausdrücken sprechen wir häufig von Termen und Ausdrücken, sofern der Bezug auf die Symbolmenge S klar oder unwichtig ist. Für Terme benutzen wir die Buchstaben $t, t_0, t_1, t_2, t_3, \ldots$, für Ausdrücke die Buchstaben $\varphi, \psi, \ldots$.

Wir betrachten einige Beispiele. Ist $S = S_{\text{Äq}} = \{R\}$, so können wir die Axiome der Theorie der Äquivalenzrelationen durch die folgenden Ausdrücke wiedergeben:

$$\forall v_0 Rv_0v_0$$
$$\forall v_0 \forall v_1 (Rv_0v_1 \rightarrow Rv_1v_0)$$
$$\forall v_0 \forall v_1 \forall v_2 ((Rv_0v_1 \wedge Rv_1v_2) \rightarrow Rv_0v_2).$$

Daß es sich hierbei wirklich um Ausdrücke handelt, können wir, ähnlich wie wir es bei einigen Termen getan haben, durch geeignete Ableitungen im (zu $S_{\text{Äq}}$ gehörenden) Ausdruckskalkül belegen. Für die ersten beiden Ausdrücke etwa so:

(1)	1.	Rv_0v_0	(A2)
	2.	$\forall v_0 Rv_0v_0$	(A5) auf 1. mit $\forall, v_0$
(2)	1.	Rv_0v_1	(A2)
	2.	Rv_1v_0	(A2)
	3.	$(Rv_0v_1 \rightarrow Rv_1v_0)$	(A4) auf 1., 2. mit $\rightarrow$

4. $\forall v_1(Rv_0v_1 \to Rv_1v_0)$ (A5) auf 3. mit $\forall, v_1$
5. $\forall v_0\forall v_1(Rv_0v_1 \to Rv_1v_0)$ (A5) auf 4. mit $\forall, v_0$.

Der Leser überzeuge sich in ähnlicher Weise, daß für einstelliges f, zweistelliges g, einstelliges P, dreistelliges Q und für Variablen x, y, z die folgenden Zeichenreihen $\{f, g, P, Q\}$-Ausdrücke sind:

(1) $\forall y(Pz \to Qxxz)$;
(2) $(Pgxfy \to \exists x(x \equiv x \land x \equiv x))$;
(3) $\forall z\forall z\exists zQxyz$.

Trotz aller Strenge besitzt der Ausdruckskalkül auch „liberale" Züge: Wir können eine Variable quantifizieren, ohne daß diese in dem betreffenden Ausdruck auftritt (siehe (1)), wir können zwei gleiche Ausdrücke konjunktiv zusammenfassen (siehe (2)) oder eine Variable mehrfach hintereinander quantifizieren (siehe (3)).

Ähnlich wie bei Termen bedienen wir uns auch bei Ausdrücken oft einer abkürzenden oder anschaulicheren Mitteilungsweise. So geben wir den $S_{\text{Äq}}$-Ausdruck Rv_0v_1 auch durch v_0Rv_1 wieder (man vergleiche die Schreibweise $2 < 3$). Klammern lassen wir häufig fort, wenn sie für das Verständnis unwesentlich sind, so etwa die Außenklammern. Beispiel: $\varphi \land \psi$ für $(\varphi \land \psi)$. Bei iterierten Konjunktionen und Disjunktionen vereinbaren wir Linksklammerung. So stehe $\varphi \land \psi \land \chi$ für $((\varphi \land \psi) \land \chi)$. Weiterhin mögen $\land$ und $\lor$ stärker binden als $\to$. So stehe $\forall x(\varphi \land \psi \to \chi)$ für $\forall x((\varphi \land \psi) \to \chi)$. Der Leser sei sich stets bewußt, daß die abkürzenden Mitteilungen keine Ausdrücke mehr sind. Es sei noch einmal betont, daß wir die exakte Definition der Ausdrücke als Präzisierung des Begriffs der mathematischen Aussage bei der geplanten Analyse des Beweisbegriffs wirklich benötigen.

Vielleicht vermag die folgende Analogie zu den Programmiersprachen die Situation zu verdeutlichen. Bei der Herstellung eines Programms sind die grammatikalischen Regeln der Programmiersprache peinlich genau zu beachten, weil eine Rechenmaschine nur formal einwandfreie Programme verarbeiten kann. Dennoch werden Programmierer bei der Konzeption oder der Diskussion von Programmen abkürzende Schreibweisen verwenden, um sich anschaulicher ausdrücken und schneller verständigen zu können.

Wir verwenden in den Sprachen erster Stufe das Symbol $\equiv$ als Gleichheitszeichen, um Mitteilungen wie $\varphi = x \equiv y$ ("φ ist der Ausdruck $x \equiv y$") lesbarer zu machen.

Im Hinblick auf spätere Anwendungen vermerken wir noch:

3.3 Lemma. *Ist S höchstens abzählbar, so sind T^S und L^S abzählbar.*

Beweis. Mit S ist auch $\mathscr{A}_S$ höchstens abzählbar. Nach 1.2 ist daher $\mathscr{A}_S^*$ abzählbar. Als Teilmengen von $\mathscr{A}_S^*$ sind demnach T^S und L^S höchstens abzählbar. Andererseits sind T^S und L^S unendlich; denn T^S enthält die Variablen v_0, v_1, v_2 usf., und L^S enthält die Ausdrücke $v_0 \equiv v_0$, $v_1 \equiv v_1$, $v_2 \equiv v_2$ usf. (auch für $S = \emptyset$). □

Mit den letzten Betrachtungen haben wir bereits damit begonnen, die Sprachen L^S zum Gegenstand unserer Untersuchungen zu machen. Unser Verständigungsmittel ist die Umgangssprache, angereichert um einige mathematische Sprechweisen. Um dieses Verhältnis zwischen den Sprachen L^S und der mathematisch angereicherten Umgangssprache zum Ausdruck zu bringen, nennt man in diesem Zusammenhang die Sprachen L^S *Objektsprachen* (da sie der Gegenstand der Untersuchungen sind), und man spricht von der Umgangssprache (der Sprache, in der die Untersuchungen durchgeführt werden) als der *Metasprache.* In einem anderen Zusammenhang kann natürlich die mathematisch angereicherte Umgangssprache Objektsprache sein, z.B. bei sprachwissenschaftlichen Untersuchungen. Desgleichen können in gewissen mengentheoretischen Untersuchungen Sprachen erster Stufe die Rolle von Metasprachen einnehmen (vgl. VII.4.3).

Eine geschichtliche Anmerkung. Die erste umfassende formale Sprache wurde von G. Frege [9] geschaffen. Sie wird zweidimensional notiert und setzte sich wegen ihrer Kompliziertheit nicht durch. Die heutigen formalen Sprachen der Logik gehen wesentlich auf G. Peano [26] zurück.

§4 Induktion im Term- und im Ausdruckskalkül

S sei eine Symbolmenge und $Z \subset \mathscr{A}_S^*$ eine Menge von Zeichenreihen über $\mathscr{A}_S$. Im Fall $Z = T^S$ und $Z = L^S$ haben wir die Elemente von Z mit Hilfe eines Kalküls beschrieben. Jede einzelne Regel dieser Kalküle besagt entweder, daß gewisse Zeichenreihen in Z liegen (etwa die Regeln (T1), (T2), (A1), (A2)), oder sie erlaubt es, von Zeichenreihen $\zeta_1, \ldots, \zeta_n$ zu einer Zeichenreihe ζ überzugehen in dem Sinne, daß ζ zu Z gehört, falls $\zeta_1, \ldots, \zeta_n$ zu Z gehören. Die Wirkungsweise von

Regeln der letztgenannten Art wird besonders anschaulich durch die folgende schematische Wiedergabe zum Ausdruck gebracht:

$$\frac{\zeta_1, \ldots, \zeta_n}{\zeta}.$$

Indem wir den Fall $n = 0$ zulassen, erfassen wir auch die zuerst genannten „prämissenlosen" Regeln. Die Regeln des Termkalküls lassen sich dann so schreiben:

(T1) $\dfrac{}{x}$; (T2) $\dfrac{}{c}$, falls $c \in S$;

(T3) $\dfrac{t_1, \ldots, t_n}{f t_1 \ldots t_n}$, falls $f \in S$, f n-stellig.

Die Definition einer Menge Z von Zeichenreihen durch einen Kalkül $\mathfrak{K}$ ermöglicht es, Behauptungen über die Elemente von Z durch sog. *Induktion über* $\mathfrak{K}$ zu beweisen. Das Beweisprinzip entspricht der vollständigen Induktion bei den natürlichen Zahlen. Will man zeigen, daß alle Elemente in Z eine Eigenschaft E haben, so genügt hierzu der Nachweis, daß

(I) für jede Regel

$$\frac{\zeta_1, \ldots, \zeta_n}{\zeta}$$

des Kalküls $\mathfrak{K}$ gilt: Wenn $\zeta_1, \ldots, \zeta_n$ in $\mathfrak{K}$ ableitbar sind und die Eigenschaft E haben („*Induktionsvoraussetzung*"), so hat auch ζ die Eigenschaft E.

Im Fall $n = 0$ müssen wir also zeigen, daß ζ die Eigenschaft E hat.

Das Beweisprinzip ist unmittelbar einleuchtend, besagt es doch anschaulich, daß alle mit den Regeln von $\mathfrak{K}$ gewinnbaren Zeichenreihen die Eigenschaft E haben, sofern alle mit „prämissenlosen" Regeln (d.h. $n = 0$ in (I)) gewinnbaren Zeichenreihen die Eigenschaft E besitzen und sofern sich E bei Anwendung der restlichen Regeln vererbt. Es läßt sich auch auf das Prinzip der vollständigen Induktion für natürliche Zahlen zurückführen. Hierzu definiert man zunächst auf naheliegende Weise, was die Länge einer Ableitung im Kalkül $\mathfrak{K}$ sein soll (vgl. die Ableitungsbeispiele in §3). Ist dann die Bedingung (I) für eine Eigenschaft E erfüllt, so kann man durch vollständige Induktion über m zeigen, daß jede Zeichenreihe, die eine Ableitung der Länge m besitzt, die Eigenschaft E hat. Da jedes Element aus Z eine Ableitung besitzt, trifft E dann auf alle Elemente von Z zu.

Wir bezeichnen das oben geschilderte Beweisverfahren für Kalküle im Spezialfall des Term- und Ausdruckskalküls als einen *Beweis durch Induktion über den Aufbau der Terme* bzw. *Ausdrücke*. Um nachzuweisen, daß alle S-Terme eine Eigenschaft E haben, reicht es, zu zeigen:

(T1)′ Jede Variable hat die Eigenschaft E.

(T2)′ Jede Konstante aus S hat die Eigenschaft E.

(T3)′ Haben die S-Terme $t_1, \ldots, t_n$ die Eigenschaft E und ist $f \in S$ n-stellig, so hat $f t_1 \ldots t_n$ die Eigenschaft E.

Die entsprechenden Bedingungen lauten im Falle des Ausdruckskalküls:

(A1)′ Jeder S-Ausdruck der Gestalt $t_1 \equiv t_2$ hat die Eigenschaft E.

(A2)′ Jeder S-Ausdruck der Gestalt $R t_1 \ldots t_n$ hat die Eigenschaft E.

(A3)′ Hat der S-Ausdruck φ die Eigenschaft E, so hat auch $\neg\varphi$ die Eigenschaft E.

(A4)′ Haben die S-Ausdrücke φ und ψ die Eigenschaft E, so haben auch $(\varphi \wedge \psi)$, $(\varphi \vee \psi)$, $(\varphi \rightarrow \psi)$ und $(\varphi \leftrightarrow \psi)$ die Eigenschaft E.

(A5)′ Hat der S-Ausdruck φ die Eigenschaft E und ist x eine Variable, so haben auch $\forall x \varphi$ und $\exists x \varphi$ die Eigenschaft E.

Wir bringen einige Anwendungen.

4.1. (a) *Für alle Symbolmengen S ist die leere Zeichenreihe $\square$ kein S-Term und kein S-Ausdruck.*

(b) (1) *$\circ$ ist kein S_{Gr}-Term.*

(2) *$\circ\circ v_1$ ist kein S_{Gr}-Term.*

(c) *Für alle Symbolmengen S enthält jeder S-Ausdruck genau so viele rechte Klammern) wie linke Klammern (.*

Beweis. Zu (a): E sei die Eigenschaft über $\mathscr{A}_S^*$, die auf eine Zeichenreihe ζ über $\mathscr{A}_S$ genau dann zutrifft, wenn ζ nicht leer ist. Wir zeigen durch Induktion über den Aufbau der Terme, daß jeder S-Term die Eigenschaft E besitzt. Den Fall der Ausdrücke überlassen wir dem Leser.

(T1)′, (T2)′: Terme der Gestalt x und der Gestalt c (mit $c \in S$) sind nicht leer.

(T3)′: Jeder Term nach (T3) beginnt mit einem Funktionssymbol und ist daher nicht leer; wir brauchen also gar nicht auf die Induktionsvoraussetzung zurückzugreifen.

Zu (b): (1) überlassen wir dem Leser. Zum Beweis von (2) sei E diejenige Eigenschaft über $\mathcal{A}^*_{S_{\mathrm{Gr}}}$, die auf eine Zeichenreihe ζ über $\mathcal{A}_{S_{\mathrm{Gr}}}$ genau dann zutrifft, wenn ζ von $\circ\circ v_1$ verschieden ist. Wir zeigen durch Induktion über den Aufbau der Terme, daß jeder S_{Gr}-Term von $\circ\circ v_1$ verschieden ist. Dabei bedienen wir uns bereits einer etwas gelockerten Darstellungsweise.

$t = x$, $t = e$: t ist von der Zeichenreihe $\circ\circ v_1$ verschieden. $t = \circ t_1 t_2$: Wäre $\circ\, t_1 t_2 = \circ\circ v_1$, so nach (a) offenbar $t_1 = \circ$ und $t_2 = v_1$, also insbesondere $t_1 = \circ$, im Widerspruch zu (1).

Zu (c): Man beweist zunächst induktiv über den Aufbau der Terme, daß kein S-Term eine linke oder rechte Klammer enthält. Sodann betrachtet man die Eigenschaft E über $\mathcal{A}^*_S$, die auf eine Zeichenreihe ζ über $\mathcal{A}_S$ genau dann zutrifft, wenn ζ gleich viele linke Klammern wie rechte Klammern enthält. Durch Induktion über den Aufbau der Ausdrücke zeigt man dann, daß jeder S-Ausdruck die Eigenschaft E besitzt. Wir bringen exemplarisch einige Fälle.

$\varphi = t_1 \equiv t_2$ mit S-Termen t_1, t_2: Wegen der Vorbemerkung kommen in φ keine Klammern vor; E trifft also auf φ zu.

$\varphi = \neg\psi$, und ψ habe nach Induktionsvoraussetzung die Eigenschaft E: Da in φ die gleichen Klammern vorkommen wie in ψ, besitzt auch φ die Eigenschaft E.

$\varphi = (\psi \wedge \chi)$, und E treffe auf ψ und χ zu: Da in φ neben den Klammern aus ψ und χ noch je eine linke und eine rechte Klammer auftreten, hat auch φ die Eigenschaft E.

$\varphi = \forall x \psi$, und ψ habe nach Induktionsvoraussetzung die Eigenschaft E: Dann schließt man wie im Falle $\varphi = \neg\psi$. □

Mit den folgenden Ausführungen legen wir dar, daß man Terme und Ausdrücke in eindeutiger Weise in die Terme und Ausdrücke zerlegen kann, aus denen sie entstanden sind. Wir beziehen uns dabei auf eine vorgegebene Symbolmenge S. Einige Vorbereitungen treffen wir in 4.2 und 4.3.

4.2 Lemma. (a) *Für alle Terme t, t' gilt: t ist kein echtes Anfangsstück von t' (d.h. es gibt kein von $\square$ verschiedenes ζ mit $t\zeta = t'$).*

(b) *Für alle Ausdrücke φ, φ' gilt: φ ist kein echtes Anfangsstück von φ'.*

Wir beschränken uns auf den *Beweis von* (a). Hierzu betrachten wir die Eigenschaft E, welche auf eine Zeichenreihe η genau dann zutrifft, wenn

(*) Für alle Terme t': η ist kein echtes Anfangsstück von t' und t' kein echtes Anfangsstück von η.

Durch Induktion über den Aufbau der Terme zeigen wir, daß alle Terme t die Eigenschaft E haben.

$t = x$: t' sei ein beliebiger Term. Nach 4.1(a) ist t' kein echtes Anfangsstück von x; denn dann müßte $t' = \square$ gelten. Umgekehrt zeigt man durch Induktion über den Aufbau der Terme leicht, daß x der einzige mit x beginnende Term ist. Daher kann t auch kein echtes Anfangsstück von t' sein.

$t = c$: Man schließt analog.

$t = ft_1 \dots t_n$, (*) gelte für $t_1, \dots, t_n$: Sei t' beliebig vorgegeben. Wir zeigen, daß t' kein echtes Anfangsstück von t sein kann. Sonst nämlich gäbe es ein ζ mit

(1) $$\zeta \neq \square, t = t'\zeta.$$

Da t' mit f beginnt (denn t beginnt mit f), ist t' keine Variable und keine Konstante; t' muß also mit (T3) gewonnen sein und hat somit die Gestalt $ft'_1 \dots t'_n$ mit geeigneten Termen $t'_1, \dots t'_n$. Mit (1) bekommen wir daher

(2) $$ft_1 \dots t_n = ft'_1 \dots t'_n\zeta,$$

und hieraus durch Streichen des Symbols f

(3) $$t_1 \dots t_n = t'_1 \dots t'_n\zeta.$$

Wir sehen zunächst, daß t_1 ein Anfangsstück von t'_1 ist oder umgekehrt. Da t_1 nach Induktionsvoraussetzung (*) erfüllt, kann es sich in keinem Fall um ein echtes Anfangsstück handeln. Also ist $t_1 = t'_1$. Durch Streichen von t_1 auf beiden Seiten von (3) gelangen wir nun zu

(4) $$t_2 \dots t_n = t'_2 \dots t'_n\zeta$$

und in ähnlicher Weise wie von (3) zu (4) schließlich zu

$$\square = \zeta.$$

Dies ist ein Wiederspruch zu (1). t' kann also kein echtes Anfangsstück von t sein. Der Nachweis, daß auch t kein echtes Anfangsstück von t' sein kann, verläuft analog. □

Unter Verwendung von 4.2 erhält man auf ähnliche Weise:

4.3 Lemma. (a) *Sind* $t_1, \ldots, t_n$ *und* $t'_1, \ldots, t'_m$ *Terme und ist* $t_1 \ldots t_n = t'_1 \ldots t'_m$, *so ist* $n = m$ *und* $t_i = t'_i$ *für* $1 \leq i \leq n$.

(b) *Sind* $\varphi_1, \ldots, \varphi_n$ *und* $\varphi'_1, \ldots, \varphi'_m$ *Ausdrücke und ist* $\varphi_1 \ldots \varphi_n = \varphi'_1 \ldots \varphi'_m$, *so ist* $n = m$ *und* $\varphi_i = \varphi'_i$ *für* $1 \leq i \leq n$.

Mit Hilfe von 4.2 und 4.3 gewinnt man leicht

4.4 Satz. (a) *Jeder Term ist entweder eine Variable oder eine Konstante oder ein Term der Gestalt* $f t_1 \ldots t_n$. *Im letzten Fall sind das Funktionssymbol* f *und die Terme* $t_1, \ldots, t_n$ *eindeutig bestimmt.*

(b) *Jeder Ausdruck ist entweder ein Ausdruck der Gestalt* (1) $t_1 \equiv t_2$ *oder* (2) $R t_1 \ldots t_n$ *oder* (3) $\neg\varphi$ *oder* (4) $(\varphi \wedge \psi)$ *oder* (5) $(\varphi \vee \psi)$ *oder* (6) $(\varphi \rightarrow \psi)$ *oder* (7) $(\varphi \leftrightarrow \psi)$ *oder* (8) $\forall x \varphi$ *oder* (9) $\exists x \varphi$. *Dabei sind eindeutig bestimmt die Terme* t_1, t_2 *im Fall* (1), *das Relationssymbol* R *und die Terme* $t_1, \ldots, t_n$ *im Fall* (2), *der Ausdruck* φ *im Fall* (3), *die Ausdrücke* φ *und* ψ *in den Fällen* (4), (5), (6), (7), *die Variable* x *und der Ausdruck* φ *in den Fällen* (8) *und* (9).

Satz 4.4 besagt, daß ein Term bzw. ein Ausdruck eindeutig in die Terme und Ausdrücke zerlegt werden kann, aus denen er entstanden ist. Das gibt uns, wie wir nun zeigen werden, die Möglichkeit, sog. *induktive Definitionen über den Aufbau der Terme* bzw. *Ausdrücke* durchzuführen. Um z.B. eine Funktion für alle Terme zu definieren, wird es genügen,

(T1)″ jeder Variablen einen Wert zuzuordnen;

(T2)″ jeder Konstanten einen Wert zuzuordnen;

(T3)″ für jedes n-stellige f und beliebige Terme $t_1, \ldots, t_n$ dem Term $f t_1 \ldots t_n$ einen Wert zuzuordnen unter der Annahme, daß den Termen $t_1, \ldots, t_n$ bereits je ein Wert zugeordnet ist.

Daß mit (T1)″ bis (T3)″ jedem Term genau ein Wert zugeordnet ist, läßt sich durch Induktion über den Aufbau der Terme beweisen:

$t = x$: Nach 4.4(a) ist t keine Konstante und beginnt nicht mit einem Funktionssymbol. Die Zuweisung eines Wertes erfolgt also durch (T1)″ und nur durch (T1)″. t erhält demnach genau einen Wert zugewiesen.

$t = c$: Man schließt analog.

$t = ft_1 \dots t_n$: Jedem der Terme $t_1, \dots, t_n$ sei genau ein Wert zugeordnet: Um t einen Wert zuzuordnen, kommt nach 4.4(a) nur (T3)″ in Frage. Da, ebenfalls nach 4.4(a), die t_i eindeutig bestimmt sind, wird t also genau ein Wert zugewiesen. □

Wir illustrieren die Definierbarkeitsprinzipien an einigen Beispielen.

4.5 Definition. (a) Die Funktion var (genauer: var_S), die jedem S-Term die Menge der in ihm vorkommenden Variablen zuordnet, läßt sich folgendermaßen definieren:

$$\begin{aligned} \mathrm{var}(x) &:= \{x\} \\ \mathrm{var}(c) &:= \emptyset \\ \mathrm{var}(ft_1 \dots t_n) &:= \mathrm{var}(t_1) \cup \dots \cup \mathrm{var}(t_n). \end{aligned}$$

(b) Die Funktion TA, die jedem Ausdruck die Menge seiner Teilausdrücke zuordnet, kann man induktiv über den Aufbau der Ausdrücke definieren:

$$\begin{aligned} \mathrm{TA}(t_1 \equiv t_2) &:= \{t_1 \equiv t_2\} \\ \mathrm{TA}(Rt_1 \dots t_n) &:= \{Rt_1 \dots t_n\} \\ \mathrm{TA}(\neg\varphi) &:= \{\neg\varphi\} \cup \mathrm{TA}(\varphi) \\ \mathrm{TA}((\varphi * \psi)) &:= \{(\varphi * \psi)\} \cup \mathrm{TA}(\varphi) \cup \mathrm{TA}(\psi) \\ & \quad\ \text{für } * = \wedge, \vee, \rightarrow, \leftrightarrow \\ \mathrm{TA}(\forall x\varphi) &:= \{\forall x\varphi\} \cup \mathrm{TA}(\varphi) \\ \mathrm{TA}(\exists x\varphi) &:= \{\exists x\varphi\} \cup \mathrm{TA}(\varphi). \end{aligned}$$

In diesen Beispielen ermöglicht die Mengenschreibweise eine prägnante Formulierung. Man kann die entsprechenden Funktionen auch durch Kalküle definieren. Davon handelt die folgende Aufgabe.

4.6 Aufgabe. (a) Der Kalkül $\mathfrak{K}_v$ bestehe aus den folgenden Regeln:

$$\frac{}{x \quad x}\ ; \qquad \frac{y \quad t_i}{y \quad ft_1 \dots t_n}, \text{ falls } f \in S\ n\text{-stellig und } i \in \{1, \dots, n\}.$$

Man zeige, daß für alle Variablen x und alle S-Terme t gilt:
xt ist in $\mathfrak{K}_v$ ableitbar gdw[1] $x \in \mathrm{var}(t)$.

(b) Man verfahre für TA ähnlich wir für var in (a).

4.7 Aufgabe. Man modifiziere den Ausdruckskalkül, indem man in 3.2 (A4) die Klammern fortläßt, also etwa für "$(\varphi \wedge \psi)$" einfach "$\varphi \wedge \psi$" schreibt. Z.B. ist $\chi := \exists v_0 P v_0 \wedge Q v_1$ ein $\{P, Q\}$-Ausdruck im neuen Sinn. Man zeige, daß das Analogon von 4.4 nicht mehr gilt

[1] „gdw" steht fortan als Abkürzung für „genau dann wenn".

und daß die entsprechend modifizierte Festlegung für TA es erlaubt, $\mathrm{TA}(\chi) = \{\chi, Pv_0 \wedge Qv_1, Pv_0, Qv_1\}$ und $\mathrm{TA}(\chi) = \{\chi, \exists v_0 Pv_0, Pv_0, Qv_1\}$ zu gewinnen, also keine Funktion mehr definiert.

4.8 Aufgabe. (Klammerfreie Darstellung der Ausdrücke, sog. *polnische Notation*). Sei S eine Symbolmenge und bezeichne $\mathscr{A}'$ die unter (a) bis (d) in 2.1 genannten Symbole. Wir setzen $\mathscr{A}'_S := \mathscr{A}' \cup S$. S-Ausdrücke in polnischer Notation (kurz S-P-Ausdrücke) seien alle Zeichenreihen über $\mathscr{A}'$, die man durch endlichmalige Anwendung der Regeln (A1), (A2), (A3), (A5) aus 3.2 und der folgenden Regel (A4)' erhalten kann:

(A4)' Sind φ und ψ S-P-Ausdrücke, so sind auch $\wedge\varphi\psi$, $\vee\varphi\psi$, $\rightarrow\varphi\psi$ und $\leftrightarrow\varphi\psi$ S-P-Ausdrücke.

Man beweise die 4.3(b) und 4.4(b) entsprechenden Behauptungen für S-P-Ausdrücke.

4.9 Aufgabe. Sei $n \geq 1$ und seien $t_1, \ldots, t_n \in T^S$. Man zeige, daß an jeder Stelle im Wort $t_1 \ldots t_n$ genau ein Term beginnt, d.h. ist $1 \leq i \leq$ Länge von $t_1 \ldots t_n$, so gibt es eindeutig bestimmte $\xi, \eta \in \mathscr{A}_S^*$ und $t \in T^S$ mit Länge von $\xi = i - 1$ und $t_1 \ldots t_n = \xi t \eta$.

§5 Freie Variablen und Sätze

Seien x, y, z verschiedene Variablen. Betrachten wir die atomaren Teilausdrücke des $\{R\}$-Ausdrucks

$$\varphi := \exists x(R\underline{y}\underline{z} \wedge \forall y(\neg \underline{\underline{y}} \equiv \underline{\underline{x}} \vee R\underline{\underline{y}}\underline{z})),$$

so kommen die Variablen y und z an den einfach unterstrichenen Stellen vor, ohne daß sie dort im Wirkungsbereich eines Quantors stehen. Sie spielen dort, wie wir sehen werden, die Rolle von *Parametern*; wir wollen sagen, daß sie dort *frei* vorkommen. Entsprechend werden wir sagen, daß die Variablen x und y an den doppelt unterstrichenen Stellen *gebunden* vorkommen. (Die Variable y kommt also sowohl frei als auch gebunden in φ vor.)

Die Menge der in einem Ausdruck φ *frei vorkommenden Variablen*, die wir mit $\mathrm{frei}(\varphi)$ bezeichnen wollen, können wir induktiv über den Aufbau der Ausdrücke definieren. Wir beziehen uns dabei wieder auf eine vorgegebene Symbolmenge S.

5.1 Definition.

$$\begin{array}{lll}
\mathrm{frei}(t_1 \equiv t_2) & := & \mathrm{var}(t_1) \cup \mathrm{var}(t_2) \\
\mathrm{frei}(P t_1 \ldots t_n) & := & \mathrm{var}(t_1) \cup \cdots \cup \mathrm{var}(t_n) \\
\mathrm{frei}(\neg\varphi) & := & \mathrm{frei}(\varphi) \\
\mathrm{frei}((\varphi * \psi)) & := & \mathrm{frei}(\varphi) \cup \mathrm{frei}(\psi) \text{ für } * = \wedge, \vee, \rightarrow, \leftrightarrow \\
\mathrm{frei}(\forall x\varphi) & := & \mathrm{frei}(\varphi) \setminus \{x\} \\
\mathrm{frei}(\exists x\varphi) & := & \mathrm{frei}(\varphi) \setminus \{x\}.
\end{array}$$

Der Leser benutze die Richtlinien dieser Definition, um für den Fall $S = \{R\}$ die Menge der in dem eingangs genannten Ausdruck φ frei vorkommenden Variablen zu bestimmen. Wir wollen dasselbe an einem einfacheren Beispiel durchführen. Dabei seien x, y, z wieder verschiedene Variablen.

$$\begin{array}{lll}
\mathrm{frei}((Ryx \rightarrow \forall y \neg y \equiv z)) & = & \mathrm{frei}(Ryx) \cup \mathrm{frei}(\forall y \neg y \equiv z) \\
& = & \{x, y\} \cup (\{y, z\} \setminus \{y\}) \\
& = & \{x, y, z\}.
\end{array}$$

Ausdrücke, in denen keine Variable frei vorkommt („parameterfreie" Ausdrücke), heißen *Sätze*. Z.B. ist $\exists v_0 \neg v_0 \equiv v_0$ ein Satz. Man verwechsle diesen formal (grammatikalisch) definierten Begriff nicht mit dem in der Mathematik auch üblichen Terminus „Satz" im Sinne von „Theorem".

Abschließend vereinbaren wir in diesem Zusammenhang, daß wir unter L_n^S die Menge derjenigen S-Ausdrücke verstehen wollen, in denen höchstens die Variablen $v_0, \ldots, v_{n-1}$ frei vorkommen, also

$$L_n^S := \{\varphi \mid \varphi \text{ ist } S\text{-Ausdruck mit } \mathrm{frei}(\varphi) \subset \{v_0, \ldots, v_{n-1}\}\}.$$

Insbesondere ist dann L_0^S die Menge der S-Sätze.

5.2 Aufgabe. Man zeige, daß der im folgenden angegebene Kalkül $\mathfrak{K}_{nf}$ gerade diejenigen Zeichenreihen der Gestalt $x\varphi$ abzuleiten gestattet, für die $\varphi \in L^S$ ist und x nicht frei in φ vorkommt.

$$\frac{}{x \quad t_1 \equiv t_2}, \quad \text{falls } t_1, t_2 \in T^S \text{ und } x \notin \mathrm{var}(t_1) \cup \mathrm{var}(t_2);$$

$$\frac{}{x \quad Rt_1 \ldots t_n}, \quad \text{falls } R \in S \text{ } n\text{-stellig, } t_1, \ldots, t_n \in T^S \text{ und } x \notin \mathrm{var}(t_1) \cup \cdots \cup \mathrm{var}(t_n);$$

$$\frac{x \quad \varphi}{x \quad \neg\varphi}; \qquad \frac{\begin{array}{l} x \quad \varphi \\ x \quad \psi \end{array}}{x \quad (\varphi * \psi)} \quad \text{für } * = \wedge, \vee, \rightarrow, \leftrightarrow;$$

$$\frac{}{x \quad \forall x\varphi}; \qquad \frac{}{x \quad \exists x\varphi};$$

$$\frac{x \quad \varphi}{x \quad \forall y\varphi}, \quad \text{falls } x \neq y; \qquad \frac{x \quad \varphi}{x \quad \exists y\varphi}, \quad \text{falls } x \neq y.$$

Kapitel III

Semantik der Sprachen erster Stufe

R sei ein zweistelliges Relationssymbol. Der $\{R\}$-Ausdruck

(1) $$\forall v_0 R v_0 v_0$$

ist zunächst nur eine Zeichenreihe, der keine Bedeutung zukommt. Dies ändert sich, wenn wir für die Variable v_0 einen Grundbereich festlegen und das zweistellige Relationssymbol R durch eine zweistellige Relation über diesem Grundbereich interpretieren. Natürlich kann das auf verschiedene Weise geschehen.

Wählen wir z.B. $\mathbb{N}$ als Grundbereich, deuten wir damit also "$\forall v_0$" als „für alle $n \in \mathbb{N}$", und interpretieren wir R durch die Teilbarkeitsbeziehung $R^{\mathbb{N}}$ über $\mathbb{N}$, so geht (1) in die (wahre) Aussage

Für alle $n \in \mathbb{N}$: $R^{\mathbb{N}} nn$

über, d.h. in die Aussage

Jede natürliche Zahl teilt sich selbst.

Wir sagen: Der Ausdruck $\forall v_0 R v_0 v_0$ *gilt in* $(\mathbb{N}, R^{\mathbb{N}})$.

Wählen wir etwa die Menge $\mathbb{Z}$ der ganzen Zahlen als Grundbereich und interpretieren wir R durch die Kleiner-Relation $R^{\mathbb{Z}}$ über $\mathbb{Z}$, so geht (1) jetzt in die (falsche) Aussage

Für alle $a \in \mathbb{Z}$: $R^{\mathbb{Z}} aa$

über, d.h. in die Aussage

Für jede ganze Zahl a gilt a < a.

Wir sagen: Der Ausdruck $\forall v_0 R v_0 v_0$ *gilt nicht in* $(\mathbb{Z}, R^{\mathbb{Z}})$.

Betrachten wir in $(\mathbb{Z}, R^{\mathbb{Z}})$ den Ausdruck

$$\exists v_0 (R v_1 v_0 \wedge R v_0 v_2),$$

so müssen wir noch die frei vorkommenden Variablen v_1 und v_2 durch Elemente von $\mathbb{Z}$ interpretieren. Bei Interpretation von v_1 durch 5 und v_2 durch 8 erhalten wir die (wahre) Aussage

Es gibt eine ganze Zahl a mit $5 < a$ *und* $a < 8$.

und bei der Interpretation von v_1 durch 5 und v_2 durch 6 die (falsche) Aussage

Es gibt eine ganze Zahl a mit $5 < a$ *und* $a < 6$.

Im Mittelpunkt dieses Kapitels steht eine exakte Fassung des Begriffs der Interpretation und eine präzise Definition dafür, wann ein Ausdruck bei einer Interpretation in eine wahre bzw. in eine falsche Aussage übergeht. Dies ermöglicht dann auch eine Präzisierung der in Kapitel I angedeuteten Folgerungsbeziehung.

Die Definitionen der in Kapitel II betrachteten Begriffe „Term", „Ausdruck", „freies Vorkommen" usf. nehmen nur Bezug auf die äußere Gestalt von Zeichenreihen. Man nennt sie *syntaktische Begriffe*. Dagegen beziehen sich die Begriffe, die wir in diesem Kapitel einführen werden, auf die *Bedeutung* von Zeichenreihen (im obigen Fall etwa auf die Bedeutung in Strukturen). Derartige Begriffe der mathematischen Logik nennt man *semantisch*.

§1 Strukturen und Interpretationen

Ist A eine Menge und $n \geq 1$, so verstehen wir unter einer *n-stelligen Funktion über A* eine Abbildung, deren Definitionsbereich die Menge A^n der n-Tupel von Elementen aus A ist und deren Werte wiederum in A liegen. Unter einer *n-stelligen Relation* $\mathfrak{R}$ *über A* verstehen wir eine Teilmenge von A^n. Statt $(a_1, \ldots, a_n) \in \mathfrak{R}$ schreiben wir auch $\mathfrak{R} a_1 \ldots a_n$ und sagen, daß die Relation $\mathfrak{R}$ auf $a_1, \ldots, a_n$ zutrifft. – Die Teilbarkeitsbeziehung über $\mathbb{N}$ ist bei dieser Auffassung die Menge

$$\{(n, m) \mid n, m \in \mathbb{N} \text{ und es gibt ein } k \in \mathbb{N} \text{ mit } n \cdot k = m\},$$

und die Kleiner-Relation über $\mathbb{Z}$ ist die Menge

$$\{(a, b) \mid a, b \in \mathbb{Z} \text{ und } a < b\}.$$

In den eingangs betrachteten Beispielen wurden die Strukturen $(\mathbb{N}, R^{\mathbb{N}})$ bzw. $(\mathbb{Z}, R^{\mathbb{Z}})$ bestimmt durch den Grundbereich $\mathbb{N}$ bzw. $\mathbb{Z}$ und durch die zweistellige Relation $R^{\mathbb{N}}$ bzw. $R^{\mathbb{Z}}$ als Interpretation des Symbols R. Mit Bezug auf die Menge der gedeuteten Symbole – hier also $\{R\}$ – bezeichnen wir $(\mathbb{N}, R^{\mathbb{N}})$ und $(\mathbb{Z}, R^{\mathbb{Z}})$ als $\{R\}$-Strukturen. Betrachten wir die Symbolmenge $S_{\text{Gr}} = \{\circ, e\}$ der Gruppentheorie, so wird durch den Grundbereich $\mathbb{R}$ der reellen Zahlen, durch die Addition $+$ über $\mathbb{R}$ (als Interpretation von $\circ$) und das Element 0 aus $\mathbb{R}$ (als Interpretation von e) die S_{Gr}-Struktur $(\mathbb{R}, +, 0)$ bestimmt. Allgemein wird eine S-Struktur $\mathfrak{A}$ festgelegt durch

(a) die Angabe eines Grundbereichs A,

(b) (1) die Angabe einer n-stelligen Relation über A für jedes n-stellige Relationssymbol aus S,

(2) die Angabe einer n-stelligen Funktion über A für jedes n-stellige Funktionssymbol aus S,

(3) die Angabe eines Elements von A für jede Konstante aus S.

Wir fassen die Punkte unter (b) in eine Abbildung zusammen und definieren:

1.1 Definition. Eine *S-Struktur* ist ein Paar $\mathfrak{A} = (A, \mathfrak{a})$ mit den folgenden Eigenschaften:

(a) A ist eine *nicht-leere* Menge, der sog. *Grundbereich* oder *Träger* von $\mathfrak{A}$.

(b) $\mathfrak{a}$ ist eine auf S definierte Abbildung. Für sie gilt:

(1) Für jedes n-stellige Relationssymbol R aus S ist $\mathfrak{a}(R)$ eine n-stellige Relation über A.

(2) Für jedes n-stellige Funktionssymbol f aus S ist $\mathfrak{a}(f)$ eine n-stellige Funktion über A.

(3) Für jede Konstante c aus S ist $\mathfrak{a}(c)$ ein Element von A.

Statt $\mathfrak{a}(R)$, $\mathfrak{a}(f)$ und $\mathfrak{a}(c)$ schreiben wir häufig $R^{\mathfrak{A}}$, $f^{\mathfrak{A}}$ und $c^{\mathfrak{A}}$ oder auch einfach R^A, f^A und c^A. Für Strukturen $\mathfrak{A}, \mathfrak{B}, \ldots$ seien $A, B, \ldots$ deren Träger. Oft geben wir eine S-Struktur nicht in der Form $\mathfrak{A} = (A, \mathfrak{a})$ an, sondern ersetzen die Abbildung $\mathfrak{a}$ durch eine Aufzählung ihrer Werte; z.B. schreiben wir eine $\{R, f, g\}$-Struktur dann in der Form $\mathfrak{A} = (A, R^{\mathfrak{A}}, f^{\mathfrak{A}}, g^{\mathfrak{A}})$.

Bei der Betrachtung der Arithmetik spielen die folgenden Symbolmengen eine besondere Rolle:

$$S_{\mathrm{Ar}} := \{+, \cdot, 0, 1\} \quad \text{und} \quad S_{\mathrm{Ar}}^{<} := \{+, \cdot, 0, 1, <\}.$$

Hierbei sind $+$ und $\cdot$ zweistellige Funktionssymbole, 0 und 1 Konstanten und $<$ ein zweistelliges Relationssymbol. Mit $\mathfrak{N}$ werden wir fortan die S_{Ar}-Struktur $(\mathbb{N}, +^{\mathbb{N}}, \cdot^{\mathbb{N}}, 0^{\mathbb{N}}, 1^{\mathbb{N}})$ bezeichnen, wobei $+^{\mathbb{N}}$ und $\cdot^{\mathbb{N}}$ die übliche Addition und die übliche Multiplikation über $\mathbb{N}$ sind und $0^{\mathbb{N}}$ und $1^{\mathbb{N}}$ die Zahlen Null und Eins.

$$\mathfrak{N}^{<} := (\mathbb{N}, +^{\mathbb{N}}, \cdot^{\mathbb{N}}, 0^{\mathbb{N}}, 1^{\mathbb{N}}, <^{\mathbb{N}}),$$

wobei $<^{\mathbb{N}}$ die übliche Kleiner-Relation über $\mathbb{N}$ bezeichnet, ist ein Beispiel für eine $S_{\mathrm{Ar}}^{<}$-Struktur. Entsprechend setzen wir

$$\mathfrak{R} := (\mathbb{R}, +^{\mathbb{R}}, \cdot^{\mathbb{R}}, 0^{\mathbb{R}}, 1^{\mathbb{R}}) \quad \text{und} \quad \mathfrak{R}^{<} := (\mathbb{R}, +^{\mathbb{R}}, \cdot^{\mathbb{R}}, 0^{\mathbb{R}}, 1^{\mathbb{R}}, <^{\mathbb{R}}).$$

Häufig werden wir auf die Indizes $^{\mathbb{N}}, ^{\mathbb{R}}, \ldots$ bei $+^{\mathbb{N}}, +^{\mathbb{R}}, \ldots, <^{\mathbb{N}}, <^{\mathbb{R}}$ verzichten. Es ergibt sich dann jeweils aus dem Zusammenhang, ob unter $+$ das Funktionssymbol, die Addition über $\mathbb{N}$ oder die Addition über $\mathbb{R}$ zu verstehen ist.

Die Interpretation von Variablen regeln wir durch sog. Belegungen.

1.2 Definition. Eine *Belegung* in einer S-Struktur $\mathfrak{A}$ ist eine Abbildung $\beta: \{v_n \mid n \in \mathbb{N}\} \to A$ der Menge der Variablen in den Träger A.

Jetzt können wir den Begriff der Interpretation präzise fassen:

1.3 Definition. Eine *S-Interpretation* $\mathfrak{I}$ ist ein Paar $(\mathfrak{A}, \beta)$, bestehend aus einer S-Struktur $\mathfrak{A}$ und einer Belegung β in $\mathfrak{A}$.

Wenn der Bezug zur Symbolmenge S klar oder unwichtig ist, sprechen wir statt von S-Strukturen und von S-Interpretationen einfacher von Strukturen und Interpretationen.

Ist β eine Belegung in $\mathfrak{A}$, $a \in A$ und x eine Variable, so sei $\beta\frac{a}{x}$ diejenige Belegung in $\mathfrak{A}$, die x auf a abbildet und für alle von x verschiedenen Variablen mit β übereinstimmt:

$$\beta\frac{a}{x}(y) := \begin{cases} \beta(y) & \text{für } y \neq x \\ a & \text{für } y = x \end{cases}$$

Ist $\mathfrak{I} = (\mathfrak{A}, \beta)$, so sei $\mathfrak{I}\frac{a}{x} := (\mathfrak{A}, \beta\frac{a}{x})$.

Wir haben bereits in der Einführung zu diesem Kapitel an Beispielen gesehen, wie man einen S-Ausdruck nach Angabe einer S-Interpretation als eine (umgangssprachliche) Aussage lesen kann. Es ist nützlich, das Lesen von Ausdrücken bei einer Interpretation zu üben.

Ist etwa $S = S_{\mathrm{Ar}}^{<}$ und die Interpretation $\mathfrak{I} = (\mathfrak{A}, \beta)$ gegeben durch

$$(*) \qquad \mathfrak{A} = (\mathbb{N}, +, \cdot, 0, 1, <) \quad \text{und} \quad \beta(v_n) = 2n \text{ für } n \geq 0,$$

so liest sich der Ausdruck $v_2 \cdot (v_1 + v_2) \equiv v_4$ (eigentlich: $\cdot v_2 + v_1 v_2 \equiv v_4$) als "$4 \cdot (2 + 4) = 8$" und der Ausdruck $\forall v_0 \exists v_1\, v_0 < v_1$ (eigentlich: $\forall v_0 \exists v_1 < v_0 v_1$) als „Zu jeder natürlichen Zahl gibt es eine größere natürliche Zahl".

1.4 Aufgabe. Es sei $\mathfrak{I}$ die oben durch (*) definierte Interpretation. Als welche Aussagen lassen sich die folgenden Ausdrücke bei $\mathfrak{I}$ lesen?

(a) $\exists v_0\, v_0 + v_0 \equiv v_1$;
(b) $\exists v_0\, v_0 \cdot v_0 \equiv v_1$;
(c) $\exists v_1\, v_0 \equiv v_1$;
(d) $\forall v_0 \exists v_1\, v_0 \equiv v_1$;
(e) $\forall v_0 \forall v_1 \exists v_2 (v_0 < v_2 \wedge v_2 < v_1)$.

1.5 Aufgabe. A sei eine endliche, nicht-leere Menge und S eine endliche Symbolmenge. Man zeige, daß es nur endlich viele S-Strukturen mit dem Träger A gibt.

1.6 Aufgabe. Für S-Strukturen $\mathfrak{A} = (A, \mathfrak{a})$ und $\mathfrak{B} = (B, \mathfrak{b})$ sei $\mathfrak{A} \times \mathfrak{B}$, das *direkte Produkt von* $\mathfrak{A}$ *und* $\mathfrak{B}$, die S-Struktur mit Träger

$$A \times B := \{(a, b) \mid a \in A, b \in B\},$$

die durch die folgenden Festlegungen gegeben ist:

für n-stelliges R aus S und $(a_1, b_1), \ldots, (a_n, b_n) \in A \times B$ gelte

$$R^{\mathfrak{A} \times \mathfrak{B}}(a_1, b_1) \ldots (a_n, b_n) \quad \text{gdw} \quad R^{\mathfrak{A}} a_1 \ldots a_n \text{ und } R^{\mathfrak{B}} b_1 \ldots b_n,$$

für n-stelliges f aus S und $(a_1, b_1), \ldots, (a_n, b_n) \in A \times B$ sei

$$f^{\mathfrak{A} \times \mathfrak{B}}((a_1, b_1), \ldots, (a_n, b_n)) := (f^{\mathfrak{A}}(a_1, \ldots, a_n), f^{\mathfrak{B}}(b_1, \ldots, b_n)),$$

und für $c \in S$ sei

$$c^{\mathfrak{A} \times \mathfrak{B}} := (c^{\mathfrak{A}}, c^{\mathfrak{B}}).$$

Man zeige:

(a) Sind die S_{Gr}-Strukturen $\mathfrak{A}$ und $\mathfrak{B}$ Gruppen, so ist auch $\mathfrak{A} \times \mathfrak{B}$ eine Gruppe.
(b) Mit $\mathfrak{A}$ und $\mathfrak{B}$ ist auch $\mathfrak{A} \times \mathfrak{B}$ eine Äquivalenzstruktur.
(c) Sind die S_{Ar}-Strukturen $\mathfrak{A}, \mathfrak{B}$ Körper, so ist $\mathfrak{A} \times \mathfrak{B}$ kein Körper.

§2 Eine Normierung der umgangssprachlichen Junktoren

Bei der im nächsten Paragraphen folgenden Definition der Modellbeziehung werden wir auf die Bedeutung der Junktoren „nicht“, „und“, „oder“, „wenn – so“, „genau dann, wenn“ zurückgreifen müssen. In der Umgangssprache schwankt ihr Gebrauch. Beispielsweise wird „oder“ manchmal nicht-ausschließend, manchmal ausschließend im Sinne von „entweder – oder“ verwendet. Wir nehmen daher eine Normierung vor. Den Junktor „oder“ wollen wir fortan nicht-ausschließend verwenden: Eine mit „oder“ zusammengesetzte Aussage ist wahr (wir sagen auch: sie hat den *Wahrheitswert W*) genau dann, wenn mindestens eine Teilaussage wahr ist. Eine mit „oder“ zusammengesetzte Aussage ist also falsch (wir sagen auch: sie hat den *Wahrheitswert F*) genau dann, wenn beide Teilaussagen falsch sind. Wenn wir also in 3.2 festlegen, daß ein Ausdruck $(\varphi \vee \psi)$ bei einer Interpretation $\mathfrak{I}$ genau dann den Wahrheitswert W erhält, wenn φ bei $\mathfrak{I}$ den Wahrheitswert W erhält *oder* wenn ψ bei $\mathfrak{I}$ den Wahrheitswert W erhält, so bedeutet das aufgrund unserer Normierung: $(\varphi \vee \psi)$ erhält bei $\mathfrak{I}$ den Wahrheitswert W genau dann, wenn mindestens einer der Ausdrücke φ, ψ bei $\mathfrak{I}$ den Wahrheitswert W erhält.

Der Wahrheitswert einer mit „oder“ zusammengesetzten Aussage hängt jetzt allein von den Wahrheitswerten der Teilaussagen ab. Wir können daher die Bedeutung von „oder“ durch eine Funktion

$$\dot{\vee}: \{W, F\} \times \{W, F\} \to \{W, F\}$$

erfassen, deren Funktionstafel („Wahrheitstafel“) folgendermaßen lautet:

		$\dot{\vee}$
W	W	W
W	F	W
F	W	W
F	F	F

Ähnlich verfahren wir bei den Junktoren „und“, „wenn - so“, „genau dann, wenn“, „nicht“. Wir geben gleich die Tafeln für die entsprechenden Funktionen $\dot{\wedge}, \dot{\to}, \dot{\leftrightarrow}, \dot{\neg}$ an:

		$\dot{\wedge}$	$\dot{\rightarrow}$	$\dot{\leftrightarrow}$
W	W	W	W	W
W	F	F	F	F
F	W	F	W	F
F	F	F	W	W

	$\dot{\neg}$
W	F
F	W

Diese Normierung entspricht dem in der Mathematik üblichen Sprachgebrauch.

Junktoren, für die der Wahrheitswert zusammengesetzter Aussagen nur von den Wahrheitswerten der Teilaussagen abhängt, nennt man *extensional.* Aufgrund unserer Festsetzungen gebrauchen wir die Junktoren „nicht", „und", „oder", „wenn – so", „genau dann, wenn" also extensional. In der Umgangssprache dagegen werden diese Junktoren häufig nicht in extensionaler Weise gebraucht. Hierzu vergleiche man etwa die beiden Aussagen „Otto wird krank und der Arzt verschreibt ihm eine Medizin" und „Der Arzt verschreibt ihm eine Medizin und Otto wird krank". Im Gegensatz zum extensionalen Gebrauch von „und" hängt in diesem Fall der Wahrheitswert auch von der Reihenfolge der Teilaussagen ab, mit der ein zeitlicher Bezug hergestellt wird (*intensionaler* Gebrauch).

Mit der Beschränkung auf den extensionalen Gebrauch verzichten wir auf gewisse in der Umgangssprache vorhandene Ausdrucksmöglichkeiten. Die Erfahrung zeigt jedoch, daß dieser Verzicht für die Formulierung *mathematischer* Aussagen unerheblich ist. Darüber hinaus zeigen wir in XI.4, daß sich mit den von uns gewählten Junktoren alle anderen extensionalen Junktoren definieren lassen.

2.1 Aufgabe. Man zeige für beliebige $x, y \in \{W, F\}$:
(a) $\dot{\rightarrow}(x, y) = \dot{\vee}(\dot{\neg}(x), y)$;
(b) $\dot{\wedge}(x, y) = \dot{\neg}(\dot{\vee}(\dot{\neg}(x), \dot{\neg}(y)))$;
(c) $\dot{\leftrightarrow}(x, y) = \dot{\wedge}(\dot{\rightarrow}(x, y), \dot{\rightarrow}(y, x))$.

§3 Die Modellbeziehung

Die Modellbeziehung präzisiert, wann ein Ausdruck bei einer Interpretation in eine wahre Aussage übergeht. Wir beziehen uns auf eine vorgegebene Symbolmenge S. Terme bzw. Ausdrücke seien stets

S-Terme bzw. S-Ausdrücke und Interpretationen stets S-Interpretationen. Zur Vorbereitung ordnen wir jeder Interpretation $\mathfrak{I} = (\mathfrak{A}, \beta)$ und jedem Term t auf natürliche Weise ein Element $\mathfrak{I}(t)$ des Trägers A zu. Wir definieren $\mathfrak{I}(t)$ über den Aufbau der Terme.

3.1 Definition. (a) Für eine Variable x sei $\mathfrak{I}(x) := \beta(x)$.
(b) Für $c \in S$ sei $\mathfrak{I}(c) := c^{\mathfrak{A}}$.
(c) Für n-stelliges $f \in S$ und Terme $t_1, \ldots, t_n$ sei

$$\mathfrak{I}(ft_1 \ldots t_n) := f^{\mathfrak{A}}(\mathfrak{I}(t_1), \ldots, \mathfrak{I}(t_n)).$$

Ein Beispiel hierzu: Für $S = S_{\mathrm{Gr}}$ und $\mathfrak{I} = (\mathfrak{A}, \beta)$ mit $\mathfrak{A} = (\mathbb{R}, +, 0)$ und $\beta(v_0) = 2, \beta(v_2) = 6$ ist $\mathfrak{I}(v_0 \circ (e \circ v_2)) = \mathfrak{I}(v_0) + \mathfrak{I}(e \circ v_2) = 2 + (0 + 6) = 8$.

Wir definieren nun induktiv über den Aufbau der Ausdrücke φ für alle Interpretationen $\mathfrak{I}$ die Beziehung $\mathfrak{I}$ *ist Modell von* φ. Wir sagen auch $\mathfrak{I}$ *erfüllt* φ oder φ *gilt bei* $\mathfrak{I}$ und schreiben $\mathfrak{I} \models \varphi$.

3.2 Definition der Modellbeziehung. Für alle $\mathfrak{I} = (\mathfrak{A}, \beta)$ setzen wir:

$\mathfrak{I} \models t_1 \equiv t_2$	:gdw[1]	$\mathfrak{I}(t_1) = \mathfrak{I}(t_2)$
$\mathfrak{I} \models Rt_1 \ldots t_n$	:gdw	$R^{\mathfrak{A}}\mathfrak{I}(t_1) \ldots \mathfrak{I}(t_n)$ (d.h. $R^{\mathfrak{A}}$ trifft zu auf $\mathfrak{I}(t_1), \ldots, \mathfrak{I}(t_n)$)
$\mathfrak{I} \models \neg\varphi$	:gdw	nicht $\mathfrak{I} \models \varphi$
$\mathfrak{I} \models (\varphi \wedge \psi)$	:gdw	$\mathfrak{I} \models \varphi$ und $\mathfrak{I} \models \psi$
$\mathfrak{I} \models (\varphi \vee \psi)$	:gdw	$\mathfrak{I} \models \varphi$ oder $\mathfrak{I} \models \psi$
$\mathfrak{I} \models (\varphi \rightarrow \psi)$	:gdw	wenn $\mathfrak{I} \models \varphi$, so $\mathfrak{I} \models \psi$
$\mathfrak{I} \models (\varphi \leftrightarrow \psi)$	:gdw	$\mathfrak{I} \models \varphi$ genau dann, wenn $\mathfrak{I} \models \psi$
$\mathfrak{I} \models \forall x\varphi$	:gdw	für alle $a \in A$ gilt $\mathfrak{I}\frac{a}{x} \models \varphi$
$\mathfrak{I} \models \exists x\varphi$	:gdw	es gibt ein $a \in A$ mit $\mathfrak{I}\frac{a}{x} \models \varphi$.

(Zur Definition von $\mathfrak{I}\frac{a}{x}$ vgl. §1.)

Ist Φ eine Menge von S-Ausdrücken, so sagen wir, daß $\mathfrak{I}$ ein Modell von Φ ist, und schreiben $\mathfrak{I} \models \Phi$, falls $\mathfrak{I} \models \varphi$ für alle $\varphi \in \Phi$.

Der Leser mache sich klar, indem er die einzelnen Schritte der Definition verfolgt, daß $\mathfrak{I} \models \varphi$ genau dann, wenn φ bei $\mathfrak{I}$ in eine wahre Aussage übergeht. Die Quantorenschritte in 3.2 mag das folgende Beispiel verdeutlichen. Sei wieder $S = S_{\mathrm{Gr}}$ und $\mathfrak{I} = (\mathfrak{A}, \beta)$ mit $\mathfrak{A} = (\mathbb{R}, +, 0)$ und $\beta(x) = 9$ für alle x. Dann erhalten wir:

[1] Zu „gdw" vgl. die Fußnote auf S. 28; ein Doppelpunkt vor „gdw" soll deutlich machen, daß die linke Seite durch die rechte definiert wird.

$$\mathfrak{I} \models \forall v_0\, v_0 \circ e \equiv v_0$$
$$\text{gdw} \quad \text{für alle } r \in \mathbb{R}\colon \quad \mathfrak{I}\frac{r}{v_0} \models v_0 \circ e \equiv v_0$$
$$\text{gdw} \quad \text{für alle } r \in \mathbb{R}\colon \quad r + 0 = r.$$

3.3 Aufgabe. Sei P ein einstelliges Relationssymbol und f ein zweistelliges Funktionssymbol. Für jeden der Ausdrücke

$$\forall v_1 f v_0 v_1 \equiv v_0, \quad \exists v_0 \forall v_1 f v_0 v_1 \equiv v_1, \quad \exists v_0 (P v_0 \wedge \forall v_1 P f v_0 v_1)$$

finde man eine Interpretation, die ihn erfüllt, und eine Interpretation, die ihn nicht erfüllt.

3.4 Aufgabe. Ein Ausdruck, der $\neg, \rightarrow, \leftrightarrow$ nicht enthält, heiße *positiv.* Man zeige: Zu jedem positiven S-Ausdruck gibt es eine S-Interpretation, die ihn erfüllt. (Hinweis: Man betrachte eine geeignete Struktur mit einelementigem Träger.)

§4 Die Folgerungsbeziehung

Mit Hilfe der Modellbeziehung läßt sich präzisieren, wann ein Ausdruck aus einer Menge von Ausdrücken folgt. Wir legen wieder eine feste Symbolmenge S zugrunde.

4.1 Definition der Folgerungsbeziehung. Φ sei eine Menge von Ausdrücken und φ ein Ausdruck:

φ *folgt aus* Φ (kurz: $\Phi \models \varphi$) :gdw jede Interpretation, die Modell von Φ ist, ist auch Modell von φ.[1]

Statt "$\{\psi\} \models \varphi$" schreiben wir auch "$\psi \models \varphi$".

Beispiele für die Folgerungsbeziehung haben wir bereits in Kapitel I angedeutet. Den Inhalt von I.1.1 (Existenz des Linksinversen) können wir jetzt wiedergeben durch

$$\Phi_{\mathrm{Gr}} \models \forall v_0 \exists v_1\, v_1 \circ v_0 \equiv e,$$

wobei

[1]Wir verwenden $\models$ sowohl für die Modellbeziehung ($\mathfrak{I} \models \varphi$) als auch für die Folgerungsbeziehung ($\Phi \models \varphi$). Mißverständnisse sind nicht zu befürchten, da der Bezug auf eine Interpretation $\mathfrak{I}$ bzw. eine Ausdrucksmenge Φ die Bedeutung festlegt.

$$\Phi_{\mathrm{Gr}} = \{\forall v_0 \forall v_1 \forall v_2\, (v_0 \circ v_1) \circ v_2 \equiv v_0 \circ (v_1 \circ v_2),$$
$$\forall v_0\, v_0 \circ e \equiv v_0,\ \forall v_0 \exists v_1\, v_0 \circ v_1 \equiv e\}.$$

Um zu zeigen, daß ein Ausdruck φ *nicht* aus einer Ausdrucksmenge Φ folgt, genügt es, eine Interpretation anzugeben, die zwar jeden Ausdruck aus Φ, nicht jedoch φ erfüllt. So zeigt man z.B.

(1) $$\text{nicht } \Phi_{\mathrm{Gr}} \models \forall v_0 \forall v_1\, v_0 \circ v_1 \equiv v_1 \circ v_0$$

dadurch, daß man eine Interpretation angibt, die aus einer nichtabelschen Gruppe $\mathfrak{G}$ und einer beliebigen Belegung in $\mathfrak{G}$ besteht. Analog zeigt man mit einer abelschen Gruppe

(2) $$\text{nicht } \Phi_{\mathrm{Gr}} \models \neg \forall v_0 \forall v_1 v_0 \circ v_1 \equiv v_1 \circ v_0.$$

Wir sehen an (1) und (2) zugleich, daß man aus

$$\text{nicht } \Phi \models \varphi$$

im allgemeinen nicht schließen kann auf

$$\Phi \models \neg\varphi.$$

In Kapitel I haben wir – allerdings nur exemplarisch und auf anschauliche Weise – eingesehen, daß ein Beweis eines Ausdrucks φ unter Benutzung eines Axiomensystems Φ zeigt, daß φ aus Φ folgt. Wir haben dort die Frage aufgeworfen, wie weit wir die Folgerungen aus einem Axiomensystem durch mathematische Beweise erfassen können. Mit den Präzisierungen in diesem und dem folgenden Kapitel schaffen wir die Grundlage für eine exakte Diskussion dieser Fragestellung. In Kapitel V werden wir das fundamentale Ergebnis erhalten, daß zum Nachweis der Folgerungsbeziehung $\Phi \models \varphi$ in jedem Fall ein mathematischer Beweis geführt werden kann. Wie wir sehen werden, setzt sich ein solcher Beweis aus höchst elementaren Schritten zusammen, die sich zudem rein formal (d.h. syntaktisch) beschreiben lassen.

Mit Hilfe der Folgerungsbeziehung lassen sich nun die Begriffe der *Allgemeingültigkeit*, der *Erfüllbarkeit* und der *logischen Äquivalenz* definieren.

4.2 Definition. Ein Ausdruck φ heißt *allgemeingültig* (kurz: $\models \varphi$) :gdw $\emptyset \models \varphi$.

Ein Ausdruck ist somit genau dann allgemeingültig, wenn er bei allen Interpretationen gilt. Z.B. sind alle Ausdrücke der Gestalt $(\varphi \vee \neg\varphi)$ oder der Gestalt $\exists x\, x \equiv x$ allgemeingültig.

4.3 Definition. Ein Ausdruck φ heißt *erfüllbar* (kurz: Erf φ) genau dann, wenn es eine Interpretation gibt, die Modell von φ ist. Eine Menge Φ von Ausdrücken heißt *erfüllbar* (kurz: Erf Φ) genau dann, wenn es eine Interpretation gibt, die Modell aller Ausdrücke aus Φ ist.

4.4 Lemma. *Für alle Φ und alle φ gilt*

$$\Phi \models \varphi \quad \textit{gdw} \quad \textit{nicht } \mathrm{Erf}\ \Phi \cup \{\neg\varphi\}.$$

Insbesondere ist φ genau dann allgemeingültig, wenn $\neg\varphi$ nicht erfüllbar ist.

Beweis. $\Phi \models \varphi$

gdw jede Interpretation, die Modell von Φ ist, ist Modell von φ

gdw es gibt keine Interpretation, die Modell von Φ ist und nicht Modell von φ

gdw es gibt keine Interpretation, die Modell von $\Phi \cup \{\neg\varphi\}$ ist

gdw nicht Erf $\Phi \cup \{\neg\varphi\}$. □

4.5 Definition. Zwei Ausdrücke φ und ψ heißen *logisch äquivalent* (kurz: $\varphi \mathrel{=\!\!|\!\!\models} \psi$) :gdw $\varphi \models \psi$ und $\psi \models \varphi$.

Zwei Ausdrücke φ, ψ sind also genau dann logisch äquivalent, wenn sie bei denselben Interpretationen gelten, d.h. wenn $\models \varphi \leftrightarrow \psi$.

Wie man unmittelbar aus der Definition der Modellbeziehung mit Hilfe der Wahrheitstafeln entnimmt, sind die Ausdrücke

$$(+)\qquad \begin{array}{lll} \varphi \wedge \psi & \text{und} & \neg(\neg\varphi \vee \neg\psi) \\ \varphi \to \psi & \text{und} & \neg\varphi \vee \psi \\ \varphi \leftrightarrow \psi & \text{und} & \neg(\varphi \vee \psi) \vee \neg(\neg\varphi \vee \neg\psi) \\ \forall x\varphi & \text{und} & \neg\exists x\neg\varphi \end{array}$$

jeweils logisch äquivalent. Wir können daher auf die Junktoren $\wedge$, $\to$, $\leftrightarrow$ und auf den Quantor $\forall$ verzichten, genauer: Wir definieren induktiv über den Aufbau der Ausdrücke eine Abbildung *, die jedem Ausdruck φ einen Ausdruck φ^* zuordnet, der zu φ logisch äquivalent ist und $\wedge, \to, \leftrightarrow, \forall$ nicht mehr enthält:

$$\begin{array}{ll} \varphi^* & := \varphi, \text{ falls } \varphi \text{ atomar} \\ (\neg\varphi)^* & := \neg\varphi^* \\ (\varphi \vee \psi)^* & := \varphi^* \vee \psi^* \\ (\varphi \wedge \psi)^* & := \neg(\neg\varphi^* \vee \neg\psi^*) \end{array}$$

$$\begin{aligned}
(\varphi \rightarrow \psi)^* &:= \neg\varphi^* \vee \psi^* \\
(\varphi \leftrightarrow \psi)^* &:= \neg(\varphi^* \vee \psi^*) \vee \neg(\neg\varphi^* \vee \neg\psi^*) \\
(\exists x\varphi)^* &:= \exists x\varphi^* \\
(\forall x\varphi)^* &:= \neg\exists x\neg\varphi^*.
\end{aligned}$$

Der Nachweis, daß * die gewünschten Eigenschaften hat, ergibt sich aus (+).

Wie bereits die Ausdrücke in (+) zeigen, ist im allgemeinen ein Ausdruck φ leichter lesbar als das zugehörige φ^*. Wegen der logischen Äquivalenz von φ und φ^* verlieren wir jedoch nicht an Ausdrucksmöglichkeiten, wenn wir beim Aufbau der Sprachen erster Stufe auf die Symbole $\wedge, \rightarrow, \leftrightarrow, \forall$ verzichten. Dadurch werden dann viele Betrachtungen kürzer, insbesondere Beweise durch Induktion über den Aufbau der Ausdrücke. Diese Überlegungen nehmen wir zum Anlaß, um die folgenden Vereinbarungen zu treffen:

(1) *Wir beschränken uns in Zukunft auf Ausdrücke, in denen höchstens die Junktoren* $\neg$ *und* $\vee$ *und der Quantor* $\exists$ *vorkommen*; d.h. wir lassen bei dem allen Sprachen erster Stufe gemeinsamen Alphabet $\mathscr{A}$ (vgl. II.2.1) die Zeichen $\wedge, \rightarrow, \leftrightarrow, \forall$ fort, begrenzen in der Definition II.3.2 der Ausdrücke die Fälle (A4) und (A5) auf die Einführung von Ausdrücken der Gestalt $(\varphi \vee \psi)$ bzw. $\exists x\varphi$ und verzichten in der Definition der Modellbeziehung auf die Festsetzungen für $\wedge, \rightarrow, \leftrightarrow, \forall$.

(2) Dennoch verwenden wir bei der Wiedergabe von Ausdrücken zuweilen die Symbole $\wedge, \rightarrow, \leftrightarrow, \forall$. Die so entstehenden „Ausdrücke alter Art" sind dann – gemäß (+) – als abkürzende Schreibweisen zu verstehen, z.B. $\forall x(Px \wedge Qx)$ als abkürzende Mitteilung für $\neg\exists x\neg\neg(\neg Px \vee \neg Qx)$.

Abschließend präzisieren und beweisen wir den einleuchtenden Sachverhalt, daß die Modellbeziehung zwischen einem S-Ausdruck φ und einer S-Interpretation $\mathfrak{I}$ nur von der Interpretation der *in* φ *vorkommenden Symbole aus S* und der *in* φ *frei vorkommenden Variablen* abhängt.

4.6 Koinzidenzlemma. *Es sei* $\mathfrak{I}_1 = (\mathfrak{A}_1, \beta_1)$ *eine* S_1*-Interpretation und* $\mathfrak{I}_2 = (\mathfrak{A}_2, \beta_2)$ *eine* S_2*-Interpretation, beide über demselben Träger* $A_1 = A_2$*. Ferner sei* $S := S_1 \cap S_2$.

(a) *Sei t ein S-Term. Wenn* $\mathfrak{I}_1$ *und* $\mathfrak{I}_2$ *für die in t auftretenden Symbole aus S und die in t auftretenden Variablen übereinstimmen*[1], *so ist*

[1] $\mathfrak{I}_1$ und $\mathfrak{I}_2$ stimmen für $k \in S$ bzw. für x überein, falls $k^{\mathfrak{A}_1} = k^{\mathfrak{A}_2}$ bzw. $\beta_1(x) = \beta_2(x)$.

$\mathfrak{I}_1(t) = \mathfrak{I}_2(t)$.

(b) *Sei φ ein S-Ausdruck. Wenn $\mathfrak{I}_1$ und $\mathfrak{I}_2$ für die in φ auftretenden Symbole aus S und die in φ frei auftretenden Variablen übereinstimmen, so gilt: $\mathfrak{I}_1 \models \varphi$ gdw $\mathfrak{I}_2 \models \varphi$.*

Beweis. (a) durch Induktion über den Aufbau der S-Terme.

$t = x$: Nach Voraussetzung ist $\beta_1(x) = \beta_2(x)$ und daher
$\mathfrak{I}_1(x) = \beta_1(x) = \beta_2(x) = \mathfrak{I}_2(x)$.

$t = c$: entsprechend.

$t = ft_1 \ldots t_n$ ($f \in S$ n-stellig, $t_1, \ldots, t_n \in T^S$):

$$\begin{aligned}
\mathfrak{I}_1(ft_1 \ldots t_n) &= f^{\mathfrak{A}_1}(\mathfrak{I}_1(t_1), \ldots, \mathfrak{I}_1(t_n)) \\
&= f^{\mathfrak{A}_1}(\mathfrak{I}_2(t_1), \ldots, \mathfrak{I}_2(t_n)) \quad \text{(nach Induktionsvoraussetzung)} \\
&= f^{\mathfrak{A}_2}(\mathfrak{I}_2(t_1), \ldots, \mathfrak{I}_2(t_n)) \quad \text{(nach Voraussetzung ist } f^{\mathfrak{A}_1} = f^{\mathfrak{A}_2}\text{)} \\
&= \mathfrak{I}_2(ft_1 \ldots t_n).
\end{aligned}$$

(b) durch Induktion über den Aufbau der S-Ausdrücke.

$\varphi = Rt_1 \ldots t_n$ ($R \in S$ n-stellig, $t_1, \ldots, t_n \in T^S$):

$$\begin{aligned}
\mathfrak{I}_1 \models Rt_1 \ldots t_n \quad &\text{gdw} \quad R^{\mathfrak{A}_1}\mathfrak{I}_1(t_1) \ldots \mathfrak{I}_1(t_n) \\
&\text{gdw} \quad R^{\mathfrak{A}_1}\mathfrak{I}_2(t_1) \ldots \mathfrak{I}_2(t_n) \quad \text{(nach (a))} \\
&\text{gdw} \quad R^{\mathfrak{A}_2}\mathfrak{I}_2(t_1) \ldots \mathfrak{I}_2(t_n) \quad \text{(nach Voraussetzung ist } R^{\mathfrak{A}_1} = R^{\mathfrak{A}_2}\text{)} \\
&\text{gdw} \quad \mathfrak{I}_2 \models Rt_1 \ldots t_n.
\end{aligned}$$

$\varphi = t_1 \equiv t_2$: entsprechend.

$\varphi = \neg\psi$: $\mathfrak{I}_1 \models \neg\psi$
gdw nicht $\mathfrak{I}_1 \models \psi$
gdw nicht $\mathfrak{I}_2 \models \psi$ (nach Induktionsvoraussetzung)
gdw $\mathfrak{I}_2 \models \neg\psi$.

$\varphi = (\psi \vee \chi)$: entsprechend.

$\varphi = \exists x\psi$: $\mathfrak{I}_1 \models \exists x\psi$
gdw es gibt ein $a \in A_1$: $\mathfrak{I}_1\frac{a}{x} \models \psi$
gdw es gibt ein $a \in A_2 (= A_1)$: $\mathfrak{I}_2\frac{a}{x} \models \psi$

(nach Induktionsvoraussetzung, angewandt auf ψ, $\mathfrak{I}_1\frac{a}{x}$ und $\mathfrak{I}_2\frac{a}{x}$; man beachte, daß wegen $\text{frei}(\psi) \subset \text{frei}(\varphi) \cup \{x\}$ die Interpretationen $\mathfrak{I}_1\frac{a}{x}$

und $\mathfrak{I}_2\frac{a}{x}$ für alle in ψ vorkommenden Symbole und alle in ψ frei vorkommenden Variablen ubereinstimmen)

gdw $\mathfrak{I}_2 \models \exists x\psi$. □

Das Koinzidenzlemma besagt insbesondere, daß für einen S-Ausdruck φ und eine S-Interpretation $\mathfrak{I} = (\mathfrak{A}, \beta)$ die Gültigkeit von φ bei $\mathfrak{I}$ außer von der Interpretation der Symbole aus S (durch $\mathfrak{A}$) nur von der Belegung der *endlich vielen* in φ frei vorkommenden Variablen abhängt. Sind diese unter den Variablen $v_0, \ldots, v_{n-1}$ enthalten, d.h. ist $\varphi \in L_n^S$, so sind höchstens die β-Werte $a_i = \beta(v_i)$ für $i = 0, \ldots, n-1$ von Bedeutung. Statt $(\mathfrak{A}, \beta) \models \varphi$ werden wir daher oft suggestiver

$$\mathfrak{A} \models \varphi[a_0, \ldots, a_{n-1}]$$

schreiben. Entsprechend schreiben wir $t^{\mathfrak{A}}[a_0, \ldots, a_{n-1}]$ statt $\mathfrak{I}(t)$ für einen S-Term t mit $\text{var}(t) \subset \{v_0, \ldots, v_{n-1}\}$.

Falls φ ein Satz ist, d.h. $\varphi \in L_0^S$, können wir $n = 0$ wählen und als Mitteilung

$$\mathfrak{A} \models \varphi$$

benutzen, also auf die Erwähnung einer Belegung ganz verzichten. Wir sagen dann, daß $\mathfrak{A}$ *ein Modell von* φ ist. Für eine Menge Φ von Sätzen bedeute $\mathfrak{A} \models \Phi$, daß $\mathfrak{A} \models \varphi$ für jedes $\varphi \in \Phi$.

4.7 Definition. S und S' seien Symbolmengen mit $S \subset S'$, $\mathfrak{A} = (A, \mathfrak{a})$ eine S-Struktur und $\mathfrak{A}' = (A', \mathfrak{a}')$ eine S'-Struktur. Wir nennen $\mathfrak{A}$ ein *Redukt* (genauer: das *S-Redukt*) von $\mathfrak{A}'$ (und umgekehrt $\mathfrak{A}'$ eine *Expansion* von $\mathfrak{A}$) genau dann, wenn $A = A'$ und wenn $\mathfrak{a}$ und $\mathfrak{a}'$ auf S übereinstimmen. Wir schreiben: $\mathfrak{A} = \mathfrak{A}' \restriction_S$/sindex$\mathfrak{A}' \restriction_S$.

Der geordnete Körper $\mathfrak{R}^<$ der reellen Zahlen ist als $S_{\text{Ar}}^<$-Struktur eine Expansion des Körpers $\mathfrak{R}$ der reellen Zahlen, betrachtet als S_{Ar}-Struktur: $\mathfrak{R} = \mathfrak{R}^< \restriction_{S_{\text{Ar}}}$.

Ist $\mathfrak{A} = \mathfrak{A}' \restriction_S$, so folgt aus dem Koinzidenzlemma für jeden S-Ausdruck φ, in dem höchstens die Variablen $v_0, \ldots, v_{n-1}$ frei vorkommen, und für alle $a_0, \ldots, a_{n-1} \in A$

$$\mathfrak{A} \models \varphi[a_0, \ldots, a_{n-1}] \quad \text{gdw} \quad \mathfrak{A}' \models \varphi[a_0, \ldots, a_{n-1}].$$

Zur Begründung wählen wir ein $\beta : \{v_m \mid n \in \mathbb{N}\} \to A$ mit $\beta(v_i) = a_i$ für $i < n$ und wenden das Koinzidenzlemma an für $\mathfrak{I}_1 = (\mathfrak{A}, \beta)$ und $\mathfrak{I}_2 = (\mathfrak{A}', \beta)$: $\mathfrak{I}_1$ und $\mathfrak{I}_2$ stimmen auf den in φ vorkommenden Symbolen und den in φ frei vorkommenden Variablen überein.

Die Definitionen der Interpretation, der Folgerungsbeziehung und der Erfüllbarkeit nehmen Bezug auf eine fest vorgegebene Symbolmenge S. Hiervon können wir uns jetzt mit dem Koinzidenzlemma lösen. Betrachten wir etwa den Begriff der Erfüllbarkeit. Ist Φ eine Menge von S-Ausdrücken und $S' \supset S$, so ist Φ auch eine Menge von S'-Ausdrücken. Als Menge von S-Ausdrücken ist Φ erfüllbar, wenn es eine S-Interpretation gibt, die Φ erfüllt, und als Menge von S'-Ausdrücken, wenn es eine S'-Interpretation gibt, die Φ erfüllt. Es gilt:

4.8. *Φ ist bzgl. S erfüllbar gdw Φ ist bzgl. S' erfüllbar.*

Beweis. Ist $\mathfrak{I}' = (\mathfrak{A}', \beta')$ eine S'-Interpretation mit $\mathfrak{I}' \models \Phi$, so ist nach 4.6 die S-Interpretation $(\mathfrak{A}' \upharpoonright_S, \beta')$ ein Modell von Φ. Ist umgekehrt $\mathfrak{I} = (\mathfrak{A}, \beta)$ eine Φ erfüllende S-Interpretation, so wählen wir eine S'-Struktur $\mathfrak{A}'$ mit $\mathfrak{A}' \upharpoonright_S = \mathfrak{A}$ (man interpretiere hierzu die Symbole aus $S' \setminus S$ beliebig). Wegen 4.6 ist dann die S'-Interpretation $(\mathfrak{A}', \beta)$ ein Modell von Φ. □

4.9 Aufgabe. Man zeige für beliebige Ausdrücke φ, ψ, χ:
(a) $(\varphi \vee \psi) \models \chi$ gdw $\varphi \models \chi$ und $\psi \models \chi$.
(b) $\models (\varphi \rightarrow \psi)$ gdw $\varphi \models \psi$.

4.10 Aufgabe. (a) Man zeige: $\exists x \forall y \varphi \models \forall y \exists x \varphi$.
(b) Man widerlege: $\forall y \exists x Rxy \models \exists x \forall y Rxy$.

4.11 Aufgabe. Man zeige:
(a) $\forall x(\varphi \wedge \psi) \dashv\models (\forall x \varphi \wedge \forall x \psi)$.
(b) $\exists x(\varphi \vee \psi) \dashv\models (\exists x \varphi \vee \exists x \psi)$.
(c) $\forall x(\varphi \vee \psi) \dashv\models (\varphi \vee \forall x \psi)$, falls $x \notin \text{frei}(\varphi)$.
(d) $\exists x(\varphi \wedge \psi) \dashv\models (\varphi \wedge \exists x \psi)$, falls $x \notin \text{frei}(\varphi)$.
(e) Man zeige, daß man in (c), (d) auf die Voraussetzung "$x \notin \text{frei}(\varphi)$" nicht verzichten kann.

4.12 Aufgabe. Es seien φ, ψ gegeben mit $\varphi \dashv\models \psi$. χ' entstehe aus dem Ausdruck χ, indem man in χ alle Teilausdrücke der Gestalt φ durch ψ ersetzt.
(a) Man gebe eine Definition der Abbildung $'$ durch Induktion über den Aufbau der Ausdrücke.
(b) Man zeige für alle χ: $\chi \dashv\models \chi'$.

4.13 Aufgabe. Man beweise das Analogon von 4.8 für die Folgerungsbeziehung.

4.14 Aufgabe. Eine Satzmenge Φ heißt *unabhängig*, falls für kein $\varphi \in \Phi$ gilt, daß $\Phi \setminus \{\varphi\} \models \varphi$. Man zeige, daß die Menge Φ_{Gr} der Gruppenaxiome und die Menge der Axiome für Äquivalenzrelationen (vgl. S. 20) unabhängig sind.

4.15 Aufgabe (vgl. Aufgabe 1.6). Sei I eine nicht-leere Menge. Für jedes $i \in I$ sei $\mathfrak{A}_i$ eine S-Struktur. Mit $\prod_{i \in I} \mathfrak{A}_i$ bezeichnen wir das *direkte Produkt* der Strukturen $\mathfrak{A}_i$, d.h. die S-Struktur $\mathfrak{A}$ mit dem Träger

$$\prod_{i \in I} A_i := \{g \mid g : I \mapsto \bigcup_{i \in I} A_i, \text{ für alle } i \in I : g(i) \in A_i\},$$

die durch die folgenden Festlegungen gegeben ist (dabei schreiben wir für $g \in \prod_{i \in I} A_i$ auch $\langle g(i) \mid i \in I \rangle$):
Für n-stelliges $R \in S$ und $g_1, \ldots, g_n \in \prod_{i \in I} A_i$ gelte

$$R^{\mathfrak{A}} g_1 \ldots g_n \quad \text{:gdw} \quad R^{\mathfrak{A}_i} g_1(i) \ldots g_n(i) \text{ für alle } i \in I;$$

für n-stelliges $f \in S$ und $g_1, \ldots, g_n \in \prod_{i \in I} A_i$ sei

$$f^{\mathfrak{A}}(g_1, \ldots, g_n) := \langle f^{\mathfrak{A}_i}(g_1(i), \ldots, g_n(i)) \mid i \in I \rangle;$$

und für $c \in S$ sei

$$c^{\mathfrak{A}} := \langle c^{\mathfrak{A}_i} \mid i \in I \rangle.$$

Man zeige: Ist t ein S-Term mit $\mathrm{var}(t) \subset \{v_0, \ldots, v_{n-1}\}$ und sind $g_0, \ldots, g_{n-1} \in \prod_{i \in I} A_i$, so gilt

$$t^{\mathfrak{A}}[g_0, \ldots, g_{n-1}] = \langle t^{\mathfrak{A}_i}[g_0(i), \ldots, g_{n-1}(i)] \mid i \in I \rangle.$$

4.16 Aufgabe. Die Ausdrücke, die im folgenden Kalkül ableitbar sind, nennt man *Hornausdrücke* (nach dem amerikanischen Logiker A. Horn):

(1) $\dfrac{}{(\neg\varphi_1 \vee \ldots \vee \neg\varphi_n \vee \varphi)}$, falls $n \in \mathbb{N}$ und $\varphi_1, \ldots, \varphi_n, \varphi$ atomar;

(2) $\dfrac{}{\neg\varphi_0 \vee \ldots \vee \neg\varphi_n}$, falls $n \in \mathbb{N}$ und $\varphi_0, \ldots, \varphi_n$ atomar;

(3) $\dfrac{\varphi, \psi}{(\varphi \wedge \psi)}$; (4) $\dfrac{\varphi}{\forall x \varphi}$; (5) $\dfrac{\varphi}{\exists x \varphi}$.

Hornausdrücke ohne freie Variablen heißen *Hornsätze*.
Man zeige: Ist φ ein Hornsatz und ist jedes $\mathfrak{A}_i$ ein Modell von φ, so gilt $\prod_{i \in I} \mathfrak{A}_i \models \varphi$. (Hinweis: Man zeige die entsprechende Behauptung für Hornausdrücke.)

Eine geschichtliche Anmerkung. Der exakte Aufbau der Semantik geht wesentlich auf A. Tarski [33] zurück. Die Folgerungsbeziehung findet sich in Ansätzen bereits bei B. Bolzano [4].

§5 Zwei Lemmata über die Modellbeziehung

Wir wenden uns jetzt je einer Feststellung über isomorphe Strukturen und über Substrukturen zu.

5.1 Definition. $\mathfrak{A}$ und $\mathfrak{B}$ seien S-Strukturen.

(a) Eine Abbildung $\pi: A \to B$ heißt ein *Isomorphismus von* $\mathfrak{A}$ *auf* $\mathfrak{B}$ (kurz: $\pi: \mathfrak{A} \cong \mathfrak{B}$) :gdw
  (1) π ist eine Bijektion von A auf B.
  (2) Für n-stelliges $R \in S$ und $a_1, \ldots, a_n \in A$:
$$R^{\mathfrak{A}} a_1 \ldots a_n \quad \text{gdw} \quad R^{\mathfrak{B}} \pi(a_1) \ldots \pi(a_n).$$
  (3) Für n-stelliges $f \in S$ und $a_1, \ldots, a_n \in A$:
$$\pi(f^{\mathfrak{A}}(a_1, \ldots, a_n)) = f^{\mathfrak{B}}(\pi(a_1), \ldots, \pi(a_n)).$$
  (4) Für $c \in S$ ist $\pi(c^{\mathfrak{A}}) = c^{\mathfrak{B}}$.

(b) $\mathfrak{A}$ und $\mathfrak{B}$ heißen *isomorph* (kurz: $\mathfrak{A} \cong \mathfrak{B}$) genau dann, wenn es einen Isomorphismus $\pi: \mathfrak{A} \cong \mathfrak{B}$ gibt.

Beispielsweise ist die S_{Gr}-Struktur $(\mathbb{N}, +, 0)$ zur S_{Gr}-Struktur $(G, +^G, 0)$ der geraden natürlichen Zahlen mit der gewöhnlichen Addition $+^G$ isomorph. Die Abbildung $\pi: \mathbb{N} \to G$ mit $\pi(n) = 2n$ ist ein Isomorphismus von $(\mathbb{N}, +, 0)$ auf $(G, +^G, 0)$.

Das folgende Lemma zeigt, daß isomorphe Strukturen sich nicht durch Sätze erster Stufe unterscheiden lassen.

5.2 Isomorphielemma. *Sind $\mathfrak{A}$ und $\mathfrak{B}$ isomorphe S-Strukturen, so gilt für alle S-Sätze φ:*
$$\mathfrak{A} \models \varphi \quad \textit{gdw} \quad \mathfrak{B} \models \varphi.$$

Beweis. Es sei $\pi: \mathfrak{A} \cong \mathfrak{B}$. Wir zeigen (weil es beweistechnisch von Vorteil ist), daß in $\mathfrak{A}$ und $\mathfrak{B}$ nicht nur die gleichen S-Sätze, sondern auch die gleichen S-Ausdrücke gelten, sofern man die frei vorkommenden Variablen einmal durch Elemente von A, zum anderen durch ihre π-Bilder belegt. Hierzu ordnen wir jeder Belegung β in $\mathfrak{A}$ die

Belegung $\beta^\pi := \pi \circ \beta$ in $\mathfrak{B}$ zu und zeigen für die entsprechenden Interpretationen $\mathfrak{I} = (\mathfrak{A}, \beta)$ und $\mathfrak{I}^\pi := (\mathfrak{B}, \beta^\pi)$:

(i) Für alle S-Terme t: $\pi(\mathfrak{I}(t)) = \mathfrak{I}^\pi(t)$.

(ii) Für alle S-Ausdrücke φ: $\mathfrak{I} \models \varphi$ gdw $\mathfrak{I}^\pi \models \varphi$.

Damit ist dann 5.2 bewiesen.

(i) ergibt sich leicht durch Induktion über den Aufbau der S-Terme. Der Beweis von (ii) erfolgt induktiv über den Aufbau von φ gleichzeitig für alle Belegungen β in $\mathfrak{A}$. Wir beschränken uns auf den atomaren Fall, den $\neg$-Schritt und den $\exists$-Schritt.

$\varphi = t_1 \equiv t_2$: $\mathfrak{I} \models t_1 \equiv t_2$
gdw $\mathfrak{I}(t_1) = \mathfrak{I}(t_2)$
gdw $\pi(\mathfrak{I}(t_1)) = \pi(\mathfrak{I}(t_2))$ (da $\pi: A \to B$ injektiv ist)
gdw $\mathfrak{I}^\pi(t_1) = \mathfrak{I}^\pi(t_2)$ (nach (i))
gdw $\mathfrak{I}^\pi \models t_1 \equiv t_2$.

$\varphi = Rt_1 \ldots t_n$: $\mathfrak{I} \models Rt_1 \ldots t_n$
gdw $R^{\mathfrak{A}}\mathfrak{I}(t_1) \ldots \mathfrak{I}(t_n)$
gdw $R^{\mathfrak{B}}\pi(\mathfrak{I}(t_1)) \ldots \pi(\mathfrak{I}(t_n))$ (wegen $\pi: \mathfrak{A} \cong \mathfrak{B}$)
gdw $R^{\mathfrak{B}}\mathfrak{I}^\pi(t_1) \ldots \mathfrak{I}^\pi(t_n)$ (nach (i))
gdw $\mathfrak{I}^\pi \models Rt_1 \ldots t_n$.

$\varphi = \neg\psi$: $\mathfrak{I} \models \neg\psi$
gdw nicht $\mathfrak{I} \models \psi$
gdw nicht $\mathfrak{I}^\pi \models \psi$ (nach Induktionsvoraussetzung)
gdw $\mathfrak{I}^\pi \models \neg\psi$.

$\varphi = \exists x\psi$: $\mathfrak{I} \models \exists x\psi$
gdw es gibt ein $a \in A$: $\mathfrak{I}\frac{a}{x} \models \psi$
gdw es gibt ein $a \in A$: $\left(\mathfrak{I}\frac{a}{x}\right)^\pi \models \psi$ (nach Ind.-Vor.)
gdw es gibt ein $a \in A$: $\mathfrak{I}^\pi\frac{\pi(a)}{x} \models \psi$ (da $\left(\mathfrak{I}\frac{a}{x}\right)^\pi = \mathfrak{I}^\pi\frac{\pi(a)}{x}$)
gdw es gibt ein $b \in B$: $\mathfrak{I}^\pi\frac{b}{x} \models \psi$ (da $\pi: A \to B$ surjektiv ist)
gdw $\mathfrak{I}^\pi \models \exists x\psi$. □

Dem Beweis entnehmen wir:

5.3 Korollar. *Sei $\pi: \mathfrak{A} \cong \mathfrak{B}$. Dann gilt für $\varphi \in L_n^S$ und $a_0, \ldots, a_{n-1} \in A$:*

$$\mathfrak{A} \models \varphi[a_0, \ldots, a_{n-1}] \quad gdw \quad \mathfrak{B} \models [\pi(a_0), \ldots, \pi(a_{n-1})].$$ □

Isomorphe Strukturen können in L_n^S nicht unterschieden werden. Sind umgekehrt S-Strukturen, in denen die gleichen S-Sätze gelten, zueinander isomorph? Wir werden in Kapitel VI sehen, daß dies nicht immer der Fall ist. Es gibt z.B. eine zur S_{Ar}-Struktur $\mathfrak{N}$ der natürlichen Zahlen nicht isomorphe Struktur, in der dieselben Sätze erster Stufe gelten.

Im Bereich der rationalen Zahlen ist jede Zahl durch 2 teilbar; es gilt daher

$$(\mathbb{Q}, +, 0) \models \forall v_0 \exists v_1\, v_1 + v_1 \equiv v_0.$$

Im Bereich der ganzen Zahlen gilt dies nicht mehr:

$$\text{nicht } (\mathbb{Z}, +, 0) \models \forall v_0 \exists v_1\, v_1 + v_1 \equiv v_0.$$

Die Gültigkeit von Sätzen kann also beim Übergang zu einer Substruktur verloren gehen. Zum Abschluß dieses Paragraphen führen wir den Begriff der Substruktur ein und geben eine Klasse von Sätzen an, deren Gültigkeit beim Übergang zu einer Substruktur erhalten bleibt.

5.4 Definition. $\mathfrak{A}$ und $\mathfrak{B}$ seien S-Strukturen. Dann heißt $\mathfrak{A}$ *Substruktur* von $\mathfrak{B}$ (kurz: $\mathfrak{A} \subset \mathfrak{B}$), wenn
(a) $A \subset B$;
(b) (1) für n-stelliges $R \in S$ ist $R^{\mathfrak{A}} = R^{\mathfrak{B}} \cap A^n$
(d.h. für alle $a_1, \ldots, a_n \in A$ gilt: $R^{\mathfrak{A}} a_1 \ldots a_n$ gdw $R^{\mathfrak{B}} a_1 \ldots a_n$);
(2) für n-stelliges $f \in S$ ist $f^{\mathfrak{A}}$ die Restriktion von $f^{\mathfrak{B}}$ auf A^n;
(3) für $c \in S$ ist $c^{\mathfrak{A}} = c^{\mathfrak{B}}$.

Zum Beispiel ist $(\mathbb{Z}, +, 0)$ eine Substruktur von $(\mathbb{Q}, +, 0)$ und $(\mathbb{N}, +, 0)$ eine Substruktur von $(\mathbb{Z}, +, 0)$ (obwohl $(\mathbb{N}, +, 0)$ keine Untergruppe von $(\mathbb{Z}, +, 0)$ ist).

Ist $\mathfrak{A} \subset \mathfrak{B}$, so ist A *S-abgeschlossen* (in $\mathfrak{B}$), d.h. es ist $A \neq \emptyset$, für n-stelliges $f \in S$ und $a_1, \ldots, a_n \in A$ ist $f^{\mathfrak{B}}(a_1, \ldots, a_n) \in A$, und für $c \in S$ ist $c^{\mathfrak{B}} \in A$.

Umgekehrt ist jede S-abgeschlossene Teilmenge X von B Träger genau einer Substruktur von $\mathfrak{B}$, der *von X in $\mathfrak{B}$ erzeugten Substruktur*, die wir mit $[X]^{\mathfrak{B}}$ bezeichnen; denn die Bedingungen unter 5.4(b) legen in diesem Fall genau eine Substruktur mit dem Träger X fest.

Zum Beispiel ist die Menge $\{2n \mid n \in \mathbb{N}\}$ der geraden nichtnegativen ganzen Zahlen S_{Gr}-abgeschlossen in $(\mathbb{Z}, +, 0)$, während die Menge $\{2n+1 \mid n \in \mathbb{N}\}$ nicht S_{Gr}-abgeschlossen ist (3+3 ist gerade!).

Ein Ausdruck, der keine Quantoren enthält, heißt *quantorenfrei*.

5.5 Lemma. *Seien $\mathfrak{A}$ und $\mathfrak{B}$ S-Strukturen mit $\mathfrak{A} \subset \mathfrak{B}$, und sei $\beta: \{v_n \mid n \in \mathbb{N}\} \to A$ eine Belegung in $\mathfrak{A}$. Dann gilt für jeden S-Term t*

$$(\mathfrak{A}, \beta)(t) = (\mathfrak{B}, \beta)(t);$$

und für jeden quantorenfreien S-Ausdruck φ

$$(\mathfrak{A}, \beta) \models \varphi \quad gdw \quad (\mathfrak{B}, \beta) \models \varphi.$$

Den einfachen Beweis überlassen wir dem Leser. Er ergibt sich etwa aus dem Beweis des Isomorphielemmas, wenn man die auf den Existenzquantor bezogenen Teile fortläßt und als Abbildung $\pi: A \to B$ die Identität wählt, d.h. die Abbildung mit $\pi(a) = a$ für alle $a \in A$.

Ist $\mathfrak{B}$ eine Gruppe und $\mathfrak{A}$ eine Substruktur von $\mathfrak{B}$, so gilt das Assoziativgesetz $\varphi := \forall v_0 \forall v_1 \forall v_2\, (v_0 \circ v_1) \circ v_2 \equiv v_0 \circ (v_1 \circ v_2)$ auch in $\mathfrak{A}$, da $(a \circ^{\mathfrak{B}} b) \circ^{\mathfrak{B}} c = a \circ^{\mathfrak{B}} (b \circ^{\mathfrak{B}} c)$ sogar für alle Elemente $a, b, c \in B$ gilt (und $\circ^{\mathfrak{B}}$ auf A mit $\circ^{\mathfrak{A}}$ übereinstimmt). Der Satz φ ist universell im Sinne der folgenden Definition.

5.6 Definition. Die Ausdrücke, die im folgenden Kalkül ableitbar sind, nennt man *universelle* Ausdrücke oder *Allausdrücke*:

(i) $\dfrac{}{\varphi}$, falls φ quantorenfrei; (ii) $\dfrac{\varphi, \psi}{(\varphi * \psi)}$ für $* = \wedge, \vee$;

(iii) $\dfrac{\varphi}{\forall x \varphi}$.

In VIII.3 werden wir zeigen, daß jeder universelle Ausdruck logisch äquivalent ist zu einem Ausdruck der Gestalt $\forall x_1 \ldots \forall x_n \psi$ mit quantorenfreiem ψ.

5.7 Substrukturlemma. *Seien $\mathfrak{A}$ und $\mathfrak{B}$ S-Strukturen mit $\mathfrak{A} \subset \mathfrak{B}$, und sei $\varphi \in L_n^S$ universell. Dann gilt für alle $a_0, \ldots, a_{n-1} \in A$:*

$$\textit{Wenn } \mathfrak{B} \models \varphi[a_0, \ldots, a_{n-1}], \textit{ so } \mathfrak{A} \models \varphi[a_0, \ldots, a_{n-1}].$$

Beweis. Es sei $\mathfrak{A} \subset \mathfrak{B}$. Wir zeigen durch Induktion über den Aufbau der universellen Ausdrücke, daß für alle Belegungen β in $\mathfrak{A}$ gilt:

(∗) Wenn $(\mathfrak{B}, \beta) \models \varphi$, so $(\mathfrak{A}, \beta) \models \varphi$.

(Hieraus ergibt sich sofort die Behauptung, wenn wir zu vorgegebenen $a_0, \ldots, a_{n-1} \in A$ eine Belegung β in $\mathfrak{A}$ mit $\beta(v_i) = a_i$ für $i < n$ wählen.)

Für atomares φ gilt (*) nach 5.5. Für $\varphi = (\psi \wedge \chi)$ und für $\varphi = (\psi \vee \chi)$ ergibt sich die Behauptung unmittelbar aus der Induktionsvoraussetzung. Sei nun $\varphi = \forall x\psi$, und gelte (*) bereits für ψ. Wenn dann $(\mathfrak{B}, \beta) \models \forall x\psi$, so erhalten wir nacheinander:

für alle $b \in B$: $(\mathfrak{B}, \beta\frac{b}{x}) \models \psi$;
für alle $a \in A$: $(\mathfrak{B}, \beta\frac{a}{x}) \models \psi$ (da $A \subset B$);
für alle $a \in A$: $(\mathfrak{A}, \beta\frac{a}{x}) \models \psi$ (nach Induktionsvoraussetzung);
$(\mathfrak{A}, \beta) \models \forall x\psi$ (nach Definition der Modellbeziehung). □

5.8 Korollar. *Ist $\mathfrak{A}$ eine Substruktur von $\mathfrak{B}$, so gilt für jeden universellen Satz φ:*

$$\textit{Wenn } \mathfrak{B} \models \varphi, \textit{ so } \mathfrak{A} \models \varphi. \qquad \square$$

Die Substruktur $(\mathbb{N}, +, 0)$ der Gruppe $(\mathbb{Z}, +, 0)$ ist selbst keine Gruppe. Das Korollar zeigt uns daher, daß es in $L^{S_{\mathrm{Gr}}}$ kein Axiomensystem der Gruppentheorie geben kann, das nur aus universellen Sätzen besteht. Nehmen wir dagegen zu S_{Gr} ein einstelliges Funktionssymbol $^{-1}$ für die Inversenbildung hinzu und setzen $S_{\mathrm{Grp}} := \{\circ, ^{-1}, e\}$, so besteht das Axiomensystem

$$\begin{aligned}\Phi_{\mathrm{Grp}} := \{&\forall v_0 \forall v_1 \forall v_2\, (v_0 \circ v_1) \circ v_2 \equiv v_0 \circ (v_1 \circ v_2),\\ &\forall v_0\, v_0 \circ e \equiv v_0, \quad \forall v_0\, v_0 \circ v_0{}^{-1} \equiv e\}\end{aligned}$$

nur aus universellen Sätzen. Für Gruppen als S_{Grp}-Strukturen fallen Substrukturen und Untergruppen zusammen.

5.9 Aufgabe. S sei eine endliche Symbolmenge und $\mathfrak{A}$ eine endliche S-Struktur. Man zeige, daß es einen S-Satz $\varphi_{\mathfrak{A}}$ gibt, dessen Modelle genau die zu $\mathfrak{A}$ isomorphen S-Strukturen sind.

5.10 Aufgabe. Man zeige:
(a) In $(\mathbb{R}, +, \cdot, 0)$ ist die Kleiner-Beziehung $<$ *elementar definierbar*, d.h. es gibt ein $\varphi \in L_2^{\{+,\cdot,0\}}$, so daß für alle $a, b \in \mathbb{R}$: $(\mathbb{R}, +, \cdot, 0) \models \varphi[a, b]$ gdw $a < b$.
(b) In $(\mathbb{R}, +, 0)$ ist die Kleiner-Beziehung $<$ nicht elementar definierbar. (Hinweis: Man arbeite mit einem geeigneten *Automorphismus* von $(\mathbb{R}, +, 0)$, d.h. mit einem geeigneten Isomorphismus von $(\mathbb{R}, +, 0)$ auf sich selbst.)

5.11 Aufgabe. Die Ausdrücke, die im folgenden Kalkül ableitbar sind, nennt man *existentielle* Ausdrücke oder *Existenzausdrücke*:

(i) $\dfrac{}{\varphi}$, falls φ quantorenfrei; (ii) $\dfrac{\varphi, \psi}{(\varphi * \psi)}$ für $* = \wedge, \vee$;

(iii) $\dfrac{\varphi}{\exists x \varphi}$.

Man zeige:

(a) Die Negation eines universellen Satzes ist logisch äquivalent zu einem existentiellen Satz, und die Negation eines existentiellen Satzes ist logisch äquivalent zu einem universellen Satz.

(b) Ist $\mathfrak{A} \subset \mathfrak{B}$ und φ ein existentieller Satz, so gilt mit $\mathfrak{A} \models \varphi$ auch $\mathfrak{B} \models \varphi$.

§6 Einige einfache Symbolisierungen

Wie wir bereits in §4 gesehen haben, lassen sich die Gruppenaxiome in der ersten Stufe formulieren oder, wie wir fortan meist sagen wollen, *symbolisieren*. Ein weiteres Beispiel ist die Symbolisierung der Kürzungsregel für Gruppen in der Form

$$\varphi := \forall v_0 \forall v_1 \forall v_2 (v_0 \circ v_2 \equiv v_1 \circ v_2 \rightarrow v_0 \equiv v_1).$$

Die Gültigkeit der Kürzungsregel in einer Gruppe $\mathfrak{G}$ bedeutet gerade, daß $\mathfrak{G} \models \varphi$, und die Gültigkeit in allen Gruppen, daß $\Phi_{\mathrm{Gr}} \models \varphi$.

Die Aussage „Es gibt kein Element der Ordnung 2" läßt sich symbolisieren durch

$$\psi := \neg \exists v_0 (\neg v_0 \equiv e \wedge v_0 \circ v_0 \equiv e);$$

die Feststellung, daß es in $(\mathbb{Z}, +, 0)$ kein Element der Ordnung 2 gibt, besagt somit, daß $(\mathbb{Z}, +, 0)$ ein Modell von ψ ist.

Im Hinblick auf Anwendungsmöglichkeiten unserer Untersuchungen ist eine gewisse Fertigkeit im Auffinden von Symbolisierungen nützlich. Wir geben deshalb im folgenden einige Beispiele. Da es dabei auf die konkrete Wahl der Variablen nicht ankommt – statt des oben angegebenen Ausdrucks kann auch z.B. der Ausdruck

$$\forall v_{17} \forall v_8 \forall v_1 (v_{17} \circ v_1 \equiv v_8 \circ v_1 \rightarrow v_{17} \equiv v_8)$$

als Symbolisierung der Kürzungsregel dienen –, deuten wir die Variablen nur unbestimmt durch $x, y, z \ldots$ an. Verschiedene Buchstaben mögen dabei jedoch für *verschiedene* Variablen stehen.

6.1 Äquivalenzrelationen. Die drei Forderungen, die man an Äquivalenzrelationen stellt, lassen sich mit einem zweistelligen Relationssymbol R folgendermaßen symbolisieren:

$$\forall x Rxx,$$
$$\forall x \forall y (Rxy \rightarrow Ryx),$$
$$\forall x \forall y \forall z ((Rxy \wedge Ryz) \rightarrow Rxz).$$

Der in I.2 betrachtete Satz

Wenn x und y zu einem gemeinsamen Element äquivalent sind, so sind x und y zu denselben Elementen äquivalent.

läßt sich umformen zu

Für alle x, y: Wenn es ein u gibt mit x äquivalent zu u und y äquivalent zu u, so gilt für alle z: x äquivalent zu z genau dann, wenn y äquivalent zu z.

und dann symbolisieren durch

$$\forall x \forall y (\exists u (Rxu \wedge Ryu) \rightarrow \forall z (Rxz \leftrightarrow Ryz)).$$

6.2 Stetigkeit. Sei ρ eine einstellige Funktion über $\mathbb{R}$ und Δ die zweistellige Abstandsfunktion über $\mathbb{R}$, d.h. es sei $\Delta(r_0, r_1) = |r_0 - r_1|$ für $r_0, r_1 \in \mathbb{R}$. Unter Verwendung von Funktionssymbolen f (für ρ) und d (für Δ) fassen wir nun $(\mathbb{R}, +, \cdot, 0, 1, <, \rho, \Delta)$ als eine $S_{\mathrm{Ar}}^{<} \cup \{f, d\}$-Struktur auf. Die Stetigkeit von ρ auf $\mathbb{R}$ besagt:

(*) Für alle x und für alle $\epsilon > 0$ gibt es ein $\delta > 0$, so daß für alle y gilt: wenn $\Delta(x, y) < \delta$, so $\Delta(\rho(x), \rho(y)) < \epsilon$.

Hierbei treten der „eingeschränkte" Allquantor „für alle $\epsilon > 0$" und der „eingeschränkte" Existenzquantor „es gibt ein $\delta > 0$" auf. In diesem Zusamenhang ist es nützlich, sich die folgenden Faustregeln zu merken. Eine Aussage der Gestalt

für alle x mit ... gilt _ _ _

kann symbolisiert werden in der Form

$$\forall x (\ldots \rightarrow \_\,\_\,\_),$$

und eine Aussage der Gestalt

es gibt ein x mit ..., so daß _ _ _

in der Form

$$\exists x (\ldots \wedge \_\,\_\,\_).$$

Verwenden wir nun für ϵ und δ die Variablen u und v, dann lautet eine Symbolisierung von (∗):

$$\forall x \forall u(0 < u \to \exists v(0 < v \land \forall y(dxy < v \to dfxfy < u))).$$

6.3 Anzahlaussagen. Der Satz

$$\varphi_{\geq 2} := \exists v_0 \exists v_1 \neg v_0 \equiv v_1$$

symbolisiert die Aussage „Es gibt mindestens zwei Elemente". Genauer: Für alle S und alle S-Strukturen $\mathfrak{A}$ gilt

$$\mathfrak{A} \models \varphi_{\geq 2} \quad \text{gdw} \quad A \text{ enthält mindestens zwei Elemente.}$$

In ähnlicher Weise besagt für $n \geq 3$ der Satz

$$\varphi_{\geq n} := \exists v_0 \ldots \exists v_{n-1}(\neg v_0 \equiv v_1 \land \ldots \land \neg v_0 \equiv v_{n-1} \land \ldots \land \neg v_{n-2} \equiv v_{n-1}),$$

daß es mindestens n Elemente gibt. Weiterhin besagen die Sätze $\neg\varphi_{\geq n}$ und $\varphi_{\geq n} \land \neg\varphi_{\geq n+1}$, daß es weniger als n Elemente bzw. genau n Elemente gibt. Setzen wir nun

$$\Phi_\infty := \{\varphi_{\geq n} \mid n \geq 2\},$$

so sind die Modelle von Φ_∞ genau die unendlichen Strukturen, d.h. für alle S und alle S-Strukturen $\mathfrak{A}$ gilt:

$$\mathfrak{A} \models \Phi_\infty \quad \text{gdw} \quad A \text{ enthält unendlich viele Elemente.}$$

6.4 Ordnungstheorie. Eine Struktur $\mathfrak{A} = (A, <^{\mathfrak{A}})$ heißt eine *Ordnung*, wenn sie Modell der folgenden Sätze ist

$$\Phi_{\text{Ord}} \begin{cases} \forall x \neg x < x \\ \forall x \forall y \forall z((x < y \land y < z) \to x < z) \\ \forall x \forall y(x < y \lor x \equiv y \lor y < x). \end{cases}$$

Beispiele für Ordnungen sind etwa $(\mathbb{R}, <^{\mathbb{R}})$, $(\mathbb{N}, <^{\mathbb{N}})$. Ist $\mathbb{C}$ die Menge der komplexen Zahlen und $<^{\mathbb{C}}$ definiert durch

$$z_1 <^{\mathbb{C}} z_2 \quad :\text{gdw} \quad z_1, z_2 \in \mathbb{R} \text{ und } z_1 <^{\mathbb{R}} z_2,$$

so ist $(\mathbb{C}, <^{\mathbb{C}})$ keine Ordnung, da das dritte Axiom von Φ_{Ord} nicht erfüllt ist. Setzen wir für eine Struktur $\mathfrak{A} = (A, <^{\mathfrak{A}})$

$$\text{Feld} <^{\mathfrak{A}} := \{a \in A \mid \text{es gibt } b \in A \text{ mit } a <^{\mathfrak{A}} b \text{ oder } b <^{\mathfrak{A}} a\},$$

so ist für $(\mathbb{C}, <^{\mathbb{C}})$ offenbar Feld $<^{\mathbb{C}} = \mathbb{R}$ und (Feld $<^{\mathbb{C}}, <^{\mathbb{C}}$) eine Ordnung. Allgemein nennen wir $\mathfrak{A} = (A, <^{\mathfrak{A}})$ eine *partiell definierte Ordnung* (kurz: *partielle Ordnung*[1]), wenn (Feld $<^{\mathfrak{A}}, <^{\mathfrak{A}}$) eine Ordnung ist. Somit sind partielle Ordnungen gerade die Modelle von

[1] Der Begriff *partielle Ordnung* wird in der Literatur auch anders verwendet.

$$\Phi_{\mathrm{pOrd}} \begin{cases} \exists x \exists y\, x < y \\ \forall x \neg x < x \\ \forall x \forall y \forall z ((x < y \wedge y < z) \rightarrow x < z) \\ \forall x \forall y ((\exists u (x < u \vee u < x) \wedge \exists v (y < v \vee v < y)) \rightarrow \\ \qquad \rightarrow (x < y \vee x \equiv y \vee y < x)). \end{cases}$$

6.5 Körpertheorie. Die Symbolmenge sei $S_{\mathrm{Ar}} = \{+, \cdot, 0, 1\}$. Eine S_{Ar}-Struktur ist genau dann ein *Körper*, wenn sie die folgenden Sätze erfüllt:

$$\Phi_{\mathrm{Kp}} \begin{cases} \forall x \forall y \forall z (x + y) + z \equiv x + (y + z) & \forall x\, x + 0 \equiv x \\ \forall x \forall y \forall z (x \cdot y) \cdot z \equiv x \cdot (y \cdot z) & \forall x\, x \cdot 1 \equiv x \\ \forall x \exists y\, x + y = 0 & \forall x (\neg x \equiv 0 \rightarrow \exists y\, x \cdot y \equiv 1) \\ \forall x \forall y\, x + y \equiv y + x & \forall x \forall y\, x \cdot y \equiv y \cdot x \\ \neg 0 \equiv 1 & \\ \forall x \forall y \forall z\, x \cdot (y + z) \equiv (x \cdot y) + (x \cdot z). & \end{cases}$$

Geordnete Körper sind $S_{\mathrm{Ar}}^{<}$-Strukturen, die die folgenden Sätze erfüllen:

$$\Phi_{\mathrm{gKp}} \begin{cases} \text{die Sätze von } \Phi_{\mathrm{Kp}} \text{ und } \Phi_{\mathrm{Ord}} \\ \forall x \forall y \forall z (x < y \rightarrow x + z < y + z) \\ \forall x \forall y \forall z ((x < y \wedge 0 < z) \rightarrow x \cdot z < y \cdot z). \end{cases}$$

6.6 Graphentheorie. Es sei $S = \{R\}$ mit zweistelligem Relationssymbol R. Die S-Strukturen $\mathfrak{G} = (G, R^{\mathfrak{G}})$, welche Modelle von

$$\Phi_{\mathrm{gGph}} := \{\forall x \neg Rxx\} \text{ bzw.}$$
$$\Phi_{\mathrm{Gph}} := \{\forall x \neg Rxx, \forall x \forall y (Rxy \leftrightarrow Ryx)\}$$

sind, heißen *gerichtete Graphen* bzw. *Graphen*. Einen (gerichteten) Graphen $\mathfrak{G} = (G, R^{\mathfrak{G}})$ kann man sich dadurch veranschaulichen, daß man sich je zwei verschiedene Punkte a, b von G mit $R^{\mathfrak{G}}ab$ durch einen von a nach b führenden Pfeil bzw. durch eine Strecke verbunden denkt. Man nennt solche Punktepaare (a, b) (*gerichtete*) *Kanten* von $\mathfrak{G}$ und die Elemente von G *Ecken* von $\mathfrak{G}$.

6.7 Aufgabe. Man symbolisiere mit der Symbolmenge von 6.2 die folgenden Aussagen:

(a) Jede positive reelle Zahl besitzt eine positive Quadratwurzel.
(b) Wenn ρ streng monoton ist, dann ist ρ injektiv.
(c) ρ ist auf $\mathbb{R}$ gleichmäßig stetig.
(d) Für alle x: Ist ρ in x differenzierbar, so ist ρ in x stetig.

6.8 Aufgabe. Man symbolisiere mit $S_{\mathrm{Äq}} = \{R\}$:

(a) R ist Äquivalenzrelation mit mindestens zwei Äquivalenzklassen.

(b) R ist eine Äquivalenzrelation, die eine Äquivalenzklasse mit mehr als einem Element besitzt.

6.9 Aufgabe. Man zeige mit 4.16:
(a) Ist für jedes $i \in I$ die Struktur $\mathfrak{A}_i$ eine Gruppe, so ist $\prod_{i\in I} \mathfrak{A}_i$ eine Gruppe.
(b) Weder für die Ordnungstheorie noch für die Körpertheorie gibt es ein Axiomensystem aus Hornsätzen.

6.10 Aufgabe. Eine Menge M natürlicher Zahlen heißt *Spektrum*, falls es eine Symbolmenge S und einen S-Satz φ gibt, so daß

$$M = \{n \in \mathbb{N} \mid \varphi \text{ besitzt ein Modell mit genau } n \text{ Elementen}\}.$$

Man zeige:
(a) Jede endliche Teilmenge von $\{1, 2, 3, \ldots\}$ ist ein Spektrum.
(b) Für jedes $m \geq 1$ ist die Menge der durch m teilbaren Zahlen > 0 ein Spektrum.
(c) Die Menge der Quadratzahlen > 0 ist ein Spektrum.
(d) Die Menge der Zahlen > 0, die keine Primzahlen sind, ist ein Spektrum.
(e) Die Menge der Primzahlen ist ein Spektrum.

§7 Fragen zur Symbolisierbarkeit

Im vorangehenden Paragraphen haben wir an einer Reihe von Beispielen gesehen, wie mathematische Aussagen durch Ausdrücke der ersten Stufe symbolisiert werden können. Nicht immer allerdings verlaufen diese Symbolisierungen so glatt wie dort. Im folgenden wollen wir eine Reihe von typischen Schwierigkeiten schildern.

7.1 Partielle Funktionen. Bei der Definition der Strukturen haben wir verlangt, daß Funktionssymbole durch totale Funktionen interpretiert werden, d.h. durch Funktionen, die – im Falle der Stellenzahl n – für alle n-Tupel von Trägerelementen definiert sind. Wenn wir z.B. im Körper der reellen Zahlen auch die Division über $\mathbb{R}$ als Verknüpfung berücksichtigen, erhalten wir keine Struktur in unserem Sinne (denn ein Quotient ist nicht erklärt, falls der Nenner 0 ist). Es bieten sich dann folgende Möglichkeiten:

(1) Man ergänzt die Divisionsfunktion zu einer totalen Funktion, z.B. durch die Festsetzung $\frac{r}{0} := 0$ für alle $r \in \mathbb{R}$, und berücksichtigt dies bei der Formulierung weiterer Aussagen in geeigneter Weise.

(2) Man betrachtet statt der Divisionsfunktion ihren Graphen, d.h. die dreistellige Relation $\{(a,b,c) \in \mathbb{R} \mid b \neq 0 \text{ und } \frac{a}{b} = c\}$[1]. Wie man Aussagen über Funktionen in Aussagen über deren Graphen übersetzt, schildern wir in VIII.1. Die dort für totale Funktionen durchgeführten Betrachtungen lassen sich leicht auf partielle Funktionen übertragen.

(3) Man baut für die Sprachen erster Stufe eine Semantik auf, in der auch partielle Funktionen zugelassen sind. Dieser Weg ist gangbar; er führt jedoch zu einem komplizierteren logischen System und bringt, wie die Möglichkeiten (1) und (2) zeigen, prinzipiell nichts Neues.

7.2 Mehrsortige Strukturen. Die von uns betrachteten Strukturen besitzen nur einen einzigen Träger, sie bestehen insofern aus nur einer *Sorte* von Dingen. Einige wichtige Strukturen der Mathematik bestehen demgegenüber aus Dingen verschiedener Sorten – ebene affine Räume z.B. aus Punkten und Geraden, Vektorräume aus Vektoren und Skalaren. Wir schildern am Beispiel der Vektorräume zwei Möglichkeiten, wie man mehrsortige Strukturen berücksichtigen kann.

(1) *Mehrsortige Sprachen.* Wir betrachten einen Vektorraum $\mathfrak{V}$ als „Struktur mit zwei Trägern" (als sog. *zweisortige Struktur*):

$$\mathfrak{V} = (K, V, +^K, \cdot^K, 0^K, 1^K, \circ^V, e^V, *^{K,V}),$$

wobei K die Menge der Skalare ist, $(K, +^K, \cdot^K, 0^K, 1^K)$ der Skalarenkörper, V die Menge der Vektoren, $(V, \circ^V, e^V)$ die additive Gruppe der Vektoren und $*^{K,V}$ die auf $K \times V$ definierte Multiplikation zwischen Skalaren und Vektoren.

Zur Beschreibung solcher zweisortigen Strukturen wählen wir eine zweisortige Sprache, d.h. eine Sprache, die in ihrem Aufbau den bisher betrachteten Sprachen gleicht, jedoch über zwei Sorten von Variablen verfügt, etwa $u_0, u_1, u_2, \ldots$ (für die Elemente des ersten Trägers, im obigen Fall für die Skalare) und $w_0, w_1, w_2, \ldots$ (für die Elemente des zweiten Trägers, im obigen Fall für die Vektoren). Der Bereich für eine quantifizierte Variable ist stets nur der entsprechende Träger. Zur Illustration symbolisieren wir einige Vektorraumaxiome.

[1]Man beachte, daß es sich hier um einen anderen Begriff von Graphen handelt als in 6.6, wo Graphen spezielle Stukturen sind.

(α) Assoziativität der Körperaddition:
$\forall u_0 \forall u_1 \forall u_2\, (u_0 + u_1) + u_2 \equiv u_0 + (u_1 + u_2)$.

(β) Assoziativität der Vektoraddition:
$\forall w_0 \forall w_1 \forall w_2\, (w_0 \circ w_1) \circ w_2 \equiv w_0 \circ (w_1 \circ w_2)$.

(γ) Assoziativität der skalaren Multiplikation von Vektoren:
$\forall u_0 \forall u_1 \forall w_0 (u_0 \cdot u_1) * w_0 \equiv u_0 * (u_1 * w_0)$.

(2) *Sortenreduktion.* Man kann die Behandlung mehrsortiger Strukturen auch mit unseren einsortigen Sprachen erster Stufe erreichen, und zwar mit einer sog. *Sortenreduktion*. Sie sei am Beispiel der Vektorräume kurz geschildert. Wir führen zwei neue einstellige Relationssymbole $\underline{K}, \underline{V}$ ein und betrachten einen Vektorraum als $\{\underline{K}, \underline{V}, +, \cdot, 0, 1, \circ, e, *\}$-Struktur

$$\mathfrak{V} = (K \cup V, \underline{K}^{\mathfrak{V}}, \underline{V}^{\mathfrak{V}}, +^{\mathfrak{V}}, \cdot^{\mathfrak{V}}, 0^{\mathfrak{V}}, 1^{\mathfrak{V}}, \circ^{\mathfrak{V}}, e^{\mathfrak{V}}, *^{\mathfrak{V}})$$

mit $\underline{K}^{\mathfrak{V}} := K$, $\underline{V}^{\mathfrak{V}} := V$, wobei die Funktionen $+^{\mathfrak{V}}, \cdot^{\mathfrak{V}}, \circ^{\mathfrak{V}}, *^{\mathfrak{V}}$ beliebige Erweiterungen von $*^K, \cdot^K, \circ^V, *^{K,V}$ auf $(K \cup V) \times (K \cup V)$ sind. Die Einführung der „Sortensymbole" $\underline{K}, \underline{V}$ gibt uns die Möglichkeit, über Skalare und Vektoren zu sprechen. Wir illustrieren dies am Beispiel der oben mehrsortig symbolisierten Vektorraumaxiome.

(α) $\forall x \forall y \forall z((\underline{K}x \wedge \underline{K}y \wedge \underline{K}z) \rightarrow (x + y) + z \equiv x + (y + z))$.

(β) $\forall x \forall y \forall z((\underline{V}x \wedge \underline{V}y \wedge \underline{V}z) \rightarrow (x \circ y) \circ z \equiv x \circ (y \circ z))$.

(γ) $\forall x \forall y \forall z((\underline{K}x \wedge \underline{K}y \wedge \underline{V}z) \rightarrow (x \cdot y) * z \equiv x * (y * z))$.

Da z.B. in (α) die Quantoren auf $\underline{K}$ „relativiert" sind, spielt es keine Rolle, wie wir die Erweiterung $+^{\mathfrak{V}}$ von $+^K$ gewählt haben.

7.3 Grenzen der Symbolisierbarkeit. Die Frage nach den Grenzen der Symbolisierbarkeit und damit letztlich nach der Ausdrucksstärke der Sprachen erster Stufe wird uns noch eingehend beschäftigen (vgl. KapitelVI und VII.2). Wir behandeln hier zwei Beispiele.

(1) *Torsionsgruppen.* Eine Gruppe $\mathfrak{G}$ heißt eine *Torsionsgruppe*, wenn jedes Element von $\mathfrak{G}$ endliche Ordnung besitzt, d.h. wenn es zu jedem $a \in G$ ein $n \geq 1$ gibt mit $a^n = e^G$. Eine ad-hoc-Symbolisierung hiervon wäre

$$\forall x(x \equiv e \vee x \circ x \equiv e \vee (x \circ x) \circ x \equiv e \vee \ldots).$$

Unendliche Disjunktionen können wir jedoch im Rahmen der Sprachen erster Stufe nicht bilden. Wir werden später zeigen, daß es keine Ausdrucksmenge erster Stufe gibt, deren Modelle gerade die Torsionsgruppen sind.

(2) *Das Peanosche Axiomensystem.* Wir stellen die Frage, ob es eine Menge von S_{Ar}-Sätzen gibt, deren Modelle gerade die zu

$$\mathfrak{N} = (\mathbb{N}, +, \cdot, 0, 1)$$

isomorphen Strukturen sind. Bei der Diskussion dieses Problems beschränken wir uns der Einfachheit halber auf die Struktur $\mathfrak{N}_\sigma = (\mathbb{N}, \sigma, 0)$, wobei σ die Nachfolgerfunktion auf $\mathbb{N}$ ist mit $\sigma(n) = n+1$ für $n \in \mathbb{N}$. $\mathfrak{N}_\sigma$ ist eine $\{\boldsymbol{\sigma}, 0\}$-Struktur, $\boldsymbol{\sigma}$ („successor") dabei ein einstelliges Funktionssymbol. Die Ergebnisse lassen sich auf $\mathfrak{N}$ übertragen; vgl. Aufgabe 7.5.

$\mathfrak{N}_\sigma$ erfüllt die Bedingungen des sog. *Peanoschen Axiomensystems*:

(α) 0 ist kein Wert der Nachfolgerfunktion σ.

(β) σ ist injektiv.

(γ) (das sog. *Induktionsaxiom*) Für jede Teilmenge X von $\mathbb{N}$ gilt: Ist $0 \in X$ und ist mit $n \in X$ stets $\sigma(n) \in X$, so ist $X = \mathbb{N}$.

(α) und (β) lassen sich in $L^{\{\boldsymbol{\sigma},0\}}$ leicht symbolisieren durch

(P1) $\forall x \neg \boldsymbol{\sigma} x \equiv 0$;

(P2) $\forall x \forall y (\boldsymbol{\sigma} x \equiv \boldsymbol{\sigma} y \rightarrow x \equiv y)$.

Das Induktionsaxiom (γ) macht eine Aussage über beliebige Teilmengen von $\mathbb{N}$. Um es „ad hoc" zu symbolisieren, müßte unsere Sprache auch Variablen für Teilmengen von Trägern enthalten, die sich quantifizieren lassen. Eine mögliche Symbolisierung von (γ) wäre dann

(P3) $\forall X((X0 \wedge \forall x(Xx \rightarrow X\boldsymbol{\sigma}x)) \rightarrow \forall y Xy)$.

(P3) ist ein Ausdruck der sog. *zweiten Stufe* (vgl. IX.1). Der folgende Satz zeigt, daß (P1) – (P3) die Struktur $\mathfrak{N}_\sigma$ bis auf Isomorphie charakterisieren, d.h. daß $\mathfrak{N}_\sigma$ bis auf Isomorphie das einzige Modell von (P1) – (P3) ist.

7.4 Satz von Dedekind. *Jede Struktur* $\mathfrak{A} = (A, \boldsymbol{\sigma}^A, 0^A)$, *die* (P1) *bis* (P3) *erfüllt, ist zu* $\mathfrak{N}_\sigma$ *isomorph.*

Da wir in VI.4 zeigen, daß keine Menge von $\{\boldsymbol{\sigma}, 0\}$-Sätzen erster Stufe bis auf Isomorphie nur $\mathfrak{N}_\sigma$ als Modell hat, läßt sich das Induktionsaxiom in der ersten Stufe nicht symbolisieren.

Der *Beweis des Satzes von Dedekind* beruht wesentlich darauf, daß man für eine Struktur $\mathfrak{A}$, die (P3) erfült, *Beweise durch Induktion in* $\mathfrak{A}$ wie folgt führen kann: Um zu zeigen, daß jedes Element des Trägers A eine bestimmte Eigenschaft E besitzt, zeigt man, daß 0^A die Eigenschaft E hat und daß sich E jeweils von einem Element a auf $\boldsymbol{\sigma}^A(a)$ vererbt.

Sei nun $\mathfrak{A} = (A, \boldsymbol{\sigma}^A, 0^A)$ eine Struktur, die (P1) – (P3) erfüllt. Der gesuchte Isomorphismus $\pi: \mathfrak{N}_\sigma \cong \mathfrak{A}$ muß folgenden Bedingungen genügen:

(i) $\pi(0^{\mathbb{N}}) = 0^A$
(ii) $\pi(\boldsymbol{\sigma}^{\mathbb{N}}(n)) = \boldsymbol{\sigma}^A(\pi(n))$ für alle $n \in \mathbb{N}$,

d.h.

(i)′ $\pi(0) = 0^A$
(ii)′ $\pi(n+1) = \boldsymbol{\sigma}^A(\pi(n))$ für alle $n \in \mathbb{N}$.

Wir definieren π induktiv über n, und zwar gerade durch (i)′ und (ii)′. Dann sind die Verträglichkeitsbedingungen erfüllt, und wir brauchen lediglich noch zu zeigen, daß π eine Bijektion von $\mathbb{N}$ auf A ist.

Zur Surjektivität von π: Wir beweisen durch Induktion in $\mathfrak{A}$ ($\mathfrak{A}$ erfüllt ja (P3)!), daß jedes Element von A zum Bild von π gehört. Nach (i)′ liegt 0^A im Bild von π. Liegt ferner a im Bild von π und ist etwa $a = \pi(n)$, so ist $\boldsymbol{\sigma}^A(a) = \boldsymbol{\sigma}^A(\pi(n))$, d.h. mit (ii)′: $\boldsymbol{\sigma}^A(a) = \pi(n+1)$, also liegt auch $\boldsymbol{\sigma}^A(a)$ im Bild von π.

Zur Injektivität von π: Wir beweisen durch Induktion über n

(∗) Für alle $m \in \mathbb{N}$: Ist $m \neq n$, so ist $\pi(m) \neq \pi(n)$.

$n = 0$: Ist $m \neq 0$, etwa $m = k+1$, so ist $\pi(m) = \pi(k+1) = \boldsymbol{\sigma}^A(\pi(k))$, und da $\mathfrak{A}$ das Axiom (P1) erfüllt, ist $\boldsymbol{\sigma}^A(\pi(k)) \neq 0^A$, also wegen (i)′ $\pi(m) \neq \pi(0)$.

Der Induktionsschritt: (∗) sei für n bewiesen, und es sei $m \neq n+1$. Ist $m = 0$, schließen wir wie im Falle $n = 0$, daß $\pi(n+1) \neq \pi(m) = 0^A$. Ist $m \neq 0$, etwa $m = k+1$, so ist $k \neq n$ und nach Induktionsvoraussetzung $\pi(k) \neq \pi(n)$. Wegen der Injektivität von $\boldsymbol{\sigma}^A$ ($\mathfrak{A}$ erfüllt (P2)!) ergibt sich hieraus, daß $\boldsymbol{\sigma}^A(\pi(k)) \neq \boldsymbol{\sigma}^A(\pi(n))$, auf Grund der Festsetzung (ii)′ also $\pi(k+1) \neq \pi(n+1)$, d.h. $\pi(m) \neq \pi(n+1)$. □

7.5 Aufgabe. Π sei das folgende System von S_{Ar}-Sätzen der zweiten Stufe:

$\forall x \neg x + 1 \equiv 0$
$\forall x \forall y (x + 1 \equiv y + 1 \rightarrow x \equiv y)$
$\forall X((X0 \wedge \forall x(Xx \rightarrow Xx + 1)) \rightarrow \forall y Xy)$
$\forall x\, x + 0 \equiv x$
$\forall x \forall y\, x + (y + 1) \equiv (x + y) + 1$
$\forall x\, x \cdot 0 \equiv 0$
$\forall x \forall y\, x \cdot (y + 1) \equiv (x \cdot y) + x.$

Man zeige:
(a) Ist $\mathfrak{A} = (A, +^A, \cdot^A, 0^A, 1^A)$ ein Modell von Π und ist $\boldsymbol{\sigma}^A : A \rightarrow A$ gegeben durch $\boldsymbol{\sigma}^A(a) = a +^A 1^A$, so erfüllt $(A, \boldsymbol{\sigma}^A, 0^A)$ die Axiome (P1) – (P3).
(b) $\mathfrak{N} = (\mathbb{N}, +, \cdot, 0, 1)$ wird durch Π bis auf Isomorphie charakterisiert.

§8 Substitution

Wir präzisieren in diesem Paragraphen, wie wir eine Variable x in einem Ausdruck φ an den Stellen, wo sie frei vorkommt, durch einen Term t ersetzen können, wobei dann wieder ein Ausdruck ψ entsteht. Die Ersetzung soll so vorgenommen werden, daß – inhaltlich gesprochen – φ dasselbe über x aussagt wie ψ über t. Ein erstes Beispiel möge diese Zielsetzung verdeutlichen und zugleich motivieren, warum wir mit einer gewissen Sorgfalt zu Werke gehen müssen. Es sei

$$\varphi := \exists z\, z + z \equiv x.$$

φ besagt in $\mathfrak{N}$, daß x gerade ist, genauer:

$$(\mathfrak{N}, \beta) \models \varphi \quad \text{gdw} \quad \beta(x) \text{ ist gerade.}$$

Ersetzen wir in φ die Variable x durch y, besagt der entstehende Ausdruck $\exists z\, z + z \equiv y$ in ähnlicher Weise, daß y gerade ist. Ersetzen wir dagegen die Variable x durch z, entsteht der Ausdruck $\exists z\, z + z \equiv z$, der nicht besagt, daß z gerade ist; denn er gilt in $\mathfrak{N}$ (wegen $0 + 0 = 0$) unabhängig von der Belegung von z. Der Grund für die Bedeutungsänderung liegt darin, daß an der Stelle, an der x frei vorkam, z nach der Ersetzung gebunden auftritt. Wir erhalten dagegen einen Ausdruck, der für z dasselbe besagt wie φ für x, wenn wir in φ zunächst zu einer neuen gebundenen Variablen u übergehen und in dem so entstehenden Ausdruck $\exists u\, u + u \equiv x$ dann x durch z ersetzen.

Welche (von z und x verschiedene) Variable u wir hierbei wählen, ist belanglos. Für gewisse theoretische Überlegungen ist es jedoch nützlich, eine Festlegung zu treffen.

Während wir im vorangehenden Beispiel nur eine Variable ersetzt haben, regeln wir bei der exakten Definition die gleichzeitige Ersetzung mehrerer Variablen: Wir ordnen jedem Ausdruck φ, *paarweise verschiedenen Variablen* $x_0, \ldots, x_r$ und beliebigen Termen $t_0, \ldots, t_r$ einen Ausdruck $\varphi \frac{t_0 \ldots t_r}{x_0 \ldots x_r}$ zu, der, wie wir sagen, aus φ durch *simultane Substitution* von $x_0, \ldots, x_r$ durch $t_0, \ldots, t_r$ entsteht. Der Leser beachte, daß man nur dann x_i durch t_i ersetzen muß, wenn

$$x_i \in \operatorname{frei}(\varphi) \quad \text{und} \quad x_i \neq t_i.$$

Bei der folgenden induktiven Definition wird dies im Quantorenschritt explizit berücksichtigt; bei den anderen Schritten ergibt es sich unmittelbar.

Es erweist sich als bequem, zunächst eine simultane Substitution für Terme einzuführen. Zugrundegelegt sei eine Symbolmenge S.

8.1 Definition.

(a) $x \frac{t_0 \ldots t_r}{x_0 \ldots x_r} := \begin{cases} x, & \text{falls } x \neq x_0, \ldots, x \neq x_r \\ t_i, & \text{falls } x = x_i \end{cases}$

(b) $c \frac{t_0 \ldots t_r}{x_0 \ldots x_r} := c$

(c) $[f t'_1 \ldots t'_n] \frac{t_0 \ldots t_r}{x_0 \ldots x_r} := f t'_1 \frac{t_0 \ldots t_r}{x_0 \ldots x_r} \ldots t'_n \frac{t_0 \ldots t_r}{x_0 \ldots x_r}$.

Eckige Klammern dienen hier und im folgenden der besseren Lesbarkeit.

8.2 Definition.

(a) $[t'_1 \equiv t'_2] \frac{t_0 \ldots t_r}{x_0 \ldots x_r} := t'_1 \frac{t_0 \ldots t_r}{x_0 \ldots x_r} \equiv t'_2 \frac{t_0 \ldots t_r}{x_0 \ldots x_r}$

(b) $[R t'_1 \ldots t'_n] \frac{t_0 \ldots t_r}{x_0 \ldots x_r} := R t'_1 \frac{t_0 \ldots t_r}{x_0 \ldots x_r} \ldots t'_n \frac{t_0 \ldots t_r}{x_0 \ldots x_r}$

(c) $[\neg \varphi] \frac{t_0 \ldots t_r}{x_0 \ldots x_r} := \neg [\varphi \frac{t_0 \ldots t_r}{x_0 \ldots x_r}]$

(d) $(\varphi \vee \psi) \frac{t_0 \ldots t_r}{x_0 \ldots x_r} := \left(\varphi \frac{t_0 \ldots t_r}{x_0 \ldots x_r} \vee \psi \frac{t_0 \ldots t_r}{x_0 \ldots x_r} \right)$

(e) Seien $x_{i_1}, \ldots, x_{i_s}$ $(i_1 < \ldots < i_s)$ gerade die Variablen x_i unter $x_0, \ldots, x_r$ mit

$$x_i \in \operatorname{frei}(\exists x \varphi) \text{ und } x_i \neq t_i.$$

Insbesondere ist $x \neq x_{i_1}, \ldots, x \neq x_{i_s}$. Dann setzen wir

$$[\exists x\varphi]\frac{t_0 \ldots t_r}{x_0 \ldots x_r} := \exists u \left[\varphi \frac{t_{i_1} \ldots t_{i_s} u}{x_{i_1} \ldots x_{i_s} x}\right];$$

dabei sei u die Variable x, falls x nicht in $t_{i_1}, \ldots, t_{i_s}$ auftritt; sonst sei u die in der Aufzählung $v_0, v_1, v_2, \ldots$ erste Variable, die nicht in $\varphi, t_{i_1}, \ldots, t_{i_s}$ vorkommt.

(Der Übergang zur Variablen u stellt sicher, daß keine in $t_{i_1}, \ldots, t_{i_s}$ auftretende Variable in den Wirkungsbereich eines Quantors gelangt. Falls es kein x_i gibt mit $x_i \in \text{frei}(\exists x\varphi)$ und $x_i \neq t_i$, ist $s = 0$, und (e) liefert

$$[\exists x\varphi]\frac{t_0 \ldots t_r}{x_0 \ldots x_r} = \exists x\varphi\frac{x}{x}$$

und damit $\exists x\varphi$, wie wir in 8.4(b) zeigen werden.)

Beispiele. Für zweistellige P und f gilt

(1) $[Pv_0fv_1v_2]\frac{v_2v_0v_1}{v_1v_2v_3} = Pv_0fv_2v_0.$

(2) $[\exists v_0Pv_0fv_1v_2]\frac{v_4\ fv_1v_1}{v_0\quad v_2} = \exists v_0\left[Pv_0fv_1v_2\frac{fv_1v_1\ v_0}{v_2\quad v_0}\right]$
$= \exists v_0Pv_0fv_1fv_1v_1.$

(3) $[\exists v_0Pv_0fv_1v_2]\frac{v_0v_2v_4}{v_1v_2v_0} = \exists v_3\left[Pv_0fv_1v_2\frac{v_0v_3}{v_1v_0}\right] = \exists v_3Pv_3fv_0v_2.$

In $\varphi\frac{t_0 \ldots t_r}{x_0 \ldots x_r}$ steht an den Stellen, an denen x_i in φ frei vorkam, jetzt der Term t_i. Ist daher etwa $\text{frei}(\varphi) \subset \{x_0, \ldots, x_r\}$, so erwarten wir, daß $\varphi\frac{t_0 \ldots t_r}{x_0 \ldots x_r}$ genau dann bei einer Interpretation $\mathfrak{I} = (\mathfrak{A}, \beta)$ gilt, wenn φ in $\mathfrak{A}$ gilt, sofern wir x_0 durch $\mathfrak{I}(t_0), \ldots, x_r$ durch $\mathfrak{I}(t_r)$ belegen. Eine exakte Formulierung dieses Sachverhalts enthält das folgende „Substitutionslemma" 8.3. Später werden wir häufig auf dieses Lemma Bezug nehmen, selten dagegen auf technische Einzelheiten der Definition 8.2[1].

Zur Vorbereitung des Lemmas verallgemeinern wir zunächst die Definition von $\mathfrak{I}\frac{a}{x}$: Sind $x_0, \ldots, x_r$ paarweise verschieden, ist $\mathfrak{I} = (\mathfrak{A}, \beta)$ eine Interpretation und sind $a_0, \ldots, a_r \in A$, so sei $\beta\frac{a_0 \ldots a_r}{x_0 \ldots x_r}$ die Belegung in $\mathfrak{A}$ mit

[1]Wie das Substitutionslemma, so sind auch die darauf folgenden Ergebnisse dieses Paragraphen inhaltlich klar. Die Beweise sind nicht schwer, aber etwas langwierig, und können von dem mit Beweisen durch Induktion über Terme und Ausdrücke vertrauten Leser überschlagen werden.

$$\beta\frac{a_0\ldots a_r}{x_0\ldots x_r}(y) := \begin{cases}\beta(y), & \text{falls } y \neq x_0,\ldots,y\neq x_r\\ a_i, & \text{falls } y = x_i\end{cases}$$

und

$$\mathfrak{I}\frac{a_0\ldots a_r}{x_0\ldots x_r} := \left(\mathfrak{A}, \beta\frac{a_0\ldots a_r}{x_0\ldots x_r}\right).$$

8.3 Substitutionslemma. (a) *Für alle Terme* t*:*

$$\mathfrak{I}\left(t\frac{t_0\ldots t_r}{x_0\ldots x_r}\right) = \mathfrak{I}\frac{\mathfrak{I}(t_0)\ldots\mathfrak{I}(t_r)}{x_0\ldots x_r}(t).$$

(b) *Für alle Ausdrücke* φ*:*

$$\mathfrak{I}\models\varphi\frac{t_0\ldots t_r}{x_0\ldots x_r} \quad gdw \quad \mathfrak{I}\frac{\mathfrak{I}(t_0)\ldots\mathfrak{I}(t_r)}{x_0\ldots x_r}\models\varphi.$$

Beweis. Wir führen den Beweis anhand der Definitionen 8.1 und 8.2 durch Induktion über den Aufbau der Terme bzw. der Ausdrücke, beschränken uns dabei allerdings auf einige typische Fälle.

$t = x$: Ist $x \neq x_0,\ldots,x\neq x_r$, so ist nach 8.1(a)

$$x\frac{t_0\ldots t_r}{x_0\ldots x_r} = x$$

und daher

$$\mathfrak{I}\left(x\frac{t_0\ldots t_r}{x_0\ldots x_r}\right) = \mathfrak{I}(x) = \mathfrak{I}\frac{\mathfrak{I}(t_0)\ldots\mathfrak{I}(t_r)}{x_0\ldots x_r}(x).$$

Ist $x = x_i$, so ist

$$x\frac{t_0\ldots t_r}{x_0\ldots x_r} = t_i$$

und daher

$$\mathfrak{I}\left(x\frac{t_0\ldots t_r}{x_0\ldots x_r}\right) = \mathfrak{I}(t_i) = \mathfrak{I}\frac{\mathfrak{I}(t_0)\ldots\mathfrak{I}(t_r)}{x_0\ldots x_r}(x_i) = \mathfrak{I}\frac{\mathfrak{I}(t_0)\ldots\mathfrak{I}(t_r)}{x_0\ldots x_r}(x).$$

$\varphi = Rt'_1\ldots t'_n$: $\mathfrak{I}\models [Rt'_1\ldots t'_n]\frac{t_0\ldots t_r}{x_0\ldots x_r}$

gdw $\mathfrak{I}(R)$ trifft zu auf $\mathfrak{I}\left(t'_1\frac{t_0\ldots t_r}{x_0\ldots x_r}\right),\ldots$ (nach 8.2(b))

gdw $\mathfrak{I}(R)$ trifft zu auf $\mathfrak{I}\frac{\mathfrak{I}(t_0)\ldots\mathfrak{I}(t_r)}{x_0\ldots x_r}(t'_1),\ldots$ (nach (a))

gdw $\mathfrak{I}\frac{\mathfrak{I}(t_0)\ldots\mathfrak{I}(t_r)}{x_0\ldots x_r}(R)$ trifft zu auf $\mathfrak{I}\frac{\mathfrak{I}(t_0)\ldots\mathfrak{I}(t_r)}{x_0\ldots x_r}(t'_1),\ldots$

gdw $\mathfrak{I}\frac{\mathfrak{I}(t_0)\ldots\mathfrak{I}(t_r)}{x_0\ldots x_r}\models Rt'_1\ldots t'_n$.

$\varphi = \exists x\psi$: Seien wie in 8.2(e) $x_{i_1},\ldots,x_{i_s}$ gerade die Variablen x_i mit $x_i \in \text{frei}(\exists x\psi)$ und $x_i \neq t_i$. Wählen wir dann u wie in 8.2(e), so gilt

$\mathfrak{I} \models [\exists x\psi]\frac{t_0 \ldots t_r}{x_0 \ldots x_r}$

gdw $\mathfrak{I} \models \exists u \left[\psi \frac{t_{i_1} \ldots t_{i_s}\ u}{x_{i_1} \ldots x_{i_s}\ x}\right]$

gdw es gibt $a \in A$: $\mathfrak{I}\frac{a}{u} \models \psi \frac{t_{i_1} \ldots t_{i_s}\ u}{x_{i_1} \ldots x_{i_s}\ x}$

gdw es gibt $a \in A$: $[\mathfrak{I}\frac{a}{u}] \frac{\mathfrak{I}\frac{a}{u}(t_{i_1}) \ldots \mathfrak{I}\frac{a}{u}(t_{i_s})\ \mathfrak{I}\frac{a}{u}(u)}{x_{i_1} \ldots x_{i_s}\ x} \models \psi$ (nach Induktionsvoraussetzung)

gdw es gibt $a \in A$: $[\mathfrak{I}\frac{a}{u}] \frac{\mathfrak{I}(t_{i_1}) \ldots \mathfrak{I}(t_{i_s})\ a}{x_{i_1} \ldots x_{i_s}\ x} \models \psi$ (nach dem Koinzidenzlemma, da u nicht in $t_{i_1}, \ldots, t_{i_s}$ vorkommt)

gdw es gibt $a \in A$: $\mathfrak{I}\frac{\mathfrak{I}(t_{i_1}) \ldots \mathfrak{I}(t_{i_s})\ a}{x_{i_1} \ldots x_{i_s}\ x} \models \psi$ (da $u = x$ oder u nicht in ψ vorkommt (Koinzidenzlemma!))

gdw es gibt $a \in A$: $\left[\mathfrak{I}\frac{\mathfrak{I}(t_{i_1}) \ldots \mathfrak{I}(t_{i_s})}{x_{i_1} \ldots x_{i_s}}\right] \frac{a}{x} \models \psi$ (beachte, daß $x \neq x_{i_1}, \ldots, x \neq x_{i_s}$)

gdw $\mathfrak{I}\frac{\mathfrak{I}(t_{i_1}) \ldots \mathfrak{I}(t_{i_s})}{x_{i_1} \ldots x_{i_s}} \models \exists x\psi$

gdw $\mathfrak{I}\frac{\mathfrak{I}(t_0) \ldots \mathfrak{I}(t_r)}{x_0 \ldots x_r} \models \exists x\psi$ (denn für $i \neq i_1, \ldots, i \neq i_s$ ist $x_i \notin \text{frei}(\exists x\psi)$ oder $x_i = t_i$). □

In den folgenden Lemmata sammeln wir einige syntaktische Eigenschaften der Substitution.

8.4 Lemma. (a) *Für jede Permutation π der Zahlen $0, \ldots, r$ gilt:*

$$\varphi\frac{t_0 \ldots t_r}{x_0 \ldots x_r} = \varphi\frac{t_{\pi(0)} \ldots t_{\pi(r)}}{x_{\pi(0)} \ldots x_{\pi(r)}}.$$

(b) *Ist $0 \leq i \leq r$ und $x_i = t_i$, so ist*

$$\varphi\frac{t_0 \ldots t_r}{x_0 \ldots x_r} = \varphi\frac{t_0 \ldots t_{i-1}\ t_{i+1} \ldots t_r}{x_0 \ldots x_{i-1}\ x_{i+1} \ldots x_r}.$$

Insbesondere ist $\varphi\frac{x}{x} = \varphi$.

(c) *Für alle Variablen y gilt:*

(i) *Wenn $y \in \text{var}\left(t\frac{t_0 \ldots t_r}{x_0 \ldots x_r}\right)$, so $(y \in \text{var}(t_0) \cup \ldots \cup \text{var}(t_r))$ oder $(y \in \text{var}(t)$ und $y \neq x_0, \ldots, y \neq x_r)$.*

(ii) *Wenn $y \in \text{frei}\left(\varphi\frac{t_0 \ldots t_r}{x_0 \ldots x_r}\right)$, so $(y \in \text{var}(t_0) \cup \ldots \cup \text{var}(t_r))$ oder $(y \in \text{frei}(\varphi)$ und $y \neq x_0, \ldots, y \neq x_r)$.*

Beweis. Wir schließen induktiv anhand von 8.1 und 8.2. Dabei beschränken wir uns auf zwei typische Fälle von (c).

$t = x$: Ist $x \neq x_0, \ldots, x \neq x_r$, so ist $x\frac{t_0 \ldots t_r}{x_0 \ldots x_r} = x$. Wenn nun $y \in \mathrm{var}\left(x\frac{t_0 \ldots t_r}{x_0 \ldots x_r}\right)$, so ist $y = x$ und daher ($y \in \mathrm{var}(x)$ und $y \neq x_0$, $\ldots$, $y \neq x_r$). – Ist $x = x_i$, so ist $x_i\frac{t_0 \ldots t_r}{x_0 \ldots x_r} = t_i$. Wenn dann $y \in \mathrm{var}\left(x_i\frac{t_0 \ldots t_r}{x_0 \ldots x_r}\right)$, so auch $y \in \mathrm{var}(t_i)$, also $y \in \mathrm{var}(t_0) \cup \ldots \cup \mathrm{var}(t_r)$.

$\varphi = \exists x\psi$: Seien $s, i_1, \ldots, i_s$ und u wie in Definition 8.2.(e) und sei

$$y \in \mathrm{frei}\left([\exists x\psi]\frac{t_0 \ldots t_r}{x_0 \ldots x_r}\right) = \mathrm{frei}\left(\exists u\left[\psi\frac{t_{i_1} \ldots t_{i_s}\ u}{x_{i_1} \ldots x_{i_s}\ x}\right]\right).$$

Es ist dann $y \neq u$ und

$$y \in \mathrm{frei}\left(\psi\frac{t_{i_1} \ldots t_{i_s}\ u}{x_{i_1} \ldots x_{i_s}\ x}\right),$$

also nach Induktionsvoraussetzung $y \neq u$ und ($y \in \mathrm{var}(t_{i_1}) \cup \ldots \cup \mathrm{var}(t_{i_s}) \cup \{u\}$ oder $y \in \mathrm{frei}(\psi)$, $y \neq x_{i_1}, \ldots, y \neq x_{i_s}, y \neq x$). Da für $i \neq i_1, \ldots, i \neq i_s$ $x_i \notin \mathrm{frei}(\psi)$ oder $x_i = t_i$, erhalten wir hieraus: $y \in \mathrm{var}(t_0) \cup \ldots \cup \mathrm{var}(t_r)$ oder $y \in \mathrm{frei}(\exists x\psi), y \neq x_0, \ldots, y \neq x_r$. □

8.5 Korollar. *Sei* $\mathrm{frei}(\varphi) \subset \{x_0, \ldots, x_r\}$, *wobei weiterhin* $x_0, \ldots, x_r$ *verschieden seien. Dann ist für Terme* $t_0, \ldots, t_r$ *mit* $\mathrm{var}(t_i) \subset \{v_0, \ldots, v_{n-1}\}$ *der Ausdruck* $\varphi\frac{t_0 \ldots t_r}{x_0 \ldots x_r}$ *aus* L_n^S. *Insbesondere ist* $\varphi\frac{c_0 \ldots c_r}{x_0 \ldots x_r}$ *ein Satz.* □

Die Anzahl der in einem Ausdruck φ vorkommenden Junktoren und Quantoren nennen wir den *Rang* von φ, kurz $\mathrm{rg}(\varphi)$. Genauer:

8.6 Definition.

$$\begin{aligned}
\mathrm{rg}(\varphi) &:= 0, \text{ falls } \varphi \text{ atomar}\\
\mathrm{rg}(\neg\varphi) &:= \mathrm{rg}(\varphi) + 1\\
\mathrm{rg}(\varphi \vee \psi) &:= \mathrm{rg}(\varphi) + \mathrm{rg}(\psi) + 1\\
\mathrm{rg}(\exists x\varphi) &:= \mathrm{rg}(\varphi) + 1.
\end{aligned}$$

Aus der Definition der Substitution entnimmt man unmittelbar:

8.7 Lemma. $\mathrm{rg}\left(\varphi\frac{t_0 \ldots t_r}{x_0 \ldots x_r}\right) = \mathrm{rg}(\varphi)$. □

Mit der Substitution läßt sich der Quantor „es gibt genau ein“ bequem wiedergeben: Sei φ ein Ausdruck, x eine Variable und y die erste von x verschiedene Variable, die in φ nicht frei vorkommt. Wir schreiben dann $\exists^{=1}x\varphi$ („es gibt genau ein x, so daß φ“) für $\exists x(\varphi \wedge \forall y(\varphi\frac{y}{x} \rightarrow x \equiv y))$. Man zeigt leicht, daß für jede Interpretation $\mathfrak{I} = (\mathfrak{A}, \beta)$ gilt:

$$\mathfrak{I} \models \exists^{=1} x \varphi \quad \text{gdw} \quad \text{es gibt genau ein } a \in A \text{ mit } \mathfrak{I}\frac{a}{x} \models \varphi.$$

8.8 Aufgabe. Für $n \geq 1$ gebe man in ähnlicher Weise die Quantoren „es gibt genau n" und „es gibt höchstens n" wieder.

8.9 Aufgabe. Seien P und f zweistellig und $x = v_0, y = v_1, u = v_2, v = v_3$ und $w = v_4$. Man zeige anhand der Definition 8.2:

(a) $\exists x \exists y (Pxu \wedge Pyv)\frac{u\ u\ u}{x\ y\ v} = \exists x \exists y (Pxu \wedge Pyu)$,

(b) $\exists x \exists y (Pxu \wedge Pyv)\frac{v\ fuv}{u\ \ v} = \exists x \exists y (Pxv \wedge Pyfuv)$,

(c) $\exists x \exists y (Pxu \wedge Pyv)\frac{u\ x\ fuv}{x\ u\ \ v} = \exists w \exists y (Pwx \wedge Pyfuv)$,

(d) $[\forall x \exists y (Pxy \wedge Pxu) \vee \exists u fuu \equiv x]\frac{x\ fxy}{x\ \ u} =$
$\forall v \exists w (Pvw \wedge Pvfxy) \vee \exists u fuu \equiv x.$

8.10 Aufgabe. Man zeige: Wenn $x_0, \ldots, x_r \notin \text{var}(t_0) \cup \ldots \cup \text{var}(t_r)$, so

$$\varphi\frac{t_0 \ldots t_r}{x_0 \ldots x_r} \mathrel{=}\!\mid\!\models \forall x_0 \ldots \forall x_r (x_0 \equiv t_0 \wedge \ldots \wedge x_r \equiv t_r \rightarrow \varphi).$$

8.11 Aufgabe. Man gebe einen Kalkül an, der genau die Zeichenreihen der Gestalt $t\, x_0 \ldots x_r\, t_0 \ldots t_r\, t\frac{t_0 \ldots t_r}{x_0 \ldots x_r}$ oder $\varphi\, x_0 \ldots x_r\, t_0 \ldots t_r\, \varphi\frac{t_0 \ldots t_r}{x_0 \ldots x_r}$ abzuleiten gestattet. Hinweis: Beispielsweise kann man für (a) und (c) in 8.1 die folgenden Regeln wählen:

$$\frac{}{x \quad x_0 \ldots x_r \quad t_0 \ldots t_r \quad x}, \quad \text{falls } x \neq x_0, \ldots, x \neq x_r;$$

$$\frac{}{x \quad x_0 \ldots x_r \quad t_0 \ldots t_r \quad t_i}, \quad \text{falls } x = x_i;$$

$$\frac{\begin{array}{cccc} t'_1 & x_0 \ldots x_r & t_1 \ldots t_r & s'_1 \\ \vdots & \vdots & \vdots & \vdots \\ t'_n & x_0 \ldots x_r & t_1 \ldots t_r & s'_n \end{array}}{ft'_1 \ldots t'_n \quad x_0 \ldots x_r \quad t_0 \ldots t_r \quad fs'_1 \ldots s'_n}, \quad \text{falls } f \in S \text{ } n\text{-stellig}.$$

Kapitel IV

Ein Sequenzenkalkül

In Kapitel I haben wir erläutert, welche Zielsetzung der Mathematiker verfolgt, wenn er eine bestimmte mathematische Theorie entwickelt: Um sich einen Überblick über die Theorie zu verschaffen, versucht er zu ermitteln, welche Aussagen aus den Axiomen dieser Theorie folgen. Daß eine Aussage aus den Axiomen folgt, zeigt er durch einen Beweis. Dank der Präzisierung der Folgerungsbeziehung im vorangehenden Kapitel sind wir jetzt in der Lage, Zielsetzung und Vorgehen im Rahmen der ersten Stufe schärfer zu erfassen. Für eine Symbolmenge S und eine Menge Φ von S-Sätzen sei $\Phi^{\models}$ die Menge der S-Sätze, die aus Φ folgen. Ein mathematischer Beweis für einen S-Satz φ unter Benutzung der Axiome aus Φ demonstriert, daß φ zu $\Phi^{\models}$ gehört. Wir können z.B. an die Menge Φ_{Gr} der Gruppenaxiome mit $S = S_{\mathrm{Gr}}$ denken. Dann zeigt der Beweis von I.1.1, daß der S_{Gr}-Satz $\forall x \exists y\, y \circ x \equiv e$ zu $\Phi_{\mathrm{Gr}}^{\models}$ gehört. Im Hinblick auf die Zielsetzung des Mathematikers und die Tragweite seiner Methoden erhebt sich umgekehrt die Frage, ob *jeder* Satz aus $\Phi^{\models}$ unter Benutzung der Axiome aus Φ bewiesen werden kann. Um sie zu beantworten, ist eine Analyse des Beweisbegriffs unumgänglich. Doch selbst dann, wenn wir uns auf Aussagen beschränken, die sich in der ersten Stufe formulieren lassen, stoßen wir bei dem Versuch einer solchen Analyse gleich zu Beginn auf Schwierigkeiten. Sie haben ihre Wurzel in dem Umstand, daß der Mathematiker über keinen fest umrissenen Beweisbegriff verfügt. Was ein Beweis ist, lernt man nicht anhand eines Katalogs von zugelassenen Schlußweisen, sondern vielmehr durch Übung an konkreten

Beispielen im Laufe der mathematischen Ausbildung. Außerdem werden die gebräuchlichen Schlußweisen durch immer neue Varianten bereichert, und nicht zuletzt ergeben sich bei der Entwicklung neuer Theorien oft neue charakteristische Beweismethoden.

Angesichts dieser Situation werden wir nicht versuchen, die ganze Palette mathematischer Argumentationsweisen exakt zu beschreiben. Wir werden vielmehr an Hand konkreter Beweise elementare Schlüsse herauskristallisieren und dadurch einen präzisen Beweisbegriff konstituieren. Es wird sich zeigen, daß diese elementaren Schlüsse als Bausteine für alle mathematischen Argumentationsweisen ausreichen. Wir verfahren also ähnlich wie bei der Präzisierung des Begriffs der mathematischen Aussage, wo wir, statt eine exakte Beschreibung zu versuchen, mit den Sprachen erster Stufe einen scharf definierten Rahmen abgegrenzt haben. Während wir hinsichtlich der Sprachen erster Stufe nur plausibel machen können, daß sie trotz der ihnen anhaftenden Ausdrucksschwächen für die Zwecke der Mathematik prinzipiell ausreichen (vgl. VII.2), können wir hier exakt zeigen, daß jeder Satz in $\Phi^{\models}$ aus den Sätzen von Φ im präzisen Sinn beweisbar ist.

Wie können wir elementare Schlußregeln aufspüren? Eine Analyse z.B. der beiden Beweise aus I. zeigt, daß diejenigen Argumentationen sehr elementar erscheinen, die unmittelbar mit der Bedeutung der Junktoren, der Quantoren und der Gleichheitsbeziehung zusammenhängen. Wir erwähnen drei Beispiele: Man kann in einem Beweis von bereits gewonnenen Ausdrücken φ und ψ zur Konjunktion $(\varphi \wedge \psi)$ übergehen, desgleichen von einem Ausdruck Pt zu $\exists x Px$ und von Ausdrücken Px und $x \equiv t$ zu Pt. Schematisch können wir das so darstellen:

$$(*) \qquad \frac{\varphi, \psi}{(\varphi \wedge \psi)}, \quad \frac{Pt}{\exists x Px}, \quad \frac{Px, \; x \equiv t}{Pt}.$$

In dieser Schreibweise lassen sich die Schlußregeln als syntaktische Operationen an Zeichenreihen auffassen. Unter konsequenter Befolgung dieses Aspekts werden wir den Katalog von Schlußregeln, den wir in den Paragraphen 2 und 4 aufstellen, als einen *Kalkül* $\mathfrak{S}$ konzipieren. Seine Gestalt motivieren wir in §1. In §6 (und vorausschauend bereits in §1) geben wir die grundlegende Definition dafür, daß ein Ausdruck φ aus einer Ausdrucksmenge Φ *formal beweisbar* ist. Sie wird auf die Ableitbarkeit in $\mathfrak{S}$ zurückgeführt. Die formale Beweisbarkeit ist syntaktischer Natur und somit ein Gegenstück zur semantischen Folgerungsbeziehung.

Für das gesamte Kapitel sei eine Symbolmenge S fest vorgegeben.

§1 Sequenzenregeln

Der mathematische Beweis eines Satzes führt von Aussagen zu Aussagen, bis schließlich die Behauptung des Satzes erreicht ist. Die einzelnen Aussagen hängen von gewissen Voraussetzungen ab. Dabei kann es sich um Voraussetzungen des Satzes handeln, oder aber um zeitweilig auftretende Zusatzvoraussetzungen. Will man etwa eine Zwischenbehauptung φ indirekt beweisen, so nimmt man $\neg\varphi$ als eine solche Zusatzvoraussetzung hinzu. Hat sich damit schließlich ein Widerspruch ergeben, so ist φ gezeigt, und die Zusatzvoraussetzung $\neg\varphi$ fällt wieder weg.

Diese Betrachtung führt uns dazu, eine Situation in einem Beweis durch die Angabe der jeweiligen Voraussetzungen und der jeweiligen (Zwischen-)Behauptung zu beschreiben. Verstehen wir unter einer *Sequenz* eine endliche nicht-leere Folge (Aneinanderreihung) von Ausdrücken, so können wir „Beweissituationen" durch Sequenzen wiedergeben: die „Beweissituation" mit Voraussetzungen $\varphi_1, \ldots, \varphi_n$ und Behauptung φ durch die Sequenz $\varphi_1 \ldots \varphi_n\ \varphi$. Man nennt $\varphi_1 \ldots \varphi_n$ das *Antezedens* und φ das *Sukzedens* der Sequenz $\varphi_1 \ldots \varphi_n\ \varphi$. Nach II.4.3 sind die Ausdrücke, aus denen sich eine Sequenz zusammensetzt, eindeutig bestimmt. Insbesondere sind daher das Antezedens und das Sukzedens wohldefiniert.

Der oben angedeutete indirekte Beweis vollzieht sich in der Notierung mit Sequenzen nach folgendem Schema:

$$(+)\qquad \frac{\begin{array}{lll}\varphi_1 \ldots \varphi_n & \neg\varphi & \psi \\ \varphi_1 \ldots \varphi_n & \neg\varphi & \neg\psi\end{array}}{\begin{array}{lll}\varphi_1 \ldots \varphi_n & & \varphi\end{array}},$$

und die inhaltliche Deutung ist die folgende: Hat man in einem Beweis unter den Voraussetzungen $\varphi_1, \ldots, \varphi_n$ und (der Zusatzvoraussetzung) $\neg\varphi$ sowohl einen Ausdruck ψ als auch sein Negat $\neg\psi$ erschlossen (also einen Widerspruch), so kann man unter den Voraussetzungen $\varphi_1, \ldots, \varphi_n$ auf φ schließen.

Wir benutzen im folgenden die Buchstaben $\Gamma, \Delta, \ldots$, um (eventuell leere) Folgen von Ausdrücken wiederzugeben. Damit können wir dann Sequenzen in der Form $\Gamma\varphi\psi$, $\Delta\psi$,... mitteilen und das Schema (+) in der Gestalt

$$(++)\qquad \frac{\begin{array}{lll}\Gamma & \neg\varphi & \psi\\ \Gamma & \neg\varphi & \neg\psi\end{array}}{\begin{array}{lll}\Gamma & & \varphi\end{array}}\,.$$

(Wie schon bei (+) dienen auch hier Lücken zwischen den Gliedern einer Sequenz nur der besseren Lesbarkeit.)

Aufgrund der Konzeption, die wir uns jetzt erarbeitet haben, führen die Schritte in einem Beweis von bereits erzielten „Beweissituationen" zu einer neuen „Beweissituation" und damit von Sequenzen zu einer neuen Sequenz. Es liegt daher nahe, die Regeln des Schließens – wie etwa (++) – als Regeln eines Kalküls $\mathfrak{S}$ darzustellen, der mit Sequenzen operiert (*Sequenzenkalkül*). Bei der Konzeption von $\mathfrak{S}$ folgen wir [17]. Hinsichtlich anders gearteter Kalküle vgl. [32].

Zum besseren Verständnis der mit §2 beginnenden Betrachtungen nehmen wir, bevor wir die Regeln von $\mathfrak{S}$ angeben, einige Definitionen vorweg.

Gibt es im Kalkül $\mathfrak{S}$ eine Ableitung für die Sequenz $\Gamma\varphi$, so schreiben wir $\vdash \Gamma\varphi$ und sagen kurz, $\Gamma\varphi$ sei *ableitbar*.

1.1 Definition. Ein Ausdruck φ ist aus einer Ausdrucksmenge Φ *formal beweisbar* oder *ableitbar* genau dann, wenn es endlich viele Ausdrücke $\varphi_1, \ldots, \varphi_n$ aus Φ gibt mit $\vdash \varphi_1 \ldots \varphi_n\ \varphi$.

Wir nennen eine Sequenz $\Gamma\varphi$ *korrekt*, wenn $\Gamma \models \varphi$, d.h. genauer, wenn $\{\psi \mid \psi \text{ ist Glied von } \Gamma\} \models \varphi$. Da die Regeln von $\mathfrak{S}$ mathematischen Schlußweisen nachgebildet sind, wird sich herausstellen, daß sie *korrekt* sind, d.h. daß sie bei Anwendung auf korrekte Sequenzen wieder zu korrekten Sequenzen führen. Daraus ergibt sich dann, daß jeder aus Φ ableitbare Ausdruck auch aus Φ folgt. Wir überzeugen uns von der Korrektheit jeder Regel gleich bei ihrer Einführung.

§2 Grund- und Junktorenregeln

Die Regeln des Sequenzenkalküls $\mathfrak{S}$ teilen wir ein in *Grundregeln* (2.1, 2.2), *Junktorenregeln* (2.3, 2.4, 2.5, 2.6), *Quantorenregeln* (4.1, 4.2) und *Gleichheitsregeln* (4.3, 4.4). Wir beginnen mit den beiden Grundregeln.

2.1 Antezedensregel (Ant).

$$\frac{\Gamma \quad \varphi}{\Gamma' \quad \varphi}\ , \textit{falls jedes Glied von } \Gamma \textit{ ein Glied von } \Gamma' \textit{ ist}$$
$$(\textit{kurz: falls } \Gamma \subset \Gamma').$$

Dabei braucht ein Glied, das in Γ mehrfach auftritt, in Γ' nur einmal aufzutreten.

2.2 Voraussetzungsregel (Vor).

$$\frac{}{\Gamma \quad \varphi}\ , \textit{falls } \varphi \textit{ ein Glied von } \Gamma \textit{ ist.}$$

Zur Korrektheit. (Ant): Falls eine Sequenz $\Gamma\varphi$ korrekt ist und falls $\Gamma \subset \Gamma'$, gilt wegen $\Gamma \models \varphi$ auch $\Gamma' \models \varphi$.
(Vor) ist korrekt, da für $\varphi \in \Phi$ stets $\Phi \models \varphi$. □

(Vor) spiegelt die triviale Tatsache wider, daß man aus Voraussetzungen, unter denen φ vorkommt, insbesondere φ erhält. (Ant) bringt zum Ausdruck, daß man die Voraussetzungen, unter denen eine Behauptung erschlossen wurde, umordnen oder vermehren kann.

Wir geben nun die Junktorenregeln an. (Es sei daran erinnert, daß wir uns auf die Junktoren $\neg$ und $\vee$ beschränkt haben; vgl. (1) auf Seite 44.) Die erste mit der Negation zusammenhängende Regel schematisiert die häufig benutzte Methode der *Fallunterscheidung*. Um von Γ auf φ zu schließen, wird hierbei zunächst der Fall behandelt, daß eine Bedingung ψ gilt. Anschließend wird der Fall $\neg\psi$ erledigt. Es tritt also einmal ψ, dann $\neg\psi$ als Zusatzvoraussetzung auf. Die Übersetzung dieser Schlußweise in eine Sequenzenregel lautet:

2.3 Fallunterscheidungsregel (FU).

$$\frac{\begin{array}{lll}\Gamma & \psi & \varphi \\ \Gamma & \neg\psi & \varphi\end{array}}{\begin{array}{lll}\Gamma & & \varphi\end{array}}$$

Zur Korrektheit. Es gelte $\Gamma\psi \models \varphi$ und $\Gamma\neg\psi \models \varphi$. Wir müssen $\Gamma \models \varphi$ zeigen. Sei hierzu $\mathfrak{J}$ eine beliebige Interpretation mit $\mathfrak{J} \models \Gamma$, d.h. mit $\mathfrak{J} \models \chi$ für alle Glieder χ von Γ. Es gilt $\mathfrak{J} \models \psi$ oder $\mathfrak{J} \models \neg\psi$. Falls $\mathfrak{J} \models \psi$, erhält man wegen $\Gamma\psi \models \varphi$, daß $\mathfrak{J} \models \varphi$. Falls $\mathfrak{J} \models \neg\psi$, erhält man das gleiche Resultat aus $\Gamma\neg\psi \models \varphi$. □

Die zweite mit der Negation zusammenhängende Regel ist die in §1 herausgestellte Regel (++):

2.4 Widerspruchsregel (Wid).

$$\frac{\begin{array}{lll}\Gamma & \neg\varphi & \psi \\ \Gamma & \neg\varphi & \neg\psi\end{array}}{\begin{array}{lll}\Gamma & & \varphi\end{array}}$$

Zur Korrektheit. Sei $\Gamma\neg\varphi \models \psi$ und $\Gamma\neg\varphi \models \neg\psi$. Dann gibt es keine Interpretation, die $\Gamma\neg\varphi$ erfüllt. Damit muß jede Interpretation, die Γ erfüllt, auch φ erfüllen; d.h. $\Gamma\varphi$ ist korrekt. □

2.5 Regel der $\vee$-Einführung im Antezedens ($\vee$A).

$$\frac{\begin{array}{lll}\Gamma & \varphi & \chi \\ \Gamma & \psi & \chi\end{array}}{\begin{array}{lll}\Gamma & (\varphi \vee \psi) & \chi\end{array}}$$

Die Korrektheitsbetrachtung verläuft ähnlich wie für (FU).

2.6 Regeln der $\vee$-Einführung im Sukzedens ($\vee$S).

(a) $\dfrac{\Gamma \quad \varphi}{\Gamma \quad (\varphi \vee \psi)}$ (b) $\dfrac{\Gamma \quad \varphi}{\Gamma \quad (\psi \vee \varphi)}$

Zur Korrektheit. Es gelte $\Gamma \models \varphi$, und es sei $\mathfrak{I} \models \Gamma$. Dann ist $\mathfrak{I} \models \varphi$ und somit $\mathfrak{I} \models (\varphi \vee \psi)$ wie auch $\mathfrak{I} \models (\psi \vee \varphi)$. □

2.7 Aufgabe. Man überprüfe, ob die folgenden Regeln korrekt sind:

(a) $\dfrac{\begin{array}{lll}\Gamma & \varphi_1 & \psi_1 \\ \Gamma & \varphi_2 & \psi_2\end{array}}{\begin{array}{lll}\Gamma & (\varphi_1 \vee \varphi_2) & (\psi_1 \vee \psi_2)\end{array}}$ (b) $\dfrac{\begin{array}{lll}\Gamma & \varphi_1 & \psi_1 \\ \Gamma & \varphi_2 & \psi_2\end{array}}{\begin{array}{lll}\Gamma & (\varphi_1 \vee \varphi_2) & (\psi_1 \wedge \psi_2)\end{array}}$

§3 Ableitbare Junktorenregeln

Mit den bis jetzt formulierten Regeln von $\mathfrak{S}$ können wir bereits eine Reihe von Sequenzen ableiten. In einem ersten Beispiel zeigen wir, daß alle Sequenzen der Gestalt $(\varphi \vee \neg\varphi)$ ableitbar sind. Wir bedienen uns dabei einer ähnlichen Notierung wie bei den Ableitungen in früheren Kalkülen (vgl. II.3).

	1.	φ	φ	(Vor)
	2.	φ	$(\varphi \vee \neg\varphi)$	($\vee$S) auf 1.
(*)	3.	$\neg\varphi$	$\neg\varphi$	(Vor)
	4.	$\neg\varphi$	$(\varphi \vee \neg\varphi)$	($\vee$S) auf 3.
	5.		$(\varphi \vee \neg\varphi)$	(FU) auf 2., 4.

Wir betrachten die Regel (TND) („Tertium non datur")

$$\frac{}{(\varphi \vee \neg\varphi)},$$

die keine Regel von $\mathfrak{S}$ ist. Die Hinzunahme von (TND) zu $\mathfrak{S}$ vergrößert nicht die Menge der ableitbaren Sequenzen: Wenn nämlich eine Ableitung einer Sequenz unter Verwendung von Regeln von $\mathfrak{S}$ und von (TND) gegeben ist, so können wir unmittelbar vor jeder Sequenz $(\varphi \vee \neg\varphi)$, die in dieser Ableitung mit (TND) eingeführt wird, die Zeilen 1. bis 4. von (*) einfügen. Dadurch entsteht dann insgesamt eine Ableitung in $\mathfrak{S}$.

Sequenzenregeln, deren Gebrauch man in solcher Weise durch Rückgriff auf ein Ableitungsschema wie (*) eliminieren kann und die daher den Kreis der ableitbaren Sequenzen nicht vergrößern, nennen wir *ableitbare Regeln.* Somit ist (TND) eine ableitbare Regel. Die Verwendung ableitbarer Regeln trägt viel zur Durchsichtigkeit von Ableitungen im Sequenzenkalkül bei. Wir stellen daher im folgenden eine Reihe von ableitbaren Regeln zusammen, auch von solchen mit Prämissen.

3.1 Modifizierte Widerspruchsregel (Wid').

$$\frac{\begin{matrix}\Gamma & \psi \\ \Gamma & \neg\psi\end{matrix}}{\Gamma \quad \varphi}$$

Rechtfertigung. (Die Rechtfertigung zeigt hier – wie auch bei den nächsten Regeln – jeweils die Ableitbarkeit der Regel, d.h. in diesem Fall: Sie zeigt, wie man mit den Regeln von $\mathfrak{S}$ aus Sequenzen $\Gamma\psi$ und $\Gamma\neg\psi$ (den „Prämissen") die Sequenz $\Gamma\varphi$ gewinnen kann.)

1.	Γ		ψ	Prämisse
2.	Γ		$\neg\psi$	Prämisse
3.	Γ	$\neg\varphi$	ψ	(Ant) auf 1.
4.	Γ	$\neg\varphi$	$\neg\psi$	(Ant) auf 2.
5.	Γ		φ	(Wid) auf 3., 4.

3.2 Kettenschlußregel (KS).

$$\frac{\begin{array}{lll}\Gamma & & \varphi \\ \Gamma & \varphi & \psi\end{array}}{\begin{array}{lll}\Gamma & & \psi\end{array}}$$

Rechtfertigung.

1.	Γ		φ	Prämisse
2.	Γ	φ	ψ	Prämisse
3.	Γ	$\neg\varphi$	φ	(Ant) auf 1.
4.	Γ	$\neg\varphi$	$\neg\varphi$	(Vor)
5.	Γ	$\neg\varphi$	ψ	(Wid') auf 3., 4.
6.	Γ		ψ	(FU) auf 2., 5.

3.3 Kontrapositionsregeln (KP).

(a) $\dfrac{\Gamma \quad \varphi \quad \psi}{\Gamma \quad \neg\psi \quad \neg\varphi}$ (b) $\dfrac{\Gamma \quad \neg\varphi \quad \neg\psi}{\Gamma \quad \psi \quad \varphi}$

(c) $\dfrac{\Gamma \quad \neg\varphi \quad \psi}{\Gamma \quad \neg\psi \quad \varphi}$ (d) $\dfrac{\Gamma \quad \varphi \quad \neg\psi}{\Gamma \quad \psi \quad \neg\varphi}$

Rechtfertigung von (a).

1.	Γ	φ		ψ	Prämisse
2.	Γ	$\neg\psi$	φ	ψ	(Ant) auf 1.
3.	Γ	$\neg\psi$	φ	$\neg\psi$	(Vor)
4.	Γ	$\neg\psi$	φ	$\neg\varphi$	(Wid′) auf 2., 3.
5.	Γ	$\neg\psi$	$\neg\varphi$	$\neg\varphi$	(Vor)
6.	Γ	$\neg\psi$		$\neg\varphi$	(FU) auf 4., 5.

3.4.

$$\frac{\begin{array}{ll}\Gamma & (\varphi \vee \psi) \\ \Gamma & \neg\varphi\end{array}}{\begin{array}{ll}\Gamma & \psi\end{array}}$$

Rechtfertigung.

1.	Γ		$(\varphi \vee \psi)$	Prämisse
2.	Γ		$\neg\varphi$	Prämisse
3.	Γ	φ	$\neg\varphi$	(Ant) auf 2.
4.	Γ	φ	φ	(Vor)
5.	Γ	φ	ψ	(Wid′) auf 4., 3.
6.	Γ	ψ	ψ	(Vor)
7.	Γ	$(\varphi \vee \psi)$	ψ	($\vee$A) auf 5., 6.
8.	Γ		ψ	(KS) auf 1., 7.

3.5 „Modus ponens".

$$\frac{\begin{array}{ll}\Gamma & (\varphi \to \psi)\\ \Gamma & \varphi\end{array}}{\begin{array}{ll}\Gamma & \psi\end{array}}, \quad \text{d.h.} \quad \frac{\begin{array}{ll}\Gamma & (\neg\varphi \vee \psi)\\ \Gamma & \varphi\end{array}}{\begin{array}{ll}\Gamma & \psi\end{array}}$$

Die Rechtfertigung verläuft analog zu der von 3.4.

3.6 Aufgabe. Man zeige, daß die folgenden Regeln ableitbar sind.

(a1) $\dfrac{\Gamma \quad \varphi}{\Gamma \quad \neg\neg\varphi}$ (a2) $\dfrac{\Gamma \quad \neg\neg\varphi}{\Gamma \quad \varphi}$

(b) $\dfrac{\begin{array}{ll}\Gamma & \varphi\\ \Gamma & \psi\end{array}}{\begin{array}{ll}\Gamma & (\varphi \wedge \psi)\end{array}}$ (c) $\dfrac{\Gamma \quad \varphi \quad \psi}{\Gamma \quad (\varphi \to \psi)}$

(d1) $\dfrac{\Gamma \quad (\varphi \wedge \psi)}{\Gamma \quad \varphi}$ (d2) $\dfrac{\Gamma \quad (\varphi \wedge \psi)}{\Gamma \quad \psi}$

§4 Quantoren- und Gleichheitsregeln

Wir geben zunächst zwei Sequenzenregeln von $\mathfrak{S}$ an, die mit dem Existenzquantor zusammenhängen. Die erste Regel ist eine Verallgemeinerung eines bereits in der Einführung erwähnten Schemas.

4.1 Regel der ∃-Einführung im Sukzedens (∃S).

$$\frac{\Gamma \quad \varphi\frac{t}{x}}{\Gamma \quad \exists x\varphi}$$

(∃S) besagt inhaltlich, daß wir aus Γ auf die Existenzbehauptung $\exists x\varphi$ schließen können, wenn wir aus Γ bereits das „Beispiel" t für diese Existenzbehauptung gewonnen haben.

Zur Korrektheit. Es gelte $\Gamma \models \varphi\frac{t}{x}$. $\mathfrak{I}$ sei eine Interpretation mit $\mathfrak{I} \models \Gamma$. Nach Voraussetzung gilt $\mathfrak{I} \models \varphi\frac{t}{x}$, nach dem Substitutionslemma demnach $\mathfrak{I}\frac{\mathfrak{I}(t)}{x} \models \varphi$ und daher auch $\mathfrak{I} \models \exists x\varphi$. □

Die zweite ∃-Regel ist komplizierter, gibt aber ebenfalls eine häufig benutzte Argumentationsweise wieder. Das Ziel ist dabei, eine Behauptung ψ aus Voraussetzungen $\varphi_1, \ldots, \varphi_n, \exists x\varphi$ zu beweisen. (Analogie im Sequenzenkalkül: Es soll die Sequenz

(∗) $\varphi_1 \ldots \varphi_n \; \exists x\varphi \; \psi$

abgeleitet werden.) Entsprechend der Voraussetzung $\exists x\varphi$ nimmt man an, man habe ein Beispiel, bezeichnet etwa durch eine neue Variable y, welches „φ erfüllt“, und beweist damit ψ. (Analogie im Sequenzenkalkül: Man leitet die Sequenz

(∗∗) $\varphi_1 \ldots \varphi_n \; \varphi\frac{y}{x} \; \psi$

ab, wobei y nicht frei in (∗) vorkommt.) Damit gilt dann ψ als aus $\varphi_1, \ldots, \varphi_n, \exists x\varphi$ bewiesen. Diese Argumentation[1] können wir im Sequenzenkalkül durch eine Regel widerspiegeln, die den Übergang von (∗∗) nach (∗) vermittelt:

4.2 Regel der ∃-Einführung im Antezedens (∃A).

$$\frac{\Gamma \quad \varphi\frac{y}{x} \quad \psi}{\Gamma \quad \exists x\varphi \quad \psi}, \quad \textit{falls } y \textit{ nicht frei in } \Gamma \; \exists x\varphi \; \psi.$$

Zur Korrektheit. Gelte $\Gamma \; \varphi\frac{y}{x} \models \psi$, und y sei nicht frei in $\Gamma \; \exists x\varphi \; \psi$. Die Interpretation $\mathfrak{I} = (\mathfrak{A}, \beta)$ sei ein Modell von $\Gamma \; \exists x\varphi$. Wir müssen zeigen, daß $\mathfrak{I} \models \psi$. Zunächst existiert ein $a \in A$ mit $\mathfrak{I}\frac{a}{x} \models \varphi$. Mit dem Koinzidenzlemma schließen wir auf $(\mathfrak{I}\frac{a}{y})\frac{a}{x} \models \varphi$. (Für $x = y$ ist dies klar; für $x \neq y$ gilt $y \notin \text{frei}(\varphi)$, da sonst entgegen der Voraussetzung $y \in \text{frei}(\exists x\varphi)$ gelten würde.) Wegen $\mathfrak{I}\frac{a}{y}(y) = a$ haben wir $(\mathfrak{I}\frac{a}{y})\frac{\mathfrak{I}\frac{a}{y}(y)}{x} \models \varphi$, nach dem Substitutionslemma also $\mathfrak{I}\frac{a}{y} \models \varphi\frac{y}{x}$. Wegen $\mathfrak{I} \models \Gamma$ und $y \notin \text{frei}(\Gamma)$ gilt, wieder nach dem Koinzidenzlemma, $\mathfrak{I}\frac{a}{y} \models \Gamma$, wegen $\Gamma \; \varphi\frac{y}{x} \models \psi$ also $\mathfrak{I}\frac{a}{y} \models \psi$, und somit $\mathfrak{I} \models \psi$ wegen $y \notin \text{frei}(\psi)$. □

Die Bedingung an y in (∃A) ist wesentlich. Z.B. ist die Sequenz $[x \equiv fy]\frac{y}{x} \; y \equiv fy$ korrekt; die Sequenz $\exists x\, x \equiv fy \quad y \equiv fy$, die wir durch Anwendung von (∃A) erhalten können, wenn wir nicht auf die (hier verletzte) Nebenbedingung an y achten, ist jedoch nicht mehr korrekt. Dies zeigt z.B. eine Interpretation mit Träger $\mathbb{N}$, die f durch die Nachfolgerfunktion $n \mapsto n + 1$ und y durch 0 interpretiert.

Aus einem Ausdruck $\varphi\frac{t}{x}$ kann man in der Regel weder φ noch t zurückgewinnen. So ist z.B. der Ausdruck Rfy darstellbar als $Rx\,\frac{fy}{x}$ und als $Rfx\frac{y}{x}$. Bei Verwendung der Regeln (∃S) und (∃A) werden

[1] Vgl. den Beweis von I.1.1 mit der Verwendung von y in Zeile (1).

wir daher φ und t bzw. φ und y explizit angeben, falls sie nicht der Schreibweise zu entnehmen sind.

Es folgen die beiden letzten Regeln von $\mathfrak{S}$. Sie knüpfen an zwei grundlegende Eigenschaften der Gleichheitsbeziehung an.

4.3 Regel der Reflexivität der Gleichheit (≡).

$$\frac{}{t \equiv t}$$

4.4 Substitutionsregel für die Gleichheit (Sub).

$$\frac{\Gamma \qquad \varphi\frac{t}{x}}{\Gamma \quad t \equiv t' \quad \varphi\frac{t'}{x}}$$

Zur Korrektheit. (≡): trivial. (Sub): Es gelte $\Gamma \models \varphi\frac{t}{x}$, und $\mathfrak{I}$ erfülle $\Gamma\ t \equiv t'$. Dann gilt $\mathfrak{I} \models \varphi\frac{t}{x}$ und daher mit dem Substitutionslemma $\mathfrak{I}\frac{\mathfrak{I}(t)}{x} \models \varphi$, wegen $\mathfrak{I}(t) = \mathfrak{I}(t')$ also auch $\mathfrak{I}\frac{\mathfrak{I}(t')}{x} \models \varphi$. Eine weitere Anwendung des Substitutionslemmas ergibt dann $\mathfrak{I} \models \varphi\frac{t'}{x}$. □

4.5 Aufgabe. Man prüfe, ob die folgenden Regeln korrekt sind:

$$\frac{\varphi \qquad \psi}{\exists x\varphi \quad \exists x\psi}\ ; \qquad \frac{\Gamma \quad \varphi \qquad \psi}{\Gamma \quad \forall x\varphi \quad \exists x\psi}\ ;$$

$$\frac{\Gamma \quad \varphi\frac{fy}{x}}{\Gamma \quad \forall x\varphi}$$, falls f einstellig ist und f, y nicht in $\Gamma\ \forall x\varphi$ vorkommen.

§5 Weitere ableitbare Regeln

Wegen $\varphi\frac{x}{x} = \varphi$ erhalten wir aus 4.1 und 4.2 (für $t = x$ und $y = x$) als weitere ableitbare Regeln:

5.1.

(a) $\frac{\Gamma \quad \varphi}{\Gamma \quad \exists x\varphi}$ (b) $\frac{\Gamma \quad \varphi \qquad \psi}{\Gamma \quad \exists x\varphi \quad \psi}$, *falls* x *nicht frei in* $\Gamma\ \psi$.

Ein entsprechender Spezialfall von (Sub) ist

5.2.

$$\frac{\Gamma \quad \varphi}{\Gamma \quad x \equiv t \quad \varphi\frac{t}{x}}.$$

Wir schließen mit einigen ableitbaren Regeln, die die *Symmetrie*, die *Transitivität*, die *Relationsverträglichkeit* und die *Funktionsverträglichkeit* der Gleichheitsbeziehung betreffen.

5.3.

(a) $$\frac{\Gamma \quad t_1 \equiv t_2}{\Gamma \quad t_2 \equiv t_1};$$ (b) $$\frac{\begin{matrix}\Gamma & t_1 \equiv t_2\\ \Gamma & t_2 \equiv t_3\end{matrix}}{\Gamma \quad t_1 \equiv t_3}.$$

5.4. (a) *Für n-stelliges $R \in S$:*

$$\frac{\begin{matrix}\Gamma & Rt_1 \ldots t_n\\ \Gamma & t_1 \equiv t'_1\\ \vdots & \\ \Gamma & t_n \equiv t'_n\end{matrix}}{\Gamma \quad Rt'_1 \ldots t'_n}.$$

(b) *Für n-stelliges $f \in S$:*

$$\frac{\begin{matrix}\Gamma & t_1 \equiv t'_1\\ \vdots & \\ \Gamma & t_n \equiv t'_n\end{matrix}}{\Gamma \quad ft_1 \ldots t_n \equiv ft'_1 \ldots t'_n}.$$

Rechtfertigung von 5.3 und 5.4. Sei x eine Variable, die in den jeweils auftretenden Termen und in Γ nicht vorkommt.

Zu 5.3 (a):

1.	Γ		$t_1 \equiv t_2$	Prämisse
2.	Γ		$t_1 \equiv t_1$	$(\equiv)$ und (Ant)
3.	Γ	$t_1 \equiv t_2$	$t_2 \equiv t_1$	(Sub) auf 2. mit $t_1 \equiv t_1 = [x \equiv t_1]\frac{t_1}{x}$
4.	Γ		$t_2 \equiv t_1$	(KS) auf 1., 3.

Zu 5.3 (b):

1.	Γ		$t_1 \equiv t_2$	Prämisse
2.	Γ		$t_2 \equiv t_3$	Prämisse
3.	Γ	$t_2 \equiv t_3$	$t_1 \equiv t_3$	(Sub) auf 1. mit $t_1 \equiv t_2 = [t_1 \equiv x]\frac{t_2}{x}$
4.	Γ		$t_1 \equiv t_3$	(KS) auf 2., 3.

Zu 5.4 (a) (ähnlich rechtfertigt man 5.4(b)): Sei o.B.d.A. $n = 2$.

1.	Γ		Rt_1t_2	Prämisse
2.	Γ		$t_1 \equiv t'_1$	Prämisse
3.	Γ		$t_2 \equiv t'_2$	Prämisse
4.	Γ	$t_1 \equiv t'_1$	Rt'_1t_2	(Sub) auf 1. mit $Rt_1t_2 = [Rxt_2]\frac{t_1}{x}$

5. Γ $Rt_1't_2$ (KS) auf 2., 4.
6. Γ $t_2 \equiv t_2'$ $Rt_1't_2'$ (Sub) auf 5. mit $Rt_1't_2 = [Rt_1'x]\frac{t_2}{x}$
7. Γ $Rt_1't_2'$ (KS) auf 3., 6.

5.5 Aufgabe. Man zeige, daß die folgenden Regeln ableitbar sind:

(a1) $\dfrac{\Gamma \quad \forall x\varphi}{\Gamma \quad \varphi\frac{t}{x}}$, (a2) $\dfrac{\Gamma \quad \forall x\varphi}{\Gamma \quad \varphi}$

(b1) $\dfrac{\Gamma \quad \varphi\frac{t}{x} \quad \psi}{\Gamma \quad \forall x\varphi \quad \psi}$ (b2) $\dfrac{\Gamma \quad \varphi\frac{y}{x}}{\Gamma \quad \forall x\varphi}$, falls y nicht frei in $\Gamma\ \forall x\varphi$

(b3) $\dfrac{\Gamma \quad \varphi \quad \psi}{\Gamma \quad \forall x\varphi \quad \psi}$ (b4) $\dfrac{\Gamma \quad \varphi}{\Gamma \quad \forall x\varphi}$, falls x nicht frei in Γ

§6 Eine Zusammenfassung. Ein Beispiel

Wir fassen die Regeln von $\mathfrak{S}$ noch einmal übersichtlich zusammen.

(Vor) $\dfrac{}{\Gamma \quad \varphi}$, falls $\varphi \in \Gamma$ (Ant) $\dfrac{\Gamma \quad \varphi}{\Gamma' \quad \varphi}$, falls $\Gamma \subset \Gamma'$

(FU) $\dfrac{\begin{matrix}\Gamma & \psi & \varphi \\ \Gamma & \neg\psi & \varphi\end{matrix}}{\Gamma \qquad \varphi}$ (Wid) $\dfrac{\begin{matrix}\Gamma & \neg\varphi & \psi \\ \Gamma & \neg\varphi & \neg\psi\end{matrix}}{\Gamma \qquad \varphi}$

($\vee$A) $\dfrac{\begin{matrix}\Gamma & \varphi & \chi \\ \Gamma & \psi & \chi\end{matrix}}{\Gamma \quad (\varphi \vee \psi) \quad \chi}$ ($\vee$S) $\dfrac{\Gamma \quad \varphi}{\Gamma \quad (\varphi \vee \psi)}$, $\dfrac{\Gamma \quad \varphi}{\Gamma \quad (\psi \vee \varphi)}$

($\exists$A) $\dfrac{\Gamma \quad \varphi\frac{y}{x} \quad \psi}{\Gamma \quad \exists x\varphi \quad \psi}$, falls y nicht frei in $\Gamma\ \exists x\varphi\ \psi$

($\exists$S) $\dfrac{\Gamma \quad \varphi\frac{t}{x}}{\Gamma \quad \exists x\varphi}$

($\equiv$) $\dfrac{}{t \equiv t}$ (Sub) $\dfrac{\Gamma \qquad \varphi\frac{t}{x}}{\Gamma \quad t \equiv t' \quad \varphi\frac{t'}{x}}$

Bereits in 1.1 haben wir definiert, daß ein Ausdruck φ aus Φ *ableitbar* (*formal beweisbar*) ist (kurz: daß $\Phi \vdash \varphi$), wenn es $\varphi_1, \ldots, \varphi_n$ aus Φ gibt mit $\vdash \varphi_1 \ldots \varphi_n\ \varphi$. Aus dieser Definition gewinnen wir sofort:

6.1 Lemma. *Für alle Φ, φ: $\Phi \vdash \varphi$ genau dann, wenn es eine endliche Teilmenge Φ_0 von Φ gibt mit $\Phi_0 \vdash \varphi$.* □

Die Korrektheit von $\mathfrak{S}$ haben wir im wesentlichen bereits gezeigt:

6.2 Satz über die Korrektheit von $\mathfrak{S}$. *Für alle Φ, φ: Wenn $\Phi \vdash \varphi$, so $\Phi \models \varphi$.*

Beweis. Sei $\Phi \vdash \varphi$. Für ein geeignetes Γ über Φ (d.h. ein Γ mit Gliedern aus Φ) gilt dann $\vdash \Gamma\varphi$. Da wir gezeigt haben, daß jede Regel ohne Prämissen nur korrekte Sequenzen liefert und daß die sonstigen Regeln von $\mathfrak{S}$ jeweils von korrekten Sequenzen wieder zu korrekten Sequenzen führen, erhalten wir durch Induktion über $\mathfrak{S}$, daß jede ableitbare Sequenz, also auch $\Gamma\varphi$, korrekt ist. Damit gilt $\Gamma \models \varphi$ und demnach $\Phi \models \varphi$. □

Die Umkehrung von 6.2, nämlich „Wenn $\Phi \models \varphi$, so $\Phi \vdash \varphi$", zeigen wir im nächsten Kapitel. Insbesondere ergibt sich daraus: Ist φ aus Φ *mathematisch* beweisbar, und somit $\Phi \models \varphi$, dann ist φ aus Φ auch *formal* beweisbar. Der elementare Charakter der Sequenzenregeln führt allerdings dazu, daß ein formaler Beweis im allgemeinen wesentlich aufwendiger ist als ein entsprechender mathematischer Beweis. Wir bringen ein Beispiel, und zwar eine Ableitung des Satzes

$$\forall x \exists y \, y \circ x \equiv e$$

über die Existenz des Linksinversen aus den Gruppenaxiomen

$$\begin{aligned} \varphi_0 &:= \forall x \forall y \forall z (x \circ y) \circ z \equiv x \circ (y \circ z), \\ \varphi_1 &:= \forall x \, x \circ e \equiv x, \\ \varphi_2 &:= \forall x \exists y \, x \circ y \equiv e. \end{aligned}$$

Der Leser ziehe zum Vergleich den mathematischen Beweis von I.1.1 heran. Die dort auftretende „Gleichungskette" läßt sich in der angegebenen Ableitung an Hand der unterstrichenen Ausdrücke bis Zeile 23 verfolgen. Wir schreiben für "$x \circ y$" der Einfachheit halber nur "xy" und setzen $\Gamma := \varphi_0 \, \varphi_1 \, \varphi_2$.

1.	Γ	$\forall x \, xe \equiv x$	(Vor)
2.	Γ	$(yx)e \equiv yx$	5.5(a1) auf 1. mit $t = yx$
3.	Γ	$\underline{yx \equiv (yx)e}$	5.3(a) auf 2.
4.	$\Gamma \; e \equiv yz$	$yx \equiv (yx)(yz)$	(Sub) auf 3.
5.	$\Gamma \; yz \equiv e$	$e \equiv yz$	5.3(a) und (Ant)

6.	$\Gamma \quad yz \equiv e$	$\underline{yx \equiv (yx)(yz)}$	(Ant) und (KS) auf 5., 4.
7.	$\Gamma \quad yz \equiv e$	$\forall x \forall y \forall z (xy)z \equiv x(yz)$	(Vor)
8.	$\Gamma \quad yz \equiv e$	$\forall u \forall v (yu)v \equiv y(uv)$	5.5(a1) auf 7. mit $t = y$
9.	$\Gamma \quad yz \equiv e$	$\forall w (yx)w \equiv y(xw)$	5.5(a1) auf 8. mit $t = x$
10.	$\Gamma \quad yz \equiv e$	$(yx)(yz) \equiv y(x(yz))$	5.5(a1) auf 9. mit $t = yz$
11.	$\Gamma \quad yz \equiv e$	$\underline{yx \equiv y(x(yz))}$	5.3(b) auf 6., 10.
12.	$\Gamma \quad yz \equiv e \;\; x(yz) \equiv (xy)z$	$yx \equiv y((xy)z)$	(Sub) auf 11.
13.	$\Gamma \quad yz \equiv e$	$(xy)z \equiv x(yz)$	5.5(a2) dreimal auf 7.
14.	$\Gamma \quad yz \equiv e$	$x(yz) \equiv (xy)z$	5.3(a) auf 13.
15.	$\Gamma \quad yz \equiv e$	$\underline{yx \equiv y((xy)z)}$	(KS) auf 14., 12.
16.	$\Gamma \quad yz \equiv e \;\; xy \equiv e$	$\underline{yx \equiv y(ez)}$	(Sub) auf 15.
17.	$\Gamma \quad yz \equiv e \;\; xy \equiv e$	$(ye)z \equiv y(ez)$	mit 5.5(a1) ähnlich aus φ_0 wie 10.
18.	$\Gamma \quad yz \equiv e \;\; xy \equiv e$	$y(ez) \equiv (ye)z$	5.3(a) auf 17.
19.	$\Gamma \quad yz \equiv e \;\; xy \equiv e$	$\underline{yx \equiv (ye)z}$	5.3(b) auf 16., 18.
20.	$\Gamma \quad yz \equiv e \;\; xy \equiv e \;\; ye \equiv y$	$yx \equiv yz$	(Sub) auf 19.
21.	$\Gamma \quad yz \equiv e \;\; xy \equiv e$	$ye \equiv y$	5.5(a1) auf 1. mit $t = y$ und (Ant)
22.	$\Gamma \quad yz \equiv e \;\; xy \equiv e$	$\underline{yx \equiv yz}$	(KS) auf 21., 20.
23.	$\Gamma \quad xy \equiv e \;\; yz \equiv e$	$\underline{yx \equiv e}$	(Sub) und (Ant) auf 22.
24.	$\Gamma \quad xy \equiv e \;\; yz \equiv e$	$\exists y \; yx \equiv e$	(∃S) auf 23.
25.	$\Gamma \quad xy \equiv e \;\; \exists z \; yz \equiv e$	$\exists y \; yx \equiv e$	(∃A) auf 24.
26.	$\Gamma \quad xy \equiv e \;\; \forall y \exists z \; yz \equiv e$	$\exists y \; yx \equiv e$	5.5(b3) auf 25.
27.	$xy \equiv e$	$xy \equiv e$	(Vor)
28.	$xy \equiv e$	$\exists z \; xz \equiv e$	(∃S) auf 27.
29.	$\exists y \; xy \equiv e$	$\exists z \; xz \equiv e$	(∃A) auf 28.
30.	$\forall x \exists y \; xy \equiv e$	$\exists z \; xz \equiv e$	5.5(b3) auf 29.
31.	φ_2	$\forall y \exists z \; yz \equiv e$	5.5(b2) auf 30.
32.	$\Gamma \quad xy \equiv e$	$\exists y \; yx \equiv e$	(Ant), (KS) auf 31., 26.
33.	$\Gamma \quad \forall x \exists y \; xy \equiv e$	$\exists y \; yx \equiv e$	(∃A) und 5.5(b3) auf 32.
34.	Γ	$\forall x \exists y \; yx \equiv e$	(Ant) und 5.5(b4) auf 33.

§7 Widerspruchsfreiheit

Dem semantischen Begriff $\models$ der Folgerungsbeziehung entspricht der syntaktische Begriff $\vdash$ der Ableitbarkeitsbeziehung. Als syntaktisches Gegenstück der Erfüllbarkeit definieren wir den Begriff der *Widerspruchsfreiheit*.

7.1 Definition. (a) Φ ist *widerspruchsfrei* (kurz: Wf Φ) genau dann, wenn es keinen Ausdruck φ gibt mit $\Phi \vdash \varphi$ und $\Phi \vdash \neg\varphi$.

(b) Φ ist *widerspruchsvoll* (kurz: Wv Φ) genau dann, wenn Φ nicht widerspruchsfrei ist (d.h. wenn es einen Ausdruck φ gibt mit $\Phi \vdash \varphi$ und $\Phi \vdash \neg\varphi$).

7.2 Lemma. *Für eine Ausdrucksmenge Φ sind äquivalent:*

(a) Wv Φ.

(b) *Für alle φ:* $\Phi \vdash \varphi$.

Beweis. (a) ergibt sich unmittelbar aus (b). Sei umgekehrt Wv Φ, d.h. $\Phi \vdash \psi$, $\Phi \vdash \neg\psi$ für ein geeignetes ψ. Sei φ beliebig vorgegeben. Wir zeigen, daß $\Phi \vdash \varphi$.

Zunächst existieren Γ_1 und Γ_2 über Φ und Ableitungen

$$\begin{array}{ccc} \vdots & & \vdots \\ \Gamma_1\psi & \text{bzw.} & \Gamma_2\neg\psi \;. \end{array}$$

Durch Zusammensetzen und Verlängern gelangen wir zur Ableitung

$$\begin{array}{llllll}
 & & \vdots & & \\
m. & & \Gamma_1 & \psi & \\
 & & \vdots & & \\
n. & & \Gamma_2 & \neg\psi & \\
(n+1). & \Gamma_1 & \Gamma_2 & \psi & \text{(Ant) auf } m. \\
(n+2). & \Gamma_1 & \Gamma_2 & \neg\psi & \text{(Ant) auf } n. \\
(n+3). & \Gamma_1 & \Gamma_2 & \varphi & \text{(Wid}'\text{) auf } (n+1)., (n+2).
\end{array}$$

Wir sehen, daß $\Phi \vdash \varphi$. □

7.3 Korollar. *Für eine Ausdrucksmenge Φ sind äquivalent:*

(a) Wf Φ.

(b) *Es gibt einen Ausdruck φ, der nicht aus Φ ableitbar ist.* □

Da $\Phi \vdash \varphi$ genau dann, wenn $\Phi_0 \vdash \varphi$ für eine geeignete endliche Teilmenge Φ_0 von Φ, erhalten wir:

7.4 Lemma. *Für alle* Φ*:* Wf Φ *genau dann, wenn* Wf Φ_0 *für alle endlichen Teilmengen* Φ_0 *von* Φ. □

7.5 Lemma. *Jede erfüllbare Menge ist widerspruchsfrei.*

Beweis. Sei Wv Φ. Dann gilt für geeignetes φ sowohl $\Phi \vdash \varphi$ als auch $\Phi \vdash \neg\varphi$, nach dem Korrektheitssatz also $\Phi \models \varphi$ und $\Phi \models \neg\varphi$. Φ kann demnach nicht erfüllbar sein. □

Später benötigen wir noch:

7.6 Lemma. *Für alle* Φ, φ *mit* Wf Φ *gilt:*
(a) $\Phi \vdash \varphi$ *gdw* Wv $\Phi \cup \{\neg\varphi\}$.
(b) $\Phi \vdash \neg\varphi$ *gdw* Wv $\Phi \cup \{\varphi\}$.
(c) Wf $\Phi \cup \{\varphi\}$ *oder* Wf $\Phi \cup \{\neg\varphi\}$.

Beweis. Zu (a): Ist $\Phi \vdash \varphi$, so erst recht $\Phi \cup \{\neg\varphi\} \vdash \varphi$; wegen $\Phi \cup \{\neg\varphi\} \vdash \neg\varphi$ ist damit $\Phi \cup \{\neg\varphi\}$ widerspruchsvoll. Sei nun umgekehrt $\Phi \cup \{\neg\varphi\}$ widerspruchsvoll. Dann gibt es, für geeignetes Γ über Φ, eine Ableitung der Sequenz $\Gamma\ \neg\varphi\ \varphi$. Hieraus erhalten wir die folgende Ableitung:

$$\begin{array}{llll} & \vdots & & \\ \Gamma & \neg\varphi & \varphi & \\ \Gamma & \varphi & \varphi & \text{(Vor)} \\ \Gamma & & \varphi & \text{(FU).} \end{array}$$

Sie zeigt, daß $\Phi \vdash \varphi$.

Zu (b): Man vertausche im Beweis von (a) die Rollen von φ und $\neg\varphi$.

Zu (c): Wenn weder Wf $\Phi \cup \{\varphi\}$ noch Wf $\Phi \cup \{\neg\varphi\}$, d.h. wenn Wv $\Phi \cup \{\varphi\}$ und Wv $\Phi \cup \{\neg\varphi\}$, so gilt (wegen (b) und (a)) $\Phi \vdash \neg\varphi$ und $\Phi \vdash \varphi$. Somit ist Φ widerspruchsvoll entgegen der Voraussetzung Wf Φ. □

Bislang haben wir uns stets auf den Rahmen bezogen, der durch eine fest vorgegebene Symbolmenge S bestimmt wird. So haben wir unter Ausdrücken stets S-Ausdrücke verstanden, und von dem Sequenzenkalkül $\mathfrak{S}$ müßten wir genauer als von dem zu S gehörenden Sequenzenkalkül $\mathfrak{S}_S$ sprechen. In manchen Fällen treten verschiedene Symbolmengen nebeneinander auf. Dann verwenden wir der Deutlichkeit halber Indizes. So schreiben wir genauer $\Phi \vdash_S \varphi$, um anzudeuten, daß es eine (aus S-Ausdrücken bestehende) Ableitung in $\mathfrak{S}_S$ gibt, deren letzte Sequenz die Gestalt $\Gamma\varphi$ besitzt mit Γ über Φ;

und wir schreiben genauer $\mathrm{Wf}_S\ \Phi$, wenn es keinen S-Ausdruck φ gibt mit $\Phi \vdash_S \varphi$ und $\Phi \vdash_S \neg\varphi$ [1].

Im Zusammenhang mit der Betrachtung verschiedener Symbolmengen benötigen wir im nächsten Kapitel:

7.7 Lemma. *Für $n \in \mathbb{N}$ seien Symbolmengen S_n gegeben mit*

$$S_0 \subset S_1 \subset S_2 \subset \ldots$$

und Mengen Φ_n von S_n-Ausdrücken mit $\mathrm{Wf}_{S_n}\ \Phi_n$ *und*

$$\Phi_0 \subset \Phi_1 \subset \Phi_2 \subset \ldots.$$

Es sei $S = \bigcup_{n\in\mathbb{N}} S_n$ und $\Phi = \bigcup_{n\in\mathbb{N}} \Phi_n$. Dann gilt $\mathrm{Wf}_S\ \Phi$.

Beweis. Die Voraussetzungen seien erfüllt. Wir nehmen an, es sei $\mathrm{Wv}_S\ \Phi$. Nach 7.4 gilt $\mathrm{Wv}_S\ \Psi$ für eine geeignete *endliche* Teilmenge Ψ von Φ. Für passendes k ist $\Psi \subset \Phi_k$ und daher $\mathrm{Wv}_S\ \Phi_k$, also insbesondere $\Phi_k \vdash_S v_0 \equiv v_0$ und $\Phi_k \vdash_S \neg v_0 \equiv v_0$. Seien entsprechende S-Ableitungen gegeben. Da sie nur endlich viele Symbole enthalten, liegen alle in ihnen auftretenden Ausdrücke bereits in einem geeigneten L^{S_m}. Wir können annehmen, daß $m \geq k$. Somit sind beide Ableitungen bereits Ableitungen im S_m-Sequenzenkalkül, und es ist daher $\mathrm{Wv}_{S_m}\ \Phi_k$. Wegen $\Phi_k \subset \Phi_m$ erhalten wir hieraus, daß $\mathrm{Wv}_{S_m}\ \Phi_m$, und damit einen Widerspruch zur Voraussetzung. □

7.8 Aufgabe. Sei ($\exists\forall$) die Regel

$$\frac{}{\Gamma \quad \exists x\varphi \quad \forall x\varphi}\ .$$

(a) Man prüfe, ob ($\exists\forall$) eine ableitbare Regel ist.

(b) $\mathfrak{S}'$ entstehe aus dem Sequenzenkalkül $\mathfrak{S}$ durch Hinzunahme der Regel ($\exists\forall$). Ist jede Sequenz in $\mathfrak{S}'$ ableitbar?

---

[1] Der Leser beachte, daß für zwei Symbolmengen S und S' mit $S \subset S'$ und für $\Phi \subset L^S, \varphi \in L^S$ gelten könnte: $\Phi \vdash_{S'} \varphi$, jedoch nicht $\Phi \vdash_S \varphi$. Denn in *jeder* Ableitung von φ aus Φ in $\mathfrak{S}_{S'}$ könnten Ausdrücke aus $L^{S'} \setminus L^S$ verwendet werden, die dann z.B. bei Anwendung von (Wid), (FU) oder ($\exists$S) wieder verschwinden. Wir werden erst später zeigen, daß dies nicht der Fall ist.

Kapitel V

Der Vollständigkeitssatz

Gegenstand dieses Kapitels ist ein Beweis für die Vollständigkeit des Sequenzenkalküls, d.h. für die Aussage

(*) Für alle Φ, φ: Wenn $\Phi \models \varphi$, so $\Phi \vdash \varphi$.

Zum Nachweis von (*) zeigen wir:

(**) Jede widerspruchsfreie Menge ist erfüllbar.

Hieraus ergibt sich (*) wie folgt: Wir nehmen an, für Φ, φ gälte $\Phi \models \varphi$, jedoch nicht $\Phi \vdash \varphi$. Dann wäre $\Phi \cup \{\neg\varphi\}$ nicht erfüllbar und widerspruchsfrei (vgl. III.4.4 und IV.7.6(a)) entgegen (**).

(**) stellt uns vor die Aufgabe, für eine widerspruchsfreie Menge Φ ein Modell anzugeben. Es wird sich zeigen, daß dies auf natürliche Weise möglich ist, falls Φ *negationstreu* ist und *Beispiele enthält*. Wir behandeln diesen Sonderfall in §1 und führen anschließend den allgemeinen Fall hierauf zurück: in §2 zunächst für höchstens abzählbare Symbolmengen, in §3 für beliebige Symbolmengen. Solange wir nicht ausdrücklich etwas anderes vereinbaren, legen wir wieder eine Symbolmenge S fest zugrunde.

§1 Der Satz von Henkin

Φ sei eine widerspruchsfreie Menge von Ausdrücken. Um eine Interpretation $\mathfrak{I} = (\mathfrak{A}, \beta)$ zu finden, die Φ erfüllt, steht uns im wesentlichen nur die „syntaktische" Information der Widerspruchsfreiheit von Φ zur Verfügung. Wenn wir jetzt versuchen, ein Modell von Φ anzugeben, werden wir daher so weit wie möglich von syntaktischen Objekten Gebrauch machen. In einem ersten Ansatz wählen wir als Träger A die Menge T^S der S-Terme, definieren β durch

$$\beta(v_i) := v_i \ (i \in \mathbb{N})$$

und interpretieren z.B. ein einstelliges Funktionssymbol f durch

$$f^{\mathfrak{A}}(t) := ft$$

und ein einstelliges Relationssymbol R durch

$$R^{\mathfrak{A}} := \{t \in A \mid \Phi \vdash Rt\}.$$

Für eine Variable x haben wir dann $\mathfrak{I}(fx) = f^{\mathfrak{A}}(\beta(x)) = fx$. Hier ergibt sich jedoch eine erste Schwierigkeit, die mit dem Gleichheitszeichen zusammenhängt. Ist nämlich y eine von x verschiedene Variable, so ist $fx \neq fy$, also $\mathfrak{I}(fx) \neq \mathfrak{I}(fy)$. Wählen wir nun Φ so, daß $\Phi \vdash fx \equiv fy$ (z.B. $\Phi = \{fx \equiv fy\}$), ist $\mathfrak{I}$ kein Modell von Φ. (Denn nach IV.6.2 gilt dann $\Phi \models fx \equiv fy$, und mit $\mathfrak{I} \models \Phi$ müßte $\mathfrak{I}(fx) = \mathfrak{I}(fy)$ sein.)

Wir helfen uns dadurch, daß wir auf naheliegende Weise eine Äquivalenzrelation zwischen Termen einführen und als Elemente des Trägers von $\mathfrak{I}$ nicht die Terme, sondern deren Äquivalenzklassen wählen.

Im folgenden sei Φ eine Menge von Ausdrücken. Wir definieren nun eine Interpretation $\mathfrak{I}^{\Phi} = (\mathfrak{T}^{\Phi}, \beta^{\Phi})$. Hierzu erklären wir zunächst auf der Menge T^S der S-Terme eine zweistellige Relation $\sim$ durch

1.1. $t_1 \sim t_2 \quad$ *:gdw* $\quad \Phi \vdash t_1 \equiv t_2$.

1.2 Lemma. (a) $\sim$ *ist eine Äquivalenzrelation.*

(b) $\sim$ *ist im folgenden Sinne mit den Symbolen aus S verträglich: Wenn* $t_1 \sim t'_1, \ldots, t_n \sim t'_n$, *so gilt für n-stelliges* $f \in S$

$$ft_1 \ldots t_n \sim ft'_1 \ldots t'_n$$

und für n-stelliges $R \in S$

$$\Phi \vdash Rt_1 \ldots t_n \quad gdw \quad \Phi \vdash Rt'_1 \ldots t'_n.$$

Der *Beweis* ergibt sich leicht mit der Regel ($\equiv$) und IV.5.3 – 5.5. Wir zeigen das hier exemplarisch in zwei Fällen.

(1) $\sim$ ist symmetrisch: Sei $t_1 \sim t_2$, also $\Phi \vdash t_1 \equiv t_2$. Nach IV.5.3(a) gilt dann $\Phi \vdash t_2 \equiv t_1$, d.h. $t_2 \sim t_1$.

(2) f sei ein n-stelliges Funktionssymbol aus S, und es sei $t_1 \sim t'_1, \ldots, t_n \sim t'_n$, d.h. $\Phi \vdash t_1 \equiv t'_1, \ldots, \Phi \vdash t_n \equiv t'_n$. Nach IV.5.4(b) gilt dann $\Phi \vdash ft_1 \ldots t_n \equiv ft'_1 \ldots t'_n$, d.h. $ft_1 \ldots t_n \sim ft'_1 \ldots t'_n$. □

Es sei $\overline{t}$ die Äquivalenzklasse von t:

$$\overline{t} := \{t' \in T^S \mid t \sim t'\},$$

und T^Φ (statt genauer $T^{\Phi,S}$) die Menge der Äquivalenzklassen:

$$T^\Phi := \{\overline{t} \mid t \in T^S\}.$$

T^Φ ist nicht leer. Über T^Φ definieren wir die S-Struktur $\mathfrak{T}^\Phi$, die sog. *Termstruktur* zu Φ, durch die folgenden Festsetzungen:

1.3. *Für n-stelliges $R \in S$:*

$$R^{\mathfrak{T}^\Phi}\overline{t_1}\ldots\overline{t_n} \quad :gdw \quad \Phi \vdash Rt_1 \ldots t_n.$$

1.4. *Für n-stelliges $f \in S$:*

$$f^{\mathfrak{T}^\Phi}(\overline{t_1},\ldots,\overline{t_n}) := \overline{ft_1 \ldots t_n}.$$

1.5. *Für $c \in S$: $c^{\mathfrak{T}^\Phi} := \overline{c}$.*

Die Definitionen 1.3 und 1.4 sind in dieser Form möglich, da die Auswahl der Repräsentanten $t_1, \ldots, t_n$ von $\overline{t_1}, \ldots, \overline{t_n}$ nach 1.2(b) keine Rolle spielt.

Schließlich definieren wir die Belegung β^Φ durch

1.6. $\beta^\Phi(x) := \overline{x}$.

$\mathfrak{I}^\Phi := (\mathfrak{T}^\Phi, \beta^\Phi)$ nennen wir die zu Φ gehörende *Terminterpretation.*

1.7 Lemma. (a) *Für alle t ist* $\mathfrak{I}^\Phi(t) = \overline{t}$.

(b) *Für alle atomaren Ausdrücke φ gilt:*

$$\mathfrak{I}^\Phi \models \varphi \quad gdw \quad \Phi \vdash \varphi.$$

(c) *Für alle Ausdrücke φ und paarweise verschiedenen Variablen $x_1, \ldots, x_n$ gilt:*

(i) $\mathfrak{I}^\Phi \models \exists x_1 \ldots \exists x_n \varphi$ *gdw es gibt* $t_1, \ldots, t_n \in T^S$ *mit* $\mathfrak{I}^\Phi \models \varphi \frac{t_1 \ldots t_n}{x_1 \ldots x_n}$.

(ii) $\mathfrak{I}^\Phi \models \forall x_1 \ldots \forall x_n \varphi$ *gdw für alle Terme* $t_1, \ldots, t_n \in T^S$ *gilt* $\mathfrak{I}^\Phi \models \varphi \frac{t_1 \ldots t_n}{x_1 \ldots x_n}$.

Beweis. Zu (a): Induktion über den Aufbau der Terme. Die Behauptung gilt für $t = x$ wegen 1.6 und für $t = c$ wegen 1.5. Ist $t = f t_1 \ldots t_n$, so

$$\begin{aligned} \mathfrak{I}^\Phi(f t_1 \ldots t_n) &= f^{\mathfrak{T}^\Phi}\left(\mathfrak{I}^\Phi(t_1), \ldots, \mathfrak{I}^\Phi(t_n)\right) \\ &= f^{\mathfrak{T}^\Phi}(\overline{t_1}, \ldots, \overline{t_n}) \quad \text{(nach Induktionsvoraussetzung)} \\ &= \overline{f t_1 \ldots t_n} \quad \text{(nach 1.4).} \end{aligned}$$

Zu (b): $\mathfrak{I}^\Phi \models t_1 \equiv t_2$ gdw $\mathfrak{I}^\Phi(t_1) = \mathfrak{I}^\Phi(t_2)$
gdw $\overline{t_1} = \overline{t_2}$ (nach (a))
gdw $t_1 \sim t_2$
gdw $\Phi \vdash t_1 \equiv t_2$.

$\mathfrak{I}^\Phi \models R t_1 \ldots t_n$ gdw $R^{\mathfrak{T}^\Phi} \overline{t_1} \ldots \overline{t_n}$
gdw $\Phi \vdash R t_1 \ldots t_n$ (nach 1.3).

Zu (c): (i): $\mathfrak{I}^\Phi \models \exists x_1 \ldots \exists x_n \varphi$
gdw es gibt $a_1, \ldots, a_n \in T^\Phi$: $\mathfrak{I}^\Phi \frac{a_1 \ldots a_n}{x_1 \ldots x_n} \models \varphi$
gdw es gibt $t_1, \ldots, t_n \in T^S$: $\mathfrak{I}^\Phi \frac{\overline{t_1} \ldots \overline{t_n}}{x_1 \ldots x_n} \models \varphi$
(da $T^\Phi = \{\overline{t} \mid t \in T^S\}$)
gdw es gibt $t_1, \ldots, t_n \in T^S$: $\mathfrak{I}^\Phi \frac{\mathfrak{I}^\Phi(t_1) \ldots \mathfrak{I}^\Phi(t_n)}{x_1 \ldots x_n} \models \varphi$
(wegen (a))
gdw es gibt $t_1, \ldots, t_n \in T^S$: $\mathfrak{I}^\Phi \models \varphi \frac{t_1 \ldots t_n}{x_1 \ldots x_n}$
(nach dem Substitutionslema).

(ii) ergibt sich leicht aus (i). □

Wegen Teil (b) des vorangehenden Lemmas ist $\mathfrak{I}^\Phi$ ein Modell der atomaren Ausdrücke in Φ, jedoch i.a. nicht aller Ausdrücke in Φ: Ist z.B. $S = \{R\}$ und $\Phi = \{\exists x R x\}$, so müßte es, falls $\mathfrak{I}^\Phi \models \Phi$, nach (c) des Lemmas einen Term t geben mit $\exists x R x \vdash R t$, in unserem Fall also eine Variable y mit $\exists x R x \vdash R y$, und das läßt sich leicht widerlegen (vgl. dazu auch Aufgabe 1.12). Wir werden daher nur zeigen können, daß $\mathfrak{I}^\Phi$ ein Modell von Φ ist, wenn Φ gewissen Abgeschlossenheitsbedingungen genügt, wie sie im Hinblick auf den Existenzquantor durch das vorangehende Beispiel nahegelegt werden.

Eine Präzisierung dieser Bedingungen gibt die folgende Definition.

1.8 Definition. (a) Φ ist *negationstreu* genau dann, wenn für jeden Ausdruck φ gilt:

$$\Phi \vdash \varphi \quad \text{oder} \quad \Phi \vdash \neg\varphi.$$

(b) Φ *enthält Beispiele* genau dann, wenn für jeden Ausdruck der Gestalt $\exists x\varphi$ ein Term t existiert mit $\Phi \vdash (\exists x\varphi \rightarrow \varphi\frac{t}{x})$.

Wie das folgende Lemma zeigt, besteht für eine widerspruchsfreie Menge Φ, die negationstreu ist und Beispiele enthält, eine Parallelität zwischen der Eigenschaft, aus Φ ableitbar zu sein, und den Festlegungen in der induktiven Definition der Modellbeziehung. Mit dieser Parallelität läßt sich für solche Φ zeigen, daß die Terminterpretation $\mathfrak{I}^\Phi$ ein Modell von Φ ist.

1.9 Lemma. *Φ sei widerspruchsfrei, negationstreu und enthalte Beispiele. Dann gilt für alle φ, ψ:*

(a) *Entweder $\Phi \vdash \varphi$ oder $\Phi \vdash \neg\varphi$.*

(b) *$\Phi \vdash (\varphi \vee \psi)$ genau dann, wenn $\Phi \vdash \varphi$ oder $\Phi \vdash \psi$.*

(c) *Wenn $\Phi \vdash (\varphi \rightarrow \psi)$ und $\Phi \vdash \varphi$, so auch $\Phi \vdash \psi$.*

(d) *$\Phi \vdash \exists x\varphi$ genau dann, wenn es einen Term t gibt mit $\Phi \vdash \varphi\frac{t}{x}$.*

Beweis. Zu (a): Da Φ negationstreu ist, gilt $\Phi \vdash \varphi$ oder $\Phi \vdash \neg\varphi$, und da Φ widerspruchsfrei ist, kann nicht zugleich $\Phi \vdash \varphi$ und $\Phi \vdash \neg\varphi$ gelten.

Zu (b): Gelte zunächst $\Phi \vdash (\varphi \vee \psi)$. Wenn nicht $\Phi \vdash \varphi$, so $\Phi \vdash \neg\varphi$ (weil Φ negationstreu ist), und IV.3.4 liefert dann $\Phi \vdash \psi$. Die andere Richtung ergibt sich unmittelbar mit den Regeln der $\vee$-Einführung im Sukzedens.

Zu (c): Man verwende den Modus ponens, IV.3.5.

Zu (d): Gelte $\Phi \vdash \exists x\varphi$. Da Φ Beispiele enthält, gibt es einen Term t mit $\Phi \vdash (\exists x\varphi \rightarrow \varphi\frac{t}{x})$; mit (c) ergibt sich $\Phi \vdash \varphi\frac{t}{x}$. Gelte umgekehrt $\Phi \vdash \varphi\frac{t}{x}$ für einen Term t. Dann liefert die Regel der $\exists$-Einführung im Sukzedens, daß $\Phi \vdash \exists x\varphi$. □

1.10 Satz von Henkin. *Es sei Φ eine widerspruchsfreie Ausdrucksmenge, die negationstreu ist und Beispiele enthält. Dann gilt für alle φ:*

(∗) $$\mathfrak{I}^\Phi \models \varphi \quad gdw \quad \Phi \vdash \varphi.$$

Beweis. Wir zeigen (∗) durch Induktion über die Anzahl der Junktoren und Quantoren in φ, d.h. über $\text{rg}(\varphi)$ (vgl. III.8.6). Falls $\text{rg}(\varphi) = 0$, ist

φ atomar, und 1.7(b) zeigt, daß $(*)$ gilt. Im Induktionsschritt machen wir eine Fallunterscheidung.

(1) $\varphi = \neg\psi$: $\mathfrak{I}^\Phi \models \neg\psi$
gdw nicht $\mathfrak{I}^\Phi \models \psi$
gdw nicht $\Phi \vdash \psi$ (nach Induktionsvoraussetzung)
gdw $\Phi \vdash \neg\psi$ (nach 1.9(a)).

(2) $\varphi = (\psi \vee \chi)$: $\mathfrak{I}^\Phi \models (\psi \vee \chi)$
gdw $\mathfrak{I}^\Phi \models \psi$ oder $\mathfrak{I}^\Phi \models \chi$
gdw $\Phi \vdash \psi$ oder $\Phi \vdash \chi$ (nach Induktionsvoraussetzung)
gdw $\Phi \vdash (\psi \vee \chi)$ (nach 1.9(b)).

(3) $\varphi = \exists x\psi$: $\mathfrak{I}^\Phi \models \exists x\psi$
gdw es gibt ein t mit $\mathfrak{I}^\Phi \models \psi\frac{t}{x}$ (nach 1.7(c)(i))
gdw es gibt ein t mit $\Phi \vdash \psi\frac{t}{x}$
(nach Induktionsvoraussetzung, da $\mathrm{rg}(\psi\frac{t}{x}) = \mathrm{rg}(\psi) < \mathrm{rg}(\varphi)$; vgl. III.8.7)
gdw $\Phi \vdash \exists x\psi$ (nach 1.9(d)). □

1.11 Korollar. *Ist Φ eine widerspruchsfreie Menge, die negationstreu ist und Beispiele enthält, so gilt $\mathfrak{I}^\Phi \models \Phi$ (und somit ist Φ erfüllbar).* □

1.12 Aufgabe. (a) Sei $S := \{R\}$ und $\Phi := \{\exists x Rx\} \cup \{\neg Ry \mid y \text{ Variable}\}$. Man zeige:
(i) Φ ist erfüllbar und damit widerspruchsfrei.
(ii) Für keinen Term $t \in T^S$ gilt $\Phi \vdash Rt$.
(iii) Ist $\mathfrak{I} = (\mathfrak{A}, \beta)$ ein Modell von Φ, so ist $A \setminus \{\mathfrak{I}(t) \mid t \in T^S\}$ nicht leer.
(b) Sei wiederum $S = \{R\}$ mit einstelligem R und seien x und y verschiedene Variablen. Für $\Phi = \{Rx \vee Ry\}$ zeige man:
(i) Nicht $\Phi \vdash Rx$ und nicht $\Phi \vdash \neg Rx$, d.h. Φ ist nicht negationstreu.
(ii) Nicht $\mathfrak{I}^\Phi \models \Phi$.

1.13 Aufgabe. Die Symbolmenge S sei fest vorgegeben. Man bestimme $\mathfrak{I}^\Phi$ für widerspruchsvolles Φ. Hängt $\mathfrak{I}^\Phi$ von der widerspruchsvollen Menge Φ ab?

§2 Erfüllbarkeit widerspruchsfreier Ausdrucksmengen (abzählbarer Fall)

Nach 1.11 ist jede widerspruchsfreie Ausdrucksmenge, die negationstreu ist und Beispiele enthält, erfüllbar. Die Erfüllbarkeit beliebiger widerspruchsfreier Ausdrucksmengen zeigen wir dadurch, daß wir sie zu widerspruchsfreien Ausdrucksmengen erweitern, die negationstreu sind und Beispiele enthalten. Wir behandeln in diesem Paragraphen zunächst den Fall höchstens abzählbarer Symbolmengen.

S sei im folgenden höchstens abzählbar. Wir beginnen mit dem Sonderfall, daß in der widerspruchsfreien Ausdrucksmenge Φ nur endlich viele Variablen frei vorkommen, d.h. daß $\text{frei}(\Phi) := \bigcup_{\varphi \in \Phi} \text{frei}(\varphi)$ endlich ist. Hierzu zwei Lemmata.

2.1 Lemma. *Sei* $\Phi \subset L^S$ *widerspruchsfrei und* $\text{frei}(\Phi)$ *endlich. Dann gibt es ein widerspruchsfreies* Ψ *mit* $\Phi \subset \Psi \subset L^S$, *das Beispiele enthält.*

2.2 Lemma. *Sei* $\Psi \subset L^S$ *widerspruchsfrei. Dann gibt es ein widerspruchsfreies* Θ *mit* $\Psi \subset \Theta \subset L^S$, *das negationstreu ist.*

2.1 und 2.2 geben uns die Möglichkeit, eine widerspruchsfreie Ausdrucksmenge Φ mit nur endlich vielen frei vorkommenden Variablen in zwei Schritten zu einer widerspruchsfreien Ausdrucksmenge zu erweitern, die negationstreu ist und Beispiele enthält. Zunächst wählen wir nämlich Ψ zu Φ gemäß 2.1 und dann Θ zu Ψ gemäß 2.2. Θ ist widerspruchsfrei und negationstreu; es enthält Beispiele, weil bereits Ψ Beispiele enthält. Nach 1.11 ist dann Θ erfüllbar, und wegen $\Phi \subset \Theta$ auch Φ. Wir erhalten also insgesamt:

2.3 Korollar. Φ *sei widerspruchsfrei, und* $\text{frei}(\Phi)$ *sei endlich. Dann ist* Φ *erfüllbar.* □

Beweis von Lemma 2.1. Nach II.3.3 ist L^S abzählbar. Sei $\exists x_0 \varphi_0, \exists x_1 \varphi_1, \ldots$ eine Abzählung aller mit dem Existenzquantor beginnenden Ausdrücke von L^S. Wir definieren induktiv Ausdrücke $\psi_0, \psi_1, \ldots$, die wir zu Φ hinzunehmen. Dabei ist ψ_n ein „Beispielausdruck" für $\exists x_n \varphi_n$.

ψ_m sei bereits für $m < n$ definiert. Da $\text{frei}(\Phi)$ endlich ist, kommen in $\Phi \cup \{\psi_m \mid m < n\} \cup \{\exists x_n \varphi_n\}$ nur endlich viele Variablen frei vor. Es sei y_n die Variable mit kleinstem Index, die von diesen Variablen verschieden ist. Dann setzen wir

$$\psi_n := (\exists x_n \varphi_n \rightarrow \varphi_n \frac{y_n}{x_n}).$$

Sei nun

$$\Psi := \Phi \cup \{\psi_0, \psi_1, \ldots\}.$$

Ψ ist Obermenge von Φ und enthält offenbar Beispiele. Zu zeigen bleibt noch, daß Ψ widerspruchsfrei ist. Wir setzen dazu

$$\Phi_n := \Phi \cup \{\psi_m \mid m < n\}.$$

Dann ist $\Phi_0 \subset \Phi_1 \subset \Phi_2 \subset \ldots$ und $\Psi = \bigcup_{n\mathbb{N}} \Phi_n$. Auf Grund von IV.7.7 (für $S = S_0 = S_1 = \ldots$) sind wir fertig, wenn wir beweisen können, daß jedes Φ_n widerspruchsfrei ist. Hierzu führen wir Induktion über n.

Es ist $\Phi_0 = \Phi$. Wf Φ_0 gilt also nach Voraussetzung. Sei – im Induktionsschritt – Φ_n widerspruchsfrei. Wir nehmen an, $\Phi_{n+1} = \Phi_n \cup \{\psi_n\}$ sei widerspruchsvoll. Dann gibt es für jedes φ ein geeignetes Γ über Φ_n mit $\vdash \Gamma\ \psi_n\ \varphi$, d.h.

$$\vdash \Gamma\ (\neg\exists x_n \varphi_n \vee \varphi_n \frac{y_n}{x_n})\ \varphi.$$

Mithin existiert eine Ableitung

$$\vdots$$

$$m.\quad \Gamma \quad (\neg\exists x_n \varphi_n \vee \varphi_n \frac{y_n}{x_n}) \quad \varphi\ ,$$

die wir, falls φ ein Satz ist, folgendermaßen verlängern können:

(m+1).	Γ	$\neg\exists x_n \varphi_n$	$\neg\exists x_n \varphi_n$	(Vor)
(m+2).	Γ	$\neg\exists x_n \varphi_n$	$\left(\neg\exists x_n \varphi_n \vee \varphi_n \frac{y_n}{x_n}\right)$	($\vee$S) auf (m+1).
(m+3).	Γ	$\neg\exists x_n \varphi_n$	φ	(KS) auf (m+2)., m. (mit (Ant))
(m+4).	Γ	$\varphi_n \frac{y_n}{x_n}$	φ	(analog)
(m+5).	Γ	$\exists x_n \varphi_n$	φ	($\exists$A) auf (m+4).
			(y_n kommt nicht frei in $\Gamma\ \exists x_n \varphi_n\ \varphi$ vor)	
(m+6).	Γ		φ	(FU) auf (m+5)., (m+3).

Für $\varphi = \exists v_0\, v_0 \equiv v_0$ bzw. $\varphi = \neg\exists v_0\, v_0 \equiv v_0$ ergibt sich hieraus, daß $\Phi_n \vdash \exists v_0\, v_0 \equiv v_0$ und $\Phi_n \vdash \neg\exists v_0\, v_0 \equiv v_0$. Also ist Wv Φ_n entgegen der Induktionsvoraussetzung. □

Beweis von Lemma 2.2. Sei Ψ widerspruchsfrei und $\varphi_0, \varphi_1, \varphi_2, \ldots$ eine Abzählung von L^S. Wir definieren Ausdrucksmengen Θ_n induktiv durch

$$\Theta_0 := \Psi$$

und

$$\Theta_{n+1} := \begin{cases} \Theta_n \cup \{\varphi_n\}, & \text{falls Wf } \Theta_n \cup \{\varphi_n\} \\ \Theta_n & \text{sonst} \end{cases}$$

und setzen

$$\Theta := \bigcup_{n \in \mathbb{N}} \Theta_n.$$

Zunächst ist $\Psi \subset \Theta$. Offensichtlich sind alle Θ_n widerspruchsfrei, nach IV.7.7 also auch Θ. Schließlich ist Θ negationstreu. Ist nämlich $\varphi \in L^S$, etwa $\varphi = \varphi_n$, und nicht $\Theta \vdash \neg\varphi$, so ist Wf $\Theta \cup \{\varphi\}$ (nach IV.7.6(b)) und somit erst recht Wf $\Theta_n \cup \{\varphi\}$. Dann ist aber $\Theta_{n+1} = \Theta_n \cup \{\varphi\}$, also $\varphi \in \Theta$ und daher $\Theta \vdash \varphi$. □

Wir lösen uns jetzt von der Voraussetzung „frei(φ) endlich".

2.4 Satz. *Ist S höchstens abzählbar und $\Phi \subset L^S$ widerspruchsfrei, so ist Φ erfüllbar.*

Beweis. Wir führen 2.4 auf 2.3 zurück, indem wir die frei vorkommenden Variablen durch neue Konstanten ersetzen. Hierzu seien $c_0, c_1, \ldots$ untereinander verschiedene Konstanten, die nicht zu S gehören, und es sei

$$S' := S \cup \{c_0, c_1, \ldots\}.$$

Für $\varphi \in L^S$ sei $n(\varphi)$ das kleinste n mit frei$(\varphi) \subset \{v_0, \ldots, v_{n-1}\}$. Wir setzen

$$\varphi' := \varphi \frac{c_0 \ldots c_{n(\varphi)-1}}{v_0 \ldots v_{n(\varphi)-1}} \quad \text{und} \quad \Phi' := \{\varphi' \mid \varphi \in \Phi\}.$$

Zunächst ist (nach III.8.5) frei$(\Phi') = \emptyset$, d.h.

(1) Φ' ist eine Menge von S'-Sätzen.

Es reicht jetzt, wenn wir zeigen, daß

(2) $\mathrm{Wf}_{S'}\ \Phi'$.

Denn dann wissen wir nach dem bereits bewiesenen Sonderfall aus 2.3, daß Φ' erfüllbar ist, etwa durch eine Interpretation $\mathfrak{I}' = (\mathfrak{A}', \beta')$. Da Φ' eine Menge von Sätzen ist (vgl. (1)), können wir dabei (nach dem Koinzidenzlemma) β' so wählen, daß $\beta'(v_n) = c_n^{\mathfrak{A}'}$, also $\mathfrak{I}'(v_n) = \mathfrak{I}'(c_n)$ für alle $n \in \mathbb{N}$. Für $\varphi \in \Phi$ ist dann wegen $\mathfrak{I}' \models \varphi \frac{c_0 \ldots c_{n(\varphi)-1}}{v_0 \ldots v_{n(\varphi)-1}}$ auch $\mathfrak{I}' \models \varphi$ (nach dem Substitutionslemma). Somit ist $\mathfrak{I}'$ ein Modell von Φ, d.h. Φ ist erfüllbar.

Wir zeigen (2), indem wir für jede endliche Teilmenge Φ'_0 von Φ' nachweisen, daß sie erfüllbar ist und damit nach IV.7.5 auch widerspruchsfrei (bzgl. S'). Sei hierzu $\Phi'_0 = \{\varphi'_1, \ldots, \varphi'_n\}$ mit $\varphi_1, \ldots, \varphi_n \in \Phi$. Als Teilmenge von Φ ist $\{\varphi_1, \ldots, \varphi_n\}$ widerspruchsfrei (bzgl. S), und da in ihr nur endlich viele Variablen frei vorkommen, erfüllbar (vgl. 2.3). Wir wählen eine S-Interpretation $\mathfrak{I} = (\mathfrak{A}, \beta)$ mit

$$(*) \qquad \mathfrak{I} \models \{\varphi_1, \ldots, \varphi_n\}$$

und expandieren $\mathfrak{A}$ zu einer S'-Struktur $\mathfrak{A}'$ mit $c_i^{\mathfrak{A}'} = \mathfrak{I}(v_i)$ für $i \in \mathbb{N}$. Für die so entstehende S'-Interpretation $\mathfrak{I}' = (\mathfrak{A}', \beta)$ gilt nach dem Substitutionslemma für $\varphi \in L^S$:

$$\mathfrak{I} \models \varphi \quad \text{gdw} \quad \mathfrak{I}' \models \varphi \frac{c_0 \ldots c_{n(\varphi)-1}}{v_0 \ldots v_{n(\varphi)-1}}.$$

Wegen $(*)$ ist somit $\mathfrak{I}'$ ein Modell von Φ'_0. □

Die folgende Aufgabe zeigt, daß die Voraussetzung „frei(Φ) endlich" in 2.1 notwendig ist.

2.5 Aufgabe. Es sei S beliebig und $\Phi = \{v_0 \equiv t \mid t \in T^S\} \cup \{\exists v_0 \exists v_1 \neg v_0 \equiv v_1\}$. Man zeige, daß Wf Φ und daß es in L^S keine widerspruchsfreie Obermenge von Φ gibt, die Beispiele enthält.

§3 Erfüllbarkeit widerspruchsfreier Ausdrucksmengen (allgemeiner Fall)

Wir lösen uns in diesem Paragraphen von der Abzählbarkeitsforderung an S. In §2 war die Ausgangsmenge Φ widerspruchsfrei, und frei(Φ) war endlich. Wir haben Φ zu einer widerspruchsfreien Menge, die Beispiele enthält, erweitert, indem wir für jeden Ausdruck der Gestalt $\exists x \varphi$ einen Ausdruck $(\exists x \varphi \to \varphi \frac{y}{x})$ mit einer „neuen" Variablen y hinzugenommen haben. Ist Φ überabzählbar, so reichen die Variablen nicht aus. Wir lösen dieses Problem, indem wir die Symbolmenge durch Konstanten erweitern, welche die Rolle der Variablen übernehmen. Die Lemma 2.1 und Lemma 2.2 entsprechenden Behauptungen lauten:

3.1 Lemma. *Für $\Phi \subset L^S$ mit* Wf_S Φ *gilt: Es gibt ein $S' \supset S$ und ein Ψ mit $\Phi \subset \Psi \subset L^{S'}$ und* $\mathrm{Wf}_{S'}$ Ψ, *und Ψ enthält bzgl. S' Beispiele* *(d.h. zu jedem Ausdruck der Gestalt* $\exists x\varphi \in L^{S'}$ *gibt es ein* $t \in T^{S'}$ *mit* $\Psi \vdash (\exists x\varphi \rightarrow \varphi\frac{t}{x})$).

3.2 Lemma. *Für* $\Psi \in L^S$ *mit* $\mathrm{Wf}_S\, \Psi$ *gilt: Es gibt ein* Θ *mit* $\Psi \subset \Theta \subset L^S$*, das bzgl.* S *widerspruchsfrei und negationstreu ist.*

Ähnlich, wie wir 2.3 aus 2.1 und 2.2 erhalten haben, bekommen wir jetzt aus 3.1 und 3.2 das folgende

3.3 Korollar. *Für* $\Phi \subset L^S$ *mit* $\mathrm{Wf}_S\, \Phi$ *gilt:* Φ *ist erfüllbar.* □

Zum Beweis von 3.1 beginnen wir mit einer Hilfsbetrachtung:

S sei eine beliebige Symbolmenge. Jedem $\varphi \in L^S$ ordnen wir eine nicht zu S gehörende Konstante c_φ zu. Für $\varphi \neq \psi$ sei $c_\varphi \neq c_\psi$. Wir setzen

$$S^* := S \cup \{c_{\exists x\varphi} \mid \exists x\varphi \in L^S\}$$

und

$$B(S) := \left\{\exists x\varphi \rightarrow \varphi\frac{c_{\exists x\varphi}}{x} \mid \exists x\varphi \in L^S\right\}.$$

3.4. *Für* $\Phi \subset L^S$ *gilt: Wenn* $\mathrm{Wf}_S\, \Phi$*, so* $\mathrm{Wf}_{S^*}\, \Phi \cup B(S)$.

Beweis. Es sei $\mathrm{Wf}_S\, \Phi$. Wir zeigen von jeder endlichen Teilmenge Φ_0^* von $\Phi \cup B(S)$, daß sie bzgl. S^* widerspruchsfrei ist, indem wir ihre Erfüllbarkeit nachweisen. Es sei

$$\Phi_0^* = \Phi_0 \cup \left\{\exists x_1\varphi_1 \rightarrow \varphi_1\frac{c_1}{x_1}, \ldots, \exists x_n\varphi_n \rightarrow \varphi_n\frac{c_n}{x_n}\right\}$$

mit $\Phi_0 \subset \Phi$ und $\exists x_1\varphi_1, \ldots, \exists x_n\varphi_n \in L^S$. Dabei stehe c_i für $c_{\exists x_i\varphi_i}$.

Wir beweisen zunächst mit 2.3, daß Φ_0 erfüllbar ist, und gewinnen dann aus einem Modell $\mathfrak{I}$ von Φ_0 durch geeignete Interpretation der Konstanten ein Modell von Φ_0^*.

Für eine geeignete endliche (also höchstens abzählbare) Teilmenge $S_0 \subset S$ ist $\Phi_0 \cup \{\exists x_1\varphi_1, \ldots, \exists x_n\varphi_n\} \subset L^{S_0}$. Ferner ist wegen $\mathrm{Wf}_S\, \Phi$ auch $\mathrm{Wf}_S\, \Phi_0$ und daher erst recht $\mathrm{Wf}_{S_0}\, \Phi_0$. Da $\mathrm{frei}(\Phi_0)$ endlich ist, liefert 2.3, daß Φ_0 erfüllbar ist.

$\mathfrak{I} = (\mathfrak{A}, \beta)$ sei eine S-Interpretation, die Φ_0 erfüllt, a ein fest vorgegebenes Element von A. Für $1 \leq i \leq n$ wählen wir $a_i \in A$ so, daß

$$(*) \qquad \mathfrak{I}\frac{a_i}{x_i} \models \varphi_i, \text{ falls } \mathfrak{I} \models \exists x_i\varphi_i,$$

und $a_i = a$ sonst. Wir expandieren $\mathfrak{A}$ zu einer S^*-Struktur $\mathfrak{A}^*$, indem wir für $1 \leq i \leq n$

$$c_i^{\mathfrak{A}^*} := a_i$$

wählen und die restlichen Konstanten der Gestalt $c_{\exists x\varphi}$ durch a interpretieren. Es sei $\mathfrak{I}^* = (\mathfrak{A}^*, \beta)$. Da kein $c_{\exists x\varphi}$ in Φ_0 vorkommt, erhalten wir aus $\mathfrak{I} \models \Phi_0$ zunächst $\mathfrak{I}^* \models \Phi_0$. Außerdem gilt (und das zeigt dann die Erfüllbarkeit von Φ_0^*)

$$\mathfrak{I}^* \models \exists x_i \varphi_i \rightarrow \varphi_i \frac{c_i}{x_i}.$$

Denn gilt $\mathfrak{I}^* \models \exists x_i \varphi_i$, so nach (*) $\mathfrak{I}^* \frac{a_i}{x_i} \models \varphi_i$ und wegen $a_i = \mathfrak{I}^*(c_i)$ nach dem Substitutionslemma dann $\mathfrak{I}^* \models \varphi_i \frac{c_i}{x_i}$. □

Beweis von Lemma 3.1. Es sei $\Phi \subset L^S$ und $\mathrm{Wf}_S\, \Phi$. Wir geben eine Symbolmenge S' und $\Psi \subset L^{S'}$ an mit den folgenden Eigenschaften:

(a) $S \subset S'$ und $\Phi \subset \Psi$.

(b) $\mathrm{Wf}_{S'}\, \Psi$.

(c) Ψ enthält Beispiele.

Hierzu definieren wir durch Induktion über n Symbolmengen S_n und Ausdrucksmengen Φ_n:

$$S_0 := S \quad \text{und} \quad S_{n+1} := (S_n)^*$$
$$\Phi_0 := \Phi \quad \text{und} \quad \Phi_{n+1} := \Phi_n \cup B(S_n).$$

(Zur Definition von $(S_n)^*$ und $B(S_n)$ vgl. die Festlegung vor 3.4.)

Nach Konstruktion gilt

$$S = S_0 \subset S_1 \subset S_2 \subset \ldots,$$
$$\Phi_n \subset L^{S_n} \text{ für } n \in \mathbb{N},$$
$$\Phi = \Phi_0 \subset \Phi_1 \subset \Phi_2 \subset \ldots.$$

Wir setzen $S' := \bigcup_{n \in \mathbb{N}} S_n$ und $\Psi := \bigcup_{n \in \mathbb{N}} \Phi_n$. Dann gilt (a).

Mit 3.4 erhält man leicht durch Induktion über n, daß $\mathrm{Wf}_{S_n}\, \Phi_n$, mit IV.7.7 also, daß $\mathrm{Wf}_{S'}\, \Psi$. Demnach gilt auch (b). Sodann enthält Ψ Beispiele. Sei nämlich $\exists x\varphi \in L^{S'}$. Für geeignetes n ist dann bereits $\exists x\varphi \in L^{S_n}$, also ist für eine geeignete Konstante $c \in S_{n+1}$ der Ausdruck $(\exists x\varphi \rightarrow \varphi \frac{c}{x})$ Element von $B(S_n)$, also Element von Ψ. □

Beweis von Lemma 3.2. Beim Beweis von 2.2 haben wir wesentlich die Abzählbarkeit von L^S ausgenutzt. Darauf können wir bei beliebigem S nicht mehr zurückgreifen. Wir benutzen jetzt das *Zornsche Lemma*, das wir in einer für unsere Zwecke geeigneten Form angeben. Beweise findet man in Büchern über Mengenlehre, etwa in [8], [10].

Sei M eine Menge und $\mathfrak{U}$ eine nicht-leere Menge von Teilmengen von M. $\mathfrak{V}$ heißt eine *Kette* in $\mathfrak{U}$, falls $\mathfrak{V} \subset \mathfrak{U}$, $\mathfrak{V} \neq \emptyset$ und falls für $V_1, V_2 \in \mathfrak{V}$ stets $V_1 \subset V_2$ oder $V_2 \subset V_1$. Das Zornsche Lemma besagt dann:

3.5. *Ist für jede Kette $\mathfrak{V}$ in $\mathfrak{U}$ die Vereinigung $\bigcup_{V \in \mathfrak{V}} V$ ein Element von $\mathfrak{U}$, so gibt es in $\mathfrak{U}$ mindestens ein maximales Element, d.h. ein Element U_0, für das kein $U_1 \in \mathfrak{U}$ existiert mit $U_0 \subsetneq U_1$.*

Sei nun S beliebig vorgegeben, $\Psi \subset L^S$ und $\mathrm{Wf}_S\, \Psi$. Wir setzen $M := L^S$ und

$$\mathfrak{U} := \{\Phi \mid \Psi \subset \Phi \subset L^S \text{ und } \mathrm{Wf}_S\, \Phi\}.$$

Offenbar ist $\Psi \in \mathfrak{U}$ und damit $\mathfrak{U}$ nicht leer. Sei $\mathfrak{V}$ eine Kette in $\mathfrak{U}$. $\Theta_1 := \bigcup_{\Phi \in \mathfrak{V}} \Phi$ ist ein Element von $\mathfrak{U}$, da $\Psi \subset \Theta_1 \subset L^S$ und $\mathrm{Wf}_S\, \Theta_1$. Die Widerspruchsfreiheit ergibt sich dabei so: Ist Θ_0 eine endliche Teilmenge von Θ_1, etwa $\Theta_0 = \{\varphi_1, \ldots, \varphi_n\}$, so gibt es $\Phi_1, \ldots, \Phi_n \in \mathfrak{V}$ mit $\varphi_i \in \Phi_i$ für $1 \leq i \leq n$. Da $\mathfrak{V}$ eine Kette ist, können wir bei geeigneter Numerierung der Φ_i annehmen, daß $\Phi_1 \subset \Phi_2 \subset \ldots \subset \Phi_n$. Dann ist $\Theta_0 \subset \Phi_n$, und wegen $\mathrm{Wf}_S\, \Phi_n$ gilt auch $\mathrm{Wf}_S\, \Theta_0$.

Wir können nun das Zornsche Lemma (3.5) auf $\mathfrak{U}$ anwenden und erhalten ein maximales Element Θ in $\mathfrak{U}$. Nach Definition von $\mathfrak{U}$ gilt $\Psi \subset \Theta \subset L^S$ und $\mathrm{Wf}_S\, \Theta$. Θ ist aber auch negationstreu. Ist nämlich $\varphi \in L^S$, so ist nach IV.7.6(c) $\mathrm{Wf}_S\, \Theta \cup \{\varphi\}$ oder $\mathrm{Wf}_S\, \Theta \cup \{\neg\varphi\}$, wegen der Maximalität von Θ also $\Theta = \Theta \cup \{\varphi\}$ oder $\Theta = \Theta \cup \{\neg\varphi\}$. Daher gilt $\Theta \vdash \varphi$ oder $\Theta \vdash \neg\varphi$. □

§4 Der Vollständigkeitssatz

Wie bereits in der Einleitung zu diesem Kapitel ausgeführt, gewinnen wir aus 2.4 (für höchstens abzählbares S) bzw. 3.3 (für beliebiges S) die Vollständigkeit des Sequenzenkalküls:

4.1 Der Vollständigkeitssatz. *Für $\Phi \subset L^S$ und $\varphi \in L^S$ gilt:*

$$\textit{Wenn } \Phi \models \varphi, \textit{ so } \Phi \vdash_S \varphi. \qquad \square$$

4.1 ergibt zusammen mit dem Korrektheitssatz:

$$\text{Für } \Phi \subset L^S \text{ und } \varphi \in L^S: \quad \Phi \models \varphi \quad \text{gdw} \quad \Phi \vdash_S \varphi,$$

und nach 3.3 und IV.7.5 erhalten wir:

$$\text{Für } \Phi \subset L^S: \quad \text{Erf } \Phi \quad \text{gdw} \quad \text{Wf}_S\ \Phi.$$

Die in III.4 aufgezeigte Unabhängigkeit der Folgerungsbeziehung und der Erfüllbarkeit von der Symbolmenge S überträgt sich damit auf die Ableitbarkeitsbeziehung und die Widerspruchsfreiheit (vgl. hierzu die Anmerkung auf Seite 88). Wir benutzen diese Unabhängigkeit, um auch bei $\vdash$ und Wf generell auf die Angabe der Symbolmenge zu verzichten.

4.2 Satz über die Adäquatheit des Sequenzenkalküls.
(a) $\Phi \models \varphi$ *gdw* $\Phi \vdash \varphi$.
(b) Erf Φ *gdw* Wf Φ. □

Eine historische Bemerkung. Der Vollständigkeitssatz geht auf Gödel zurück. Das Bestreben, Kalküle des Schließens aufzustellen, findet, nachdem es in der Geschichte der Philosophie schon mehrfach angeklungen war (u.a. bei Aristoteles, Llullus), eine erste klare Formulierung bei Leibniz. Zu Beginn dieses Jahrhunderts entwarfen Russell und Whitehead einen Kalkül und gaben in ihm formale Beweise für eine Fülle mathematischer Sätze. 1928 bewies dann Gödel [12] den Vollständigkeitssatz. Die von uns verwendete Beweismethode geht auf Henkin [14] zurück.

Kapitel VI

Der Satz von Löwenheim und Skolem und der Endlichkeitssatz

Die Äquivalenzen zwischen $\vdash$ und $\models$ und zwischen Wf und Erf schaffen eine Brücke zwischen Syntax und Semantik, die es gestattet, Eigenschaften von $\vdash$ auf $\models$ und von Wf auf Erf zu übertragen. Beim Nachweis der Unabhängigkeit von $\vdash$ und Wf von der zugrundegelegten Symbolmenge am Ende des vorangehenden Kapitels haben wir Eigenschaften der semantischen auf die syntaktischen Begriffe übertragen. In §2 beschreiten wir die Brücke in der anderen Richtung und gewinnen so einige wichtige Sachverhalte für $\models$ und Erf. Zusammen mit dem Ergebnis aus §1 werden sie uns einen tieferen Einblick in die Ausdrucksstärke der Sprachen erster Stufe ermöglichen.

§1 Der Satz von Löwenheim und Skolem

Der Träger des in V.1 angegebenen Modells $\mathfrak{I}^{\Phi}$ besteht aus Äquivalenzklassen von Termen. Aus diesem Sachverhalt gewinnen wir:

1.1 Satz von Löwenheim und Skolem. *Jede höchstens abzählbare Menge von Ausdrücken, die erfüllbar ist, ist erfüllbar über einer höchstens abzählbaren Menge (d.h. sie besitzt ein Modell, dessen Träger höchstens abzählbar ist).*

Beweis. Sei Φ zunächst eine höchstens abzählbare, erfüllbare und damit widerspruchsfreie Menge von S-*Sätzen*. Da jeder S-Ausdruck nur endlich viele S-Symbole enthält, kommen in Φ höchstens abzählbar viele S-Symbole vor. Wir können daher o.B.d.A. annehmen, daß S ebenfalls höchstens abzählbar ist. Da Erf Φ, gilt Wf Φ, und der Beweis in V.1, V.2 zeigt, daß es eine Interpretation gibt, die Φ erfüllt und deren Träger A aus Termklassen $\overline{t}$ für $t \in T^S$ besteht. Da T^S abzählbar ist (vgl. II.3.3), ist A höchstens abzählbar.

Diese Argumentation läßt sich leicht von Satzmengen auf Ausdrucksmengen übertragen; denn ist Φ eine Menge von S-Ausdrücken und

$$\Phi' := \left\{ \psi \frac{c_0 \ldots c_{n-1}}{v_0 \ldots v_{n-1}} \,\middle|\, n \in \mathbb{N}, \psi \in L_n^S \cap \Phi \right\}$$

mit neuen Konstanten $c_0, c_1, \ldots$, so sind Φ und Φ' über denselben Trägern erfüllbar (vgl. hierzu den Beweis von V.2.4). □

$\forall x \forall y\, x \equiv y$ ist ein Satz, der nur endliche Modelle besitzt; für einstelliges f hat der Satz $\forall x \forall y (fx \equiv fy \rightarrow x \equiv y) \wedge \neg \forall x \exists y\, fy \equiv x$ nur unendliche Modelle, da keine Funktion auf einer endlichen Menge zugleich injektiv und nicht surjektiv ist.

Verfolgt man den Beweis des Vollständigkeitssatzes für den Fall überabzählbarer Symbolmengen, so kann man die folgende Verallgemeinerung von 1.1 gewinnen, die wir für den mit dem Mächtigkeitsbegriff vertrauten Leser formulieren.

1.2 „Absteigender" Satz von Löwenheim und Skolem. *Jede erfüllbare Ausdrucksmenge $\Phi \subset L^S$ ist über einer Menge erfüllbar, deren Mächtigkeit nicht größer als die Mächtigkeit von L^S ist.* □

In 1.1 (und 1.2) äußert sich bereits eine gewisse Schwäche der Sprachen erster Stufe. Beispielsweise kann es zur Symbolmenge $S_{\mathrm{Ar}}^{<}$ keine Satzmenge Φ geben, die den geordneten Körper $\mathfrak{R}^{<} = (\mathbb{R}, +, \cdot, 0, 1, <)$ der reellen Zahlen bis auf Isomorphie charakterisiert (in dem Sinne, daß genau $\mathfrak{R}^{<}$ und die zu $\mathfrak{R}^{<}$ isomorphen Strukturen die Modelle von Φ sind). Jede derartige Menge Φ von $S_{\mathrm{Ar}}^{<}$-Sätzen wäre nämlich höchstens abzählbar und erfüllbar (da $\mathfrak{R}^{<} \models \Phi$ gelten soll); nach 1.1 gäbe es dann eine höchstens abzählbare Struktur $\mathfrak{A}$ mit $\mathfrak{A} \models \Phi$, die wegen der Überabzählbarkeit von $\mathbb{R}$ nicht zu $\mathfrak{R}^<$ isomorph wäre.

In der Analysis wird $\mathfrak{R}^<$ etwa durch die Axiome für angeordnete Körper und das sog. Vollständigkeitsaxiom („Jede nicht leere, nach oben beschränkte Menge besitzt ein Supremum") bis auf Isomorphie charakterisiert. Da man die ersteren Axiome als $S_{\mathrm{Ar}}^<$-Ausdrücke formulieren kann, erhalten wir, daß es für das Vollständigkeitsaxiom keine Umschreibung durch $S_{\mathrm{Ar}}^<$-Ausdrücke gibt.

1.3 Aufgabe. Man zeige, daß jede höchstens abzählbare Ausdrucksmenge, die über einer unendlichen Menge erfüllbar ist, auch über einer abzählbaren Menge erfüllbar ist.

§2 Der Endlichkeitssatz

Unmittelbar aus der Definition von $\vdash$ und Wf ergab sich (vgl. IV.6.1 und IV.7.4):

(a) $\Phi \vdash \varphi$ gdw es gibt ein endliches $\Phi_0 \subset \Phi$ mit $\Phi_0 \vdash \varphi$.

(b) Wf Φ gdw für alle endlichen $\Phi_0 \subset \Phi$ gilt Wf Φ_0.

Mit dem Adäquatheitssatz V.4.2 übertragen sich diese Ergebnisse auf die entsprechenden semantischen Begriffe:

2.1 Endlichkeitssatz. (a) *(für die Folgerungsbeziehung)*

$\Phi \models \varphi$ *gdw es gibt ein endliches* $\Phi_0 \subset \Phi$ *mit* $\Phi_0 \models \varphi$.

(b) *(für die Erfüllbarkeit)*

Erf Φ *gdw für alle endlichen* $\Phi_0 \subset \Phi$ *gilt* Erf Φ_0.

Man nennt den Endlichkeitssatz auch häufig *Kompaktheitssatz*, weil er nach geeigneter topologischer Umformulierung besagt, daß eine gewisse Topologie kompakt ist (vgl. Aufgabe 2.5).

Der Satz von Löwenheim und Skolem und der Endlichkeitssatz spielen bei semantischen Untersuchungen der Sprachen erster Stufe und bei ihren Anwendungen auf mathematische Strukturen eine beherrschende Rolle. Wir werden in Kapitel XIII sogar zeigen, daß sie die Sprachen der ersten Stufe in einer gewissen Weise charakterisieren.

Im folgenden wollen wir mit Hilfe des Endlichkeitssatzes einige Varianten des Satzes von Löwenheim und Skolem herleiten.

2.2 Satz. *Φ sei eine Ausdrucksmenge, die über beliebig großen endlichen Mengen erfüllbar ist (d.h. zu jedem $n \in \mathbb{N}$ gebe es eine Φ erfüllende Interpretation über einer endlichen Menge, die mindestens n Elemente enthält). Dann ist Φ auch über einer unendlichen Menge erfüllbar.*

Beweis. Wir setzen

$$\Psi := \Phi \cup \{\varphi_{\geq n} \mid 2 \leq n\}.$$

(Zu $\varphi_{\geq n}$ vgl. III.6.3.) Jede Interpretation, die Ψ erfüllt, ist Modell von Φ und besitzt eine unendliche Trägermenge. Wir brauchen daher nur zu zeigen, daß Ψ erfüllbar ist. Nach dem Endlichkeitssatz reicht dazu der Nachweis, daß jede endliche Teilmenge Ψ_0 von Ψ erfüllbar ist. Zu jedem solchen Ψ_0 gibt es ein $n_0 \in \mathbb{N}$ mit

$$(*) \qquad \Psi_0 \subset \Phi \cup \{\varphi_{\geq n} \mid 2 \leq n \leq n_0\}.$$

Nach Voraussetzung gibt es eine Interpretation $\mathfrak{I}$, die Φ erfüllt und deren Träger mindestens n_0 Elemente besitzt. $\mathfrak{I}$ ist wegen (*) auch ein Modell von Ψ_0. □

2.3 „Aufsteigender" Satz von Löwenheim und Skolem. *Φ sei eine Ausdrucksmenge, die über einer unendlichen Menge erfüllbar ist. Dann gibt es zu jeder Menge A ein Modell von Φ, das mindestens so viele Elemente wie A enthält.* (Wir sagen, daß M mindestens so viele Elemente wie A enthält, wenn es eine injektive Abbildung von A nach M gibt.)

Beweis. Sei $\Phi \subset L^S$. Für jedes $a \in A$ sei c_a eine neue Konstante (d.h. $c_a \notin S$), und für $a, b \in A$ sei $c_a \neq c_b$. Wir zeigen zunächst, daß die Menge

$$\Psi := \Phi \cup \{\neg c_a \equiv c_b \mid a, b \in A,\ a \neq b\}$$

von $S \cup \{c_a \mid a \in A\}$-Ausdrücken erfüllbar ist.

Wegen des Endlichkeitssatzes können wir uns darauf beschränken (vgl. die Argumentation im vorangehenden Beweis), für je endlich viele verschiedene $a_1, \ldots, a_n \in A$ die Erfüllbarkeit von

$$(+) \qquad \Phi \cup \{\neg c_{a_i} \equiv c_{a_j} \mid 1 \leq i, j \leq n,\ i \neq j\}$$

nachzuweisen. Nach Voraussetzung gibt es eine S-Interpretation $\mathfrak{I} = (\mathfrak{B}, \beta)$, die Φ erfüllt und deren Träger B unendlich ist. Daher gibt es n verschiedene Elemente $b_1, \ldots, b_n \in B$. Wir setzen $c_{a_i}^{\mathfrak{B}} := b_i$ für $1 \leq i \leq n$. Die Interpretation $\left(\left(\mathfrak{B}, c_{a_1}^{\mathfrak{B}}, \ldots, c_{a_n}^{\mathfrak{B}}\right), \beta\right)$ erfüllt dann die Menge (+). Da somit jede endliche Teilmenge von Ψ erfüllbar ist, finden wir eine Interpretation $\mathfrak{I}'$, die Ψ und damit auch Φ erfüllt. Sei

D der Träger von $\mathfrak{I}'$. Für $a, b \in A$ mit $a \neq b$ gilt $\mathfrak{I}' \models \neg c_a \equiv c_b$. Somit sind $\mathfrak{I}'(c_a)$ und $\mathfrak{I}'(c_b)$ verschiedene Elemente aus D, die Abbildung $\pi: A \to D$ mit $\pi(a) = \mathfrak{I}'(c_a)$ ist also injektiv. D enthält demnach mindestens so viele Elemente wie A. □

Sei etwa $\Phi = \Phi_{\mathrm{Gr}}$ die Menge der Gruppenaxiome. Da es unendliche Gruppen gibt, erhalten wir mit 2.3 die Existenz beliebig großer Gruppen. Entsprechend zeigt man, daß es beliebig große Ordnungen und beliebig große Körper gibt. Für jede einzelne der genannten Theorien läßt sich die entsprechende Aussage leicht mit algebraischen Mitteln erzielen. Die Sprache der ersten Stufe liefert einen Rahmen und Methoden, solche Ergebnisse allgemein zu formulieren und zu beweisen. Untersuchungen dieser Art von (Klassen von) algebraischen Strukturen gehören in das Gebiet der sog. *Modelltheorie*. Zur weiteren Information verweisen wir auf [5, 27, 28].

Die Idee des vorangehenden Beweises verwenden wir auch für den folgenden Satz. Wir notieren ihn für den Leser, der mit dem Mächtigkeitsbegriff vertraut ist.

2.4 Satz von Löwenheim, Skolem und Tarski. *Φ sei eine Ausdrucksmenge, die über einer unendlichen Menge erfüllbar sei, und κ eine unendliche Mächtigkeit größer oder gleich der Mächtigkeit von Φ. Dann ist Φ über einer Menge der Mächtigkeit κ erfüllbar.*

Beweis. Φ und κ seien entsprechend vorgegeben. Wir können annehmen, daß $\Phi \subset L^S$ für eine Symbolmenge S einer Mächtigkeit $\leq \kappa$. Sei nun A eine Menge der Mächtigkeit κ. Die im Beweis von 2.3 angegebene Symbolmenge $S \cup \{c_a \mid a \in A\}$ hat dann die Mächtigkeit κ, ebenso die Menge der $S \cup \{c_a \mid a \in A\}$-Ausdrücke. Sei wieder $\Psi := \Phi \cup \{\neg c_a \equiv c_b \mid a, b \in A,\ a \neq b\}$. Nach 1.2 gibt es ein Modell $\mathfrak{I}'$ von Ψ (und damit von Φ), dessen Träger eine Mächtigkeit $\leq \kappa$ besitzt. Da $\neg c_a \equiv c_b \in \Psi$ für verschiedene $a, b \in A$, hat D eine Mächtigkeit $\geq \kappa$, insgesamt also die Mächtigkeit κ. □

2.5 Aufgabe. Sei S eine Symbolmenge. Zu jeder erfüllbaren Menge Φ von S-Sätzen sei $\mathfrak{A}_\Phi$ eine S-Struktur mit $\mathfrak{A}_\Phi \models \Phi$. Ferner sei $\Sigma := \{\mathfrak{A}_\Phi \mid \Phi \subset L_0^S,\ \mathrm{Erf}\ \Phi\}$. Für jeden S-Satz φ setze man $X_\varphi := \{\mathfrak{A} \in \Sigma \mid \mathfrak{A} \models \varphi\}$.

(a) Man zeige, daß das System $\{X_\varphi \mid \varphi \in L_0^S\}$ die Basis einer Topologie auf Σ bildet.

(b) Man zeige, daß jede Menge X_φ abgeschlossen ist.

(c) Man zeige mit dem Endlichkeitssatz, daß jede offene Überdeckung von Σ eine endliche Teilüberdeckung enthält. Σ ist somit (quasi-) kompakt.

§3 Elementare Klassen

Für eine Menge Φ von S-Sätzen sei

$$\mathrm{Mod}^S\Phi := \{\mathfrak{A} \mid \mathfrak{A}\ S\text{-Struktur und } \mathfrak{A} \models \Phi\}$$

die *Modellklasse* von Φ. Statt $\mathrm{Mod}^S\{\varphi\}$ schreiben wir auch $\mathrm{Mod}^S\varphi$.

3.1 Definition. Sei $\underline{\mathfrak{K}}$ eine Klasse von S-Strukturen.

(a) $\underline{\mathfrak{K}}$ heißt *elementar* :gdw es gibt einen S-Satz φ mit $\underline{\mathfrak{K}} = \mathrm{Mod}^S\varphi$.

(b) $\underline{\mathfrak{K}}$ heißt Δ-*elementar* :gdw es gibt eine Menge Φ von S-Sätzen mit $\underline{\mathfrak{K}} = \mathrm{Mod}^S\,\Phi$.

Jede elementare Klasse ist Δ-elementar. – Wegen

$$\mathrm{Mod}^S\Phi = \bigcap\nolimits_{\varphi\in\Phi} \mathrm{Mod}^S\varphi$$

ist umgekehrt jede Δ-elementare Klasse Durchschnitt von elementaren Klassen (der Buchstabe Δ soll an „Durchschnitt" erinnern).

Die Frage nach der Ausdrucksstärke der ersten Stufe können wir aus algebraischer Sicht folgendermaßen formulieren: Welche Klassen von Strukturen sind elementar oder Δ-elementar, d.h. welche Klassen lassen sich durch einen Satz φ oder eine Satzmenge Φ der ersten Stufe axiomatisieren?

Wir bringen eine Reihe von Beispielen.

3.2. *Die Klasse der Körper* (als S_{Ar}-Strukturen) *und die Klasse der geordneten Körper* (als $S_{\mathrm{Ar}}^{<}$-Strukturen) *sind elementar.* Die erstere etwa ist darstellbar in der Form $\mathrm{Mod}^{S_{\mathrm{Ar}}}\varphi_K$, wobei φ_K die Konjunktion der Körperaxiome aus III.6.5 ist. Entsprechendes gilt offenbar auch für die *Klasse der Gruppen*, der *Äquivalenzstrukturen* , der *partiellen Ordnungen* (vgl. III.6.4) und der (*gerichteten*) *Graphen*.

Sei p eine Primzahl. Ein Körper $\mathfrak{K}$ hat die Charakteristik p, wenn $\underbrace{1^{\mathfrak{K}} + \ldots + 1^{\mathfrak{K}}}_{p-\mathrm{mal}} = 0^{\mathfrak{K}}$, d.h. wenn $\mathfrak{K}$ den Satz $\chi_p := \underbrace{1 + \ldots + 1}_{p-\mathrm{mal}} \equiv 0$ erfüllt. Hat $\mathfrak{K}$ für kein p die Charakteristik p, so sagt man, $\mathfrak{K}$ habe die

Charakteristik 0. Für jede Primzahl p hat der Restklassenkörper $\mathbb{Z}/(p)$ der ganzen Zahlen modulo p die Charakteristik p. Der Körper $\mathfrak{R}$ der reellen Zahlen hat die Charakteristik 0. $\mathrm{Mod}^{S_{\mathrm{Ar}}}(\varphi_K \wedge \chi_p)$ ist die *Klasse der Körper der Charakteristik p*. Diese ist also *elementar*. *Die Klasse der Körper der Charakteristik 0 ist Δ-elementar*, sie läßt sich nämlich darstellen als $\mathrm{Mod}^{S_{\mathrm{Ar}}}(\{\varphi_K\} \cup \{\neg\chi_p \mid p \text{ prim}\})$. Die folgenden Überlegungen werden zeigen, daß sie nicht elementar ist.

Sei φ ein S_{Ar}-Satz, der in allen Körpern der Charakteristik 0 gilt, d.h.

$$\{\varphi_K\} \cup \{\neg\chi_p \mid p \text{ prim}\} \models \varphi.$$

Nach dem Endlichkeitssatz gibt es ein (von φ abhängiges) n_0 mit

$$\{\varphi_K\} \cup \{\neg\chi_p \mid p \text{ prim}, p < n_0\} \models \varphi.$$

φ gilt also in allen Körpern einer Charakteristik $\geq n_0$. Wir haben damit bewiesen:

3.3 Satz. *Ein S_{Ar}-Satz, der in allen Körpern der Charakteristik 0 gilt, gilt in allen Körpern hinreichend großer Charakteristik.* □

Hieraus ergibt sich, daß die *Klasse der Körper der Charakteristik 0 nicht elementar* ist. Sonst gäbe es nämlich einen S_{Ar}-Satz φ, der genau in den Körpern der Charakteristik 0 gelten würde.

Aus 3.3 kann man z.B. den bekannten algebraischen Sachverhalt folgern, daß zwei Polynome $\rho(x)$ und $\sigma(x)$, deren Koeffizienten ganzzahlige Vielfache der Eins sind und die über allen Körpern der Charakteristik 0 teilerfremd sind, auch über allen Körpern hinreichend großer Charakteristik teilerfremd sind. Hierzu muß man die Aussage über die Teilerfremdheit von $\rho(x)$ und $\sigma(x)$ als einen S_{Ar}-Satz φ schreiben. Für $\rho(x) := 3x^2 + 1$ und $\sigma(x) := x^3 - 1$ kann man als φ den Satz wählen

$$\begin{aligned}
&\neg\exists u_0 \exists u_1 \exists w_0 \exists w_1 \exists z_0 \exists z_1 \exists z_2 \forall x\\
&\quad ((u_0 + u_1 \cdot x) \cdot (w_0 + w_1 \cdot x) \equiv (1+1+1) \cdot x \cdot x + 1\\
&\quad \wedge (u_0 + u_1 \cdot x) \cdot (z_0 + z_1 \cdot x + z_2 \cdot x \cdot x) \equiv x \cdot x \cdot x - 1)\\
&\quad \wedge \neg\exists u_0 \exists u_1 \forall x (u_0 + u_1 \cdot x) \cdot ((1+1+1) \cdot x \cdot x + 1) \equiv x \cdot x \cdot x - 1.
\end{aligned}$$

Hierbei steht "$\ldots \equiv x \cdot x \cdot x - 1$" für "$\ldots + 1 \equiv x \cdot x \cdot x$". (Das Symbol $-$ gehört nicht zu S_{Ar}!)

3.4. *Die Klasse der endlichen S-Strukturen (für festes S), die Klasse der endlichen Gruppen und die Klasse der endlichen Körper sind nicht Δ-elementar.* Der Beweis ist einfach: Hätte etwa die Klasse der endlichen Körper die Gestalt $\mathrm{Mod}^{S_{\mathrm{Ar}}}\Phi$, so wäre Φ eine Satzmenge, die beliebig große endliche Modelle besitzt (etwa die Körper der Form $\mathbb{Z}/(p)$), jedoch kein unendliches Modell. Das widerspräche aber 2.2. □

Daß jedoch die Klasse der *unendlichen* S-Strukturen (Gruppen, Körper) jeweils Δ-elementar ist, ergibt sich aus Aufgabe 3.7.

3.5. *Die Klasse der Torsionsgruppen ist nicht Δ-elementar.* Wir führen den Beweis indirekt und nehmen an, für eine geeignete Menge Φ von S_{Gr}-Sätzen sei $\mathrm{Mod}^{S_{\mathrm{Gr}}}\Phi$ die Klasse der Torsionsgruppen. Setzen wir

$$\Psi := \Phi \cup \{\neg \underbrace{x \circ \ldots \circ x}_{n-\text{mal}} \equiv e \mid n \geq 1\},$$

so hat jede endliche Teilmenge Ψ_0 von Ψ ein Modell: Zu Ψ_0 wähle man ein n_0 mit $\Psi_0 \subset \Phi \cup \{\neg \underbrace{x \circ \ldots \circ x}_{n-\text{mal}} \equiv e \mid 1 \leq n < n_0\}$. Dann ist jede zyklische Gruppe der Ordnung n_0 ein Modell von Ψ_0, wenn x durch ein erzeugendes Element belegt wird. Ist jetzt $(\mathfrak{G}, \beta)$ ein Modell von Ψ, so hat $\beta(x)$ keine endliche Ordnung. Daher ist $\mathfrak{G}$ zwar ein Modell von Φ, aber keine Torsionsgruppe. Widerspruch. □

3.6. *Die Klasse der zusammenhängenden Graphen ist nicht Δ-elementar.* Dabei heißt ein Graph (G, R^G) *zusammenhängend*, wenn es zu beliebigen $a, b \in G$ mit $a \neq b$ ein $n \geq 2$ und $a_1, \ldots, a_n \in G$ gibt mit

$$a_1 = a,\ a_n = b \text{ und } R^G a_i a_{i+1} \text{ für } i = 1, \ldots, n-1$$

(d.h. wenn es zu je zwei verschiedenen Elementen von G einen Kantenzug gibt, der sie verbindet). Für $n \in \mathbb{N}$ ist das regelmäßige $(n+1)$-Eck $\mathfrak{G}_n$ mit den Ecken $0, \ldots, n$ ein zusammenhängender Graph. Dabei bezeichnet $\mathfrak{G}_n$ die Struktur (G_n, R^{G_n}) mit $G_n := \{0, \ldots, n\}$ und

$$R^{G_n} := \{(i, i+1) \mid i < n\} \cup \{(i, i-1) \mid 1 \leq i \leq n\} \cup \{(0, n), (n, 0)\}.$$

Wir führen den Beweis von 3.6 indirekt und nehmen an, für eine geeignete Menge Φ von $\{R\}$-Sätzen sei $\mathrm{Mod}^{\{R\}}\Phi$ die Klasse der zusammenhängenden Graphen. Setzen wir für $n \geq 2$

$$\psi_n := \neg x \equiv y \wedge \neg \exists x_1 \ldots \exists x_n (x_1 \equiv x \wedge x_n \equiv y \wedge R x_1 x_2 \wedge \ldots \wedge R x_{n-1} x_n)$$

und

$$\Psi := \Phi \cup \{\psi_n \mid n \geq 2\},$$

so hat jede endliche Teilmenge Ψ_0 von Ψ ein Modell: Zu Ψ_0 wähle man ein n_0 mit $\Psi_0 \subset \Phi \cup \{\neg \psi_n \mid 2 \leq n \leq n_0\}$; dann ist $\mathfrak{G}_{2n_0}$ ein Modell von Ψ_0, wenn x durch 0 und y durch n_0 interpretiert wird. Ist jetzt $(\mathfrak{A}, \beta)$ ein Modell von Ψ, so gibt es keinen Kantenzug, der $\beta(x)$ und $\beta(y)$ verbindet. Daher ist $\mathfrak{A}$ zwar ein Modell von Φ, aber kein zusammenhängender Graph. Widerspruch. □

3.7 Aufgabe. Sei $\underline{\mathfrak{K}}$ eine Δ-elementare Klasse von Strukturen. Man zeige, daß die Klasse $\underline{\mathfrak{K}}^\infty$ der Strukturen in $\underline{\mathfrak{K}}$ mit unendlichem Träger auch Δ-elementar ist.

3.8 Aufgabe. Ist $\underline{\mathfrak{K}}$ eine Klasse von S-Strukturen, $\Phi \subset L_0^S$ und $\underline{\mathfrak{K}} = \mathrm{Mod}^S \Phi$, so nennt man Φ ein *Axiomensystem* für $\underline{\mathfrak{K}}$. Man zeige:
(a) $\underline{\mathfrak{K}}$ ist genau dann elementar, wenn es ein endliches Axiomensystem für $\underline{\mathfrak{K}}$ gibt.
(b) Ist $\underline{\mathfrak{K}}$ elementar und $\underline{\mathfrak{K}} = \mathrm{Mod}^S \Phi$, so gibt es eine endliche Teilmenge Φ_0 von Φ mit $\underline{\mathfrak{K}} = \mathrm{Mod}^S \Phi_0$.

3.9 Aufgabe. $\underline{\mathfrak{K}}$ und $\underline{\mathfrak{K}}_1$ seien Klassen von S-Strukturen mit $\underline{\mathfrak{K}}_1 \subset \underline{\mathfrak{K}}$. $\underline{\mathfrak{K}}_2$ sei die Klasse der S-Strukturen, die zu $\underline{\mathfrak{K}}$, aber nicht zu $\underline{\mathfrak{K}}_1$ gehören: $\underline{\mathfrak{K}}_2 = \underline{\mathfrak{K}} \setminus \underline{\mathfrak{K}}_1$. Weiterhin seien $\underline{\mathfrak{K}}$ und $\underline{\mathfrak{K}}_1$ Δ-elementar. Man zeige:
(a) $\underline{\mathfrak{K}}_1$ ist elementar gdw $\underline{\mathfrak{K}}_2$ ist Δ-elementar
gdw $\underline{\mathfrak{K}}_2$ ist elementar.
Man folgere:
(b) Die Klasse der Körper mit Primzahlcharakteristik ist nicht Δ-elementar.

3.10 Aufgabe. Eine Menge Φ von S-Sätzen heißt *unabhängig*, wenn kein $\varphi \in \Phi$ aus $\Phi \setminus \{\varphi\}$ folgt. Man zeige:
(a) Jede endliche Menge Φ von S-Sätzen hat eine unabhängige Teilmenge Φ_0 mit $\mathrm{Mod}^S \Phi = \mathrm{Mod}^S \Phi_0$.
(b) Ist S höchstens abzählbar, so hat jede Δ-elementare Klasse von S-Strukturen ein unabhängiges Axiomensystem. (Hinweis: Man gebe zunächst ein Axiomensystem $\varphi_0, \varphi_1, \ldots$ an mit $\models \varphi_{i+1} \rightarrow \varphi_i$ für $i \in \mathbb{N}$.)

3.11 Aufgabe. Φ sei das endliche System der Vektorraumaxiome zur Symbolmenge $S = \{\underline{K}, \underline{V}, +, \cdot, 0, 1, e, *\}$ (vgl. III.7.2). Man zeige:
(a) Für jedes n ist die Klasse der n-dimensionalen Vektorräume elementar.
(b) Die Klasse der unendlich-dimensionalen Vektorräume ist Δ-elementar.
(c) Die Klasse der endlich-dimensionalen Vektorräume ist nicht Δ-elementar.

§4 Elementar äquivalente Strukturen

Wir führen zunächst zwei neue Begriffe ein.

4.1 Definition. (a) Zwei S-Strukturen $\mathfrak{A}$ und $\mathfrak{B}$ heißen *elementar äquivalent* (kurz: $\mathfrak{A} \equiv \mathfrak{B}$), wenn für jeden S-Satz φ gilt: $\mathfrak{A} \models \varphi$ gdw $\mathfrak{B} \models \varphi$.

(b) Für eine S-Struktur $\mathfrak{A}$ sei $\mathrm{Th}(\mathfrak{A}) := \{\varphi \in L_0^S \mid \mathfrak{A} \models \varphi\}$. $\mathrm{Th}(\mathfrak{A})$ heißt die *Theorie* von $\mathfrak{A}$.

4.2 Lemma. *Für zwei S-Strukturen $\mathfrak{A}$ und $\mathfrak{B}$ gilt:*

$$\mathfrak{B} \equiv \mathfrak{A} \quad \textit{gdw} \quad \mathfrak{B} \models \mathrm{Th}(\mathfrak{A}).$$

Beweis. Ist $\mathfrak{B} \equiv \mathfrak{A}$, so gilt wegen $\mathfrak{A} \models \mathrm{Th}(\mathfrak{A})$ auch $\mathfrak{B} \models \mathrm{Th}(\mathfrak{A})$. Ist umgekehrt $\mathfrak{B} \models \mathrm{Th}(\mathfrak{A})$, so gilt für jeden S-Satz φ: (i) Wenn $\mathfrak{A} \models \varphi$, so $\varphi \in \mathrm{Th}(\mathfrak{A})$ und daher $\mathfrak{B} \models \varphi$. (ii) Wenn nicht $\mathfrak{A} \models \varphi$, so $\neg\varphi \in \mathrm{Th}(\mathfrak{A})$, also $\mathfrak{B} \models \neg\varphi$ und daher nicht $\mathfrak{B} \models \varphi$. □

Bei den folgenden Überlegungen gehen wir von einer gegebenen S-Struktur $\mathfrak{A}$ aus. Wir betrachten

(1) die Klasse $\{\mathfrak{B} \mid \mathfrak{B} \cong \mathfrak{A}\}$ der zu $\mathfrak{A}$ isomorphen Strukturen;

(2) die Klasse der Strukturen, welche dieselben Sätze wie $\mathfrak{A}$ erfüllen, d.h. die Klasse $\{\mathfrak{B} \mid \mathfrak{B} \equiv \mathfrak{A}\}$ der zu $\mathfrak{A}$ elementar äquivalenten Strukturen.

Aus dem Isomorphielemma III.5.2 ergibt sich unmittelbar, daß zwei isomorphe Strukturen elementar äquivalent sind, d.h.

$$(+) \qquad \{\mathfrak{B} \mid \mathfrak{B} \cong \mathfrak{A}\} \subset \{\mathfrak{B} \mid \mathfrak{B} \equiv \mathfrak{A}\}.$$

4.3 Satz. (a) *Für keine* unendliche *Struktur $\mathfrak{A}$ ist $\{\mathfrak{B} \mid \mathfrak{B} \cong \mathfrak{A}\}$ Δ-elementar, d.h. keine unendliche Struktur ist in der ersten Stufe bis auf Isomorphie charakterisierbar.*

(b) *Für jede Struktur $\mathfrak{A}$ ist $\{\mathfrak{B} \mid \mathfrak{B} \equiv \mathfrak{A}\}$ Δ-elementar, und zwar gilt $\{\mathfrak{B} \mid \mathfrak{B} \equiv \mathfrak{A}\} = \mathrm{Mod}^S\, \mathrm{Th}(\mathfrak{A})$; zugleich ist $\{\mathfrak{B} \mid \mathfrak{B} \equiv \mathfrak{A}\}$ die kleinste Δ-elementare Klasse, die $\mathfrak{A}$ enthält.*

Aus 4.3 zusammen mit (+) erhalten wir, daß für unendliches $\mathfrak{A}$ die Klasse $\{\mathfrak{B} \mid \mathfrak{B} \cong \mathfrak{A}\}$ eine echte Teilklasse von $\{\mathfrak{B} \mid \mathfrak{B} \equiv \mathfrak{A}\}$ sein muß, insbesondere:

4.4 Korollar. *Zu jeder unendlichen Struktur gibt es eine elementar äquivalente nicht isomorphe Struktur.* □

Beweis von 4.3. Zu (a): Wir nehmen an, $\mathfrak{A}$ sei eine unendliche S-Struktur und Φ eine Menge von S-Sätzen mit

$$(*) \qquad \mathrm{Mod}^S\Phi = \{\mathfrak{B} \mid \mathfrak{B} \cong \mathfrak{A}\}.$$

Φ hat ein unendliches Modell und somit nach 2.3 ein Modell $\mathfrak{B}$, dessen Träger mindestens so viele Elemente wie die Potenzmenge von A besitzt. $\mathfrak{B}$ ist also nicht isomorph zu $\mathfrak{A}$ (vgl. II.1.5), im Widerspruch zu (*).

Zu (b): Aus 4.2 ergibt sich unmittelbar, daß $\{\mathfrak{B} \mid \mathfrak{B} \equiv \mathfrak{A}\} = \mathrm{Mod}^S\mathrm{Th}(\mathfrak{A})$. Ist nun $\mathrm{Mod}^S\Phi$ eine weitere Δ-elementare Klasse, die $\mathfrak{A}$ enthält, so ist $\mathfrak{A} \models \Phi$ und daher $\mathfrak{B} \models \Phi$ für jedes $\mathfrak{B}$ mit $\mathfrak{B} \equiv \mathfrak{A}$, also $\{\mathfrak{B} \mid \mathfrak{B} \equiv \mathfrak{A}\} \subset \mathrm{Mod}^S\, \Phi$. □

4.3(b) zeigt, daß eine Δ-elementare Klasse mit einer Struktur auch jede dazu elementar äquivalente Struktur enthält. Diesen Sachverhalt kann man in gewissen Fällen benutzen, um von einer Klasse $\underline{\mathfrak{K}}$ nachzuweisen, daß sie nicht Δ-elementar ist. Man hat dazu zwei elementar äquivalente Strukturen anzugeben, von denen die eine zu $\underline{\mathfrak{K}}$ gehört, die andere nicht. Wir demonstrieren diese Methode am Beispiel der archimedisch geordneten Körper.

Ein geordneter Körper $\mathfrak{K}$ heißt *archimedisch* geordnet, wenn es zu jedem $a \in K$ eine natürliche Zahl n gibt mit $a <^K \underbrace{1^K + \ldots + 1^K}_{n-\mathrm{mal}}$. Z.B. sind der geordnete Körper der rationalen Zahlen und der geordnete Körper $\mathfrak{R}^<$ der reellen Zahlen archimedisch geordnet. Wir wollen nun zeigen, daß es einen zu $\mathfrak{R}^<$ elementar äquivalenten geordneten Körper gibt, der nicht archimedisch geordnet ist. Damit erhalten wir

4.5 Satz. *Die Klasse der archimedisch geordneten Körper ist nicht Δ-elementar.*

Beweis. Wir setzen

$$\Psi := \mathrm{Th}(\mathfrak{R}^<) \cup \{\mathbf{0} < x,\ \mathbf{1} < x,\ \mathbf{2} < x, \ldots\},$$

wobei hier und fortan $\mathbf{0}, \mathbf{1}, \mathbf{2}, \ldots$ für die S_{Ar}-Terme $0, 1, 1 + 1, \ldots$ stehen. Jede endliche Teilmenge von Ψ ist erfüllbar, z.B. durch eine Interpretation der Gestalt $(\mathfrak{R}^<, \beta)$, wobei $\beta(x)$ eine hinreichend große natürliche Zahl ist. Nach dem Endlichkeitssatz gibt es ein Modell $(\mathfrak{B}, \beta)$ von Ψ. Wegen $\mathfrak{B} \models \mathrm{Th}(\mathfrak{R}^<)$ ist $\mathfrak{B}$ ein zu $\mathfrak{R}^<$ elementar äquivalenter geordneter Körper, jedoch (wie das Element $\beta(x)$ zeigt) kein archimedisch geordneter Körper. □

Die Idee des vorangehenden Beweises haben wir bereits mehrfach benutzt (2.2, 2.3, 3.5); sie ist für viele Anwendungen des Endlichkeitssatzes charakteristisch: Gesucht ist jeweils eine Struktur mit gewissen Eigenschaften, für die man in der ersten Stufe eine geeignete Umschreibung durch eine Ausdrucksmenge Ψ finden kann. Die Erfüllbarkeit von Ψ wird dabei mit dem Endlichkeitssatz gezeigt. Im vorangehenden Beweis enthält Ψ neben $\mathrm{Th}(\mathfrak{R}^<)$ Ausdrücke, die garantieren, daß in jedem seiner Modelle die Archimedizität verletzt ist. Der Endlichkeitssatz besagt hier, daß man von der Existenz geordneter Körper mit beliebig großen „endlichen" Elementen auf die Existenz eines geordneten Körpers schließen kann, der ein „unendlich großes" Element besitzt. – Wir bringen noch einige Anwendungen dieser Methode.

Das Axiomensystem Π aus III.7.5 mit dem in der zweiten Stufe formulierten Induktionsaxiom charakterisiert die Struktur $\mathfrak{N}$ bis auf Isomorphie; in der ersten Stufe ist $\mathfrak{N}$ dagegen nicht bis auf Isomorphie charakterisierbar (vgl. 4.4). Somit läßt sich das Induktionsaxiom in der ersten Stufe weder durch einen Satz noch durch eine Satzmenge wiedergeben.

Eine zu $\mathfrak{N}$ elementar äquivalente, jedoch nicht isomorphe Struktur nennen wir ein *Nichtstandardmodell der Arithmetik.* Der Beweis von 2.3 zeigt, daß ein *überabzählbares* Nichtstandardmodell der Arithmetik existiert. Wir beweisen jetzt

4.6 Satz von Skolem. *Es gibt ein abzählbares Nichtstandardmodell der Arithmetik.*

Beweis. Sei

$$\Psi := \mathrm{Th}(\mathfrak{N}) \cup \{\neg x \equiv \mathbf{0},\ \neg x \equiv \mathbf{1},\ \neg x \equiv \mathbf{2}, \ldots\}.$$

Jede endliche Teilmenge von Ψ besitzt ein Modell der Gestalt $(\mathfrak{N}, \beta)$, wobei $\beta(x)$ eine hinreichend große natürliche Zahl ist. Nach dem Endlichkeitssatz und dem Satz von Löwenheim und Skolem gibt es wegen der Abzählbarkeit von Ψ ein höchstens abzählbares Modell $(\mathfrak{A}, \beta)$ von Ψ. $\mathfrak{A}$ ist eine zu $\mathfrak{N}$ elementar äquivalente Struktur. Da für $m \neq n$ der Satz $\neg \mathbf{m} \equiv \mathbf{n}$ zu $\mathrm{Th}(\mathfrak{N})$ gehört, ist $\mathfrak{A}$ unendlich, also abzählbar. $\mathfrak{A}$ und $\mathfrak{N}$ sind nicht isomorph; denn ein Isomorphismus π von $\mathfrak{N}$ auf $\mathfrak{A}$ müßte $n = \mathbf{n}^{\mathfrak{N}}$ auf $\mathbf{n}^{\mathfrak{A}}$ abbilden (vgl. (i) im Beweis von III.5.2), $\beta(x)$ läge also nicht im Bild von π. $\square$

Indem man die Menge $\mathrm{Th}(\mathfrak{N}^<) \cup \{\neg x \equiv \mathbf{0},\ \neg x \equiv \mathbf{1},\ \neg x \equiv \mathbf{2}, \ldots\}$ betrachtet, erhält man analog:

4.7 Satz. *Es gibt eine abzählbare zu* $\mathfrak{N}^<$ *elementar äquivalente Struktur, die nicht zu* $\mathfrak{N}^<$ *isomorph ist (d.h. ein abzählbares* Nichtstandardmodell *von* $\mathrm{Th}(\mathfrak{N}^<)$). □

Wie sehen Nichtstandardmodelle von $\mathrm{Th}(\mathfrak{N})$ oder $\mathrm{Th}(\mathfrak{N}^<)$ aus? Wir geben einen kleinen Einblick in die Ordnungsstruktur eines Nichtstandardmodells $\mathfrak{A}$ von $\mathrm{Th}(\mathfrak{N}^<)$ (und damit auch in den Aufbau eines Nichtstandardmodells von $\mathrm{Th}(\mathfrak{N})$; vgl. Aufgabe 4.9).

In $\mathfrak{N}^<$ gelten die Sätze

$$\forall x(\mathbf{0} \equiv x \vee \mathbf{0} < x),$$
$$\mathbf{0} < \mathbf{1} \wedge \forall x(\mathbf{0} < x \to (\mathbf{1} \equiv x \vee \mathbf{1} < x)),$$
$$\mathbf{1} < \mathbf{2} \wedge \forall x(\mathbf{1} < x \to (\mathbf{2} \equiv x \vee \mathbf{2} < x)), \ldots,$$

die besagen, daß 0 kleinstes Element ist, 1 nächstgrößeres hinter 0, 2 nächstgrößeres Element hinter 1 usw. Da diese Sätze auch in $\mathfrak{A}$ gelten, sieht $\mathfrak{A}$ „am Anfang" folgendermaßen aus:

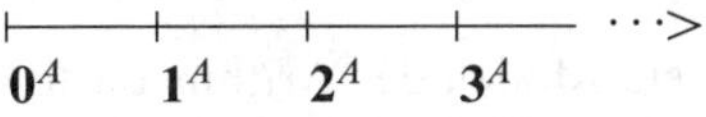

Überdies enthält A noch ein weiteres Element, etwa a. Sonst wären nämlich $\mathfrak{A}$ und $\mathfrak{N}^<$ zueinander isomorph. Nun gilt in $\mathfrak{N}^<$ ein Satz φ, der besagt, daß es zu jedem Element ein nächstgrößeres und zu jedem von 0 verschiedenen Element ein unmittelbar vorangehendes Element gibt. Hieraus erhält man leicht, daß A außer a noch unendlich viele weitere Elemente besitzt, die mit a zusammen bzgl. $<^A$ so geordnet sind wie die ganzen Zahlen:

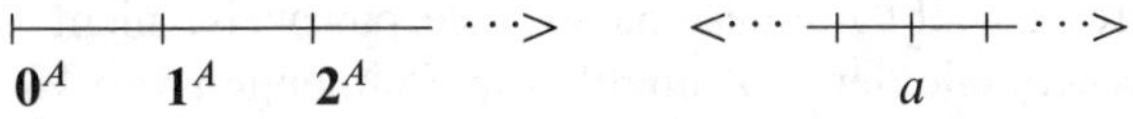

Die Betrachtung von $a +^A a$ führt zu weiteren Elementen von A:

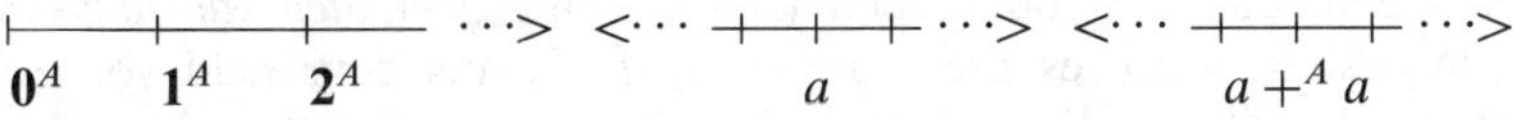

Der Leser beweise dies exakt und überzeuge sich außerdem davon, daß zwischen je zwei Kopien von $(\mathbb{Z}, <)$ eine weitere liegt.

Die Beispiele in diesem und dem vorangehenden Paragraphen zeigen, daß wichtige Klassen von Strukturen sich nicht in der ersten Stufe axiomatisieren lassen. Auf der anderen Seite hat diese Ausdrucksschwäche jedoch auch erfreuliche Folgen: Die Argumentation dafür, daß sich die Klasse der archimedisch geordneten Körper nicht axiomatisieren läßt, liefert einen Beweis für die Existenz nicht archimedisch geordneter Körper; der Unmöglichkeit, die Klasse der Körper der Charakteristik 0 mit einem einzigen S_{Ar}-Satz zu axiomatisieren, steht die interessante Aussage 3.3 gegenüber. Mit ähnlichen Methoden erhält man zu $\mathfrak{R}^<$ elementar äquivalente Strukturen, die neben den reellen Zahlen unendlich kleine positive (sog. *Infinitesimale*) und unendlich große Elemente enthalten; sie eignen sich für einen anderen, die ϵ-δ-Technik vermeidenden Aufbau der Analysis (*Nichtstandardanalysis*; vgl. [15], [29]).

4.8 Aufgabe. Man zeige: Gilt ein $S^<_{\text{Ar}}$-Satz φ in allen nicht archimedisch geordneten Körpern, so gilt φ in allen geordneten Körpern.

4.9 Aufgabe. Die S_{Ar}-Struktur $\mathfrak{A}$ sei ein Modell von $\text{Th}(\mathfrak{N})$. Die zweistellige Relation $<^A$ auf A sei folgendermaßen definiert:
Für alle $a, b \in A$: $a <^A b$ gdw ($a \neq b$ und es gibt ein $c \in A$ mit $a +^A c = b$).
Man zeige, daß $(\mathfrak{A}, <^A)$ ein Modell von $\text{Th}(\mathfrak{N}^<)$ ist.

4.10 Aufgabe. Ist $\mathfrak{A}$ ein Modell der Arithmetik (d.h. $\mathfrak{A} \models \text{Th}(\mathfrak{N})$) und sind $a, b \in A$, so sei a ein Teiler von b (kurz: $a|b$), wenn $a \cdot^A c = b$ für ein geeignetes $c \in A$ gilt. Q sei eine Menge von Primzahlen. Man zeige: Es gibt ein Modell $\mathfrak{A}$ der Arithmetik, welches ein Element a enthält, das genau diejenigen Primzahlen als Teiler besitzt, die in Q vorkommen, d.h. für jede Primzahl p gilt:

$$\underbrace{1^A + \ldots + 1^A}_{p\text{-mal}} | a \quad \text{gdw} \quad p \in Q.$$

Man folgere: Es gibt mindestens so viele paarweise nicht isomorphe abzählbare Modelle der Arithmetik wie Teilmengen von $\mathbb{N}$.

4.11 Aufgabe. Sei $\mathfrak{A} = (A, <^A)$ eine partielle Ordnung (vgl. III.6.4). Wir sagen, daß $<^A$ (oder auch $(A, <^A)$) eine *unendliche absteigende Kette* besitzt, wenn es Elemente $a_0, a_1, a_2, \ldots$ aus dem Feld von $<^A$ gibt mit $\ldots <^A a_2 <^A a_1 <^A a_0$. Man zeige:
(a) $(\mathbb{N}, <^{\mathbb{N}})$ besitzt keine unendliche absteigende Kette; ist dagegen $\mathfrak{A}$ ein Nichtstandardmodell von $\text{Th}(\mathfrak{N}^<)$, so besitzt $(A, <^A)$ eine unendliche absteigende Kette.
(b) Sei $< \in S$ und $\Phi \subset L_0^S$. Zu jedem $m \in \mathbb{N}$ gebe es ein Modell $\mathfrak{A}$ von Φ mit der Eigenschaft, daß $(A, <^A)$ eine partielle Ordnung ist und Feld $<^A$ mindestens m Elemente enthält. Dann gibt es auch ein Modell $\mathfrak{B}$ von Φ, für das $(B, <^B)$ eine partielle Ordnung ist, die eine unendliche absteigende Kette besitzt.

Kapitel VII

Zur Tragweite der ersten Stufe

Im einleitenden Kapitel haben wir festgestellt, daß zum Studium logischer Schlußweisen in der Mathematik eine Analyse des Begriffs der mathematischen Aussage und des Beweisbegriffs notwendig ist. Wir haben hierzu die Sprachen erster Stufe eingeführt und dem intuitiven Begriff des mathematischen Beweises einen formalen Beweisbegriff gegenübergestellt. Der Vollständigkeitssatz zeigte dann, daß jede Aussage, die aus einem Axiomensystem mathematisch beweisbar ist (und somit daraus folgt), auch durch einen formalen Beweis gewonnen werden kann, falls nur Aussage und Axiomensystem in der ersten Stufe formulierbar sind.

Wir wollen in diesem Kapitel diskutieren, was wir durch unser Vorgehen erreicht und welche Erkenntnisse zu den Grundlagen der Mathematik wir gewonnen haben. Ausgangspunkt sind dabei die folgenden Fragen:

(1) Ein Ziel unserer Ausführungen war es, den Beweisbegriff zu klären. Wir haben jedoch mathematische Beweise geführt, bevor wir den Beweisbegriff präzisiert haben. Befinden wir uns damit nicht in einem Zirkelschluß? Ferner: Selbst wenn unser Vorgehen in diesem Sinne unproblematisch sein sollte – wie lassen sich die Regeln des Beweiskalküls $\mathfrak{S}$ ihrerseits begründen?

(2) Vor allem in Kapitel VI haben wir erkannt, daß die Sprachen erster Stufe gewisse Mängel an Ausdrucksstärke aufweisen. Wir fragen daher: Welche Auswirkungen auf die Tragweite unserer Betrachtungen hat die Beschränkung auf die Sprachen erster Stufe?

Wir behandeln die zweite Frage in §2; allerdings möchten wir schon jetzt vermerken, daß für die heutige Mathematik (etwa bei mengentheoretischer Formulierung) die erste Stufe prinzipiell ausreicht. Die nun folgenden Überlegungen zu Frage (1) haben also Geltung für die gesamte Mathematik.

§1 Der formale Beweisbegriff

Wir wollen in diesem Paragraphen in Beantwortung der Frage (1) darlegen, daß zur Einführung des formalen Beweisbegriffs keine mathematischen Beweise erforderlich sind. Zugleich gehen wir dabei auf die Natur der Sequenzenregeln und ihre Begründungsmöglichkeiten ein.

Zur Darlegung mathematischer Sachverhalte und Argumentationen reicht, wie wir in §2 noch begründen werden, eine endliche Menge von konkret gewählten Symbolen aus. Wir können daher in dieser Diskussion die Symbole als konkrete Zeichen vorgeben. Terme, Ausdrücke und Sequenzen sind dann konkrete Zeichenreihen und nicht – wie etwa bei der Symbolmenge $\{c_r \mid r \in \mathbb{R}\}$ – abstrakte mathematische Gebilde.

Der formale Beweisbegriff beruht auf dem Umgang mit Zeichenreihen wie Termen, Ausdrücken und Sequenzen. Dieser Umgang wird durch eine Reihe von Kalkülen geregelt, etwa durch den Termkalkül, den Sequenzenkalkül usf. Wir wollen darlegen, daß die Anwendung von Regeln dieser Kalküle in einfachen syntaktischen Manipulationen besteht, und erläutern dies am Beispiel der Sequenzenregeln. Um einen wichtigen Aspekt zu beleuchten, bringen wir zunächst einen Vergleich mit den Regeln des Schachspiels.

Die Schachregeln erlauben das Operieren mit konkreten Objekten, den Schachfiguren. Eine Regel anzuwenden, d.h. einen Zug zu machen, bedeutet, von einer gewissen Figurenkonstellation zu einer neuen überzugehen. Die Regeln des Schachspiels sind so einfach, daß jeder,

der sie kennt – auch wenn er kein Schachspieler ist – selbst Züge durchführen oder Züge daraufhin prüfen kann, ob sie den Regeln gemäß durchgeführt worden sind.

Ähnlich verhält es sich mit den Sequenzenregeln. Obwohl sie inhaltlich motiviert sind, erfordert ihre Anwendung keine inhaltlichen Überlegungen, sondern lediglich die Durchführung konkreter syntaktischer Operationen an Zeichenreihen. Jeder, der die Regeln kennt – auch wenn er kein Logiker oder Mathematiker ist –, kann sie anwenden und Anwendungen auf richtige Durchführung prüfen. Zwar haben wir uns beim Umgang mit Sequenzen bislang auf mathematische Aussagen gestützt (so etwa auf die eindeutige Zerlegbarkeit einer Sequenz in Ausdrücke, wenn wir von *dem* Sukzedens gesprochen haben). Doch dies läßt sich vermeiden, wenn man bei der Anwendung einer Regel nicht nur die neue Sequenz notiert, sondern auch in einer Art Protokoll festhält, wie die dabei auftretenden Zeichenreihen entstanden sind. Wir bringen hierzu einige Beispiele.

(a) Θ_1 und Θ_2 seien Sequenzen, die in einer Ableitung vorkommen. Dem Protokoll entnimmt man, daß Θ_1 durch Aneinanderreihung von $\varphi_0, \ldots, \varphi_n$ und daß Θ_2 durch Aneinanderreihung von $\psi_0, \ldots, \psi_m$ entstanden ist. Um z.B. die Regel ($\vee$A) anzuwenden, muß man zunächst prüfen, ob $n = m \geq 1$ ist und ob die Zeichenreihen φ_i und ψ_i für jedes $i \neq n-1$ übereinstimmen. Wenn ja, so kann man die Regel ($\vee$A) anwenden, indem man aus den Bestandteilen $\varphi_0, \ldots, \varphi_{n-2}, \varphi_{n-1}, \psi_{n-1}, \varphi_n, (, \vee,)$ die Zeichenreihe $\varphi_0 \ldots \varphi_{n-2}(\varphi_{n-1} \vee \psi_{n-1})\varphi_n$ herstellt. Dabei hält man im Protokoll fest, daß diese Zeichenreihe durch Aneinanderreihung von $\varphi_0, \ldots, \varphi_{n-2}, (\varphi_{n-1} \vee \psi_{n-1})$ und φ_n entsteht.

(b) Eine Anwendung der Regel ($\equiv$) besteht darin, eine Sequenz der Gestalt $t \equiv t$ niederzuschreiben, wobei der Term t seinerseits durch eine Ableitung im Termkalkül (vgl. II.3.1) gegeben ist.

(c) Entsprechend gehört zu einem Übergang von der Sequenz $\Gamma\ \varphi\frac{y}{x}\ \psi$ zur Sequenz $\Gamma\ \exists x\varphi\ \psi$ gemäß ($\exists$A) eine Ableitung von $\varphi\ x\ y\ \varphi\frac{y}{x}$ im Substitutionskalkül (vgl. III.8.11) und für jedes χ in $\Gamma\ \exists x\varphi\ \psi$ eine Ableitung von $y\ \chi$ im Kalkül des nicht freien Vorkommens (vgl. II.5.2), um die Bedingung "y nicht frei in $\Gamma\ \exists x\varphi\ \psi$" sicherzustellen; dann braucht man, ausgehend von $\Gamma\ \varphi\frac{y}{x}\ \psi$, nur noch die Sequenz $\Gamma\ \exists x\varphi\ \psi$ niederzuschreiben.

Diese Erläuterungen machen klar, daß die Anwendung der Sequenzenregeln in rein syntaktischen Manipulationen mit Zeichenreihen besteht, die ohne Rückgriff auf mathematische Argumentationen ausgeführt werden können. Da wir einen formalen Beweis gerade als eine Folge von Sequenzen definiert haben, bei der jede Sequenz durch Anwendung einer Regel (auf vorangehende Sequenzen) entsteht, sehen wir auf diese Weise, daß zur Einführung des formalen Beweisbegriffs keine mathematischen Beweise erforderlich sind. Unser Vorgehen ist daher nicht zirkelhaft. Die Beweise, die wir vor der Definition des formalen Beweisbegriffs geführt haben, sowie die zum Aufbau der Semantik benötigten mathematischen Hilfsmittel dienten lediglich dazu, Erkenntnisse über die Sprachen erster Stufe zu gewinnen, um unser Vorgehen zu motivieren.

Angesichts der mit dem Sequenzenkalkül erreichten Trivialisierung des Beweisbegriffs ist jedoch eine Warnung angebracht: Zwar bedarf es, wie wir jetzt gesehen haben, keiner mathematischen Begabung, sondern höchstens einiger Geduld, um einen formalen Beweis den Regeln gemäß nachzuvollziehen, doch ist es eine völlig andere Aufgabe, die Idee eines Beweises zu verstehen, oder gar selbst Ideen zu entwickeln, um zu einer gegebenen Behauptung einen Beweis zu finden. Es besteht ja auch beim Schach ein großer Unterschied zwischen der Kenntnis der Regeln und der Fähigkeit, einen guten Gegner matt zu setzen. Mit der Bestimmung des formalen Beweisbegriffs haben wir also die Frage nach dem eher schöpferischen Teil der mathematischen Tätigkeit nicht berührt (und dazu gehört nicht nur die Entwicklung von Beweisideen, sondern auch die geschickte Einführung neuer Begriffe, das Aufstellen geeigneter Axiomensysteme und das Aufspüren neuer interessanter Behauptungen). Andererseits führt der formale Charakter der Sequenzenregeln zu neuen und interessanten Fragestellungen: Man kann die syntaktischen Manipulationen auch einem Rechner übertragen und ihn z.B. so programmieren, daß er einen Beweis (im Sinne des Sequenzenkalküls) auf seine Richtigkeit prüft, oder so, daß er systematisch alle möglichen Ableitungen herstellt. Wie weit tragen solche maschinellen Methoden und wo liegen ihre Grenzen? In den Kapiteln X und XI gehen wir näher auf diese Fragen ein.

Haben wir mit dem formalen Beweisbegriff auch eine *Begründung* des mathematischen Schließens gegeben? Sicherlich nicht; denn wir haben ja lediglich Schlußweisen im Rahmen präzise definierter Sprachen imitiert. Wir können allerdings feststellen, daß die Sequenzenregeln dem üblichen Gebrauch der Junktoren, der Quantoren und der Gleichheitsbeziehung in der Mathematik entsprechen. Z.B. spiegeln die $\vee$-Regeln den Gebrauch des nicht ausschließenden „oder“ wider, demzufolge die Disjunktion zweier Aussagen genau dann wahr ist, wenn mindestens eine Aussage wahr ist. Für einen solchen Gebrauch der Junktoren bedarf es freilich gewisser Voraussetzungen, so z.B., daß es einen Sinn hat, von der Wahrheit (bzw. der Falschheit) einer mathematischen Aussage zu sprechen, und daß jede solche Aussage wahr oder falsch ist (Tertium non datur). In der herkömmlichen Mathematik, die in diesem Zusammenhang auch *klassische* Mathematik genannt wird, werden diese Voraussetzungen akzeptiert. Die Regeln des Sequenzenkalküls beruhen somit auf dem klassischen Gebrauch der logischen Verknüpfungen.

Unter den Mathematikern, die sich mit Grundlagenfragen beschäftigen, gibt es einige, z.B. Vertreter des *Intuitionismus*, die die klassische Auffassung nicht teilen. Ein Intuitionist knüpft an die Behauptung einer Aussage die Forderung, daß sie in gewissem Sinne „konstruktiv“ bewiesen werden muß. So wird zum Beweis einer Existenzaussage die Angabe eines Beispiels und zum Beweis einer Disjunktion der Beweis für mindestens eines der beiden Glieder verlangt. Zur Erläuterung betrachten wir die beiden Aussagen

A: *Jede gerade Zahl* ≥ 4 *ist Summe zweier Primzahlen* (die sog. Goldbachsche Vermutung);

nicht A: *Nicht jede gerade Zahl* ≥ 4 *ist Summe zweier Primzahlen.*

Nach klassischer Auffassung ist die zusammengesetzte Aussage (A oder nicht A) wahr. Dagegen kann ein Intuitionist (A oder nicht A) nicht behaupten, da bis heute – selbst mit klassischen Methoden – weder die Aussage A noch die Aussage (nicht A) bewiesen werden konnte.

Bereits dieses Beispiel zeigt, daß die von den Intuitionisten betriebene Mathematik, die sog. *intuitionistische Mathematik* (vgl. [18]), sich erheblich von der klassischen Mathematik unterscheidet. Das Ziel der Intuitionisten ist „die Untersuchung geistiger mathematischer Konstruktionen als solcher, ohne Bezug auf Fragen, die die Natur der konstruierten Objekte betreffen, z.B. ob diese Objekte unabhängig von unserer Kenntnis über sie existieren“ (vgl. [18], S. 1). Demgegenüber vertreten einige Mathematiker den klassischen Standpunkt und die semantische Betrachtungsweise aus der Überzeugung, daß „die Objekte der Mathematik und mit ihnen die mathematischen Bereiche an sich existieren, wie die platonischen Ideen" ([30], S. 1), daß also Aussagen über diese Objekte zutreffende oder nicht zutreffende Sachverhalte beschreiben und von daher wahr oder falsch sind.

An dieser Gegenüberstellung wird deutlich, daß die Rechtfertigungsmöglichkeiten für das mathematische Schließen (bzw. für den Beweiskalkül) wesentlich von erkenntnistheoretischen Voraussetzungen abhängen. Wir werden uns, wie wir das bislang getan haben, dem klassischen Standpunkt anschließen.

Der interessierte Leser sei zur weiteren Information auf die Sammlungen [3] und [35] verwiesen.

§2 Mathematik im Rahmen der ersten Stufe

Wir wollen in diesem Paragraphen die zweite der eingangs aufgeworfenen Fragen diskutieren: Wie einschneidend ist die Beschränkung auf den sprachlichen Rahmen der ersten Stufe?

Wir behandeln diese Frage zunächst am Beispiel der Arithmetik. Die Ausdrucksschwäche der ersten Stufe äußert sich hier in dem Sachverhalt, daß sich die Struktur $\mathfrak{N}_\sigma = (\mathbb{N}, \sigma, 0)$ (vgl. III.7.3) in $L^{\{\boldsymbol{\sigma},0\}}$ nicht bis auf Isomorphie charakterisieren läßt. Dagegen wird $\mathfrak{N}_\sigma$ nach dem Satz von Dedekind (in der zweiten Stufe) durch die sog. Peanoschen Axiome

(P1) $\forall x \neg \boldsymbol{\sigma} x \equiv 0$

(P2) $\forall x \forall y (\boldsymbol{\sigma} x \equiv \boldsymbol{\sigma} y \rightarrow x \equiv y)$

(P3) $\forall X((X0 \wedge \forall x(Xx \rightarrow X\boldsymbol{\sigma} x)) \rightarrow \forall y Xy)$

bis auf Isomorphie festgelegt (vgl. III.7.4). Nennen wir eine Struktur, die (P1) bis (P3) erfüllt, eine *Peano-Struktur*, können wir diesen Sachverhalt so formulieren:

2.1. *Je zwei Peano-Strukturen sind isomorph.*

Die Nichtcharakterisierbarkeit der Peano-Strukturen in der ersten Stufe läßt zunächst vermuten, daß im Rahmen der ersten Stufe das Ergebnis 2.1 nicht formulierbar und insbesondere der Beweis von Satz III.7.4 nicht nachvollziehbar ist. Wir zeigen, wie dies dennoch möglich ist.

Zunächst bemerken wir, daß in 2.1 eine Aussage über $\{\sigma, 0\}$-Strukturen gemacht wird. Wir werden 2.1 als Aussage über einen Bereich auffassen, der als *Elemente* u.a. sämtliche Peano-Strukturen und mit je zwei solcher Strukturen einen entsprechenden Isomorphismus enthält. Weiterhin soll dieser Bereich auch die Elemente und Teilmengen von Peano-Strukturen enthalten, da diese bei der Formulierung von (P1) bis (P3) und beim Beweis von 2.1 eine Rolle spielen.

Um willkürliche Grenzziehungen zu vermeiden und um unsere Überlegungen auch für andere Aussagen als 2.1 dienstbar zu machen, betrachten wir als Bereich die *Gesamtheit* der Objekte, mit denen sich die Mathematik beschäftigt. Wir nennen ihn kurz das (mathematische) *Universum.* Das Universum umfaßt neben gewissen „einfachen" Objekten wie den natürlichen Zahlen oder den Punkten einer euklidischen Ebene noch „kompliziertere" Objekte. Dazu gehören Mengen, Funktionen, Strukturen, topologische Räume usf. Der Mathematiker stellt gewisse Anforderungen an das Universum, die er dann bei seinen Argumentationen benutzt, so z.B. die Forderung, daß zu je zwei Objekten a_1 und a_2 die Menge $\{a_1, a_2\}$ existiert, zu je zwei Mengen M_1, M_2 die Vereinigungsmenge $M_1 \cup M_2$ und zu jeder injektiven Funktion f die Umkehrfunktion f^{-1}. – Mathematische Sätze können dann als Aussagen über das Universum verstanden werden. So besagt 2.1 bei dieser Auffassung, daß es zu je zwei Peano-Strukturen $\mathfrak{A}$ und $\mathfrak{B}$ des Universums ein Objekt des Universums gibt, das ein Isomorphismus zwischen $\mathfrak{A}$ und $\mathfrak{B}$ ist.

Man kann nun in der Sprache der ersten Stufe eine recht einfache Satzmenge angeben, die alle Eigenschaften des Universums erfaßt, welche der Mathematiker benutzt. In dieser Sprache ist auch die Aussage 2.1 symbolisierbar. Mit anderen Worten: 2.1 läßt sich als Aussage über das Universum in einer für das Universum geeigneten Sprache L^S erster Stufe symbolisieren, ähnlich wie die Aussage „Es gibt keine größte reelle Zahl" als Aussage über die Struktur $(\mathbb{R}, <^{\mathbb{R}})$ in der für diese Struktur geeigneten Sprache $L^{\{<\}}$ symbolisierbar ist.

Um einen konkreten Eindruck zu vermitteln, schildern wir die wesentlichen Schritte unseres Vorgehens etwas sorgfältiger: Eine erste Analyse der Gesamtheit der mathematischen Objekte wird zu einer für das Universum geeigneten Symbolmenge S führen. In einem weiteren Schritt werden wir Teile eines Axiomensystems Φ_0, $\Phi_0 \subset L^S$, angeben, das die in der Mathematik benutzten Eigenschaften des Universums erfaßt. (Die vollständige Angabe eines solchen Systems Φ_0 erfolgt in

§3.) Schließlich geben wir eine Symbolisierung von 2.1 in der ersten Stufe, nämlich in L^S, an.

Bei der obigen Beschreibung des Universums sprachen wir von „einfachen“ Objekten (natürlichen Zahlen, Punkten, ...) und „komplizierteren“ Objekten (Mengen, Funktionen, ...). Zur Vereinfachung machen wir von der Erfahrungstatsache Gebrauch, daß es möglich ist, die ganze Vielfalt der „komplizierteren“ Objekte des Universums auf den Mengenbegriff zurückzuführen. (Beispiele solcher Zurückführungen geben wir unten u.a. für die Begriffe des geordneten Paares und der Funktion.) Nennen wir die „einfachen“ Objekte wie üblich *Urelemente*, so können wir von daher annehmen, daß das Universum nur Urelemente und Mengen enthält. Die Mengen bestehen dabei aus Elementen, welche Urelemente oder auch wieder Mengen sind. Das anzugebende Axiomensystem Φ_0 wird somit grundlegende Eigenschaften von Mengen wiedergeben und ist daher ein *Axiomensystem der Mengenlehre.*

Zur Kennzeichnung der Urelemente bzw. der Mengen verwenden wir die einstelligen Relationssymbole $\mathbf{U}$ („... ist Urelement“) bzw. $\mathbf{M}$ („... ist Menge“), zur Wiedergabe der Elementbeziehung das zweistellige Relationssymbol $\in$ („... ist Element von ...“). Als Symbolmenge für das Universum wählen wir $S := \{\mathbf{U}, \mathbf{M}, \in\}$.

Wir geben nun vier Axiome aus Φ_0 an, die einfache Eigenschaften des Universums symbolisieren.

(A1) $\forall x(\mathbf{U}x \vee \mathbf{M}x)$
„Jedes Objekt (des Universums) ist Urelement oder Menge“

(A2) $\forall x \neg(\mathbf{U}x \wedge \mathbf{M}x)$
„Kein Objekt ist zugleich Urelement und Menge“

(A3) $\forall x \forall y((\mathbf{M}x \wedge \mathbf{M}y \wedge \forall z(z \in x \leftrightarrow z \in y)) \rightarrow x \equiv y)$
„Zwei Mengen, die die gleichen Elemente enthalten, sind gleich“

(A4) $\forall x \forall y \exists z(\mathbf{M}z \wedge \forall u(u \in z \leftrightarrow (u \equiv x \vee u \equiv y)))$
„Zu je zwei Objekten x und y gibt es die Paarmenge $\{x, y\}$“

Die gemäß (A4) zu je zwei Objekten x und y existierende Menge z ist nach (A3) eindeutig bestimmt. Wiederholte Anwendung von (A4) zeigt, daß die Menge $\{\{x, x\}, \{x, y\}\}$ existiert. Man bezeichnet sie üblicherweise mit (x, y) und nennt sie das *geordnete Paar* von x und y. Es ist nicht schwer, aus (A1) bis (A4) herzuleiten, daß

$$(x, y) = (x', y') \quad \text{gdw} \quad x = x' \text{ und } y = y'.$$

Geordnete Tripel lassen sich dann etwa durch

$$(x, y, z) := ((x, y), z)$$

einführen.

Man gelangt bei diesen Überlegungen sehr schnell zu unübersichtlichen Ausdrücken. Um Symbolisierungen in L^S lesbarer zu gestalten, führen wir daher für eine Reihe von Ausdrücken Abkürzungen ein.

($\subset$) $x \subset y$ für $\mathbf{M}x \wedge \mathbf{M}y \wedge \forall z(z \in x \rightarrow z \in y)$
„x ist Teilmenge von y"

(Statt "$x \subset y$" als Abkürzung aufzufassen, hätten wir auch $\subset$ als neues zweistelliges Relationssymbol zu S hinzunehmen und Φ_0 um das Axiom

$$\forall x \forall y (x \subset y \leftrightarrow (\mathbf{M}x \wedge \mathbf{M}y \wedge \forall z(z \in x \rightarrow z \in y)))$$

erweitern können. Beide Vorgehensweisen sind gleichwertig, wie wir in VIII.1 zeigen werden.)

(GP) $\mathbf{GP}zxy$ für $\mathbf{M}z \wedge \forall u(u \in z \leftrightarrow (\mathbf{M}u \wedge (\forall v(v \in u \leftrightarrow v \equiv x) \vee \forall v(v \in u \leftrightarrow (v \equiv x \vee v \equiv y)))))$
„z ist das geordnete Paar von x und y"

(GT) $\mathbf{GT}uxyz$ für $\mathbf{M}u \wedge \exists v(\mathbf{GP}uvz \wedge \mathbf{GP}vxy)$
„u ist das geordnete Tripel (x, y, z)"

(E) $\mathbf{E}uxy$ für $\mathbf{M}u \wedge \exists z(z \in u \wedge \mathbf{GP}zxy)$
„das geordnete Paar (x, y) ist Element von u"

(F) $\mathbf{F}u$ für $\mathbf{M}u \wedge \forall z(z \in u \rightarrow \exists x \exists y \mathbf{GP}zxy) \wedge \forall x \forall y \forall y'((\mathbf{E}uxy \wedge \mathbf{E}uxy') \rightarrow y \equiv y')$
„u ist eine Funktion, d.h. eine Menge von geordneten Paaren (x, y), wobei y der Wert von u an der Stelle x ist"

Mit **(F)** wird der Funktionsbegriff wie üblich auf den Mengenbegriff zurückgeführt: Eine Funktion $f: A \rightarrow B$ wird mengentheoretisch definiert als $\{(x, f(x)) \mid x \in A\}$. Diese Menge wird oft auch als der *Graph* von f bezeichnet.

(D) $\mathbf{D}uv$ für $\mathbf{F}u \wedge \mathbf{M}v \wedge \forall x(x \in v \leftrightarrow \exists y \mathbf{E}uxy)$
„v ist der Definitionsbereich der Funktion u"

(B) $\mathbf{B}uv$ für $\mathbf{F}u \wedge \mathbf{M}v \wedge \forall y(y \in v \leftrightarrow \exists x \mathbf{E}uxy)$
„v ist der Bildbereich der Funktion u"

Der Einfachheit halber fassen wir eine $\{\boldsymbol{\sigma}, 0\}$-Struktur (entgegen III.1.1) als ein geordnetes Tripel (x, y, z) auf, das aus einer Menge x, einer Funktion $y: x \to x$ und einem Element z von x besteht. Die folgende Abkürzung "$\mathbf{PS}u$" beinhaltet dann, daß u eine Peano-Struktur ist. Dabei geben die Teile (1), (2), (3) die Peanoaxiome (P1), (P2), (P3) wieder.

(PS) $\mathbf{PS}u$ für $\exists x \exists y \exists z(\mathbf{GT}uxyz \wedge \mathbf{M}x \wedge z \in x \wedge \mathbf{F}y \wedge \mathbf{D}yx \wedge$
$\exists v(\mathbf{B}yv \wedge v \subset x) \wedge$
(1) $\forall w(w \in x \to \neg \mathbf{E}ywz) \wedge$
(2) $\forall w \forall w' \forall v((\mathbf{E}ywv \wedge \mathbf{E}yw'v) \to w \equiv w') \wedge$
(3) $\forall x'((x' \subset x \wedge z \in x' \wedge \forall w \forall v((w \in x' \wedge \mathbf{E}ywv) \to v \in x')) \to$
$x' \equiv x))$

Die letzte Abkürzung "$\mathbf{I}wuu'$" drückt aus, daß w ein Isomorphismus der Peano-Struktur u auf die Peano-Struktur u' ist:

(I) $\mathbf{I}wuu'$ für $\mathbf{PS}u \wedge \mathbf{PS}u' \wedge \mathbf{F}w \wedge$
$\exists x \exists y \exists z \exists x' \exists y' \exists z'(\mathbf{GT}uxyz \wedge \mathbf{GT}u'x'y'z' \wedge \mathbf{D}wx \wedge \mathbf{B}wx' \wedge$
$\forall r \forall s \forall v'((\mathbf{E}wrv' \wedge \mathbf{E}wsv') \to r \equiv s) \wedge \mathbf{E}wzz' \wedge$
$\forall v \forall v' \forall r((\mathbf{E}yvr \wedge \mathbf{E}wvv') \to \exists r'(\mathbf{E}wrr' \wedge \mathbf{E}y'v'r')))$

Eine Symbolisierung von 2.1, dem Satz von Dedekind, lautet dann

$$(+) \qquad \forall u \forall v(\mathbf{PS}u \wedge \mathbf{PS}v \to \exists w \mathbf{I}wuv).$$

Offensichtlich ist (+) ein $\{\mathbf{U}, \mathbf{M}, \in\}$-Satz; unser Ziel, 2.1 im Rahmen der ersten Stufe zu formulieren, ist damit erreicht. Dies wurde dadurch möglich, daß wir die Stufenunterschiede zwischen den mathematischen Objekten (wie z.B. zwischen natürlichen Zahlen und Mengen von natürlichen Zahlen) ignoriert und alle Objekte des Universums gleichsam als Dinge erster Stufe betrachtet haben. (Vgl. etwa (P3) mit (3) in **(PS)**.)

Man kann sogar noch mehr erreichen. Da das Axiomensystem Φ_0 (das wir hier nur teilweise angegeben haben) alle Eigenschaften des Universums beinhaltet, die der Mathematiker bei seinen Überlegungen voraussetzt, läßt sich jetzt der Beweis des Satzes von Dedekind aus III.7 in L^S nachvollziehen, und man erhält damit eine Ableitung von (+) aus Φ_0, d.h.:

2.2. $\Phi_0 \vdash \forall u \forall v(\mathbf{PS}u \wedge \mathbf{PS}v \to \exists w \mathbf{I}wuv)$.

Die Möglichkeit eines solchen Vorgehens ist nicht auf den Satz von Dedekind beschränkt: *Die Erfahrung zeigt, daß alle mathematischen*

Aussagen in der Sprache L^S (oder in Varianten davon) *symbolisiert werden können und daß beweisbare Aussagen Symbolisierungen besitzen, die aus* Φ_0 *ableitbar sind. Es ist also prinzipiell möglich, alle mathematischen Betrachtungen mit den Regeln des Sequenzenkalküls in* L^S *nachzuvollziehen. In diesem Sinne reicht die erste Stufe für die Mathematik aus.*

Die obige Erfahrung zeigt zugleich, daß die Sachverhalte über das Universum, die durch Φ_0 wiedergegeben werden, als Voraussetzungen für einen mengentheoretischen Aufbau der Mathematik genügen. Φ_0 ist also eine Formalisierung mengentheoretischer Voraussetzungen über das Universum, auf die sich der Mathematiker letztlich stützt. Da diese mengentheoretischen Voraussetzungen gleichsam den Hintergrund für alle mathematischen Betrachtungen bilden, nennt man Φ_0 in diesem Zusammenhang ein Axiomensystem der *Hintergrundmengenlehre.*

Andererseits kann Φ_0 – wie jedes andere Axiomensystem – auch selbst Gegenstand (Objekt) mathematischer Untersuchungen sein. Man kann etwa Φ_0 auf seine Widerspruchsfreiheit hin prüfen oder Modelle von Φ_0 betrachten. In diesem Zusammenhang heißt Φ_0 dann ein Axiomensystem der *Objektmengenlehre.*

Ein Modell von Φ_0 hat die Gestalt $\mathfrak{A} = (A, \mathbf{U}^A, \mathbf{M}^A, \in^A)$ und ist – wie jede Struktur – ein Objekt des Universums, also ein Objekt im Sinne der Hintergrundmengenlehre. Das Gleiche gilt für den Träger A. A ist somit als Objekt des Universums vom Universum verschieden. Man beachte weiterhin, daß in einem Modell $\mathfrak{A} = (A, \mathbf{U}^A, \mathbf{M}^A, \in^A)$ von Φ_0 zwar alle mengentheoretischen Sachverhalte gelten, die aus Φ_0 ableitbar sind, daß jedoch z.B. $a \in^A b$ (für $a, b \in A$) nicht beinhaltet, daß a ein Element von b ist, d.h. daß $a \in b$ gilt.

Φ_0 tritt uns also in zwei Rollen entgegen: Einmal im Sinne der Objektmengenlehre als Gegenstand mathematischer Untersuchungen, zum anderen zur formalisierten Beschreibung des Universums. Anders gesprochen: einmal als mathematisches Objekt, zum anderen als mengentheoretischer Rahmen, in dem sich Mathematik vollzieht.

Durch Objekt- und Hintergrundmengenlehre sind zwei Ebenen bestimmt, zwischen denen sorgfältig unterschieden werden muß. Viele Paradoxien beruhen auf einer Vermischung dieser Ebenen. Wir gehen hierauf in §4 ausführlicher ein, möchten aber bereits jetzt das *Skolemsche Paradoxon* erwähnen: Bekanntlich gibt es überabzählbar viele Mengen (z.B. überabzählbar viele Teilmengen von $\mathbb{N}$). Diesen Sachverhalt kann man durch einen Satz φ symbolisieren, der aus Φ_0 ableitbar ist. Nach dem Satz von Löwenheim und Skolem gibt es ein abzählbares Modell $\mathfrak{A}$ von Φ_0 und damit von φ. Die *abzählbare* Struktur $\mathfrak{A}$ erfüllt somit einen Satz, der besagt, daß es in $\mathfrak{A}$ *überabzählbar* viele Mengen gibt!

§3 Das Zermelo-Fraenkelsche Axiomensystem der Mengenlehre

Wir geben nun ein Axiomensystem der Mengenlehre vollständig an. Dabei wenden wir uns in erster Linie an den Leser, der bereits mit einem axiomatischen Aufbau der Mengenlehre vertraut ist. Für eine ausführliche Darstellung sei auf die Literatur – etwa [8, 10] – verwiesen.

In §2 haben wir angenommen, daß das Universum nur aus Mengen und Urelementen besteht, und anhand einer mengentheoretischen Definition der Begriffe „geordnetes Paar", „Funktion" usf. gesehen, daß diese Annahme keine Einschränkung bedeutet. Weiterhin läßt sich empirisch feststellen, daß man auch für die Urelemente, die üblicherweise in der Mathematik auftreten, einen Ersatz in Form geeigneter Mengen finden kann. Wir wollen daher im folgenden annehmen, daß das Universum nur aus Mengen besteht; für die natürlichen Zahlen werden wir später einen mengentheoretischen Ersatz angeben.

Der Verzicht auf Urelemente macht die Verwendung der Symbole **U** und **M** überflüssig. Wir formulieren die Axiome daher in $L^{\{\in\}}$, wobei die Variablen, inhaltlich gesprochen, über die Mengen des Universums laufen. Das resultierende Axiomensystem – man nennt es ZFC – ist eine Variante des auf Zermelo, Fraenkel und Skolem zurückgehenden Axiomensystems mit Auswahlaxiom (Axiom of Choice).

ZFC enthält die Axiome EXT (*Extensionalitätsaxiom*), PAAR (*Paarmengenaxiom*), VER (*Vereinigungsmengenaxiom*), POT (*Potenzmengenaxiom*), INF (*Unendlichkeitsaxiom*), AC (*Auswahlaxiom*) und die Axiomenschemata AUS (der *Aussonderungsaxiome*) und ERS (der *Ersetzungsaxiome*):

EXT: $\forall x \forall y(\forall z(z \in x \leftrightarrow z \in y) \rightarrow x \equiv y)$
„Zwei Mengen, die die gleichen Elemente enthalten, sind gleich"

AUS: Zu jedem $\varphi(z, x_1, \ldots, x_n)$[1] und allen von z, den x_i und untereinander verschiedenen Variablen x, y das Axiom

$$\forall x_1 \ldots \forall x_n \forall x \exists y \forall z(z \in y \leftrightarrow (z \in x \wedge \varphi(z, x_1, \ldots, x_n)))$$

„Zu jeder Menge x und zu jeder Eigenschaft E, die durch einen $\{\in\}$-Ausdruck φ formulierbar ist, gibt es die Menge $\{z \in x \mid z \text{ hat die Eigenschaft } E\}$"

PAAR: $\forall x \forall y \exists z \forall w(w \in z \leftrightarrow (w \equiv x \vee w \equiv y))$
„Zu je zwei Mengen x, y existiert die Paarmenge $\{x, y\}$"

VER: $\forall x \exists y \forall z(z \in y \leftrightarrow \exists w(w \in x \wedge z \in w))$
„Zu jeder Menge x gibt es die Vereinigung der Mengen in x"

POT: $\forall x \exists y \forall z(z \in y \leftrightarrow \forall w(w \in z \rightarrow w \in x))$
„Zu jeder Menge x gibt es die Potenzmenge von x"

Zur bequemeren Formulierung der folgenden Axiome führen wir weitere Symbole ein, deren Bedeutung wir durch Definitionen festlegen. Die Ausführungen in VIII.1 zeigen, daß sich Ausdrücke, die diese Symbole enthalten, als Abkürzungen von $\{\in\}$-Ausdrücken auffassen lassen. Die neuen Symbole und ihre Definitionen sind:

$\emptyset$ (Konstante für die leere Menge):

$$\forall y(\emptyset \equiv y \leftrightarrow \forall z \neg z \in y).$$

$\subset$ (zweistelliges Relationssymbol für die Teilmengenbeziehung):

$$\forall x \forall y(x \subset y \leftrightarrow \forall z(z \in x \rightarrow z \in y)).$$

$\{,\}$ (zweistelliges Funktionssymbol für die Paarmengenbildung):

$$\forall x \forall y \forall z(\{x, y\} \equiv z \leftrightarrow \forall w(w \in z \leftrightarrow (w \equiv x \vee w \equiv y))).$$

(Für den Term $\{y, y\}$ schreiben wir oft kürzer $\{y\}$.)

$\cup$ (zweistelliges Funktionssymbol für die Bildung der Vereinigung zweier Mengen):

$$\forall x \forall y \forall z(x \cup y \equiv z \leftrightarrow \forall w(w \in z \leftrightarrow (w \in x \vee w \in y))).$$

---

[1] Hier und im folgenden deuten wir durch $\psi(y_1, \ldots, y_n)$ an, daß in ψ höchstens die untereinander verschiedenen Variablen $y_1, \ldots, y_n$ frei vorkommen.

$\cap$ (zweistelliges Funktionssymbol für die Bildung des Durchschnitts zweier Mengen):

$$\forall x \forall y \forall z (x \cap y \equiv z \leftrightarrow \forall w (w \in z \leftrightarrow (w \in x \wedge w \in y))).$$

P (einstelliges Funktionssymbol für die Potenzmengenbildung):

$$\forall x \forall y (\mathbf{P} x \equiv y \leftrightarrow \forall z (z \in y \leftrightarrow \forall w (w \in z \rightarrow w \in x))).$$

Die weiteren Axiome von ZFC lauten dann:

INF: $\exists x (\emptyset \in x \wedge \forall y (y \in x \rightarrow y \cup \{y\} \in x))$
„Es gibt eine Menge, die $\emptyset, \{\emptyset\}, \{\emptyset, \{\emptyset\}\}, \ldots$ enthält, also unendlich ist"

ERS: Zu jedem $\varphi(x, y, x_1, \ldots, x_n)$ aus $L^{\{\in\}}$ und allen von x, y, den x_i und untereinander verschiedenen Variablen u, v das Axiom

$$\forall x_1 \ldots \forall x_n (\forall x \exists^{=1} y \varphi(x, y, x_1, \ldots, x_n) \rightarrow \forall u \exists v \forall y (y \in v \leftrightarrow \exists x (x \in u \wedge \varphi(x, y, x_1, \ldots, x_n))))$$

„Wird durch $\varphi(x, y, x_1, \ldots, x_n)$ bei gewählten Parametern $x_1, \ldots, x_n$ durch die Vorschrift $x \mapsto y$ eine Abbildung definiert, so ist das Bild einer Menge stets eine Menge"

AC: $\forall x ((\neg \emptyset \in x \wedge \forall u \forall v ((u \in x \wedge v \in x \wedge \neg u \equiv v) \rightarrow u \cap v \equiv \emptyset)) \rightarrow \exists y \forall w (w \in x \rightarrow \exists^{=1} z\, z \in w \cap y))$

„Zu jeder Menge x, die aus nicht-leeren, paarweise disjunkten Mengen besteht, gibt es eine Menge, die aus jeder Menge in x genau ein Element enthält".

Ähnlich, wie wir das im vorangehenden Paragraphen getan haben, kann man jetzt in dem durch ZFC gegebenen Rahmen geordnete Paare, geordnete Tripel, Funktionen usf. einführen und exemplarisch belegen, daß sich alle mathematischen Aussagen in geeigneter mengentheoretischer Formulierung in $L^{\{\in\}}$ symbolisieren lassen und daß die beweisbaren Aussagen dabei in Sätze übergehen, die aus ZFC ableitbar sind.

Eine Lücke allerdings müssen wir noch schließen. Wie angekündigt, wollen wir uns am Beispiel der natürlichen Zahlen davon überzeugen, daß der Verzicht auf Urelemente keine Einschränkung bedeutet: Wir geben im jetzigen Rahmen eine Peano-Struktur an, die die Rolle von $\mathfrak{N}_\sigma$ übernehmen kann.

Anschaulich gesehen übernehmen hierbei die Mengen $\widetilde{0} := \emptyset$, $\widetilde{1} := \{\emptyset\}$, $\widetilde{2} := \{\emptyset, \{\emptyset\}\}, \ldots$ die Rolle der natürlichen Zahlen $0, 1, 2, \ldots$. Es ist somit

$\widetilde{0} = \emptyset$, $\widetilde{1} = \{\widetilde{0}\}$, $\widetilde{2} = \{\widetilde{0}, \widetilde{1}\}$ und allgemein $\widetilde{n} = \{\widetilde{0}, \widetilde{1}, \ldots, \widetilde{n-1}\}$. Nennen wir eine Menge *induktiv*, wenn sie $\emptyset$ und mit x auch $x \cup \{x\}$ enthält, so übernimmt die kleinste induktive Menge die Rolle von $\mathbb{N}$. Es bleibt zu zeigen, daß aus ZFC der Ausdruck „Es gibt eine kleinste induktive Menge" ableitbar ist. Wir skizzieren, wie man hierzu vorgehen kann: Nach INF gibt es eine induktive Menge, etwa x. Mit AUS erhalten wir die Menge

$$\omega := \{z \mid z \in x \text{ und für alle } y\text{: Wenn } y \text{ induktiv, so } z \in y\},$$

von der man leicht nachweist, daß sie die kleinste induktive Menge ist, d.h. ω ist induktiv, und für jedes induktive y gilt $\omega \subset y$. Die Funktion $v : \omega \to \omega$ mit $v(x) := x \cup \{x\}$ für $x \in \omega$ (d.h. die Funktion $v = \{(x, x \cup \{x\}) \mid x \in \omega\}$) übernimmt die Rolle der Nachfolgerfunktion. Man kann sich dann davon überzeugen, daß $(\omega, v, \widetilde{0})$ eine Peano-Struktur ist.

Wir beschließen unsere Ausführungen mit einer kurzen Betrachtung der sog. *Kontinuumshypothese*, die Ende des letzten Jahrhunderts von G. Cantor aufgestellt wurde und deren Problematik die Entwicklung der Mengenlehre entscheidend beeinflußt hat. Wir geben zunächst eine umgangssprachliche Formulierung.

Zwei Mengen x, y heißen *gleichmächtig*, kurz: $x \sim y$, wenn es eine Bijektion von x auf y gibt. Eine Menge heißt *endlich* genau dann, wenn sie zu einem Element von ω gleichmächtig ist, und *abzählbar*, wenn sie zu ω gleichmächtig ist. Die Menge $\mathbb{R}$ der reellen Zahlen (das „Kontinuum") ist überabzählbar (vgl. Aufgabe II.1.3).

Die Kontinuumshypothese besagt: Jede unendliche Teilmenge von $\mathbb{R}$ ist abzählbar oder zu $\mathbb{R}$ gleichmächtig. Man kann diese Aussage in $L^{\{\in\}}$ symbolisieren, unter Benutzung von kanonisch definierten Symbolen $\mathbb{R}$, **Endl**, ... etwa in der folgenden Form:

$$\forall x((x \subset \mathbb{R} \wedge \neg \mathbf{Endl}\ x) \to (\mathbf{Abz}\ x \vee x \sim \mathbb{R})).$$

Man bezeichnet diesen Ausdruck häufig mit "CH" (<u>C</u>ontinuum <u>H</u>ypothesis). Der Frage, ob die Kontinuumshypothese gilt oder nicht, entspricht jetzt die Frage nach der Ableitbarkeit von CH aus ZFC.

K. Gödel zeigte 1938:

3.1. *Wenn* ZFC *widerspruchsfrei ist, so nicht* ZFC $\vdash \neg$CH,

und P. Cohen 1963:

3.2. *Wenn* ZFC *widerspruchsfrei ist, so nicht* ZFC $\vdash$ CH.

Gehen wir davon aus, daß ZFC widerspruchsfrei ist (vgl. §4), so ist also weder CH noch $\neg$CH aus ZFC ableitbar. – Für eine Darstellung dieser Ergebnisse verweisen wir auf [24].

Die intuitiven Vorstellungen über den Mengenbegriff, die der Mathematiker letztlich verwendet, werden durch das System ZFC wiedergegeben. Sie sind nach 3.1 und 3.2 so unscharf, daß sie keine Entscheidung für oder gegen die Kontinuumshypothese beinhalten. Man kann darüberhinaus sogar zeigen – vgl. X.7 –, daß man kein Axiomensystem Ψ der Mengenlehre „explizit" angeben kann, welches *jede* mengentheoretische Aussage entscheidet, und zwar in dem Sinne, daß für *jeden* $\{\in\}$-Satz ψ entweder $\Psi \vdash \psi$ oder $\Psi \vdash \neg\psi$.

§4 Bemerkungen zum mengentheoretischen Aufbau der Mathematik

Wir tragen in diesem Abschnitt drei Punkte nach, die die vorangehenden Ausführungen ergänzen: Wir zeigen in 4.1, wie sich mit einem für die Mathematik ausreichenden Axiomensystem der ersten Stufe, zum Beispiel ZFC, die Frage nach der Widerspruchsfreiheit der Mathematik präzisieren läßt. In 4.2 versuchen wir, Verständnisschwierigkeiten zu behandeln, die sich aus dem Nebeneinander von Objekt- und Hintergrundmengenlehre ergeben können. In 4.3 schließlich erläutern wir, wie sich – ebenso wie jede andere mathematische Theorie – auch die Logik erster Stufe mengentheoretisch aufbauen läßt.

4.1. In den vorangehenden Paragraphen haben wir die empirische Feststellung hervorgehoben, daß mathematische Aussagen sich in $L^{\{\in\}}$ symbolisieren lassen und daß dabei beweisbare Aussagen in aus ZFC ableitbare Ausdrücke übergehen. Wäre es in der Mathematik möglich, eine Aussage und ihr Negat zu beweisen, so würde demnach für deren Symbolisierung φ zugleich ZFC $\vdash \varphi$ und ZFC $\vdash \neg\varphi$ gelten; damit wäre ZFC widerspruchsvoll. Wenn man also gezeigt hätte, daß ZFC widerspruchsfrei ist, so ließe sich dieses Ergebnis auch als Nachweis für die Widerspruchsfreiheit der Mathematik deuten. In der Tat gehört die Frage nach der Widerspruchsfreiheit von ZFC zu den wesentlichen Problemen der mathematischen Grundlagenforschung: Gibt es im Sequenzenkalkül eine Ableitung für eine Sequenz der Gestalt $\varphi_1 \ldots \varphi_n(\varphi \wedge \neg\varphi)$, wobei $\varphi_1, \ldots, \varphi_n$ ZFC-Axiome sind? Das Problem ist, wie diese Formulierung deutlich macht, von rein syntaktischem Charakter; und man könnte zunächst hoffen, es durch elementare Überlegungen über die Ableitbarkeit von Sequenzen zu lösen. (Auch das Hilbertsche Programm, die „üblichen Methoden der Mathematik samt und sonders als widerspruchsfrei zu erkennen", forderte einen Widerspruchsfreiheitsbeweis mit solch elementaren Mitteln.) Ein solcher Widerspruchsfreiheitsbeweis für ZFC ist jedoch nach dem sog. *Zweiten Gödelschen Unvollständigkeitssatz* nicht möglich (vgl. X.7). Ein Beweis ist selbst dann nicht möglich, wenn man die gesamten Hilfsmittel der durch ZFC beschriebenen Hintergrundmengenlehre zuläßt (und ZFC wirklich widerspruchsfrei ist). Insbesondere kann man daher auch nicht die Existenz eines Modells von ZFC nachweisen (denn mit Erf ZFC gälte Wf ZFC). Die Tatsache, daß ZFC seit Jahrzehnten untersucht und in der Mathematik benutzt wird, ohne daß sich ein Widerspruch gezeigt hat, spricht aber für die Widerspruchsfreiheit von ZFC.

Wir wollen für die folgenden Ausführungen unterstellen, daß ZFC widerspruchsfrei ist.

4.2. Wir untersuchen das Verhältnis zwischen Hintergrund- und Objektmengenlehre, indem wir zunächst auf das *Skolemsche Paradoxon* (vgl. §2) eingehen. Es lautet, auf ZFC bezogen: ZFC besitzt als abzählbare, widerspruchsfreie Satzmenge nach dem Satz von Löwenheim und Skolem ein *abzählbares* Modell $\mathfrak{A} = (A, \in^A)$. Andererseits erfüllt $\mathfrak{A}$ einen (aus ZFC ableitbaren) $\{\in\}$-Satz φ, der besagt, daß es in A *überabzählbar* viele Mengen gibt. Wenn wir der Einfachheit halber wieder definierte Symbole benutzen, können wir etwa

$$\varphi := \exists x \neg \exists y (\textbf{Funktion } y \wedge \textbf{injektiv } y \wedge \textbf{Definitionsbereich } (y) \equiv x \wedge \textbf{Bildbereich } (y) \subset \omega)$$

setzen.

φ symbolisiert die Eigenschaft des Universums, daß es eine überabzählbare Menge gibt (und damit auch überabzählbar viele Mengen). Betrachten wir nun φ in $\mathfrak{A}$, so gibt es wegen $\mathfrak{A} \models \varphi$ ein $a \in A$ (für x) mit

$$(*) \qquad \mathfrak{A} \models \neg \exists y (\textbf{Funktion } y \wedge \ldots \wedge \textbf{Bildbereich } (y) \subset \omega)[a].$$

Die Menge $\{b \in A \mid b \in^A a\}$ ist also als Teilmenge von A höchstens abzählbar. Es gibt also *im Universum* eine injektive Funktion mit Definitionsbereich $\{b \in A \mid b \in^A a\}$, deren Bildbereich eine Teilmenge von ω ist. Diese Feststellung steht nicht im Widerspruch zu (*). (*) besagt ja nur, daß es *in* $\mathfrak{A}$ keine auf a definierte injektive Funktion mit Werten in $\boldsymbol{\omega}^A$ gibt, genauer: daß es kein $b \in A$ gibt mit $\mathbf{Funktion}^A b$, $\mathbf{Definitionsbereich}^A(b) = a$, $\mathbf{injektiv}^A b$ und $\mathbf{Bildbereich}^A(b) \subset^A \boldsymbol{\omega}^A$: a ist *im Sinne von* $\mathfrak{A}$ überabzählbar.

Wir sehen an diesem Beispiel, daß man zwischen den auf das Universum bezogenen mengentheoretischen Begriffen und ihrer Bedeutung in einem Modell sorgfältig unterscheiden muß.

Wir bringen in diesem Zusammenhang ein weiteres Beispiel zum Verhältnis von Objekt- und Hintergrundmengenlehre: Die Satzmenge

$$\Psi := \mathrm{ZFC} \cup \{c_r \in \boldsymbol{\omega} \mid r \in \mathbb{R}\} \cup \{\neg c_r \equiv c_s \mid r, s \in \mathbb{R}, r \neq s\}$$

ist, wie man leicht mit dem Endlichkeitssatz nachweist, erfüllbar. Sei $\mathfrak{B} = (B, \in^B)$ ein Modell von Ψ (genauer: sein $\{\in\}$-Redukt). Dann ist $\{b \in B \mid b \in^B \boldsymbol{\omega}^B\}$ eine überabzählbare Menge. Dagegen ist $\boldsymbol{\omega}^B$ (als Menge der natürlichen Zahlen in $\mathfrak{B}$) $\mathbf{abz\ddot{a}hlbar}^B$ (d.h. es gilt $\mathbf{abz\ddot{a}hlbar}\ {}^B\boldsymbol{\omega}^B$).

Sei $\mathfrak{A} = (A, \in^A)$ wieder ein abzählbares Modell von ZFC. Dann ist $\{a \in A \mid a \in^A \boldsymbol{\omega}^A\}$ als Teilmenge von A abzählbar, und wir erhalten:

(1) Es gibt keine Bijektion von $\{b \in B \mid b \in^B \boldsymbol{\omega}^B\}$ auf $\{a \in A \mid a \in^A \boldsymbol{\omega}^A\}$,

da die eine Menge überabzählbar, die andere abzählbar ist. Man könnte in (1) einen Widerspruch zum Satz von Dedekind vermuten, demzufolge ja zwei Peano-Strukturen isomorph sind. Symbolisieren wir ihn durch den $\{\in\}$-Satz

$$\psi := \forall x \forall y ((\mathbf{Peanostruktur}\ x \wedge \mathbf{Peanostruktur}\ y) \to x\ \mathbf{isomorph}\ y),$$

so haben wir

$$\text{(2)} \qquad \mathrm{ZFC} \vdash \psi.$$

(1) und (2) widersprechen sich jedoch nicht: (2) besagt ja lediglich, daß in jedem *einzelnen* Modell $\mathfrak{C}$ von ZFC je zwei Peano-Strukturen isomorph sind (im Sinne von $\mathfrak{C}$), während (1) über Peano-Strukturen in *verschiedenen* Modellen spricht.

4.3. Wir geben jetzt einen mengentheoretischen Aufbau der Logik erster Stufe. Dazu zeigen wir, daß sich deren Begriffe auf den Mengenbegriff zurückführen lassen, wie wir dies für die Begriffe „Funktion", „Peano-Struktur", ... durchgeführt haben. Wir beschränken uns auf die Symbolmenge $S = \{P^1, P^2, \ldots\}$ mit n-stelligen P^n. Unser erstes Ziel ist es, für die S-Ausdrücke einen mengentheoretischen Ersatz anzugeben.

Als Ersatz für die Variablen verwenden wir die Elemente $\widetilde{0}, \widetilde{1}, \ldots$ von ω. Für die Symbole $\neg, \vee, \exists, \equiv$ dienen der Reihe nach die geordneten Paare $\widetilde{\neg} := (\widetilde{0}, \widetilde{0}), \widetilde{\vee} := (\widetilde{0}, \widetilde{1}), \widetilde{\exists} := (\widetilde{0}, \widetilde{2})$ und $\widetilde{\equiv} := (\widetilde{0}, \widetilde{3})$. Die Rolle der P^n (für $n \geq 1$) übernehmen die geordneten Paare $\widetilde{P}^x := (\widetilde{1}, x)$ mit $x \in \omega \setminus \{0\}$. (In ähnlicher Weise kann man z.B. auch Funktionssymbole durch geordnete Paare $(\widetilde{2}, x)$ mit $x \in \omega$ berücksichtigen. Zur Wiedergabe von Symbolmengen überabzählbarer Mächtigkeit kann man ω durch eine geeignete Menge größerer Mächtigkeit ersetzen.)

Den Ausdrücken der Gestalt $v_n \equiv v_m$ entsprechen jetzt die Tripel $(x, \widetilde{\equiv}, y)$ mit $x, y \in \omega$. Sie bilden die Menge

$$At^{\equiv} := \omega \times \{\widetilde{\equiv}\} \times \omega.$$

Die Rolle der Ausdrücke $P^n v_{m_1} \ldots v_{m_n}$ wird übernommen durch die geordneten Paare der Gestalt $(\widetilde{P}^x, z)$, wobei $x \in \omega$ und z eine Funktion von x in ω ist. (Dabei entspricht dem Ausdruck $P^3 v_1 v_4 v_5$ die Menge $(\widetilde{P}^3, z)$ mit $z = \{(\widetilde{0}, \widetilde{1}), (\widetilde{1}, \widetilde{4}), (\widetilde{2}, \widetilde{5})\}$.) Wir gelangen damit zur Menge At^R der atomaren „relationalen" Ausdrücke

$$At^R := \{(\widetilde{P}^x, z) \mid x \in \omega \text{ und } z : x \to \omega\}.$$

Ähnlich kann man die Menge aller S-Ausdrücke im mengentheoretischen Sinn als die kleinste Menge A definieren, für die

(1) $At^{\equiv} \cup At^R \subset A$;
(2) mit $y \in A$ auch $(\widetilde{\neg}, y) \in A$;
(3) mit $y, z \in A$ auch $(y, \widetilde{\vee}, z) \in A$;
(2) mit $x \in \omega$ und $y \in A$ auch $(\widetilde{\exists}, x, y) \in A$.

In naheliegender Weise kann man jetzt Sequenzen, Ableitungen usf. im mengentheoretischen Sinn erklären und auf diese Weise die gesamte Syntax mengentheoretisch aufbauen. Auch die semantischen Begriffe wie die der Struktur oder der Folgerungsbeziehung lassen sich mengentheoretisch einführen, und wir gelangen dann etwa zu einer mengentheoretischen Formulierung des Vollständigkeitssatzes. All diese Betrachtungen lassen sich in $L^{\{\in\}}$ auf der Basis von ZFC nachvollziehen. Insbesondere läßt sich der Vollständigkeitssatz durch einen $\{\in\}$-Satz symbolisieren und aus ZFC ableiten.

Welchen Nutzen bringt ein solcher mengentheoretischer Aufbau? Wir erwähnen drei Punkte.

(1) Die mathematische Behandlung der Logik erster Stufe (etwa in den ersten sechs Kapiteln) wird auf die axiomatische Basis von ZFC gestellt.

(2) Der mengentheoretische Aufbau ermöglicht einen präzisen Umgang mit überabzählbaren Symbolmengen. Naheliegende Änderungen dieses Aufbaus gestatten eine Definition anderer Sprachen, etwa solcher mit unendlich langen „Ausdrücken" der Gestalt $\varphi_0 \vee \varphi_1 \vee \varphi_2 \vee \ldots$ (Kapitel IX).

(3) Bei unseren Betrachtungen zur Präzisierung des Beweisbegriffs und zur Tragweite der ersten Stufe haben wir, um einen circulus vitiosus zu vermeiden, nicht auf den Vollständigkeitssatz zurückgegriffen (da er selbst eines Beweises bedarf). Man kann bei einem mengentheoretischen Aufbau genauer untersuchen, welche Voraussetzungen etwa zum Beweis des Vollständigkeitssatzes erforderlich sind, und auf diese Weise abschätzen, welche Voraussetzungen man akzeptieren muß, um diesen Beweis anzuerkennen. Dabei stellt sich z.B. heraus, daß man mit einem wesentlich schwächeren Axiomensystem als ZFC auskommt (vgl. etwa [1]).

4.4 Aufgabe. Ein von den Ausführungen dieses Kapitels völlig verwirrter Leser sagt: „Ich verstehe nichts mehr: Jetzt wird ZFC benutzt, um die Logik erster Stufe aufzubauen, während man doch die erste Stufe bereits benötigt, um ZFC aufzubauen." Man helfe einem solchen Leser aus seinem Dilemma. (Hinweis: Man achte auch hier auf eine scharfe Trennung zwischen Objekt- und Hintergrundebene.)

Kapitel VIII

Weitere syntaktische Eigenschaften

Wir stellen im folgenden einige Ergebnisse zusammen, die wir später benötigen werden und die überdies auch von eigenständigem Interesse sind.

§1 Definitionserweiterungen

Für die Theorie der partiellen Ordnungen haben wir die Symbolmenge $\{<\}$ und für die Gruppentheorie die Symbolmenge $\{\circ, e\}$ gewählt. Das Feld einer partiellen Ordnung und die Inversenbildung in einer Gruppe sind dann Beispiele für definierbare Relationen bzw. Funktionen, die wir in diesen Symbolmengen nicht durch ein Symbol berücksichtigt haben, obwohl die Verwendung solcher Symbole die Formulierung von Aussagen erleichtert. Nach einer Präzisierung des Begriffs der definierbaren Relation (bzw. Funktion, Konstante) zeigen wir, daß eine Hinzunahme entsprechender Symbole die Ausdrucksmöglichkeiten der Sprache nicht vergrößert.

Zur Motivation gehen wir auf die angeführten Beispiele ausführlicher ein.

Ergänzt man die Symbolmenge $\{<\}$ durch ein einstelliges Relationssymbol P für das Feld einer partiellen Ordnung, so kann man die folgende Definition geben:

$$\forall x(Px \leftrightarrow \exists y(x < y \vee y < x)).$$

Ein Vergleich mit dem ursprünglichen Axiomensystem für partielle Ordnungen (vgl. III.6.4) zeigt, daß sich z.B. das letzte Axiom in $L^{\{<,P\}}$ übersichtlicher formulieren läßt, nämlich durch

$$\forall x\forall y((Px \wedge Py) \rightarrow (x < y \vee x \equiv y \vee y < x)).$$

Ebenso läßt sich die Aussage, daß das Feld mindestens drei Elemente enthält, in $L^{\{<,P\}}$ kurz und leicht lesbar wiedergeben durch

$$\exists x\exists y\exists z(Px \wedge Py \wedge Pz \wedge \neg x \equiv y \wedge \neg x \equiv z \wedge \neg y \equiv z).$$

Zur bequemeren Symbolisierung von Aussagen ist die Einführung des Symbols P für das Feld also nützlich. Andererseits ist aber nicht zu erwarten, daß in der Sprache $L^{\{<,P\}}$ mehr Aussagen über partielle Ordnungen formulierbar sind als in $L^{\{<\}}$; denn jeder $\{<, P\}$-Ausdruck geht bei Ersetzung von Teilausdrücken der Gestalt Px durch $\exists y(x < y \vee y < x)$ in einen in allen partiellen Ordnungen äquivalenten Ausdruck über.

Analoge Überlegungen gelten für definierbare Funktionen und Konstanten. Nehmen wir etwa zu $S_{\mathrm{Gr}} = \{\circ, e\}$ ein einstelliges Funktionssymbol $^{-1}$ für die Inversenbildung hinzu, so können wir die folgende Definition geben:

$$\forall x\forall y(x^{-1} \equiv y \leftrightarrow x \circ y \equiv e).$$

Durch den rechts auftretenden Ausdruck wird in jeder Gruppe (als S_{Gr}-Struktur) tatsächlich eine Funktion definiert, da

$$\Phi_{\mathrm{Gr}} \models \forall x\exists^{=1} y\, x \circ y \equiv e.$$

Entsprechend können wir in der Mengenlehre ZFC die Konstante $\emptyset$ für die leere Menge durch die Definition

$$\forall x(\emptyset \equiv x \leftrightarrow \forall y \neg y \in x)$$

einführen; denn es läßt sich zeigen:

$$\mathrm{ZFC} \models \exists^{=1} x\forall y \neg y \in x.$$

Im folgenden schreiben wir wieder $\varphi(v_0, \ldots, v_{n-1})$, um anzudeuten, daß in φ höchstens die Variablen $v_0, \ldots, v_{n-1}$ frei vorkommen.

1.1 Definition. Sei Φ eine Menge von S-Sätzen.

(a) Ist $P \notin S$ ein n-stelliges Relationssymbol und $\varphi(v_0, \ldots, v_{n-1})$ ein S-Ausdruck, so sagen wir, daß

$$\forall v_0 \ldots \forall v_{n-1}(Pv_0 \ldots v_{n-1} \leftrightarrow \varphi(v_0, \ldots, v_{n-1}))$$

eine *S-Definition von P in Φ* ist.

(b) Ist $f \notin S$ ein n-stelliges Funktionssymbol und $\varphi(v_0, \ldots, v_n)$ ein S-Ausdruck, so sagen wir, daß

$$\forall v_0 \ldots \forall v_{n-1} \forall v_n(fv_0 \ldots v_{n-1} \equiv v_n \leftrightarrow \varphi(v_0, \ldots, v_{n-1}, v_n))$$

eine *S-Definition von f in Φ* ist, falls $\Phi \models \forall v_0 \ldots \forall v_{n-1} \exists^{=1} v_n \varphi(v_0, \ldots, v_n)$.

(c) Ist $c \notin S$ eine Konstante und $\varphi(v_0)$ ein S-Ausdruck, so sagen wir, daß

$$\forall v_0(c \equiv v_0 \leftrightarrow \varphi(v_0))$$

eine *S-Definition von c in Φ* ist, falls $\Phi \models \exists^{=1} v_0 \varphi(v_0)$.

In dieser Redeweise ist

$$\forall v_0(Pv_0 \leftrightarrow \exists v_1(v_0 < v_1 \vee v_1 < v_0))$$

eine $\{<\}$-Definition von P in Φ_{pOrd},

$$\forall v_0 \forall v_1(v_0^{-1} \equiv v_1 \leftrightarrow v_0 \circ v_1 \equiv e)$$

eine S_{Gr}-Definition von $^{-1}$ in Φ_{Gr} und

$$\forall v_0(\emptyset \equiv v_0 \leftrightarrow \forall v_1 \neg v_1 \in v_0)$$

eine $\{\in\}$-Definition von $\emptyset$ in ZFC.

Im folgenden gehen wir von einer Symbolmenge S und einer Menge Φ von S-Sätzen aus. Es sei $S^\Delta \supset S$, und für jedes Symbol aus $S^\Delta \setminus S$ sei genau eine S-Definition dieses Symbols in Φ gegeben, etwa für n-stelliges $P \in S^\Delta \setminus S$ die S-Definition

(i) $$\forall v_0 \ldots \forall v_{n-1}(Pv_0 \ldots v_{n-1} \leftrightarrow \varphi_P(v_0, \ldots, v_{n-1})),$$

für n-stelliges $f \in S^\Delta \setminus S$ die S-Definition

(ii) $$\forall v_0 \ldots \forall v_{n-1} \forall v_n(fv_0 \ldots v_{n-1} \equiv v_n \leftrightarrow \varphi_f(v_0, \ldots, v_{n-1}, v_n)),$$

und für $c \in S^\Delta \setminus S$ die S-Definition

(iii) $$\forall v_0(c \equiv v_0 \leftrightarrow \varphi_c(v_0)).$$

Δ sei die Menge der in (i), (ii) und (iii) angegebenen Definitionen. Wie die Inversenbildung in einer Gruppe, so ist die Interpretation der Symbole aus $S^\Delta \setminus S$ in jedem Modell von Φ festgelegt:

1.2 Lemma. *Ist die S-Struktur $\mathfrak{A}$ ein Modell von Φ, so gibt es genau eine S^Δ-Struktur $\mathfrak{A}^\Delta$ mit*

$$(*)\qquad \mathfrak{A}^\Delta\restriction_S = \mathfrak{A} \text{ und } \mathfrak{A}^\Delta \models \Delta.$$

Beweis. Ist $\mathfrak{A}^\Delta\restriction_S = \mathfrak{A}$ und $\mathfrak{A}^\Delta \models \Delta$, so muß gelten: Für n-stelliges $P \in S^\Delta \setminus S$ und $a_0, \ldots, a_{n-1} \in A$ wegen (i):

$$(1)\qquad P^{\mathfrak{A}^\Delta} a_0 \ldots a_{n-1} \quad \text{gdw} \quad \mathfrak{A} \models \varphi_P[a_0, \ldots, a_{n-1}],$$

für n-stelliges $f \in S^\Delta \setminus S$ und $a_0, \ldots, a_{n-1}, a_n \in A$ wegen (ii):

$$(2)\qquad f^{\mathfrak{A}^\Delta}(a_0, \ldots, a_{n-1}) = a_n \quad \text{gdw} \quad \mathfrak{A} \models \varphi_f[a_0, \ldots, a_{n-1}, a_n],$$

und für $c \in S^\Delta \setminus S$ und $a \in A$ wegen (iii):

$$(3)\qquad c^{\mathfrak{A}^\Delta} = a \quad \text{gdw} \quad \mathfrak{A} \models \varphi_c[a].$$

(1), (2) und (3) zeigen, daß es höchstens eine S^Δ-Struktur $\mathfrak{A}^\Delta$ mit (*) gibt. Andererseits wird durch (1), (2) und (3) eine S^Δ-Expansion $\mathfrak{A}^\Delta$ von $\mathfrak{A}$ mit $\mathfrak{A}^\Delta \models \Delta$ definiert. (In der Tat bestimmen (2) und (3) jeweils eine n-stellige Funktion über A bzw. ein Element aus A, denn nach 1.1(b),(c) gilt $\mathfrak{A} \models \forall v_0 \ldots \forall v_{n-1} \exists^{=1} v_n \varphi_f(v_0, \ldots, v_n)$ bzw. $\mathfrak{A} \models \exists^{=1} v_0 \varphi_c(v_0)$.) □

Es ist anschaulich klar, daß die Einführung neuer definierter Symbole die Ausdrucksstärke nicht vergrößert, da man zu jedem Ausdruck ψ, der definierte Symbole enthält, einen gleichwertigen Ausdruck ψ^∇ ohne definierte Symbole finden kann, indem man diese durch ihre definierenden Ausdrücke ersetzt. Der folgende Satz präzisiert diesen Sachverhalt.

1.3 Satz über Definitionserweiterungen. *Es sei $S^\Delta \supset S$ und $\Phi \subset L_0^S$. Jedes Symbol aus $S^\Delta \setminus S$ besitze eine S-Definition in Φ, und Δ sei die Menge dieser Definitionen. Dann kann man jedem $\psi \in L_n^{S^\Delta}$ ein $\psi^\nabla \in L_n^S$ zuordnen mit:*

(a) *Ist $\mathfrak{A}$ eine S-Struktur mit $\mathfrak{A} \models \Phi$ und sind $a_0, \ldots, a_{n-1} \in A$, so gilt*

$$\mathfrak{A}^\Delta \models \psi[a_0, \ldots, a_{n-1}] \quad \textit{gdw} \quad \mathfrak{A} \models \psi^\nabla[a_0, \ldots, a_{n-1}].$$

(Hierbei sei $\mathfrak{A}^\Delta$ die nach Lemma 1.2 eindeutig bestimmte S^Δ-Expansion von $\mathfrak{A}$ mit $\mathfrak{A}^\Delta \models \Delta$.)

(b) $\Phi \cup \Delta \models \psi \leftrightarrow \psi^\nabla$.

Beweis. Wie bereits erwähnt, erhalten wir ψ^∇ aus ψ, indem wir in ψ alle Symbole aus $S^\Delta \setminus S$ durch ihre definierenden Ausdrücke ersetzen. Dabei müssen wir z.B. berücksichtigen, daß ein Term mehrere ineinandergeschachtelte Funktionssymbole enthalten kann. Das folgende

Beispiel zeigt, wie wir in einem solchen Fall verfahren werden: Ist (mit $f, g \in S^\Delta \setminus S$)

$$\psi = \forall x\, fgx \equiv y,$$

so gehen wir zunächst über zu dem äquivalenten Ausdruck

$$\forall x \exists u (gx \equiv u \wedge fu \equiv y),$$

der keine „geschachtelten" Terme mehr enthält. Dann können wir f und g durch ihre Definitionen ersetzen und gelangen zu

$$\forall x \exists u (\varphi_g \frac{x\ u}{v_0\ v_1} \wedge \varphi_f \frac{u\ y}{v_0\ v_1}).$$

Wir definieren nun ${}^\triangledown : L^{S^\Delta} \to L^S$. Für $\psi \in L^{S^\Delta}$ sei hierzu $x_0, x_1, \ldots$ die Aufzählung der Variablen, die nicht in ψ vorkommen, in der durch $v_0, v_1, \ldots$ induzierten Reihenfolge. Wir geben zunächst $\psi^\triangledown$ für Ausdrücke ψ der Gestalt $t \equiv x$ an, und zwar durch Induktion über den Aufbau von t:

$$[y \equiv x]^\triangledown := y \equiv x$$

$$[ft_0 \ldots t_{n-1} \equiv x]^\triangledown := \begin{cases} \exists x_0 \ldots \exists x_{n-1} \big([t_0 \equiv x_0]^\triangledown \wedge \ldots \wedge \\ [t_{n-1} \equiv x_{n-1}]^\triangledown \wedge \varphi_f \frac{x_0 \ldots x_{n-1}\ x}{v_0 \ldots v_{n-1}\ v_n}\big), \\ \hfill \text{falls } f \in S^\Delta \setminus S, \\ \exists x_0 \ldots \exists x_{n-1} \big([t_0 \equiv x_0]^\triangledown \wedge \ldots \wedge \\ [t_{n-1} \equiv x_{n-1}]^\triangledown \wedge f x_0 \ldots x_{n-1} \equiv x\big), \\ \hfill \text{falls } f \in S. \end{cases}$$

$$[c \equiv x]^\triangledown := \begin{cases} \varphi_c \frac{x}{v_0}, & \text{falls } c \in S^\Delta \setminus S, \\ c \equiv x, & \text{falls } c \in S. \end{cases}$$

Durch Induktion über den Aufbau von ψ wird nun $\psi^\triangledown$ für die restlichen $\psi \in L^{S^\Delta}$ definiert:

(1) $\psi = t_0 \equiv t_1$ und t_1 ist keine Variable:

$$\psi^\triangledown := \exists x_0 \big([t_0 \equiv x_0]^\triangledown \wedge [t_1 \equiv x_0]^\triangledown\big)$$

(2) $\psi = Pt_0 \ldots t_{n-1}$:

$$\psi^\triangledown := \begin{cases} \exists x_0 \ldots \exists x_{n-1}([t_0 \equiv x_0]^\triangledown \wedge \ldots \wedge [t_{n-1} \equiv x_{n-1}]^\triangledown \\ \qquad \wedge\, \varphi_P \frac{x_0 \ldots x_{n-1}}{v_0 \ldots v_{n-1}}), \quad \text{falls } P \in S^\Delta \setminus S, \\ \exists x_0 \ldots \exists x_{n-1}([t_0 \equiv x_0]^\triangledown \wedge \ldots \wedge [t_{n-1} \equiv x_{n-1}]^\triangledown \\ \qquad \wedge\, P x_0 \ldots x_{n-1}), \quad \text{falls } P \in S. \end{cases}$$

(3) $\psi = \neg\varphi$:

$$\psi^{\triangledown} := \neg\varphi^{\triangledown}$$

(4) $\psi = (\varphi_0 \vee \varphi_1)$:

$$\psi^{\triangledown} := (\varphi_0^{\triangledown} \vee \varphi_1^{\triangledown})$$

(5) $\psi = \exists x\varphi$:

$$\psi^{\triangledown} := \exists x\varphi^{\triangledown}$$

Es ist nun nicht schwer, durch einen induktiven Beweis anhand dieser Definition zu zeigen, daß (a) gilt (man beachte, daß $\psi^{\triangledown} \in L_n^S$, sofern $\psi \in L_n^{S^\Delta}$). Insbesondere gilt dann auch

$$(+) \qquad \mathfrak{A}^\Delta \models (\psi \leftrightarrow \psi^{\triangledown})[a_0, \ldots, a_{n-1}].$$

Zu (b): Sei $\mathfrak{B}$ eine S^Δ-Struktur mit $\mathfrak{B} \models \Phi \cup \Delta$, und seien $b_0, \ldots, b_{n-1} \in B$. Wir haben nachzuweisen, daß $\mathfrak{B} \models (\psi \leftrightarrow \psi^{\triangledown})[b_0, \ldots, b_{n-1}]$. Für die Struktur $\mathfrak{A} := \mathfrak{B}\restriction_S$ gilt gemäß 1.2, daß $\mathfrak{A}^\Delta = \mathfrak{B}$. Die Behauptung ergibt sich daher aus (+). □

Sind $\mathfrak{A}, \mathfrak{B}$ elementar äquivalente S-Strukturen, so gilt für $\psi \in L_0^{S^\Delta}$:

$$\begin{aligned} \mathfrak{A}^\Delta \models \psi \quad & \text{gdw} \quad \mathfrak{A} \models \psi^{\triangledown} \\ & \text{gdw} \quad \mathfrak{B} \models \psi^{\triangledown} \\ & \text{gdw} \quad \mathfrak{B}^\Delta \models \psi. \end{aligned}$$

Hieraus ergibt sich:

1.4 Korollar. *Wenn* $\mathfrak{A} \equiv \mathfrak{B}$, *so* $\mathfrak{A}^\Delta \equiv \mathfrak{B}^\Delta$. □

In der Mengenlehre haben wir häufig zur bequemeren Symbolisierung von zusätzlichen definierten Symbolen Gebrauch gemacht. Dieses Vorgehen ist jetzt gerechtfertigt, da nach 1.3(b) ein Ausdruck ψ der erweiterten Sprache als Abkürzung für den $\{\in\}$-Ausdruck $\psi^{\triangledown}$ angesehen werden kann. Wir erwähnen noch eine weitere Anwendung: Ordnungen werden zuweilen als Strukturen der Gestalt $(A, <)$, zuweilen als Strukturen der Gestalt $(A, \leq)$ betrachtet. Der Satz über Definitionserweiterungen besagt, daß die Wahl der jeweils zugrundegelegten Symbole – hier $<$ bzw. $\leq$ – unerheblich ist, solange die einen aus den anderen definierbar sind. Im Falle der Ordnungen erhalten wir, daß $L^{\{<\}}$ und $L^{\{\leq\}}$ die gleiche Ausdrucksstärke besitzen. Eine präzise Formulierung dieses Sachverhalts enthält Aufgabe 1.12.

Eine Symbolmenge heiße *relational*, falls sie nur Relationssymbole enthält. Bei bestimmten Überlegungen ist es vorteilhaft, wenn man sich auf relationale Symbolmengen beschränken kann. Wir zeigen mit dem Satz über Definitionserweiterungen, wie man Funktionssymbole und Konstanten geeignet durch Relationssymbole ersetzen kann, um zu einer relationalen Symbolmenge zu gelangen. Die Idee besteht darin, anstelle von Funktionen deren Graphen zu betrachten.

Sei S eine Symbolmenge. Für jedes n-stellige $f \in S$ sei F ein neues $(n+1)$-stelliges Relationssymbol, und für $c \in S$ sei C ein neues einstelliges Relationssymbol. S^r bestehe aus den Relationssymbolen von S und den neu eingeführten Relationssymbolen. S^r ist somit relational. Wir ordnen nun jeder S-Struktur $\mathfrak{A}$ eine Sr-Struktur $\mathfrak{A}^r$ zu, indem wir die Funktionen und die Konstanten durch ihre Graphen ersetzen:

(1) $A^r := A$;

(2) für $P \in S$ sei $P^{\mathfrak{A}^r} := P^{\mathfrak{A}}$;

(3) für n-stelliges $f \in S$ sei $F^{\mathfrak{A}^r}$ der Graph von $f^{\mathfrak{A}}$, d.h.

$$F^{\mathfrak{A}^r} a_0 \dots a_{n-1} a_n \quad \text{:gdw} \quad f^{\mathfrak{A}}(a_0, \dots, a_{n-1}) = a_n;$$

(4) für $c \in S$ sei $C^{\mathfrak{A}^r}$ der Graph von $c^{\mathfrak{A}}$, d.h. $C^{\mathfrak{A}^r} a$:gdw $c^{\mathfrak{A}} \doteq a$.

Entsprechend kann man jeden S-Ausdruck ψ in einen Sr-Ausdruck ψ^r überführen, indem man z.B. atomare Teilausdrücke wie $fxy \equiv z$ durch $Fxyz$ (bzw. $c \equiv x$ durch Cx) ersetzt; ineinandergeschachtelte Funktionssymbole berücksichtigt man dabei wie im Beweis von 1.3. Für $\psi = fcgx \equiv c$ beispielsweise ist $\psi^r = \exists y \exists z (Cy \wedge Gxz \wedge Fyzy)$. Allgemein gilt dann ein Satz ψ in $\mathfrak{A}$ genau dann, wenn ψ^r in $\mathfrak{A}^r$ gilt. Für den an einer detaillierten Darstellung interessierten Leser geben wir im folgenden einen Beweis für diese Beziehung, der zugleich eine präzise Definition von ψ^r enthält.

1.5 Satz. *Zu jedem $\psi \in L_n^S$ gibt es ein $\psi^r \in L_n^{S^r}$, so daß für alle S-Strukturen $\mathfrak{A}$ und alle $a_0, \dots, a_{n-1} \in A$:*

$$(+) \qquad \mathfrak{A} \models \psi[a_0, \dots, a_{n-1}] \quad \textit{gdw} \quad \mathfrak{A}^r \models \psi^r[a_0, \dots, a_{n-1}].$$

Beweis. Anstatt die Behauptung direkt nachzuweisen, greifen wir auf 1.3 zurück, wobei $S \cup S^r$ die Rolle von S^Δ und S^r die Rolle von S übernimmt. Ferner sei

$$\Phi := \{\forall v_0 \dots \forall v_{n-1} \exists^{=1} v_n F v_0 \dots v_{n-1} v_n \mid f \in S \text{ } n\text{-stellig}\} \cup \{\exists^{=1} v_0 C v_0 \mid c \in S\},$$

$$\Delta := \{\forall v_0 \dots \forall v_{n-1} \forall v_n (f v_0 \dots v_{n-1} \equiv v_n \leftrightarrow F v_0 \dots v_{n-1} v_n) \mid f \in S \text{ } n\text{-stellig}\} \cup \{\forall v_0 (c \equiv v_0 \leftrightarrow C v_0) \mid c \in S\}.$$

Δ enthält für jedes Funktionssymbol f und jede Konstante c aus S eine Sr-Definition in Φ, die gerade besagt, daß f bzw. c den Graphen F bzw. C hat. Wegen 1.3 gilt für jeden Ausdruck $\psi \in L_n^{S \cup S^r}$, daß $\psi^\nabla \in L_n^{S^r}$ und daß für jede Sr-Struktur $\mathfrak{B}$, die Φ erfüllt, und für alle $b_0, \ldots, b_{n-1} \in B$:

$$(*) \qquad \mathfrak{B}^\Delta \models \psi[b_0, \ldots, b_{n-1}] \quad \text{gdw} \quad \mathfrak{B} \models \psi^\nabla[b_0, \ldots, b_{n-1}].$$

Für $\psi \in L^S$ setzen wir $\psi^r := \psi^\nabla$.

Sei nun zum Nachweis von (+) $\mathfrak{A}$ eine S-Struktur. Wir wenden $(*)$ für den Fall $\mathfrak{B} := \mathfrak{A}^r$ an ($\mathfrak{A}^r$ erfüllt Φ!). Wegen $\mathfrak{A}^{r\Delta} \models \Delta$ kommen beim Übergang von $\mathfrak{A}^r$ zu $\mathfrak{A}^{r\Delta}$ gerade diejenigen Funktionen und ausgezeichneten Elemente hinzu, die beim Übergang von $\mathfrak{A}$ zu $\mathfrak{A}^r$ eliminiert wurden. Somit ist $\mathfrak{A}^{r\Delta} \upharpoonright_S = \mathfrak{A}$. Es gilt also für $\psi \in L_n^S$ und $a_0, \ldots, a_{n-1} \in A$:

$$\begin{aligned} \mathfrak{A} \models \psi[a_0, \ldots, a_{n-1}] \quad &\text{gdw} \quad \mathfrak{A}^{r\Delta} \upharpoonright_S \models \psi[a_0, \ldots, a_{n-1}] \\ &\text{gdw} \quad \mathfrak{A}^{r\Delta} \models \psi[a_0, \ldots, a_{n-1}] \quad \text{(Koinzidenzlemma!)} \\ &\text{gdw} \quad \mathfrak{A}^r \models \psi^\nabla[a_0, \ldots, a_{n-1}] \quad \text{(nach } (*)), \end{aligned}$$

womit wegen $\psi^\nabla = \psi^r$ die Behauptung gezeigt ist. □

Sind $\mathfrak{A}$, $\mathfrak{B}$ S-Strukturen mit $\mathfrak{A}^r \equiv \mathfrak{B}^r$, so ist (nach 1.4) $\mathfrak{A}^{r\Delta} \equiv \mathfrak{B}^{r\Delta}$, wegen $\mathfrak{A}^{r\Delta} \upharpoonright_S = \mathfrak{A}$ und $\mathfrak{B}^{r\Delta} \upharpoonright_S = \mathfrak{B}$ also $\mathfrak{A} \equiv \mathfrak{B}$. Wir erhalten damit:

1.6 Korollar. *Für S-Strukturen $\mathfrak{A}$ und $\mathfrak{B}$ gilt:*

$$\textit{Wenn } \mathfrak{A}^r \equiv \mathfrak{B}^r, \textit{ so } \mathfrak{A} \equiv \mathfrak{B}. \qquad \square$$

Die Umkehrung von 1.5 und 1.6 ergibt sich ähnlich: Setzen wir wieder $S^\Delta := S \cup S^r$ und

$$\begin{aligned} \Delta := \{ &\forall v_0 \ldots \forall v_{n-1} \forall v_n (F v_0 \ldots v_{n-1} v_n \leftrightarrow f v_0 \ldots v_{n-1} \equiv v_n) \mid \\ &f \in S \text{ } n\text{-stellig}\} \cup \{\forall v_0 (C v_0 \leftrightarrow c \equiv v_0) \mid c \in S\}, \end{aligned}$$

so enthält Δ für jedes der neuen Relationssymbole aus $S^r \setminus S$ eine S-Definition in der leeren Satzmenge. Für jede S-Struktur $\mathfrak{A}$ ist offenbar $\mathfrak{A}^\Delta \upharpoonright_{S^r} = \mathfrak{A}^r$. Wegen 1.3 gilt somit

1.7 Satz. *Zu jedem $\psi \in L_n^{S^r}$ gibt es ein $\psi^{-r} \in L_n^S$, so daß für alle S-Strukturen $\mathfrak{A}$ und alle $a_0, \ldots, a_{n-1} \in A$:*

$$\mathfrak{A}^r \models \psi[a_0, \ldots, a_{n-1}] \quad \textit{gdw} \quad \mathfrak{A} \models \psi^{-r}[a_0, \ldots, a_{n-1}]. \qquad \square$$

Für $n = 0$ ergibt sich hieraus für S-Strukturen $\mathfrak{A}$ und $\mathfrak{B}$:

$$\text{Wenn } \mathfrak{A} \equiv \mathfrak{B}, \text{ so } \mathfrak{A}^r \equiv \mathfrak{B}^r.$$

Zusammen mit 1.6 erhalten wir

1.8 Satz. *Für S-Strukturen* $\mathfrak{A}, \mathfrak{B}$ *gilt:* $\mathfrak{A} \equiv \mathfrak{B}$ *gdw* $\mathfrak{A}^r \equiv \mathfrak{B}^r$. □

Wir werden 1.8 später benutzen, um uns bei Betrachtungen zur elementaren Äquivalenz auf relationale Symbolmengen zu beschränken.

1.9 Aufgabe. Man zeige, daß in den Bezeichnungen von 1.3

$$\Phi \cup \Delta \models \psi \quad \text{gdw} \quad \Phi \models \psi^{\nabla}.$$

1.10 Aufgabe. Ein Ausdruck ψ heiße *termreduziert*, wenn seine atomaren Teilausdrücke die Gestalt $Px_1 \ldots x_n$, $x \equiv y$, $fx_1 \ldots x_n \equiv x$ oder $c \equiv x$ haben. Man zeige, daß zu jedem $\psi \in L_n^S$ ein logisch äquivalenter termreduzierter Ausdruck $\psi^0 \in L_n^S$ existiert.

1.11 Aufgabe. Man beweise Satz 1.3, indem man sich mit 1.10 auf termreduzierte Ausdrücke beschränkt und für diese induktiv ψ^{∇} definiert.

1.12 Aufgabe. Man zeige, daß es für jedes $\varphi \in L_0^{\{<\}}$ ein $\psi \in L_0^{\{\leq\}}$ bzw. für jedes $\psi \in L_0^{\{\leq\}}$ ein $\varphi \in L_0^{\{<\}}$ gibt, so daß (a) bzw. (b) gilt, wobei:
(a) Eine Ordnung $(A, <^A)$ erfüllt φ genau dann, wenn die entsprechende Ordnung $(A, \leq^A)$ den Satz ψ erfüllt.
(b) Eine Ordnung $(A, \leq^A)$ erfüllt ψ genau dann, wenn die entsprechende Ordnung $(A, <^A)$ den Satz φ erfüllt.

§2 Relativierung

Betrachtet man einen Vektorraum als einsortige Struktur, so besteht der Träger aus den Skalaren und den Vektoren (vgl. III.7.2(2)). Bei der Formulierung der Vektorraumaxiome in der zugehörigen Sprache müssen die Körperaxiome auf die Menge der Skalare und die Gruppenaxiome (für die Vektoren) auf die Menge der Vektoren *relativiert* werden. Dies geschah etwa im Falle des Körperaxioms $\forall x\, x \cdot 1 \equiv x$ unter Verwendung des Relationssymbols $\underline{K}$ für die Menge der Skalare durch Übergang zu $\forall x(\underline{K}x \rightarrow x \cdot 1 \equiv x)$. Ähnlich geht der Ausdruck der Körpersprache

$$\varphi := \forall x(x \equiv 0 \vee x \equiv 1)$$

bei Relativierung auf $\underline{K}$ über in den Ausdruck

$$\varphi^{\underline{K}} := \forall x(\underline{K}x \to (x \equiv 0 \vee x \equiv 1)),$$

der im Vektorraum gerade besagt, daß der Skalarenkörper φ erfüllt. Einen solchen Zusammenhang zwischen einem Ausdruck und seiner Relativierung wollen wir in diesem Paragraphen präziser formulieren und beweisen.

2.1 Definition. S sei eine Symbolmenge und P ein einstelliges Relationssymbol. Durch Induktion über den Aufbau der S-Ausdrücke definieren wir zu jedem $\psi \in L^S$ den Ausdruck $\psi^P \in L^{S\cup\{P\}}$, die sog. *P-Relativierung* von ψ:

$$\begin{array}{lll} \psi^P & := & \psi, \quad \text{falls } \psi \text{ atomar;} \\ [\neg\psi]^P & := & \neg\psi^P; \qquad (\psi_0 \vee \psi_1)^P := (\psi_0^P \vee \psi_1^P); \\ [\exists x\psi]^P & := & \exists x(Px \wedge \psi^P). \end{array}$$

Es ist also $[\forall x\psi]^P = [\neg\exists x\neg\psi]^P = \neg\exists x(Px\wedge\neg\psi^P)$, und dieser Ausdruck ist logisch äquivalent zu $\forall x(Px \to \psi^P)$. Offenbar ist ferner $\text{frei}(\psi) = \text{frei}(\psi^P)$.

Wir erinnern daran (vgl. III.5), daß eine Teilmenge X einer S-Struktur $\mathfrak{A}$ genau dann S-abgeschlossen ist, wenn sie der Träger einer Substruktur von $\mathfrak{A}$ ist. Diese haben wir dann mit $[X]^{\mathfrak{A}}$ bezeichnet.

2.2 Relativierungslemma. *Sei $\mathfrak{A}$ eine $S \cup \{P\}$-Struktur. Die Menge $P^A \subset A$ sei S-abgeschlossen. Dann gilt für $\psi \in L_0^S$:*

$$[P^A]^{\mathfrak{A}} \models \psi \quad \textit{gdw} \quad \mathfrak{A} \models \psi^P.$$

2.2 präzisiert den eingangs angedeuteten Zusammenhang: Die Relativierung ψ^P besagt in $\mathfrak{A}$ dasselbe wie ψ in $[P^A]^{\mathfrak{A}}$.

Beweis. Wir zeigen durch Induktion über den Aufbau von $\psi \in L^S$:

$$(*) \quad \begin{array}{l} \text{Für alle Belegungen } \beta\colon \{v_n \mid n \in \mathbb{N}\} \to P^A: \\ \qquad ([P^A]^{\mathfrak{A}}, \beta) \models \psi \quad \text{gdw} \quad (\mathfrak{A}, \beta) \models \psi^P. \end{array}$$

Ist ψ atomar, so ist $\psi^P = \psi$, und wir erhalten $(*)$ aus III.5.5. Ist $\psi = \neg\psi_0$ oder $\psi = (\psi_0 \vee \psi_1)$, ergibt sich $(*)$ unmittelbar aus der Induktionsvoraussetzung für ψ_0 und ψ_1. Ist $\psi = \exists x\psi_0$, schließen wir so:

$$\begin{array}{ll} ([P^A]^{\mathfrak{A}}, \beta) \models \exists x\psi_0 & \text{gdw} \quad \text{es gibt } a \in P^A\colon \left([P^A]^{\mathfrak{A}}, \beta\frac{a}{x}\right) \models \psi_0 \\ \qquad \text{gdw} & \text{es gibt } a \in P^A\colon \left(\mathfrak{A}, \beta\frac{a}{x}\right) \models \psi_0^P \quad \text{(nach Ind.-Vor.)} \\ \qquad \text{gdw} & \text{es gibt } a \in A\colon \left(\mathfrak{A}, \beta\frac{a}{x}\right) \models Px \wedge \psi_0^P \\ \qquad \text{gdw} & (\mathfrak{A}, \beta) \models \exists x\left(Px \wedge \psi_0^P\right). \end{array}$$

□

2.3 Aufgabe. U und V seien verschiedene einstellige Relationssymbole, $U, V \notin S$. Weiterhin sei $(\mathfrak{A}, U^A, V^A)$ eine $S \cup \{U, V\}$-Struktur, so daß U^A und V^A S-abgeschlossen sind und $U^A \subset V^A$. Man zeige, daß für $\varphi \in L_0^S$

$$(\mathfrak{A}, U^A, V^A) \models \left([\varphi^V]^U \leftrightarrow \varphi^U\right).$$

§3 Normalformen

Wir zeigen in diesem Paragraphen, daß man zu jedem Ausdruck einen logisch äquivalenten Ausdruck angeben kann, der eine einfache syntaktische Gestalt hat.

S sei eine fest vorgegebene Symbolmenge. Für eine beliebige Menge Φ von S-Ausdrücken sei $\langle\Phi\rangle$ die kleinste Teilmenge von L^S, die Φ umfaßt und mit ψ und χ auch $\neg\psi$ und $(\psi \vee \chi)$ enthält.

3.1. Sei $\Phi \subset L_r^S$. Sind $\mathfrak{A}$ und $\mathfrak{B}$ Strukturen, $a_0, \dots, a_{r-1} \in A$, $b_0, \dots, b_{r-1} \in B$ und gilt

$$(*) \qquad \mathfrak{A} \models \varphi[a_0, \dots, a_{r-1}] \quad \text{gdw} \quad \mathfrak{B} \models \varphi[b_0, \dots, b_{r-1}]$$

für alle $\varphi \in \Phi$, so auch für alle $\varphi \in \langle\Phi\rangle$. (Man beachte, daß mit $\Phi \subset L_r^S$ auch $\langle\Phi\rangle \subset L_r^S$.)

Beweis. Die Menge der φ, für die $(*)$ gilt, umfaßt Φ und enthält mit ψ und χ auch $\neg\psi$ und $(\psi \vee \chi)$. □

3.2 Lemma. *Sei $\Phi = \{\varphi_0, \dots, \varphi_n\}$ eine endliche Menge von Ausdrücken. Dann ist jeder erfüllbare Ausdruck aus $\langle\Phi\rangle$ logisch äquivalent zu einem Ausdruck der Gestalt*

$$(+) \qquad (\psi_{0,0} \wedge \dots \wedge \psi_{0,n}) \vee \dots \vee (\psi_{k,0} \wedge \dots \wedge \psi_{k,n}),$$

wobei $k < 2^{n+1}$ und für $i \leq k$ und $j \leq n$ $\psi_{i,j} = \varphi_j$ oder $\psi_{i,j} = \neg\varphi_j$. Insbesondere gibt es in $\langle\Phi\rangle$ daher nur endlich viele paarweise nicht logisch äquivalente Ausdrücke.

Jeder Ausdruck aus $\langle\Phi\rangle$ ist also logisch äquivalent zu einer Disjunktion von Konjunktionen von Ausdrücken in $\{\varphi_0, \dots, \varphi_n, \neg\varphi_0, \dots, \neg\varphi_n\}$.

Beweis. Wir wählen ein r mit $\Phi = \{\varphi_0, \dots, \varphi_n\} \subset L_r^S$. Für eine Struktur $\mathfrak{A}$ und ein r-Tupel $\overset{r}{a} := (a_0, \dots, a_{r-1}) \in A^r$ sei

(1) $$\psi_{(\mathfrak{A},\overset{r}{a})} := \psi_0 \wedge \ldots \wedge \psi_n,$$

wobei $\psi_i := \begin{cases} \varphi_i, & \text{falls } \mathfrak{A} \models \varphi_i[a_0, \ldots, a_{r-1}], \\ \neg\varphi_i, & \text{falls } \mathfrak{A} \models \neg\varphi_i[a_0, \ldots, a_{r-1}]. \end{cases}$

Dann gilt

(2) $$\mathfrak{A} \models \psi_{(\mathfrak{A},\overset{r}{a})}[a_0, \ldots, a_{r-1}],$$

und $\psi_{(\mathfrak{A},\overset{r}{a})}$ ist eine Konjunktion der in (+) auftretenden Gestalt. Für jede Struktur $\mathfrak{B}$ und $b_0, \ldots, b_{r-1} \in B$ gilt ferner

(3) $\mathfrak{B} \models \psi_{(\mathfrak{A},\overset{r}{a})}[b_0, \ldots, b_{r-1}]$

gdw für $i = 0, \ldots, n$:

$\mathfrak{A} \models \varphi_i[a_0, \ldots, a_{r-1}]$ gdw $\mathfrak{B} \models \varphi_i[b_0, \ldots, b_{r-1}]$

gdw (vgl. 3.1) für alle $\varphi \in \langle\Phi\rangle$:

$\mathfrak{A} \models \varphi[a_0, \ldots, a_{r-1}]$ gdw $\mathfrak{B} \models \varphi[b_0, \ldots, b_{r-1}]$.

Aus (1) ergibt sich weiter, daß die Menge $\{\psi_{(\mathfrak{A},\overset{r}{a})} \mid \mathfrak{A} \text{ Struktur}, \overset{r}{a} \in A^r\}$ höchstens 2^{n+1} Elemente besitzt.

Wir sind fertig, wenn wir zeigen, daß jedes erfüllbare $\varphi \in \langle\Phi\rangle$ logisch äquivalent ist zu der Disjunktion χ der endlich vielen Ausdrücke aus der Menge

$$\{\psi_{(\mathfrak{A},\overset{r}{a})} \mid \mathfrak{A} \text{ Struktur}, \overset{r}{a} \in A^r, \mathfrak{A} \models \varphi[a_0, \ldots, a_{r-1}]\},$$

in suggestiver Schreibweise: daß φ logisch äquivalent ist zu

$$\chi := \bigvee\{\psi_{(\mathfrak{A},\overset{r}{a})} \mid \mathfrak{A} \text{ Struktur}, \overset{r}{a} \in A^r, \mathfrak{A} \models \varphi[a_0, \ldots, a_{r-1}]\}.$$

Ist $\mathfrak{B} \models \varphi[b_0, \ldots, b_{r-1}]$, so ist $\psi_{(\mathfrak{B},\overset{r}{b})}$ ein Glied der Disjunktion χ. Wegen $\mathfrak{B} \models \psi_{(\mathfrak{B},\overset{r}{b})}[b_0, \ldots, b_{r-1}]$ (vgl. (2)) gilt somit $\mathfrak{B} \models \chi[b_0, \ldots, b_{r-1}]$. Ist umgekehrt $\mathfrak{B} \models \chi[b_0, \ldots, b_{r-1}]$, so gibt es nach Definition von χ eine Struktur $\mathfrak{A}$ und $a_0, \ldots, a_{r-1} \in A$ mit

$$\mathfrak{A} \models \varphi[a_0, \ldots, a_{r-1}] \quad \text{und} \quad \mathfrak{B} \models \psi_{(\mathfrak{A},\overset{r}{a})}[b_0, \ldots, b_{r-1}].$$

Wegen (3) erfüllen dann $b_0, \ldots, b_{r-1}$ in $\mathfrak{B}$ dieselben Ausdrücke aus $\langle\Phi\rangle$ wie $a_0, \ldots, a_{r-1}$ in $\mathfrak{A}$. Insbesondere gilt $\mathfrak{B} \models \varphi[b_0, \ldots, b_{r-1}]$. □

Ein Ausdruck, der eine Disjunktion von Konjunktionen aus atomaren oder negiert atomaren Ausdrücken ist, heißt *Ausdruck in disjunktiver Normalform.* –Als Korollar aus 3.2 erhalten wir:

3.3 Satz über die disjunktive Normalform. *Jeder quantorenfreie Ausdruck ist logisch äquivalent zu einem Ausdruck in disjunktiver Normalform.*

Beweis. Sei φ ein quantorenfreier Ausdruck. Ist φ nicht erfüllbar, so ist φ logisch äquivalent zu $\neg v_0 \equiv v_0$. Ist φ erfüllbar und sind $\psi_0, \ldots, \psi_n$ die atomaren Teilausdrücke in φ, so ist $\varphi \in \langle\{\psi_0, \ldots, \psi_n\}\rangle$. Die Behauptung folgt dann aus 3.2. □

Wir wenden uns nun Ausdrücken zu, die auch Quantoren enthalten können. Unter einem Ausdruck in *pränexer Normalform* versteht man einen Ausdruck ψ der Form $Q_1 x_1 \ldots Q_m x_m \psi_0$, wobei $Q_i = \exists$ oder $Q_i = \forall$ für $1 \leq i \leq m$ und ψ_0 quantorenfrei ist. $Q_1 x_1 \ldots Q_m x_m$ ist das *Präfix* von ψ und ψ_0 der *Kern* von ψ.

Wir zeigen im folgenden Satz, daß jeder Ausdruck logisch äquivalent zu einem Ausdruck in pränexer Normalform ist. Wegen 3.3 kann zusätzlich der Kern in disjunktiver Normalform gewählt werden; insbesondere kommt dann das Negationszeichen höchstens vor atomaren Teilausdrücken vor.

3.4 Satz über die pränexe Normalform. *Zu jedem Ausdruck φ läßt sich ein logisch äquivalenter Ausdruck ψ in pränexer Normalform mit* $\mathrm{frei}(\varphi) = \mathrm{frei}(\psi)$ *angeben.*

Beweis. Wir stellen zunächst einige einfache Eigenschaften der logischen Äquivalenz zusammen.

(1) Wenn $\varphi \mathrel{=}\!\!\!\mid\!\models \psi$, so $\neg\varphi \mathrel{=}\!\!\!\mid\!\models \neg\psi$.

(2) Wenn $\varphi_1 \mathrel{=}\!\!\!\mid\!\models \psi_1$ und $\varphi_2 \mathrel{=}\!\!\!\mid\!\models \psi_2$, so $(\varphi_1 \vee \varphi_2) \mathrel{=}\!\!\!\mid\!\models (\psi_1 \vee \psi_2)$.

(3) Wenn $\varphi \mathrel{=}\!\!\!\mid\!\models \psi$ und $Q = \exists$ oder $Q = \forall$, so $Qx\varphi \mathrel{=}\!\!\!\mid\!\models Qx\psi$.

(4) $\neg\exists x\varphi \mathrel{=}\!\!\!\mid\!\models \forall x\neg\varphi$, $\quad \neg\forall x\varphi \mathrel{=}\!\!\!\mid\!\models \exists x\neg\varphi$.

(5) Wenn $x \notin \mathrm{frei}(\psi)$, so $(\exists x\varphi \vee \psi) \mathrel{=}\!\!\!\mid\!\models \exists x(\varphi \vee \psi)$, $(\forall x\varphi \vee \psi) \mathrel{=}\!\!\!\mid\!\models \forall x(\varphi \vee \psi)$, $(\psi \vee \exists x\varphi) \mathrel{=}\!\!\!\mid\!\models \exists x(\psi \vee \varphi)$ und $(\psi \vee \forall x\varphi) \mathrel{=}\!\!\!\mid\!\models \forall x(\psi \vee \varphi)$.

Durch wiederholte Anwendung von (1) bis (5) erhalten wir zu jedem φ ein logisch äquivalentes ψ in pränexer Normalform. Ist etwa $\varphi = \neg\exists x\, Px \vee \forall x Rx$, so können wir folgendermaßen vorgehen:

$$\neg\exists x Px \vee \forall x Rx \quad \mathrel{=}\!\!\!\mid\!\models \quad \forall x\neg Px \vee \forall x Rx \quad \text{(mit (4), (2))}$$

$$\begin{aligned}
&\mathrel{=\!\!|\!\!\models} \forall x \neg Px \vee \forall y Ry && (\text{wegen } \forall xRx \mathrel{=\!\!|\!\!\models} \forall yRy \text{ und mit (2)})\\
&\mathrel{=\!\!|\!\!\models} \forall x(\neg Rx \vee \forall y Ry) && (\text{mit (5)})\\
&\mathrel{=\!\!|\!\!\models} \forall x \forall y(\neg Px \vee Ry) && (\text{mit (5) und (3)}).
\end{aligned}$$

Allgemein verfahren wir so: Für $\varphi \in L^S$ sei qa(φ), die sog. *Quantorenanzahl* von φ, die Anzahl der in φ auftretenden Quantoren. Wir beweisen jetzt durch Induktion über n, daß für alle φ mit qa(φ) $\leq n$:

(∗) Es gibt ein $\psi \in L^S$ in pränexer Normalform mit $\varphi \mathrel{=\!\!|\!\!\models} \psi$, frei($\varphi$) = frei($\psi$) und qa($\varphi$) = qa($\psi$).

Zugleich zeigt der Beweis, daß ψ nur Allquantoren im Präfix enthält, falls φ universell ist.

Die Betrachtungen für "frei(φ) = frei(ψ)" überlassen wir dem Leser.

$n = 0$: Falls qa(φ) = 0, ist φ quantorenfrei, und wir können $\psi := \varphi$ setzen.

$n > 0$: Gelte (∗) für Ausdrücke mit Quantorenanzahl $\leq n - 1$. Wir zeigen die Behauptung für n induktiv über den Aufbau von φ. Sei qa(φ) $\leq n$. Der quantorenfreie Fall ist klar. Sei $\varphi = \neg\varphi'$ und qa(φ) > 0. Dann ist qa(φ') = qa(φ) > 0, und nach Voraussetzung gibt es zu φ' einen Ausdruck in pränexer Normalform der Gestalt $\mathrm{Q}x\chi$ gemäß (∗) (wobei χ Quantoren enthalten kann). Nach (1) und (4) ist $\varphi \mathrel{=\!\!|\!\!\models} \mathrm{Q}^{-1}x\neg\chi$ (dabei sei $\forall^{-1} := \exists$, $\exists^{-1} := \forall$). Da qa($\neg\chi$) = qa($\mathrm{Q}x\chi$)-1 = qa(φ)$-1 \leq n-1$, existiert zu $\neg\chi$ ein logisch äquivalenter Ausdruck ψ in pränexer Normalform mit qa(ψ) = qa($\neg\chi$). Nach (3) ist dann $\mathrm{Q}^{-1}x\psi$ ein zu φ logisch äquivalenter Ausdruck mit den gewünschten Eigenschaften.

Sei $\varphi = (\varphi' \vee \varphi'')$ und qa(φ) > 0, etwa qa(φ') > 0. Nach Voraussetzung gibt es zu φ' einen Ausdruck in pränexer Normalform der Gestalt $\mathrm{Q}x\chi$ gemäß (∗). Es sei y eine Variable, die in $\mathrm{Q}x\chi$ und φ'' nicht vorkommt. Man zeigt leicht, daß

$$\mathrm{Q}x\chi \mathrel{=\!\!|\!\!\models} \mathrm{Q}y\chi\frac{y}{x},$$

und erhält hieraus mit (2) und (5):

$$\begin{aligned}
\varphi = (\varphi' \vee \varphi'') &\mathrel{=\!\!|\!\!\models} (\mathrm{Q}y\chi\tfrac{y}{x} \vee \varphi'')\\
&\mathrel{=\!\!|\!\!\models} \mathrm{Q}y(\chi\tfrac{y}{x} \vee \varphi'').
\end{aligned}$$

Da qa($\chi\frac{y}{x} \vee \varphi''$) = qa($\varphi$) $- 1 \leq n - 1$, können wir zu $(\chi\frac{y}{x} \vee \varphi'')$ einen Ausdruck ψ in pränexer Normalform gemäß (∗) finden. $\mathrm{Q}y\psi$ hat dann die gewünschten Eigenschaften.

Sei $\varphi = \exists x \varphi'$. Da $\text{qa}(\varphi') \leq n-1$, gibt es zu φ' einen Ausdruck ψ' in pränexer Normalform gemäß (*). $\exists x \psi'$ ist ein Ausdruck in pränexer Normalform, der nach (3) zu φ logisch äquivalent ist und die gleiche Quantorenanzahl wie φ besitzt. □

Wie bereits oben erwähnt, erhalten wir aus dem vorangehenden Beweis:

3.5 Folgerung. *Zu jedem universellen Ausdruck φ läßt sich ein logisch äquivalenter Ausdruck ψ der Gestalt $\forall x_1 \ldots \forall x_s \psi_0$ mit quantorenfreiem ψ_0 angeben.* □

Sind φ und ψ Ausdrücke mit

$$\text{Erf } \varphi \quad \text{gdw} \quad \text{Erf } \psi,$$

so nennen wir φ und ψ *erfüllbarkeitsäquivalent.* Wenn wir im Satz über die pränexe Normalform die Bedingung der logischen Äquivalenz zu der der Erfüllbarkeitsäquivalenz abschwächen, so können wir stets erreichen, daß in der pränexen Normalform nur Allquantoren auftreten. Wir erläutern die Vorgehensweise zunächst anhand eines Beispiels. Es sei $S = \{R\}$ und φ der S-Ausdruck $\forall x \exists y Rxy$. Wir setzen $S' = \{R, f\}$ mit einstelligem f und $\psi = \forall x Rxfx$. Dann ist ψ universell, und es gilt $\psi \models \varphi$. Jedes Modell von ψ ist also ein Modell von φ. Hat umgekehrt $\forall x \exists y Rxy$ ein Modell, etwa (A, R^A), so gibt es zu jedem $a \in A$ ein $b \in A$ mit $R^A ab$. Wir können daher eine Interpretation f^A von f so festlegen, daß $R^A a f^A(a)$ für alle $a \in A$. Dann gilt $(A, R^A, f^A) \models \forall x Rxfx$, also hat auch $\forall x Rxfx$ ein Modell.

3.6 Satz über die Skolemsche Normalform. *Man kann jedem Ausdruck φ einen erfüllbarkeitsäquivalenten universellen Ausdruck ψ in pränexer Normalform zuordnen mit $\psi \models \varphi$ und* $\text{frei}(\varphi) = \text{frei}(\psi)$. *In ψ kommen neben den Symbolen aus φ i.a. noch weitere Funktionssymbole oder Konstanten vor.*

Beweis. Wir geben im folgenden einen Weg an, um ausgehend von φ ein ψ im Sinne des Satzes zu gewinnen. Man nennt solch ein ψ oft eine *Skolemsche Normalform* von φ.

Sei $\varphi \in L^S$. Nach 3.4 können wir annehmen, daß φ bereits in pränexer Normalform vorliegt, etwa in der Gestalt

$$\varphi = \mathrm{Q}_1 x_1 \ldots \mathrm{Q}_m x_m \varphi_0$$

mit quantorenfreiem φ_0. Wir führen den Beweis durch Induktion über die Anzahl der Existenzquantoren unter den Q_i.

Kommt unter den Q_i kein Existenzquantor vor, können wir $\psi := \varphi$ setzen. Sei, im Induktionsschritt, φ von der Gestalt

$$\varphi = \forall x_1 \ldots \forall x_k \exists x_{k+1} Q x_{k+2} \ldots Q x_m \varphi_0$$

(dabei können wir annehmen, daß $x_1, \ldots, x_m$ paarweise verschieden sind). Wir setzen

$$\varphi_1 := Q x_{k+2} \ldots Q x_m \varphi_0.$$

Ferner sei f ein neues k-stelliges Funktionssymbol (im Falle $k = 0$ also eine Konstante!). Wir zeigen für

$$\psi' := \forall x_1 \ldots \forall x_k \varphi_1 \frac{f x_1 \ldots x_k}{x_{k+1}}:$$

(1) Wenn Erf φ, so Erf ψ'.

(2) $\psi' \models \varphi$.

Dann sind wir fertig: Da im Präfix von ψ' weniger Existenzquantoren als im Präfix von φ vorkommen, können wir die Induktionsvoraussetzung anwenden und erhalten einen Ausdruck ψ in Skolemscher Normalform mit
(3) ψ' und ψ sind erfüllbarkeitsäquivalent und es ist frei(ψ') = frei(ψ).
(4) $\psi \models \psi'$.
Da offenbar frei(ψ') = frei(φ), erhalten wir aus (1) bis (4), daß ψ alle Bedingungen erfüllt.

Zu (1): Sei $\mathfrak{A}$ eine S-Struktur und $\mathfrak{I} = (\mathfrak{A}, \beta)$ ein Modell von φ. Dann gilt für alle $a_1, \ldots, a_k \in A$, daß

$$\mathfrak{I} \frac{a_1 \ldots a_k}{x_1 \ldots x_k} \models \exists x_{k+1} \varphi_1.$$

Wir können daher die Funktion $f^{\mathfrak{A}}$ über A so definieren, daß

$$\text{für alle } a_1, \ldots, a_k \in A\text{: } \mathfrak{I} \frac{a_1 \ldots a_k}{x_1 \ldots x_k} \frac{f^{\mathfrak{A}}(a_1, \ldots, a_k)}{x_{k+1}} \models \varphi_1.$$

Dann gilt nach dem Substitutionslemma

$$\text{für alle } a_1, \ldots, a_k \in A\text{: } \left((\mathfrak{A}, f^A), \beta \right) \frac{a_1 \ldots a_k}{x_1 \ldots x_k} \models \varphi_1 \frac{f x_1 \ldots x_k}{x_{k+1}},$$

also ist $\left((\mathfrak{A}, f^A), \beta \right)$ ein Modell von $\forall x_1 \ldots \forall x_k \varphi_1 \frac{f x_1 \ldots x_k}{x_{k+1}}$. Somit ist ψ' erfüllbar.

Zu (2): Ist $\mathfrak{I} = \left((\mathfrak{A}, f^A), \beta \right)$ ein Modell von ψ', so gilt für alle $a_1, \ldots, a_k \in A$, daß

$$\mathfrak{I} \frac{a_1 \ldots a_k}{x_1 \ldots x_k} \models \varphi_1 \frac{f x_1 \ldots x_k}{x_{k+1}},$$

also $\mathfrak{I}\frac{a_1 \ldots a_k}{x_1 \ldots x_k} \models \exists x_{k+1}\varphi_1$. Demnach ist $\mathfrak{I}$ ein Modell von φ. □

3.7 Aufgabe. Sei φ ein S-Satz, und sei ψ der aus φ gemäß dem Beweis von 3.6 gewonnene universelle Satz; es sei $S' \supset S$ und $\psi \in L^{S'}$. Man zeige: Für jede S-Struktur $\mathfrak{A}$ sind äquivalent:
(1) $\mathfrak{A} \models \varphi$.
(2) Es gibt eine S'-Expansion $\mathfrak{A}'$ von $\mathfrak{A}$ mit $\mathfrak{A}' \models \psi$.

3.8 Aufgabe (Konjunktive Normalform). Man zeige: Ist φ quantorenfrei, so ist φ logisch äquivalent zu einem Ausdruck, der eine Konjunktion von Disjunktionen aus atomaren und negiert atomaren Ausdrücken ist.

3.9 Aufgabe. Sei S eine relationale Symbolmenge und $\varphi \in L_0^S$ von der Form $\exists x_0 \ldots \exists x_n \forall y_0 \ldots \forall y_m \psi$ mit quantorenfreiem ψ. Man zeige, daß jedes Modell von φ eine Substruktur mit höchstens $n+1$ Elementen besitzt, welche ebenfalls Modell von φ ist. Man schließe hieraus, daß der Satz $\forall x \exists y Rxy$ nicht zu einem $\{R\}$-Satz der obigen Form logisch äquivalent ist.

Zweiter Teil

Kapitel IX

Erweiterungen der Logik erster Stufe

Wir haben gesehen, daß die Struktur $\mathfrak{N}$ der natürlichen Zahlen nicht in der zu $\mathfrak{N}$ gehörenden Sprache der ersten Stufe charakterisiert werden kann. Entsprechendes gilt für den Körper der reellen Zahlen und die Klasse der Torsionsgruppen. Wie wir in Kapitel VII gezeigt haben, lassen sich diese Schwächen der ersten Stufe durch eine mengentheoretische Darstellung wenigstens prinzipiell kompensieren: Man formuliert in der ersten Stufe ein Axiomensystem der Mengenlehre, das für die Mathematik ausreicht, etwa ZFC, und kann dann in diesem System z.B. die Argumentationen vollziehen, die zur Definition und Charakterisierung von $\mathfrak{N}$ erforderlich sind. Dieses Vorgehen zwingt jedoch zu einem expliziten Bezug auf die Mengenlehre, wie er nicht der mathematischen Praxis entspricht.

Man kann diese Situation zum Anlaß nehmen, ausdrucksstärkere Sprachen zu betrachten, die es erlauben, diesen Umweg über die Mengenlehre zu vermeiden. So ermöglicht es ja die zweite Stufe, die natürlichen Zahlen unmittelbar durch das Peanosche Axiomensystem zu charakterisieren. Wir vermerken aber bereits jetzt, daß zum Aufbau der Semantik einer ausdrucksstärkeren Sprache und zum Nachweis der Korrektheit geeigneter Regeln in stärkerem Umfang von mengentheoretischen Voraussetzungen (etwa den ZFC-Axiomen) Gebrauch gemacht werden muß als im Falle der ersten Stufe.

Noch ein weiterer Grund gibt Anlaß, stärkere Sprachen einzuführen und zu untersuchen: Wir haben gesehen, daß z.B. der Endlichkeitssatz als Hilfsmittel bei algebraischen Untersuchungen von Nutzen ist (vgl. etwa VI.4). Es liegt daher nahe, nach ausdrucksstärkeren Sprachen zu suchen, die es gestatten, auf ähnlichem Wege weiterreichende Anwendungen in der Mathematik zu erzielen.

Wir wollen in diesem Kapitel einen Einblick in die Vielfalt der Sprachen geben, die in diesem Zusammenhang entwickelt worden sind.

§1 Die Logik zweiter Stufe

Die Sprachen zweiter Stufe zeichnen sich gegenüber den Sprachen erster Stufe dadurch aus, daß z.B. Quantifizierungen über Teilmengen eines Trägers (also Objekte zweiter Stufe) möglich sind.

1.1 Die Sprachen L_{II}^S der zweiten Stufe. S sei eine Symbolmenge, d.h. eine Menge von Relationssymbolen, Funktionssymbolen und Konstanten. Das Alphabet von L_{II}^S enthält (zusätzlich zu den Zeichen von L^S) für jedes $n \geq 1$ abzählbar viele n-stellige Relationsvariablen $V_0^n, V_1^n, V_2^n, \ldots$. Zur Wiedergabe von Relationsvariablen benutzen wir die Buchstaben $X, Y, \ldots$, wobei wir – wenn nötig – die Stellenzahl mit angeben. Um die Menge L_{II}^S der S-Ausdrücke zweiter Stufe zu definieren, erweitern wir die Regeln des Ausdruckskalküls (vgl. II.3.2) um die beiden folgenden Regeln:

(a) Ist X eine n-stellige Relationsvariable und sind $t_1, \ldots, t_n$ S-Terme, so ist $Xt_1 \ldots t_n$ ein S-Ausdruck.

(b) Ist φ ein S-Ausdruck und ist X eine Relationsvariable, so ist $\exists X\varphi$ ein S-Ausdruck.

1.2 Die Modellbeziehung für L_{II}^S. Eine *Belegung* γ *zweiter Stufe* in einer Struktur $\mathfrak{A}$ ist eine Abbildung, die jeder Variablen v_i ein Element aus A zuordnet und jeder Relationsvariablen V_i^n eine n-stellige Relation über A. Wir erweitern die Modellbeziehung von L^S auf L_{II}^S, indem wir (a) und (b) wie folgt berücksichtigen:

Ist $\mathfrak{A}$ eine S-Struktur, γ eine Belegung zweiter Stufe in $\mathfrak{A}$ und $\mathfrak{I} = (\mathfrak{A}, \gamma)$, so setzen wir:

(a′) $\mathfrak{J} \models Xt_1 \dots t_n$:gdw $\gamma(X)$ trifft zu auf $\mathfrak{J}(t_1), \dots, \mathfrak{J}(t_n)$.
(b′) Für n-stelliges X:

$$\mathfrak{J} \models \exists X \varphi \quad \text{:gdw} \quad \text{es gibt ein } C \subset A^n \text{ mit } \mathfrak{J}\frac{C}{X} \models \varphi$$

(dabei ist $\mathfrak{J}\frac{C}{X} = \left(\mathfrak{A}, \gamma\frac{C}{X}\right)$ und $\gamma\frac{C}{X}$ die Belegung, welche X auf C abbildet und sonst mit γ übereinstimmt).

Das durch die Sprachen L_{II}^S und ihre Modellbeziehung bestimmte logische System, die sog. *Logik zweiter Stufe*, bezeichnen wir mit $\mathscr{L}_{\mathrm{II}}$. Entsprechend stehe $\mathscr{L}_{\mathrm{I}}$ für die Logik erster Stufe. Den Begriff „logisches System“ verwenden wir hier noch naiv. Eine Präzisierung erfolgt in XIII.1.

1.3 Bemerkungen und Beispiele. (1) In naheliegender Weise definiert man das freie Vorkommen von Variablen und Relationsvariablen in Ausdrücken zweiter Stufe und kann dann das Analogon des Koinzidenzlemmas beweisen. Für einen L_{II}^S-Satz φ, d.h. einen Ausdruck ohne freie Variablen und ohne freie Relationsvariablen, ist es daher sinnvoll zu sagen, daß $\mathfrak{A}$ ein Modell von φ ist, kurz: $\mathfrak{A} \models \varphi$.

(2) $\forall X \varphi$ sei eine Abkürzung für $\neg \exists X \neg \varphi$. Es gilt:

$$\mathfrak{J} \models \forall X^n \varphi \quad \text{gdw} \quad \text{für alle } C \subset A^n\text{: } \mathfrak{J}\frac{C}{X} \models \varphi.$$

(3) Für eine einstellige Relationsvariable X sind die in III.7.3 angegebenen Symbolisierungen

(P1) $\forall x \neg \boldsymbol{\sigma} x \equiv 0$;
(P2) $\forall x \forall y (\boldsymbol{\sigma} x \equiv \boldsymbol{\sigma} y \rightarrow x \equiv y)$;
(P3) $\forall X ((X0 \wedge \forall x (Xx \rightarrow X\boldsymbol{\sigma} x)) \rightarrow \forall y Xy)$

$L_{\mathrm{II}}^{\{\boldsymbol{\sigma},0\}}$-Sätze. Mit dem Übergang zur zweiten Stufe haben wir also an Ausdrucksstärke gewonnen, da sich die Struktur $(\mathbb{N}, \sigma, 0)$ jetzt bis auf Isomorphie charakterisieren läßt.

(4) Der geordnete Körper $\mathfrak{R}^<$ der reellen Zahlen ist bis auf Isomorphie der einzige vollständig geordnete Körper. Ist daher $\psi_{\mathfrak{R}^<}$ die Konjunktion der Axiome für geordnete Körper (vgl. III.6.5) mit dem S_{Ar}-Satz zweiter Stufe „Jede nicht-leere, nach oben beschränkte Menge besitzt ein Supremum“, d.h.

$$\begin{aligned}&\forall X ((\exists x Xx \wedge \exists y \forall z (Xz \rightarrow z < y))\\ &\rightarrow \exists y (\forall z (Xz \rightarrow (z < y \vee z \equiv y)) \wedge \forall x (x < y \rightarrow \exists z (x < z \wedge Xz)))),\end{aligned}$$

so gilt also für alle $S_{\mathrm{Ar}}^<$-Strukturen $\mathfrak{A}$:

$$\mathfrak{A} \models \psi_{\mathfrak{R}^<} \quad \text{gdw} \quad \mathfrak{A} \cong \mathfrak{R}^<.$$

(5) Für beliebiges S ist der L_{II}^S-Satz

$$(+) \qquad \forall x \forall y (x \equiv y \leftrightarrow \forall X (Xx \leftrightarrow Xy))$$

allgemeingültig: Zwei Dinge sind genau dann gleich, wenn sie sich in keiner Eigenschaft unterscheiden (Leibnizsche *identitas indiscernibilium*). Wir hätten daher beim Aufbau von L_{II}^S auf das Gleichheitszeichen verzichten und es mit (+) definieren können.

(6) Beim Aufbau der Sprachen zweiter Stufe lassen sich neben Relationsvariablen auch *Funktionsvariablen* einführen, die dann ebenfalls quantifiziert werden können. Ein solches Vorgehen schafft zwar bequemere, jedoch letztlich keine neuen Ausdrucksmöglichkeiten. Hierzu ein Beispiel (vgl. die Elimination von Funktionssymbolen in VIII.1).

Es sei g eine einstellige Funktionsvariable und φ der „Ausdruck"

$$\forall g (\forall x \forall y (gx \equiv gy \rightarrow x \equiv y) \rightarrow \forall x \exists y\, x \equiv gy).$$

Dann gilt (bei naheliegender Erweiterung der Modellbeziehung) für jede Struktur $\mathfrak{A}$:

$\mathfrak{A} \models \varphi$ gdw jede injektive Funktion von A in A ist surjektiv
gdw A ist endlich.

Indem wir statt einer einstelligen Funktion deren Graph betrachten und für diesen eine zweistellige Relationsvariable verwenden, können wir φ durch den folgenden Ausdruck ersetzen:

$$\varphi_{\text{endl}} := \forall X ((\forall x \exists^{=1} y Xxy \wedge \forall x \forall y \forall z ((Xxz \wedge Xyz) \rightarrow x \equiv y)) \rightarrow \forall y \exists x Xxy).$$

φ und φ_{endl} haben also die gleichen Modelle. Somit:

$$\mathfrak{A} \models \varphi_{\text{endl}} \quad \text{gdw} \quad A \text{ ist endlich.}$$

Wir werden in späteren Beispielen öfter Funktionsvariablen verwenden, um Ausdrücke lesbarer wiederzugeben.

(7) Analog zu $\mathscr{L}_{\mathrm{I}}$ lassen sich auch für $\mathscr{L}_{\mathrm{II}}$ Operationen wie die Substitution, die Relativierung usf. einführen. Ebenso gelten die grundlegenden semantischen Sachverhalte wie etwa das Analogon des Isomorphielemmas.

Anders verhält es sich mit weiterführenden semantischen Sachverhalten: Die Ausdehnung der Quantifizierungsmöglichkeiten auf Objekte zweiter Stufe müssen wir, wie wir jetzt zeigen, mit dem Verlust des Vollständigkeitssatzes, des Endlichkeitssatzes und des Satzes von Löwenheim und Skolem bezahlen.

1.4 Satz. *Für $\mathscr{L}_{\mathrm{II}}$ gilt der Endlichkeitssatz nicht.*

Beweis. Ein Gegenbeispiel zum Endlichkeitssatz liefert die Satzmenge

$$\{\varphi_{\mathrm{endl}}\} \cup \{\varphi_{\geq n} \mid n \geq 2\}.$$

Sie ist nicht erfüllbar, aber jede endliche Teilmenge ist erfüllbar. □

1.5 Satz. *Für $\mathscr{L}_{\mathrm{II}}$ gilt der Satz von Löwenheim und Skolem nicht.*

Beweis. Wir geben einen Satz $\varphi_{\text{üabz}} \in L_{\mathrm{II}}^{\emptyset}$ an, so daß für alle Strukturen $\mathfrak{A}$ gilt:

$$\mathfrak{A} \models \varphi_{\text{üabz}} \quad \text{gdw} \quad A \text{ ist überabzählbar.}$$

Dann ist $\varphi_{\text{üabz}}$ zwar erfüllbar, besitzt jedoch kein höchstens abzählbares Modell.

Zur Konstruktion von $\varphi_{\text{üabz}}$: Wir überlassen es dem Leser, ähnlich wie φ_{endl} eine $L_{\mathrm{II}}^{\emptyset}$-Ausdruck $\psi_{\mathrm{endl}}(X)$ anzugeben, in dem nur die einstellige Relationsvariable X frei vorkommt und für den gilt:

$$(\mathfrak{A}, \gamma) \models \psi_{\mathrm{endl}}(X) \quad \text{gdw} \quad \gamma(X) \text{ ist endlich.}$$

Offenbar ist eine Menge A genau dann höchstens abzählbar, wenn es auf A eine Ordnungsrelation gibt, bei der jedes Element nur endlich viele Vorgänger hat. Setzen wir also (mit zweistelligem Y)

$$\begin{aligned} \varphi_{\leq \mathrm{abz}} \quad := \quad & \exists Y (\forall x \neg Yxx \wedge \forall x \forall y \forall z ((Yxy \wedge Yyz) \to Yxz) \\ & \wedge \forall x \forall y (Yxy \vee x \equiv y \vee Yyx) \\ & \wedge \forall x \exists X (\psi_{\mathrm{endl}}(X) \wedge \forall y (Xy \leftrightarrow Yyx))), \end{aligned}$$

so gilt:

$$\mathfrak{A} \models \varphi_{\leq \mathrm{abz}} \quad \text{gdw} \quad A \text{ ist höchstens abzählbar.}$$

$\varphi_{\text{üabz}} := \neg \varphi_{\leq \mathrm{abz}}$ leistet dann das Gewünschte. □

1.6. Für die erste Stufe haben wir aus der Existenz eines adäquaten Systems von Schlußregeln den Endlichkeitssatz gewonnen (vgl. VI.2). *Für $\mathscr{L}_{\mathrm{II}}$ existiert kein korrektes und vollständiges System von Schlußregeln.* Denn sonst könnten wir mit der gleichen Argumentation wie bei $\mathscr{L}_{\mathrm{I}}$ den Endlichkeitssatz für $\mathscr{L}_{\mathrm{II}}$ zeigen.

Dieses negative Resultat verbietet es natürlich nicht, für die zweite Stufe korrekte Regeln aufzustellen. Neben den Regeln für die erste

Stufe könnten dazu etwa die beiden folgenden korrekten Quantifizierungsregeln für Relationsvariablen gehören:

$$\frac{\Gamma \quad \varphi}{\Gamma \quad \exists X\varphi} \; ; \; \frac{\Gamma \quad \varphi \quad \psi}{\Gamma \quad \exists X\varphi \quad \psi}, \text{ falls } X \text{ nicht frei in } \Gamma\psi.$$

Einführend haben wir zwei Motivationen für die Untersuchung ausdrucksstärkerer Sprachen gegeben: (a) Sie sollen bessere Möglichkeiten bereitstellen, die Argumentationen des Mathematikers zu formulieren und nachzuvollziehen. (b) Sie sollen spezifische Hilfsmittel für mathematische Untersuchungen liefern. Was haben wir im Hinblick auf (a) und (b) mit der zweiten Stufe erreicht?

Wir bemerken zunächst, daß man die angeführten Beispiele von Sequenzenregeln zweiter Stufe zu einem für die Zwecke der Mathematik weitgehend ausreichenden System ergänzen kann. (Allerdings erhält man nach 1.6 auf diese Weise nie ein vollständiges System, so daß man sich bei der Wahl der Regeln nur an pragmatischen Gesichtspunkten, nicht aber am Ziel der Vollständigkeit orientieren kann.) Berücksichtigt man noch die bequemeren Formulierungsmöglichkeiten, so kann man zu der Auffassung neigen, daß die zweite Stufe im Sinne von (a) einen Fortschritt bedeutet. In bezug auf (b) ist $\mathscr{L}_{\mathrm{II}}$ allerdings kein geeignetes System. Darauf deuten bereits 1.4 und 1.5 hin: Die Ausdrucksstärke der zweiten Stufe ist so groß, daß die Gültigkeit einiger für mathematische Anwendungen bedeutsamer Sätze (Endlichkeitssatz, Satz von Löwenheim und Skolem) verloren geht. Von daher liegt es also nahe, andere Erweiterungen der ersten Stufe zu untersuchen (vgl. §2, §3).

Wir wollen an einem weiteren Aspekt erläutern, daß wir mit der zweiten Stufe in gewisser Weise über das Ziel hinausgeschossen sind: Wir zeigen, daß die auf dem Axiomensystem ZFC beruhende Mengenlehre nicht ausreicht, um einfache semantische Fragen für $\mathscr{L}_{\mathrm{II}}$ zu entscheiden. Wir demonstrieren dies, indem wir einen Satz $\varphi_{\mathrm{CH}} \in L^{\emptyset}_{\mathrm{II}}$ angeben, der genau dann allgemeingültig ist, wenn die Cantorsche Kontinuumshypothese CH gilt. Da weder CH noch sein Negat in ZFC bewiesen werden können (vgl. VII.3), läßt sich im Rahmen von ZFC die Allgemeingültigkeit von φ_{CH} weder beweisen noch widerlegen. CH besagt:

(1) Für jede Teilmenge A von $\mathbb{R}$ gilt: A ist höchstens abzählbar, oder es gibt eine Bijektion von $\mathbb{R}$ auf A.

φ_{CH} wird im wesentlichen eine Symbolisierung von (1) sein.

Zunächst läßt sich, ähnlich wie $\varphi_{\leq abz}$, leicht ein Ausdruck $\chi_{\leq abz}(X)$ angeben, so daß

$$(\mathfrak{A}, \gamma) \models \chi_{\leq abz}(X) \quad \text{gdw} \quad \gamma(X) \text{ ist höchstens abzählbar.}$$

Ferner gibt es einen Ausdruck $\varphi_{\mathbb{R}}$ mit

(2) $$\mathfrak{A} \models \varphi_{\mathbb{R}} \quad \text{gdw} \quad A \text{ und } \mathbb{R} \text{ sind gleichmächtig.}$$

Hierzu beachten wir, daß für den in 1.3(4) eingeführten $S_{\mathrm{Ar}}^{<}$-Satz $\psi_{\mathfrak{R}^<}$ und für alle $S_{\mathrm{Ar}}^{<}$-Strukturen $\mathfrak{A}$ gilt:

$$\mathfrak{A} \models \psi_{\mathfrak{R}^<} \quad \text{gdw} \quad \mathfrak{A} \cong \mathfrak{R}^<.$$

Um (2) zu erfüllen, können wir demnach als $\varphi_{\mathbb{R}}$ einen $L_{\mathrm{II}}^{\emptyset}$-Satz wählen, der besagt:

„Es gibt Funktionen $+, \cdot$, Elemente $0, 1$ und eine Relation $<$, so daß $\varphi_{\mathfrak{R}^<}$".

(Die genaue Angabe von $\varphi_{\mathbb{R}}$ überlassen wir dem Leser.) Den gesuchten Ausdruck φ_{CH} erhalten wir nun, indem wir den folgenden Sachverhalt symbolisieren: Ist der Träger mit $\mathbb{R}$ gleichmächtig, so ist jede Teilmenge des Trägers höchstens abzählbar oder mit dem Träger gleichmächtig. Also:

$$\varphi_{\mathrm{CH}} := \varphi_{\mathbb{R}} \to \forall X(\chi_{\leq abz}(X) \vee \exists g(\forall x X g x \\ \wedge \forall x \forall y(gx \equiv gy \to x \equiv y) \wedge \forall y(Xy \to \exists x\, gx \equiv y))).$$

Man weist jetzt leicht nach (vgl. (1)), daß

$$\models \varphi_{\mathrm{CH}} \quad \text{gdw} \quad \mathrm{CH}.$$ □

1.7 Aufgabe. (Das *System* $\mathscr{L}_{\mathrm{II}}^{w}$ *der schwachen* („weak") *Logik zweiter Stufe*). Für jedes S sei $L_{\mathrm{II}}^{w,S} = L_{\mathrm{II}}^{S}$. Wir ändern jedoch die Modellbeziehung von $\mathscr{L}_{\mathrm{II}}$ ab, indem wir für $\mathfrak{I} = (\mathfrak{A}, \gamma)$ festlegen:

$$\mathfrak{I} \models_w \exists X^n \varphi \quad \text{:gdw} \quad \text{es gibt ein } \textit{endliches } C \subset A^n \text{ mit } \mathfrak{I}\frac{C}{X^n} \models \varphi.$$

Es wird also nur über endliche Mengen (oder Relationen) quantifiziert. Man zeige:

(a) Es gibt einen Satz φ und eine Struktur $\mathfrak{A}$ mit $\mathfrak{A} \models_w \varphi$, aber nicht $\mathfrak{A} \models \varphi$.

(b) Zu jedem Satz $\varphi \in L_{\mathrm{II}}^{w,S}$ gibt es einen Satz $\psi \in L_{\mathrm{II}}$, so daß für alle S-Strukturen $\mathfrak{A}$ gilt: $\mathfrak{A} \models_w \varphi \quad \text{gdw} \quad \mathfrak{A} \models \psi$.

(c) In L_{II}^{w} gilt der Endlichkeitssatz nicht. (Daß dagegen der Satz von Löwenheim und Skolem für L_{II}^{w} gilt, ergibt sich mit dem Ergebnis 2.4 des folgenden Paragraphen; vgl. Aufgabe 2.7).

§2 Das System $\mathscr{L}_{\omega_1\omega}$

In VI.3.5 haben wir gezeigt, daß sich die Klasse der Torsionsgruppen nicht in der ersten Stufe charakterisieren läßt. Dagegen erhalten wir eine Axiomatisierung dieser Klasse, wenn wir zu den Gruppenaxiomen den „Ausdruck"

$$(*) \qquad \forall x(x \equiv e \vee x \circ x \equiv e \vee x \circ x \circ x \equiv e \vee \ldots)$$

hinzunehmen. Man kann also die Ausdrucksmöglichkeiten der ersten Stufe dadurch vergrößern, daß man „unendlich lange" Disjunktionen und Konjunktionen zuläßt. Solche Bildungen sind ein Charakteristikum der sog. *infinitären Sprachen.* Im einfachsten Fall beschränkt man sich dabei auf „abzählbar lange" Disjunktionen und Konjunktionen. Auf diese Weise ensteht das logische System $\mathscr{L}_{\omega_1\omega}$. Die Bezeichnung entspringt der bei infinitären Sprachen gebräuchlichen Nomenklatur (vgl. [2]). Wir definieren die Ausdrücke von $\mathscr{L}_{\omega_1\omega}$, indem wir uns der Kalkülsprache bedienen. Man beachte jedoch, daß bei 2.1(b) keine Kalkülregel im eigentlichen Sinne vorliegt. (So muß man etwa, um den „Ausdruck" (*) zu bilden, zuvor die Ausdrücke $x \equiv e$, $x \circ x \equiv e$, ... gewonnen haben.) Wir empfehlen dem Leser, sich in diesem Zusammenhang von einem naiven Verständnis leiten zu lassen. Präzise Fassungen solcher „Kalküle" können im Rahmen der Mengenlehre gegeben werden (vgl. VII.4.3). Z.B. beruhen dann die Definition der Ausdrücke und Beweise durch Induktion über den Aufbau der Ausdrücke auf dem Prinzip der transfiniten Induktion.

2.1 Definition von $\mathscr{L}_{\omega_1\omega}$. Gegenüber der Sprache L^S erster Stufe treten für die Sprache $L^S_{\omega_1\omega}$ hinzu:

(a) an Zeichen: $\bigvee$ (für unendliche Disjunktionen);

(b) zum Ausdruckskalkül die „Regel":
Ist Φ eine höchstens abzählbare Menge von S-Ausdrücken, so ist $\bigvee\Phi$ ein S-Ausdruck (die *Disjunktion* der Ausdrücke in Φ);

(c) bei der Definition der Modellbeziehung die Festsetzung:
Ist Φ eine höchstens abzählbare Menge von $L^S_{\omega_1\omega}$-Ausdrücken, $\mathfrak{A}$ eine S-Struktur, β eine Belegung in $\mathfrak{A}$ und $\mathfrak{I} = (\mathfrak{A}, \beta)$, so sei

$$\mathfrak{I} \models \bigvee\Phi \quad \text{:gdw} \quad \text{es gibt ein } \varphi \in \Phi \text{ mit } \mathfrak{I} \models \varphi.$$

In $\mathscr{L}_{\omega_1\omega}$ lassen sich viele Klassen axiomatisieren, von denen wir früher festgestellt haben, daß sie nicht in der ersten Stufe charakterisierbar sind. So etwa:

die Klasse der Torsionsgruppen durch die Konjunktion der Gruppenaxiome und

$$\forall x \bigvee\{\underbrace{x \circ \ldots \circ x}_{n-\text{mal}} \equiv e \mid n \geq 1\},$$

die Klasse der Körper mit von Null verschiedener Charakteristik durch die Konjunktion der Körperaxiome und

$$\bigvee\{\underbrace{1 + \ldots + 1}_{n-\text{mal}} \equiv 0 \mid n \geq 2\},$$

die Klasse der archimedisch geordneten Körper durch die Konjunktion der Axiome für geordnete Körper und

$$\forall x \bigvee\{x < \underbrace{1 + \ldots + 1}_{n-\text{mal}} \mid n \geq 1\},$$

die Klasse der zu $(\mathbb{N}, \sigma, 0)$ isomorphen Strukturen durch die Konjunktion der ersten beiden Peanoaxiome und

$$\forall x \bigvee\{x \equiv \underbrace{\sigma \ldots \sigma}_{n-\text{mal}} 0 \mid n \geq 0\},$$

die Klasse der zusammenhängenden Graphen durch die Konjunktion der Axiome für Graphen und

$$\begin{aligned}&\forall x \forall y (\neg x \equiv y \rightarrow \\ &\qquad \bigvee\{\exists z_0 \ldots \exists z_n (x \equiv z_0 \wedge y \equiv z_n \wedge R z_0 z_1 \wedge \ldots \wedge R z_{n-1} z_n \mid n \geq 1\}.\end{aligned}$$

2.2 Bemerkungen. (a) Für eine höchstens abzählbare Menge Φ sei $\bigwedge \Phi$ eine Abkürzung für den $\mathscr{L}_{\omega_1\omega}$-Ausdruck $\neg \bigvee\{\neg\varphi \mid \varphi \in \Phi\}$. Dann gilt

$$\mathfrak{I} \models \bigwedge \Phi \quad \text{gdw} \quad \text{für alle } \varphi \in \Phi\text{: } \mathfrak{I} \models \varphi.$$

$\bigwedge \Phi$ heißt daher die *Konjunktion* der Ausdrücke in Φ.

(b) Für $\mathscr{L}_{\omega_1\omega}$ erweitert man die Definition der Menge $\mathrm{TA}(\varphi)$ der Teilausdrücke von φ in II.4.5 um die Festsetzung

$$\mathrm{TA}(\bigvee \Phi) := \{\bigvee \Phi\} \cup \bigcup_{\psi \in \Phi} \mathrm{TA}(\psi).$$

Dann läßt sich durch Induktion über den Aufbau von φ beweisen, daß $\mathrm{TA}(\varphi)$ höchstens abzählbar ist. Wir bringen als Beispiel den $\bigvee$-Schritt: Sei $\varphi = \bigvee \Phi$, und für jedes $\psi \in \Phi$ sei nach Induktionsvoraussetzung $\mathrm{TA}(\psi)$ höchstens abzählbar. Dann ist auch $\mathrm{TA}(\bigvee \Phi) = \{\bigvee \Phi\} \cup \bigcup_{\psi \in \Phi} \mathrm{TA}(\psi)$ als höchstens abzählbare Vereinigung von höchstens abzählbaren Mengen höchstens abzählbar. – Insbesondere existiert zu jedem $\varphi \in L^S_{\omega_1\omega}$ ein höchstens abzählbares $S' \subset S$ mit $\varphi \in L^{S'}_{\omega_1\omega}$.

(c) Die Menge frei($\bigvee \Phi$) der in $\bigvee \Phi$ frei vorkommenden Variablen sei gleich $\bigcup_{\psi \in \Phi} \text{frei}(\psi)$. Der Ausdruck $\bigvee\{v_n \equiv v_n \mid n \in \mathbb{N}\}$ enthält somit unendlich viele Variablen frei. Durch Induktion über den Aufbau von φ zeigt man leicht: Ist frei(φ) endlich, so kommen auch in jedem Teilausdruck von φ nur endlich viele Variablen frei vor. Insbesondere enthalten die Teilausdrücke eines $\mathscr{L}_{\omega_1\omega}$-Satzes nur endlich viele Variablen frei.

Für den $L^{\emptyset}_{\omega_1\omega}$-Satz

$$\psi_{\text{endl}} := \bigvee\{\neg\varphi_{\geq n} \mid n \geq 2\}$$

und jede Struktur $\mathfrak{A}$ gilt:

$$\mathfrak{A} \models \psi_{\text{endl}} \quad \text{gdw} \quad A \text{ ist endlich.}$$

Somit zeigt die Satzmenge $\{\psi_{\text{endl}}\} \cup \{\varphi_{\geq n} \mid n \geq 2\}$:

2.3 Satz. *Für $\mathscr{L}_{\omega_1\omega}$ gilt der Endlichkeitssatz nicht.* □

Dennoch lassen sich viele Sachverhalte bei geeigneter Formulierung von $\mathscr{L}_{\mathrm{I}}$ nach $\mathscr{L}_{\omega_1\omega}$ übertragen. Wir erwähnen einige Beispiele und verweisen zur genaueren Information auf [22].

(1) Es gilt der Satz von Löwenheim und Skolem (siehe 2.4).

(2) Die folgenden „Regeln“ für $\bigvee$ sind korrekt:

$$(\bigvee\mathrm{A})\ \frac{\Gamma \quad \varphi \qquad \psi \quad \text{für jedes } \varphi \in \Phi}{\Gamma \quad \bigvee\Phi \quad \psi}\ ;$$

$$(\bigvee\mathrm{S})\ \frac{\Gamma \quad \varphi}{\Gamma \quad \bigvee\Phi}\ , \quad \text{falls } \varphi \in \Phi.$$

Dabei steht Γ für endliche Folgen von $\mathscr{L}_{\omega_1\omega}$-Ausdrücken.

Erweitert man den Beweiskalkül $\mathfrak{S}$ der ersten Stufe um ($\bigvee$A) und ($\bigvee$S), so erhält man einen korrekten und vollständigen „Kalkül“: Sind $\varphi_1, \ldots, \varphi_n, \varphi$ $\mathscr{L}_{\omega_1\omega}$-Sätze, so ist die Sequenz $\varphi_1 \ldots \varphi_n \varphi$ genau dann ableitbar, wenn sie korrekt ist. Allerdings muß man, wie die Regel ($\bigvee$A) nahelegt, unendlich lange Ableitungen zulassen.

(3) Eine Analyse von (2) zeigt, daß sich bei geeigneter Verallgemeinerung des Endlichkeitsbegriffs auch weitere Sachverhalte von $\mathscr{L}_{\mathrm{I}}$ auf $\mathscr{L}_{\omega_1\omega}$ übertragen lassen. Hierzu gehört etwa der *Barwisesche Endlichkeitssatz* für $\mathscr{L}_{\omega_1\omega}$, vgl. [1].

2.4 Satz von Löwenheim und Skolem für $\mathscr{L}_{\omega_1\omega}$. *Jeder erfüllbare $\mathscr{L}_{\omega_1\omega}$-Satz ist über einer höchstens abzählbaren Menge erfüllbar.*

Da es zu jedem $\mathscr{L}_{\omega_1\omega}$-Satz φ ein höchstens abzählbares S gibt mit $\varphi \in L^S_{\omega_1\omega}$, folgt 2.4 unmittelbar aus

2.5 Lemma. *Es sei S höchstens abzählbar, φ ein $L^S_{\omega_1\omega}$-Satz und $\mathfrak{B}$ eine S-Struktur mit $\mathfrak{B} \models \varphi$. Dann gibt es eine höchstens abzählbare Substruktur $\mathfrak{A} \subset \mathfrak{B}$ mit $\mathfrak{A} \models \varphi$.*

Beweis. Wir schildern zunächst die Idee. B_0 sei eine nicht-leere, höchstens abzählbare Teilmenge von B, welche S-abgeschlossen ist, welche also die $c^{\mathfrak{B}}$ für $c \in S$ enthält und gegen $f^{\mathfrak{B}}$ für $f \in S$ abgeschlossen ist. B_0 ist dann Träger einer höchstens abzählbaren Substruktur $\mathfrak{B}_0$ von $\mathfrak{B}$. Wenn man versucht, nachzuweisen, daß $\mathfrak{B}_0 \models \varphi$, und den Beweis induktiv über den Aufbau von φ führt, scheitert man i.a. an den $\exists$-Quantoren in φ. Hat z.B. φ die Gestalt $\exists x Px$, so muß sichergestellt sein, daß es ein $b \in B_0$ gibt mit $P^{\mathfrak{B}}b$. Wir werden daher den Ansatz verfolgen, B_0 sukzessive gegen alle möglichen Existenzforderungen abzuschließen, die von Teilausdrücken von φ herrühren.

Zum Beweis: Mit $\psi(x_1, \ldots, x_n)$ deuten wir an, daß $\text{frei}(\psi) \subset \{x_1, \ldots, x_n\}$ und daß die Variablen $x_1, \ldots, x_n$ paarweise verschieden sind. Weiterhin besage $\mathfrak{D} \models \psi[a_1, \ldots, a_n]$, daß ψ in $\mathfrak{D}$ gilt, wenn für $1 \leq i \leq n$ die Variable x_i durch a_i belegt wird.

Wir definieren eine Folge $A_0, A_1, A_2, \ldots$ von höchstens abzählbaren Teilmengen von B so, daß für $m \in \mathbb{N}$ gilt:

(a) $A_m \subset A_{m+1}$;

(b) für $\psi(x_1, \ldots, x_n) \in \text{TA}(\varphi)$ und $a_1, \ldots, a_n \in A_m$ gilt:
Wenn $\mathfrak{B} \models \exists x \psi[a_1, \ldots, a_n]$, so gibt es ein $a \in A_{m+1}$ mit
$\mathfrak{B} \models \psi[a_1, \ldots, a_n, a]$.

A_0 sei eine nicht-leere, höchstens abzählbare Teilmenge von B, die $\{c^{\mathfrak{B}} \mid c \in S\}$ umfaßt. Sei A_m bereits definiert und höchstens abzählbar. Um A_{m+1} zu definieren, wählen wir zu jedem Ausdruck $\psi(x_1, \ldots, x_n, x)$, der zu $\text{TA}(\varphi)$ gehört oder die Gestalt $fx_1 \ldots x_n = x$ (mit n-stelligem $f \in S$) hat, und zu $a_1, \ldots, a_n \in A_m$ mit $\mathfrak{B} \models \exists x \psi[a_1, \ldots, a_n]$ ein $b \in B$ mit $\mathfrak{B} \models \psi[a_1, \ldots, a_n, b]$. A'_m sei die Menge der so gewählten b. Mit $\text{TA}(\varphi)$ und A_m ist auch A'_m höchstens abzählbar. Wir setzen $A_{m+1} := A_m \cup A'_m$. Dann ist A_{m+1} höchstens abzählbar, und (a) und (b) sind erfüllt.

Für

$$A := \bigcup_{m \in \mathbb{N}} A_m$$

gilt dann:

(1) A ist höchstens abzählbar.

(2) A ist S-abgeschlossen. Nach Wahl von A_0 brauchen wir nur zu zeigen, daß A für n-stelliges $f \in S$ gegen $f^{\mathfrak{B}}$ abgeschlossen ist. Seien $a_1, \ldots, a_n \in A$. Da die A_m eine aufsteigende Kette bilden, liegen $a_1, \ldots, a_n$ bereits in einem geeignet gewählten A_k. Da $\mathfrak{B} \models \exists x\, x \equiv f x_1 \ldots x_n[a_1, \ldots, a_n]$, liegt nach (b) dann $f^{\mathfrak{A}}(a_1, \ldots, a_n)$ in A_{k+1}, also in A.

Wegen (1), (2) ist A der Träger einer höchstens abzählbaren Substruktur $\mathfrak{A}$ von $\mathfrak{B}$. Wir sind daher fertig, wenn wir zeigen können:

(*) $$\mathfrak{A} \models \varphi.$$

Dies ergibt sich sofort aus der folgenden Behauptung

(**) Für alle $\psi(x_1, \ldots, x_n) \in \mathrm{TA}(\varphi)$ und alle $a_1, \ldots, a_n \in A$ gilt:
$$\mathfrak{A} \models \psi[a_1, \ldots, a_n] \quad \text{gdw} \quad \mathfrak{B} \models \psi[a_1, \ldots, a_n].$$

Wir beweisen (**) durch Induktion über den Aufbau von ψ und beschränken uns dabei auf den $\exists$-Schritt.

Sei $\psi(x_1, \ldots, x_n) = \exists x \chi(x_1, \ldots, x_n, x)$, und seien $a_1, \ldots, a_n \in A$. Wenn $\mathfrak{A} \models \exists x \chi[a_1, \ldots, a_n]$, so erhalten wir der Reihenfolge nach:

Es gibt ein $a \in A$: $\mathfrak{A} \models \chi[a_1, \ldots, a_n, a]$.
Es gibt ein $a \in A$: $\mathfrak{B} \models \chi[a_1, \ldots, a_n, a]$ (Ind.-Vor.).
$\mathfrak{B} \models \exists x \chi[a_1, \ldots, a_n]$.

Ist umgekehrt $\mathfrak{B} \models \exists x \chi[a_1, \ldots, a_n]$, so wählen wir ein k mit $a_1, \ldots, a_n \in A_k$ und erhalten der Reihe nach:

Es gibt ein $a \in A_{k+1}$: $\mathfrak{B} \models \chi[a_1, \ldots, a_n, a]$ (wegen (b)).
Es gibt ein $a \in A_{k+1}$: $\mathfrak{A} \models \chi[a_1, \ldots, a_n, a]$ (Ind.-Vor.).
$\mathfrak{A} \models \exists x \chi[a_1, \ldots, a_n]$. □

Ist Φ eine höchstens abzählbare Menge von Sätzen erster Stufe und $\varphi := \bigwedge \Phi$, so liefert 2.5.: Jedes Modell von Φ hat eine höchstens abzählbare Substruktur, die ebenfalls Modell von Φ ist. Insbesondere erhalten wir damit einen neuen Beweis des Satzes von Löwenheim und Skolem für die erste Stufe, der nicht auf dem Beweis des Vollständigkeitssatzes beruht. Man beachte, daß ein $\mathscr{L}_{\omega_1\omega}$-Satz, der $(\mathbb{N}, \sigma, 0)$ charakterisiert, kein überabzählbares Modell besitzt; somit gilt für $\mathscr{L}_{\omega_1\omega}$ nicht das Analogon des aufsteigenden Satzes von Löwenheim und Skolem VI.2.3.

Wir zeigen abschließend, wie man durch geeignete Wahl von φ in 2.5 zu mathematischen Anwendungen gelangen kann.

Der bequemeren Symbolisierung halber fassen wir hier Gruppen als Strukturen zur Symbolmenge $S := \{\circ, e, {}^{-1}\}$ auf. Eine Gruppe $\mathfrak{G}$ heißt *einfach*, wenn $\{e^G\}$ und G die einzigen Normalteiler von $\mathfrak{G}$ sind. Bezeichnen wir für $a \in G$ mit $\langle a \rangle_{\mathfrak{G}}$ den von a in $\mathfrak{G}$ erzeugten Normalteiler von $\mathfrak{G}$, so gilt offenbar:

$$\mathfrak{G} \text{ ist einfach} \quad \text{gdw} \quad \langle a \rangle_{\mathfrak{G}} = G \text{ für alle } a \in G \text{ mit } a \neq e^G.$$

Da

$$\langle a \rangle_{\mathfrak{G}} = \{g_0 a^{z_0} g_0^{-1} \ldots g_n a^{z_n} g_n^{-1} \mid n \in \mathbb{N}, z_0, \ldots, z_n \in \mathbb{Z}, g_0, \ldots, g_n \in G\},$$

läßt sich die Klasse der einfachen Gruppen in $L^S_{\omega_1\omega}$ durch die Konjunktion φ_0 der Gruppenaxiome und des folgenden Satzes axiomatisieren:

$$\forall x(\neg x \equiv e \to \forall y \bigvee \{\exists u_0 \ldots \exists u_n \bigvee \{y \equiv u_0 x^{z_0} u_0^{-1} \ldots u_n x^{z_n} u_n^{-1} \mid z_0, \ldots, z_n \in \mathbb{Z}\} \mid n \in \mathbb{N}\}.$$

Mit Hilfe von 2.5 zeigen wir jetzt:

2.6. *Ist $\mathfrak{G}$ eine einfache Gruppe und M eine abzählbare Teilmenge von G, so gibt es eine abzählbare einfache Untergruppe von $\mathfrak{G}$, die M umfaßt.*

Beweis. Es sei $S' := S \cup \{c_a \mid a \in M\}$ mit neuen Konstanten c_a für $a \in M$. Wir expandieren $\mathfrak{G}$ zu einer S'-Struktur $\mathfrak{G}'$, indem wir die c_a jeweils durch a interpretieren, und wenden 2.5 auf $\mathfrak{G}'$ und φ_0 an. □

2.7 Aufgabe. Man zeige, daß zu jedem $L^{w,S}_{\text{II}}$-Satz φ (vgl. Aufgabe 1.7) ein $L^S_{\omega_1\omega}$-Satz ψ mit den gleichen Modellen existiert (d.h. für alle S-Strukturen $\mathfrak{A}$: $\mathfrak{A} \models_w \varphi$ gdw $\mathfrak{A} \models \psi$). Man folgere hieraus den Satz von Löwenheim und Skolem für $\mathscr{L}^w_{\text{II}}$.

2.8 Aufgabe. Man zeige, daß die folgenden Klassen durch einen $\mathscr{L}_{\omega_1\omega}$-Satz axiomatisierbar sind:
(a) die Klasse der endlich erzeugten Gruppen;
(b) die Klasse der zu $(\mathbb{Z}, <)$ isomorphen Strukturen.

2.9 Aufgabe. (a) Man zeige für beliebiges S, daß $L^S_{\omega_1\omega}$ überabzählbar ist.
(b) Man gebe für eine geeignete abzählbare Symbolmenge S eine überabzählbare Struktur $\mathfrak{B}$ an, zu der keine abzählbare Struktur $\mathfrak{A}$ existiert, in der dieselben $L^S_{\omega_1\omega}$-Sätze gelten.

§3 Das System $\mathscr{L}_Q$

Das System $\mathscr{L}_Q$ entsteht aus der ersten Stufe durch Hinzunahme des Quantors Q. Der Ausdruck $Qx\varphi$ besagt inhaltlich: „Es gibt überabzählbar viele x mit φ“.

3.1 Zur Definition von $\mathscr{L}_Q$. Gegenüber der Sprache L^S treten bei L^S_Q hinzu:

(a) an Zeichen: Q;

(b) zum Ausdruckskalkül die Regel:
Ist φ ein S-Ausdruck, so auch $Qx\varphi$;

(c) bei der Definition der Modellbeziehung die Festsetzung:
Ist φ ein S-Ausdruck und $\mathfrak{I} = (\mathfrak{A}, \beta)$ eine S-Interpretation, so

$$\mathfrak{I} \models Qx\varphi \quad \text{:gdw} \quad \{a \in A \mid \mathfrak{I}\tfrac{a}{x} \models \varphi\} \text{ ist überabzählbar.}$$

$\mathscr{L}_Q$ ist ausdrucksstärker als $\mathscr{L}_{\mathrm{I}}$. Z.B. ist die Klasse der höchstens abzählbaren Strukturen in $\mathscr{L}_Q$ axiomatisierbar durch den Satz $\neg Qx\, x \equiv x$. – Ist $S = \{<\}$ und φ_0 die Konjunktion der Ordnungsaxiome mit

$$(Qx\, x \equiv x \wedge \forall x \neg Qy\, y < x),$$

so ist φ_0 ein L^S_Q-Satz, der die Klasse der überabzählbaren Ordnungen charakterisiert, bei denen jedes Element höchstens abzählbar viele Vorgänger besitzt. Diese sog. *ω_1-ähnlichen Ordnungen* spielen bei der Untersuchung von $\mathscr{L}_Q$ eine wesentliche Rolle.

φ_0 wie auch bereits $Qx\, x \equiv x$ zeigen, daß der Satz von Löwenheim und Skolem (VI.1.1) für $\mathscr{L}_Q$ nicht gilt. Allerdings besitzt jeder erfüllbare $\mathscr{L}_Q$-Satz ein Modell der Mächtigkeit $\leq \aleph_1$; vgl. Aufgabe 3.3.

$\mathscr{L}_Q$ besitzt jedoch einen adäquaten Sequenzenkalkül; man erhält einen solchen, indem man den Kalkül $\mathfrak{S}$ der ersten Stufe um die folgenden Regeln vermehrt (in Klammern steht jeweils ein veranschaulichender Kommentar, der die Idee des Korrektheitsbeweises enthält).

$$\frac{\Gamma \quad Qx\varphi}{\Gamma \quad Qy\varphi\frac{y}{x}}, \quad \text{falls } y \text{ nicht frei in } \varphi$$

(Umbenennung gebundener Variablen);

$$\frac{}{\neg Qx(x \equiv y \vee x \equiv z)}, \quad \text{falls } y, z \text{ von } x \text{ verschieden}$$

(„Einermengen und Zweiermengen sind höchstens abzählbar“);

$$\frac{\Gamma \quad \forall x(\varphi \to \psi)}{\Gamma \quad Qx\varphi \to Qx\psi}$$

(„Obermengen überabzählbarer Mengen sind überabzählbar“);

$$\frac{\begin{array}{ll}\Gamma & \neg Qx\exists y\varphi \\ \Gamma & Qy\exists x\varphi\end{array}}{\Gamma \quad \exists xQy\varphi}$$

(„Ist die Vereinigung von abzählbar vielen Mengen überabzählbar, so ist mindestens eine dieser Mengen überabzählbar“).

Man kann zeigen (vgl. [21]), daß dieser Kalkül genau die korrekten Sequenzen abzuleiten gestattet. Darüberhinaus gilt der Vollständigkeitssatz für abzählbare Mengen Φ von L_Q^S-Ausdrücken: $\Phi \models \varphi$ gdw $\Phi \vdash \varphi$. Wie bei der ersten Stufe gewinnt man hieraus (vgl. VI.2):

3.2 $\mathscr{L}_Q$-Endlichkeitssatz. *Für jede abzählbare Menge Φ von L_Q^S-Ausdrücken gilt: Φ ist erfüllbar genau dann, wenn jede endliche Teilmenge von Φ erfüllbar ist.* □

Daß der Endlichkeitssatz für überabzählbare Ausdrucksmengen nicht mehr gilt, zeigt das folgende Beispiel: Sei S eine überabzählbare Menge von Konstanten und

$$\Phi := \{\neg c \equiv d \mid c, d \in S, c \neq d\} \cup \{\neg Qx\, x \equiv x\}.$$

Dann ist zwar jede endliche Teilmenge von Φ erfüllbar, nicht jedoch Φ selbst.

In Kapitel VI haben wir gesehen, daß der Endlichkeitssatz und der Satz von Löwenheim und Skolem nützliche Hilfsmittel für Anwendungen in der Mathematik darstellen. In keiner der von uns betrachteten Erweiterungen von $\mathscr{L}_{\mathrm{I}}$ gelten beide Sätze. So erfüllt $\mathscr{L}_{\omega_1\omega}$ nicht den Endlichkeitssatz, $\mathscr{L}_Q$ nicht den Satz von Löwenheim und Skolem und $\mathscr{L}_{\mathrm{II}}$ keinen dieser Sätze. Es stellt sich die Frage: Gibt es überhaupt ein logisches System, das ausdrucksstärker als die erste Stufe ist und für das sowohl der Endlichkeitssatz als auch der Satz von Löwenheim und Skolem gelten? Wir werden in Kapitel XIII eine negative Antwort geben.

3.3 Aufgabe. Man zeige: Jeder erfüllbare $\mathcal{L}_Q$-Satz ist über einer Menge einer Mächtigkeit kleiner oder gleich $\aleph_1$ erfüllbar. (Dabei ist $\aleph_1$ die kleinste überabzählbare Kardinalzahl.)
(Hinweis: Man verfahre ähnlich wie im Beweis von 2.5: Für Ausdrücke $Qx\varphi$, die in $\mathfrak{B}$ gelten, nehme man jeweils $\aleph_1$ viele erfüllende Elemente hinzu.)

3.4 Aufgabe. $\mathcal{L}_Q^0$ entstehe aus $\mathcal{L}_Q$, indem man die Modellbeziehung 3.1.(c) folgendermaßen abändert:

$$\mathfrak{I} \models Qx\varphi \quad \text{:gdw} \quad \{a \in A \mid \mathfrak{I}\frac{a}{x} \models \varphi\} \text{ ist unendlich.}$$

Man zeige: In $\mathcal{L}_Q^0$ gilt nicht der Endlichkeitssatz, jedoch der Satz von Löwenheim und Skolem.

Kapitel X

Grenzen der formalen Methode

Bislang haben wir die Tatsache, daß das Anwenden von Sequenzenregeln letztlich in einem mechanischen Umgang mit Zeichenreihen besteht, nur für methodologische Überlegungen (vgl. VII.1) benutzt. Im folgenden wollen wir den Aspekt des formal-syntaktischen Operierens systematischer untersuchen und anschließend in mathematische Überlegungen zur Logik einbeziehen. Einen ersten Einblick in die Fragestellungen, die wir dabei aufgreifen wollen, vermitteln wir am Beispiel des Axiomensystems $\Phi_{\mathrm{Gr}} = \{\varphi_0, \varphi_1, \varphi_2\}$ der Gruppentheorie. Der Vollständigkeitssatz liefert (zusammen mit dem Korrektheitssatz), daß für alle S_{Gr}-Sätze φ

$$\Phi_{\mathrm{Gr}} \models \varphi \quad \text{gdw} \quad \Phi_{\mathrm{Gr}} \vdash \varphi.$$

φ ist also genau dann ein Satz der Gruppentheorie

$$\mathrm{Th}_{\mathrm{Gr}} := \{\psi \in L_0^{S_{\mathrm{Gr}}} \mid \Phi_{\mathrm{Gr}} \models \psi\},$$

wenn die Sequenz $\varphi_0\varphi_1\varphi_2\varphi$ ableitbar ist. Indem wir für die Symbolmenge S_{Gr} durch systematische Anwendung aller Sequenzenregeln nach und nach jede mögliche Ableitung herstellen, können wir eine Liste der Sätze aus $\mathrm{Th}_{\mathrm{Gr}}$ anlegen: Wir notieren hierzu für jede hergestellte Ableitung, deren letzte Sequenz die Gestalt $\varphi_0\varphi_1\varphi_2\varphi$ mit $\varphi \in L_0^{S_{\mathrm{Gr}}}$ hat, das Sukzedens φ.

Wir haben damit ein Verfahren in der Hand, mit dem wir gleichsam mechanisch alle Sätze aus $\mathrm{Th}_{\mathrm{Gr}}$ auflisten können. Es dürfte plausibel sein, daß man die Durchführung eines solchen Verfahrens einer geeignet programmierten Rechenmaschine übertragen kann. Freilich müßte deren Kapazität bei Bedarf jeweils im erforderlichen Maße vergrößert werden, da ja die Ableitungen und die in ihnen auftretenden Sequenzen und Ausdrücke beliebig lang werden können. Eine Menge wie $\mathrm{Th}_{\mathrm{Gr}}$, die sich auf eine solche Weise durch ein Verfahren auflisten läßt, heißt *aufzählbar*.

Mehr als ein Aufzählungsverfahren für $\mathrm{Th}_{\mathrm{Gr}}$, von dem man nicht weiß, ob es in absehbarer Zeit überhaupt wichtige Sätze liefert, interessiert es den Mathematiker, von konkreten Sätzen φ, die vom augenblicklich überschaubaren Teil der Theorie her wichtig sind, zu wissen, ob sie zu $\mathrm{Th}_{\mathrm{Gr}}$ gehören oder nicht. Üblicherweise gibt der Mathematiker dadurch eine Antwort, daß er einen Beweis für φ führt oder ein Gegenbeispiel für φ aufweist (d.h. eine Gruppe $\mathfrak{G}$ mit $\mathfrak{G} \models \neg\varphi$). Da es oft nur schwer gelingt, einen Nachweis in der einen oder anderen Richtung zu führen, liegt die Frage nahe, ob es vielleicht ein Verfahren gibt, das sich auf beliebige S_{Gr}-Sätze anwenden läßt und für jeden solchen Satz in endlich vielen Schritten entscheidet, ob er zu $\mathrm{Th}_{\mathrm{Gr}}$ gehört oder nicht, anders gesprochen: ob man eine Rechenmaschine so programmieren kann, daß sie bei Eingabe eines S_{Gr}-Satzes φ „berechnet", ob φ zu $\mathrm{Th}_{\mathrm{Gr}}$ gehört oder nicht. Eine Theorie, für die ein solches Verfahren existiert, nennen wir *entscheidbar*.

Das folgende Kapitel widmet sich dem gerade aufgeworfenen Fragenkreis. Dazu gehen wir zunächst ausführlicher auf die Begriffe der Aufzählbarkeit und der Entscheidbarkeit ein – in §1 noch naiv, in §2 präzise auf der Basis von sog. *Registermaschinen*. Unsere Betrachtungen gehören zur *Theorie der Berechenbarkeit* (*Rekursionstheorie*). In den späteren Paragraphen folgen dann Anwendungen auf die Logiken der ersten und der zweiten Stufe.

Zur weiteren Information über rekursionstheoretische Sachverhalte verweisen wir auf [16], [20].

§1 Entscheidbarkeit und Aufzählbarkeit

A. Verfahren, Entscheidbarkeit

Es ist allgemein bekannt, wie man von einer beliebig vorgegebenen natürlichen Zahl n feststellen kann, ob sie eine Primzahl ist: Falls $n = 0$ oder $n = 1$, ist n nicht prim. Ist $n \geq 2$, so prüfe man der Reihe nach die Zahlen $2, \ldots, n-1$ daraufhin, ob sie n teilen. Gelangt man so zu keinem Teiler von n, ist n prim, sonst nicht.

Dieses Verfahren operiert mit Zeichenreihen, etwa bei Dezimaldarstellung der natürlichen Zahlen mit Zeichenreihen über dem Alphabet $\{0, \ldots, 9\}$. Es ist durch unsere Schilderung noch nicht bis in alle Einzelheiten festgelegt – wir haben z.B. nicht normiert, wie man die Divisionen durchzuführen hat –, doch dürfte es einleuchtend sein, daß man durch eine geeignete Aufgliederung in kleine Einzelschritte einen „mechanischen" Ablauf eindeutig fixieren kann. So etwa, wenn man das Verfahren auf einer Rechenmaschine programmiert und ablaufen läßt. Mit Bezug auf das, was es leistet, spricht man von einem *Entscheidungsverfahren für die Menge der Primzahlen*.

Ebenfalls bekannt sind etwa Verfahren

(a) zur Multiplikation zweier natürlicher Zahlen,

(b) zur Berechnung der Quadratwurzel einer natürlichen Zahl,

(c) zur Auflistung der Primzahlen in natürlicher Reihenfolge.

All diesen Verfahren ist gemeinsam, daß sie *schrittweise verlaufen*, *mit Zeichenreihen operieren* und *auf einer geeignet programmierten Rechenmaschine durchführbar sind*. Ein Verfahren kann eine oder mehrere *Eingaben* (*Input*) verarbeiten (wie in (a) oder (b)) oder ohne eine spezielle Eingabe in Gang gesetzt werden (wie in (c)). Es kann nach endlich vielen Schritten *stoppen* und eine *Ausgabe* (*Output*) liefern (wie in (a) zu jedem Input und in (b) für eingegebene Quadratzahlen), oder es kann unendlich lange laufen, wobei mehrere Ausgaben erfolgen können (wie in (c)).

Verfahren in unserem Sinne (effektive Verfahren, Algorithmen) operieren in konkreter Weise mit Zeichenreihen. Demgegenüber verwendet der Mathematiker den Verfahrensbegriff zuweilen auch allgemeiner. So spricht er selbst dann vom Schmidtschen Orthogonalisierungs*verfahren*, wenn er sich auf „abstrakte" Vektorräume bezieht.

Die folgende Definition und ebenso die weiteren Ausführungen dieses Paragraphen sind nicht mathematisch exakt, da wir den Begriff des Verfahrens noch nicht präzise gefaßt, sondern nur exemplarisch erläutert haben.

1.1 Definition. $\mathcal{A}$ sei ein Alphabet, W eine Menge von Wörtern über $\mathcal{A}$, d.h. $W \subset \mathcal{A}^*$, und $\mathfrak{B}$ ein Verfahren.

(a) $\mathfrak{B}$ heißt ein *Entscheidungsverfahren* für W, falls $\mathfrak{B}$ bei jeder Eingabe $\zeta \in \mathcal{A}^*$ schließlich stoppt und zuvor genau einmal eine Ausgabe $\eta \in \mathcal{A}^*$ liefert, wobei

$$\eta = \square, \text{ falls } \zeta \in W \quad \text{und} \quad \eta \neq \square, \text{ falls } \zeta \notin W.$$

(b) W heißt *entscheidbar*, falls es ein Entscheidungsverfahren für W gibt.

Ein Entscheidungsverfahren für W liefert also, angesetzt auf ein beliebiges Wort ζ über $\mathcal{A}$, nach endlich vielen Schritten eine Antwort auf die Frage "$\zeta \in W$?". Dabei wird die Antwort "ja" durch das leere Wort, die Antwort "nein" durch ein nicht-leeres Wort wiedergegeben.

Um das eingangs beschriebene Entscheidungsverfahren für die Menge der Primzahlen den Forderungen aus 1.1 anzugleichen, setzen wir $\mathcal{A} := \{0, \ldots, 9\}$, W := Menge der (Dezimaldarstellungen der) Primzahlen und vereinbaren, daß für Primzahlen das leere Wort und sonst z.B. 1 ausgegeben wird.

Entscheidbar sind, um weitere Beispiele zu bringen, die Menge der S_∞-Terme und die Menge der S_∞-Ausdrücke (zu S_∞ vgl. II.2) als Zeichenreihen über dem Alphabet

$$\mathcal{A}_\infty := \{v_0, v_1, \ldots, \neg, \vee, \exists, \equiv,), (\} \cup S_\infty.$$

(Ähnliche Überlegungen gelten hier und in späteren Fällen auch für andere konkret gegebene Symbolmengen.) Wir skizzieren ein Entscheidungsverfahren für die Terme.

$\zeta \in \mathcal{A}_\infty^*$ sei vorgegeben. Wir stellen zunächst die Länge $l(\zeta)$ von ζ fest. Ist $l(\zeta) = 0$, so ist ζ kein Term. Ist $l(\zeta) = 1$, so ist ζ genau dann ein Term, falls ζ eine Variable oder eine Konstante ist, und wir haben das zu prüfen. Ist $l(\zeta) > 1$, scheidet ζ als Term aus, wenn es nicht mit einem Funktionssymbol beginnt. Beginnt ζ z.B. mit f_1^3, ist also $\zeta = f_1^3\zeta'$, so prüfen wir, ob es eine Zerlegung $\zeta_1\zeta_2\zeta_3$ von ζ' gibt, bei der die ζ_i Terme sind. Genau dann, wenn eine solche Zerlegung existiert, ist ζ ein Term. Dabei prüfen wir die einzelnen ζ_i

nach demselben Verfahren wie ζ. Da die ζ_i kürzer sind als ζ, gelangen wir nach endlich vielen Schritten zu einer Antwort.

Wenn man versucht, dieses Verfahren genauer zu formulieren oder für eine Rechenmaschine zu programmieren, erhebt sich eine Schwierigkeit: Programme sind endlich und können daher nur endlich viele Zeichen aus $\mathcal{A}_\infty$ ansprechen, während $\mathcal{A}_\infty$ ja bereits die unendlich vielen Zeichen $v_0, v_1, v_2, \ldots$ enthält. Wir helfen uns, indem wir zu dem neuen endlichen Alphabet

$$\mathcal{A}_0 := \{v, \underline{0}, \underline{1}, \ldots, \underline{9}, \overline{0}, \overline{1}, \ldots, \overline{9}, \neg, \vee, \exists, \equiv,), (, R, f, c\}$$

übergehen und die Zeichen von $\mathcal{A}_\infty$ in naheliegender Weise aus den Zeichen von $\mathcal{A}_0$ aufbauen, so z.B. v_{71} durch $v\underline{71}$, c_{11} durch $c\underline{11}$, R^3_{18} durch $R\overline{3}\underline{18}$ und den S_∞-Ausdruck $\exists v_3(R^1_1 v_3 \vee c_{11} \equiv f^1_0 v_1)$ durch $\exists v\underline{3}(R\overline{1}\underline{1}v\underline{3} \vee c\underline{11} \equiv f\overline{1}\underline{0}v\underline{1})$. Wir wollen daher im folgenden stets nur *endliche* Alphabete in unsere Betrachtungen einbeziehen.

1.2 Aufgabe. $\mathcal{A}$ sei ein Alphabet, und W, W' seien entscheidbare Teilmengen von $\mathcal{A}^*$. Man zeige, daß auch $W \cup W'$, $W \cap W'$ und $\mathcal{A}^* \setminus W$ entscheidbar sind.

1.3 Aufgabe. Man beschreibe Entscheidungsverfahren für folgende Teilmengen von $\mathcal{A}_0^*$:
(a) die Menge der Zeichenreihen $x\varphi$ über $\mathcal{A}_0$ mit $x \in \text{frei}(\varphi)$,
(b) die Menge der S_∞-Sätze.

B. Aufzählbarkeit

Wir betrachten eine Rechenmaschine, die folgendermaßen arbeitet: Sie stellt der Reihe nach die Zahlen $n = 0, 1, 2, \ldots$ her, prüft jeweils, ob n eine Primzahl ist, und gibt n aus, wenn dies der Fall ist. Die Maschine läuft unendlich lange und legt dabei eine Liste aller Primzahlen an, d.h. eine Liste, in der schließlich jede Primzahl erscheint.

Mengen, die sich wie die Menge der Primzahlen mit einem Verfahren auflisten lassen, heißen *aufzählbar*:

1.4 Definition. $\mathcal{A}$ sei ein Alphabet, $W \subset \mathcal{A}^*$ und $\mathfrak{V}$ ein Verfahren.
(a) $\mathfrak{V}$ heißt ein *Aufzählungsverfahren* für W, falls $\mathfrak{V}$, wenn es in Gang gesetzt wird, nach und nach genau die Wörter aus W (in irgendeiner Reihenfolge, evtl. auch mit Wiederholungen) ausgibt.
(b) W heißt *aufzählbar*, falls es ein Aufzählungsverfahren für W gibt.

Wir bringen weitere Beispiele für aufzählbare Mengen.

1.5. *$\mathcal{A}$ sei ein (endliches) Alphabet. Dann ist $\mathcal{A}^*$ aufzählbar.*

Beweis. Es sei $\mathcal{A} = \{a_0, \ldots, a_n\}$. Wir definieren zunächst in $\mathcal{A}^*$ die sog. *lexikographische Reihenfolge* (bzgl. der Indizierung $a_0, \ldots, a_n$): In dieser Reihenfolge kommt ζ vor ζ', falls gilt:

$l(\zeta) < l(\zeta')$ oder
$l(\zeta) = l(\zeta')$ und „ζ steht lexikographisch vor ζ'", d.h. es gibt $a_i, a_j \in \mathcal{A}$ mit $i < j$, so daß für geeignete $\xi, \eta, \eta' \in \mathcal{A}^*$ $\zeta = \xi a_i \eta$ und $\zeta' = \xi a_j \eta'$.

Ist etwa $\mathcal{A} = \{a, b, c, \ldots, x, y, z\}$, so kommt "papa" vor "papi", jedoch hinter "zuu". Allgemein beginnt die Reihenfolge so:

$$\square, a_0, \ldots, a_n, a_0a_0, a_0a_1, \ldots, a_0a_n, a_1a_0, \ldots, a_na_n, a_0a_0a_0, \ldots$$

Man kann nun relativ leicht ein Verfahren angeben, das die Elemente von $\mathcal{A}^*$ in lexikographischer Reihenfolge auflistet. □

1.6. *$\{\varphi \in L_0^{S_\infty} \mid \models \varphi\}$ ist aufzählbar.*

Beweis. Wir skizzieren ein Verfahren, das die S_∞-Sätze φ mit $\vdash \varphi$ auflistet. Es verwendet dieselbe Idee wie das Aufzählungsverfahren für $\mathrm{Th}_{\mathrm{Gr}}$ in der Einführung. Man stelle zur Symbolmenge S_∞ systematisch alle möglichen Ableitungen her. Sofern deren letzte Sequenz aus einem einzigen Satz φ besteht, notiere man φ. Die Ableitungen lassen sich etwa so erzeugen: Für $n = 1, 2, 3, \ldots$ stelle man die in der lexikographischen Reihenfolge n ersten Terme und Ausdrücke her und bilde die endlich vielen Ableitungen einer Länge $\leq n$, die nur diese Ausdrücke und Terme verwenden und aus höchstens n-gliedrigen Sequenzen bestehen. □

C. Zusammenhang zwischen Aufzählbarkeit und Entscheidbarkeit

Wir haben soeben gesehen, daß sich die Menge der „logisch wahren" Sätze mit einem Verfahren auflisten läßt. Kann man vielleicht darüberhinaus *entscheiden*, ob ein beliebig vorgegebener Satz „logisch wahr" ist? Das geschilderte Aufzählungsverfahren hilft hier nicht weiter. Wenn wir z.B. einen Satz φ auf seine Allgemeingültigkeit hin prüfen wollen, indem wir das Aufzählungsverfahren von 1.6 in Gang setzen und warten, ob φ erscheint, so kommen wir zu einer positiven Entscheidung, sobald φ ausgegeben wird. Solange jedoch φ nicht erschienen ist, können wir i.a. nichts über φ aussagen, da wir ja nicht wissen, ob φ nie erscheinen wird (weil es nicht allgemeingültig ist) oder ob φ erst zu einem späteren Zeitpunkt erscheinen wird. – Wir werden sogar zeigen (vgl. 4.1), daß die Menge der allgemeingültigen S_∞-Sätze nicht entscheidbar ist.

Umgekehrt kann man von der Entscheidbarkeit einer Menge auf ihre Aufzählbarkeit schließen:

1.7 Satz. *Jede entscheidbare Menge ist aufzählbar.*

Beweis. $W \subset \mathscr{A}^*$ sei entscheidbar und $\mathfrak{B}$ ein Entscheidungsverfahren für W. Wir listen W auf, indem wir $\mathscr{A}^*$ lexikographisch aufzählen und dabei jede Zeichenreihe, die wir erhalten, mit $\mathfrak{B}$ auf ihre Zugehörigkeit zu W prüfen und bei positiver Entscheidung ausgeben. □

Über 1.7 hinaus gilt:

1.8 Satz. *Eine Teilmenge W von $\mathscr{A}^*$ ist genau dann entscheidbar, falls W und das Komplement $\mathscr{A}^* \setminus W$ aufzählbar sind.*

Beweis. W sei entscheidbar. Dann ist auch $\mathscr{A}^* \setminus W$ entscheidbar: In einem Entscheidungsverfahren für W vertausche man bei der Ausgabe die Fälle "ja" und "nein". Nach 1.7 sind also W und $\mathscr{A}^* \setminus W$ aufzählbar. – Seien umgekehrt W und $\mathscr{A}^* \setminus W$ aufzählbar, etwa mit Aufzählungsverfahren $\mathfrak{B}$ und $\mathfrak{B}'$. Wir kombinieren $\mathfrak{B}$ und $\mathfrak{B}'$ auf folgende Weise zu einem Entscheidungsverfahren für W: Bei Eingabe von ζ lassen wir beide Verfahren so lange laufen, bis ζ durch $\mathfrak{B}$ oder durch $\mathfrak{B}'$ ausgegeben wird. Dies ist schließlich der Fall, da jede Zeichenreihe aus $\mathscr{A}^*$ in W oder in $\mathscr{A}^* \setminus W$ liegt. Tritt ζ bei $\mathfrak{B}$ auf, gehört es zu W, sonst zu $\mathscr{A}^* \setminus W$. □

1.9 Aufgabe. $U \subset \mathscr{A}^*$ sei entscheidbar und $W \subset U$. Man zeige: Wenn W und $U \setminus W$ aufzählbar sind, dann ist W entscheidbar.

Die Definitionen der entscheidbaren und der aufzählbaren Menge nehmen Bezug auf ein fest vorgegebenes Alphabet. Dieser Bezug ist jedoch nicht wesentlich:

1.10 Aufgabe. $\mathscr{A}_1$ und $\mathscr{A}_2$ seien Alphabete, $\mathscr{A}_1 \subset \mathscr{A}_2$. Man zeige für $W \subset \mathscr{A}_1^*$: W ist entscheidbar (aufzählbar) bzgl. $\mathscr{A}_1$ genau dann, wenn W entscheidbar (aufzählbar) bzgl. $\mathscr{A}_2$ ist.

1.11 Aufgabe. Man zeige:

(a) Die Menge PGN der Polynome mit ganzzahligen Koeffizienten in mehreren Unbestimmten, die eine ganzzahlige Nullstelle besitzen, ist aufzählbar. (Man wähle etwa das Alphabet $\{x, +, -, 0, \ldots, 9, \underline{0}, \ldots, \underline{9}, \overline{0}, \ldots, \overline{9}\}$ und gebe das Polynom $-3x_1 + x_2^3 x_5 + 2$ durch $-3x\underline{1} + x\underline{2}\overline{3}x\underline{5} + 2$ wieder.)

(b) Die Menge PGN_1 der Polynome in *einer* Unbestimmten, die in PGN liegen, ist entscheidbar.
Zur Frage der Entscheidbarkeit von PGN (sog. 10. *Hilbertsches Problem*) vgl. die Ausführungen vor 6.13.

D. Berechenbare Funktionen

$\mathscr{A}$ und $\mathscr{B}$ seien Alphabete. Ein Verfahren, das für jede Eingabe aus $\mathscr{A}^*$ genau ein Wort aus $\mathscr{B}^*$ liefert, bestimmt eine Funktion von $\mathscr{A}^*$ in $\mathscr{B}^*$. Eine Funktion, deren Werte auf solche Weise durch ein Verfahren berechnet werden können, nennt man *berechenbar*. Berechenbar ist z.B. die Längenfunktion l, die jedem $\zeta \in \mathscr{A}^*$ die Länge von ζ (in Dezimaldarstellung als Wort über $\{0, \ldots, 9\}$) zuordnet.

Während in unseren Betrachtungen die Begriffe der Aufzählbarkeit und der Entscheidbarkeit im Vordergrund stehen, nehmen viele Darstellungen der Rekursionstheorie den Begriff der berechenbaren Funktion zum Ausgangspunkt. Beide Zugänge sind gleichwertig, da sich die genannten Begriffe gegenseitig auseinander definieren lassen. Die folgende Aufgabe zeigt, daß sich der Begriff der berechenbaren Funktion auf den der Aufzählbarkeit und auf den der Entscheidbarkeit reduzieren läßt.

1.12 Aufgabe. $\mathscr{A}$ und $\mathscr{B}$ seien Alphabete, $\# \notin \mathscr{A} \cup \mathscr{B}$ und $f : \mathscr{A}^* \to \mathscr{B}^*$. Man zeige die Äquivalenz der Aussagen
(i) f ist berechenbar.
(ii) $\{\zeta \# f(\zeta) \mid \zeta \in \mathscr{A}^*\}$ ist aufzählbar.
(iii) $\{\zeta \# f(\zeta) \mid \zeta \in \mathscr{A}^*\}$ ist entscheidbar.
$\{\zeta \# f(\zeta) \mid \zeta \in \mathscr{A}^*\}$ kann als Graph von f aufgefaßt werden. Dann besagt 1.12: Eine Funktion ist berechenbar genau dann, wenn ihr Graph aufzählbar (entscheidbar) ist.

§2 Registermaschinen

In den vorangehenden Betrachtungen haben wir exemplarisch mit dem intuitiven Begriff des Verfahrens gearbeitet. Die Vorstellung, die wir damit gewonnen haben, reicht vielleicht aus, um in konkreten Fällen vorgelegte Verfahren als solche zu erkennen. Sie reicht dagegen in der Regel nicht aus, um für eine bestimmte Menge nachzuweisen, daß sie nicht entscheidbar ist. Hierzu muß man offenbar zeigen können, daß *jedes* Verfahren nicht als Entscheidungsverfahren in Frage kommt. Ein solcher Nachweis dürfte aber i.a. ohne eine Präzisierung dessen, was ein Verfahren ist, nicht möglich sein.

Wir wollen jetzt eine Präzisierung angeben. Dabei lassen wir uns von dem Gesichtspunkt leiten, daß ein Verfahren auf einer geeigneten Rechenmaschine programmierbar sein muß. Wir führen daher eine Programmiersprache ein. Verfahren im präzisen Sinne werden dann gerade diejenigen sein, die mit einem Programm dieser Programmiersprache auf einer Rechenmaschine ausführbar sind. Einen ähnlichen Weg hat zuerst A. Turing beschritten (vgl. [36]).

Wir legen unseren Betrachtungen ein Alphabet $\mathscr{A} = \{a_0, \ldots, a_r\}$ fest zugrunde.

Die Programme laufen auf Rechenmaschinen ab, welche über eine Reihe $\mathrm{R}_0, \ldots, \mathrm{R}_m$ von Speicherplätzen oder *Registern* verfügen. (In der Literatur spricht man in diesem Zusammenhang häufig von *RegistermaschΓnen.*) Jedes Register enthält zu jedem Zeitpunkt einer Berechnung genau ein Wort aus $\mathscr{A}^*$. Wir nehmen an, daß uns Maschinen mit beliebig großer Anzahl von Registern zur Verfügung stehen und daß die einzelnen Register beliebig lange Wörter speichern können. Diese Idealisierung entspricht unserem Anliegen, alle Verfahren zu erfassen, die „im Prinzip", also ohne Berücksichtigung quantitativer Einschränkungen, mit einer Rechenmaschine durchgeführt werden können.

Ein Programm (über $\mathscr{A} = \{a_0, \ldots, a_r\}$) besteht aus Zeilen, die mit einer *Zeilennummer* Z beginnen und dann eine Anweisung enthalten. Als Zeilen sind nur die unter (1) bis (5) genannten zugelassen.

(1) Z LET $\mathrm{R}_i = \mathrm{R}_i + a_j$

für $Z, i, j \in \mathbb{N}$ mit $j \leq r$ (Verlängerungsanweisung: „Hänge an das Wort im Register R_i den Buchstaben a_j");

(2) Z LET $\mathrm{R}_i = \mathrm{R}_i - a_j$

für $Z, i, j \in \mathbb{N}$ mit $j \leq r$ (Verkürzungsanweisung: „Falls das Wort im Register R_i mit dem Buchstaben a_j endet, streiche dieses a_j; sonst lasse das Wort unverändert");

(3) Z IF $\mathrm{R}_i = \square$ THEN Z' ELSE Z_0 OR ... OR Z_r

für $Z, i, Z', Z_0, \ldots, Z_r \in \mathbb{N}$ (Sprunganweisung: „Falls im Register R_i

das leere Wort steht, gehe zur Zeile mit der Nummer Z' über; falls das Wort im Register R_i mit a_0 bzw. $a_1,\dots,a_r$ endet, gehe zur Zeile mit der Nummer Z_0 bzw. $Z_1,\dots,Z_r$ über");

(4) Z PRINT

für $Z \in \mathbb{N}$ (Druckanweisung: „Drucke das im Register R_0 stehende Wort aus");

(5) Z STOP

für $Z \in \mathbb{N}$ (Stoppanweisung: „Stoppe").

2.1 Definition. Ein *Registerprogramm* (kurz *Programm*) P ist eine endliche Folge $\alpha_0,\dots,\alpha_k$ von Zeilen der Form (1) bis (5) mit folgenden Eigenschaften:

(i) α_i hat die Zeilennummer i ($i = 0,\dots,k$).

(ii) Jede Zeile mit Sprunganweisung verweist auf Zeilennummern $\leq k$.

(iii) Genau die letzte Zeile α_k ist eine Zeile mit Stoppanweisung.

Einem Programm P entspricht auf natürliche Weise ein Verfahren. Wir stellen uns dabei eine Rechenmaschine vor, die mit P programmiert ist und über die in P angesprochenen Register verfügt. Zu Beginn einer Berechnung sind alle Register leer, d.h. es steht in allen Registern das leere Wort. Ausgenommen ist das Register R_0, in dem sich gegebenenfalls die Eingabe befindet. Die Berechnung erfolgt schrittweise; ein Schritt entspricht dabei der Ausführung einer Zeile. Beginnend mit der ersten Zeile wird dabei Zeile für Zeile abgearbeitet; es sei denn, daß durch eine Sprunganweisung eine andere Zeile aufgerufen wird. Ausgabewörter sind die evtl. ausgedruckten Inhalte des Registers R_0. Die Maschine stoppt, wenn die Stoppanweisung erreicht wird.

Beispiele für Programme

2.2. Es sei $\mathscr{A} = \{|\}$. Wir fassen die Zeichenreihen über $\mathscr{A}$, d.h. die Strichfolgen $\square, |, ||, \dots$ als die natürlichen Zahlen $0, 1, 2, \dots$ auf. Das folgende Programm P_0 bestimmt, ob eine Eingabe im Register R_0 eine gerade Zahl ist oder nicht: P_0 verändert eine in R_0 eingegebene Strichfolge n durch sukzessives Abstreichen von $|$, bis die leere Strichfolge $\square$ erreicht ist. Je nachdem, ob n gerade oder ungerade war, druckt P_0 schließlich $\square$ bzw. $|$ aus und bleibt stehen.

0 IF $R_0 = \square$ THEN 6 ELSE 1
1 LET $R_0 = R_0 - |$

2 IF $R_0 = \square$ THEN 5 ELSE 3
3 LET $R_0 = R_0 - |$
4 IF $R_0 = \square$ THEN 6 ELSE 1
5 LET $R_0 = R_0 + |$
6 PRINT
7 STOP.

Wir sagen, daß ein Programm P auf ein Wort $\zeta \in \mathscr{A}^*$ *angesetzt* wird, wenn P die Berechnung mit der Eingabe ζ in R_0 und $\square$ in den übrigen Registern beginnt. Wollen wir ausdrücken, daß P, angesetzt auf ζ, schließlich stoppt, so schreiben wir

$$P:\zeta \to \text{stop},$$

andernfalls

$$P:\zeta \to \infty.$$

Für $\zeta, \eta \in \mathscr{A}^*$ besage

$$P:\zeta \to \eta,$$

daß P, angesetzt auf ζ, stoppt und zuvor genau einmal eine Ausgabe, nämlich η, liefert. Im obigen Beispiel gilt also

$$P_0: n \to \square, \quad \text{falls } n \text{ gerade},$$

$$P_0: n \to |, \quad \text{falls } n \text{ ungerade}.$$

2.3. Es sei $\mathscr{A} = \{a_0, \ldots, a_r\}$. Für das Programm P:

0 PRINT
1 LET $R_0 = R_0 + a_0$
2 IF $R_0 = \square$ THEN 0 ELSE 0 OR ... OR 0
3 STOP

gilt $P:\zeta \to \infty$ für alle ζ. Wenn P auf ein Wort ζ angesetzt wird, druckt P der Reihe nach die Wörter $\zeta, \zeta a_0, \zeta a_0 a_0, \ldots$ aus.

Die Zeile 2 von P hat die Form

Z IF $R_0 = \square$ THEN Z' ELSE Z' OR ... OR Z'.

Eine solche Zeile bewirkt in jedem Fall einen Übergang zur Zeile Z'. Wir geben sie fortan der besseren Lesbarkeit halber durch

Z GOTO Z'

wieder.

2.4. Sei $\mathscr{A} = \{a_0, a_1\}$. Für das im folgenden angegebene Programm P gilt $P: \zeta \to \zeta\zeta$ für alle $\zeta \in \mathscr{A}^*$. Angesetzt auf ζ baut P mit den Zeilen 0 - 8 zunächst ζ in R_0 ab und gleichzeitig in umgekehrter Reihenfolge in R_1 und R_2 wieder auf. Analog wird dann mit den Zeilen 9 - 15 die Kopie in R_1 und mit den Zeilen 16 - 22 die Kopie in R_2 nach R_0 zurückübertragen.

0 IF $R_0 = \square$ THEN 9 ELSE 1 OR 5
1 LET $R_0 = R_0 - a_0$
2 LET $R_1 = R_1 + a_0$
3 LET $R_2 = R_2 + a_0$
4 GOTO 0
5 LET $R_0 = R_0 - a_1$
6 LET $R_1 = R_1 + a_1$
7 LET $R_2 = R_2 + a_1$
8 GOTO 0
9 IF $R_1 = \square$ THEN 16 ELSE 10 OR 13
10 LET $R_1 = R_1 - a_0$
11 LET $R_0 = R_0 + a_0$
12 GOTO 9
13 LET $R_1 = R_1 - a_1$
14 LET $R_0 = R_0 + a_1$
15 GOTO 9
16 IF $R_2 = \square$ THEN 23 ELSE 17 OR 20
17 LET $R_2 = R_2 - a_0$
18 LET $R_0 = R_0 + a_0$
19 GOTO 16
20 LET $R_2 = R_2 - a_1$
21 LET $R_0 = R_0 + a_1$
22 GOTO 16
23 PRINT
24 STOP

Der Leser gebe zur eigenen Übung für $\mathscr{A} = \{a_0, a_1, a_2\}$ ein Programm P an, das folgendes leistet:

$$P: \zeta \to \text{stop}, \quad \text{falls } \zeta = a_0a_0a_2,$$
$$P: \zeta \to \infty, \quad \text{falls } \zeta \neq a_0a_0a_2.$$

In Analogie zu den naiven Definitionen aus §1 können wir jetzt die exakten Begriffe der Register-Entscheidbarkeit und der Register-Aufzählbarkeit einführen.

2.5 Definition. Es sei $W \subset \mathscr{A}^*$.
(a) Ein Programm P *entscheidet* W, wenn für alle $\zeta \in \mathscr{A}^*$

$$P: \zeta \to \square, \quad \text{falls } \zeta \in W;$$

$$P: \zeta \to \eta \text{ mit } \eta \neq \square, \quad \text{falls } \zeta \notin W.$$

(b) W heißt *Register-entscheidbar* (kurz: *R-entscheidbar*), wenn es ein Programm gibt, das W entscheidet.

Beispiel 2.2 zeigt, daß die Menge der geraden natürlichen Zahlen R-entscheidbar ist.

2.6 Definition. Es sei $W \subset \mathscr{A}^*$.
(a) Ein Programm P *zählt W auf*, wenn P, angesetzt auf $\square$, genau alle Wörter aus W (in irgendeiner Reihenfolge, evtl. auch mit Wiederholungen) ausdruckt.
(b) W heißt *Register-aufzählbar* (kurz: *R-aufzählbar*), wenn es ein Programm gibt, daß W aufzählt.

Falls P eine unendliche Menge aufzählt, gilt $P: \square \to \infty$. – Nach 2.3 ist $W = \{\square, a_0, a_0a_0, \ldots\}$ R-aufzählbar. – Das Programm 0 STOP zählt die leere Menge auf, ebenso das Programm

0 LET $R_1 = R_1 + a_0$
1 GOTO 0
2 STOP

Der Vollständigkeit halber führen wir noch an:

2.7 Definition. $\mathscr{A}, \mathscr{B}$ seien Alphabete und $F: \mathscr{A}^* \to \mathscr{B}^*$.
(a) Ein Programm P über $\mathscr{A} \cup \mathscr{B}$ *berechnet F*, wenn für alle $\zeta \in \mathscr{A}^*$

$$P: \zeta \to F(\zeta).$$

(b) F heißt *Register-berechenbar* (kurz: *R-berechenbar*), wenn es ein Programm über $\mathscr{A} \cup \mathscr{B}$ gibt, das F berechnet.

Das Programm P aus Beispiel 2.4 berechnet die Funktion

$$F: \{a_0, a_1\}^* \to \{a_0, a_1\}^* \text{ mit } F(\zeta) = \zeta\zeta.$$

Die Definitionen 2.5 bis 2.7 lassen sich leicht auf den mehrstelligen Fall übertragen. Um z.B. eine zweistellige Funktion durch ein Programm zu berechnen, gibt man die beiden Argumente in die ersten beiden Register.

Da Programme Verfahren darstellen, ist offensichtlich jede R-entscheidbare Menge entscheidbar, jede R-aufzählbare Menge aufzählbar und jede R-berechenbare Funktion berechenbar. Wie steht es mit der Umkehrung? Anders gesprochen: Läßt sich jedes Verfahren im intuitiven Sinn bereits durch ein Programm simulieren? Eine exakte Klärung dieses Problems scheitert daran, daß der intuitive Begriff des Verfahrens nicht präzise definiert ist. Trotz der einfachen Gestalt der Anweisungen, die in Registerprogrammen zugelassen sind, ist man heute davon überzeugt, daß sich alle Verfahren mit Registerprogrammen nachspielen lassen und daß daher die intuitiven Begriffe der Entscheidbarkeit und der Aufzählbarkeit mit den präzise definierten R-Analoga zusammenfallen. Diese Überzeugung wurde 1935 zuerst von A. Church ausgesprochen, bezogen auf eine andere, jedoch gleichwertige Präzisierung. Die Aussage, daß jedes Verfahren durch ein Programm simuliert werden kann und daß daher die intuitiven Begriffe der Aufzählbarkeit und der Entscheidbarkeit mit den präzisen Begriffen aus 2.5 und 2.6 zusammenfallen, nennt man *Churchsche These*. Sie läßt sich u.a. durch die beiden folgenden Argumente stützen.

Argument 1: *Die Erfahrung*. Bislang war es stets möglich, vorliegende Verfahren durch Registerprogramme zu simulieren. Insbesondere lassen sich Programme der üblichen Programmiersprachen wie FORTRAN, PASCAL usf. in Registerprogramme umschreiben.

Argument 2: Seit Beginn der dreißiger Jahre hat man auf mannigfache Weise den Verfahrensbegriff präzisiert. All diese unter verschiedenen Aspekten entwickelten Präzisierungen erwiesen sich insofern als äquivalent, als sie zur gleichen Klasse von entscheidbaren bzw. aufzählbaren Mengen führen.

In der Literatur nennt man die R-entscheidbaren Mengen oft *rekursive* Mengen, die R-aufzählbaren Mengen *rekursiv aufzählbare* Mengen und die R-berechenbaren Funktionen *rekursive* Funktionen.

Beweise für die R-Aufzählbarkeit oder die R-Entscheidbarkeit erfordern in vielen Fällen einen erheblichen Aufwand an Programmierarbeit. Um unsere Überlegungen dennoch überschaubar und durchsichtig zu halten, werden wir zumeist auf die Angabe von Registerprogrammen verzichten und uns mit der Angabe intuitiver Verfahren begnügen. Ein Beispiel möge unsere Vorgehensweise erläutern:

2.8. *Die Menge der allgemeingültigen S_∞-Sätze ist R-aufzählbar.*

Als Beweis genügt uns das in 1.6 angegebene Verfahren. □

Der kritische Leser sei aufgefordert, an Hand der folgenden Aufgaben das Auffinden von Programmen zur Wiedergabe intuitiver Verfahren zu üben. Der vertrauensvolle Leser möge sich die Erfahrung anderer zunutze machen und die Churchsche These heranziehen.

2.9 Aufgabe. Es seien $W, W' \subset \mathscr{A}^*$. Man zeige: Mit W und W' sind auch $\mathscr{A}^* \setminus W$, $W \cap W'$ und $W \cup W'$ R-entscheidbar.

2.10 Aufgabe. Es sei $W \subset \mathscr{A}^*$. Man zeige:
(a) $\mathscr{A}^*$ ist R-aufzählbar.
(b) W ist R-entscheidbar genau dann, wenn W und $\mathscr{A}^* \setminus W$ R-aufzählbar sind.

2.11 Aufgabe. Es sei $W \subset \mathscr{A}^*$. Man zeige, daß (a) und (b) äquivalent sind.
(a) W ist R-aufzählbar.
(b) Es gibt ein Programm P mit $\mathrm{P}: \zeta \to \square$, falls $\zeta \in W$ und $\mathrm{P}: \zeta \to \infty$, falls $\zeta \notin W$.

2.12 Aufgabe. Eine Menge $W \subset \mathscr{A}^*$ heiße lexikographisch R-aufzählbar, wenn es ein Programm gibt, das W in lexikographischer Reihenfolge aufzählt. Man zeige: W ist R-entscheidbar genau dann, wenn W lexikographisch R-aufzählbar ist.

2.13 Aufgabe. Man schränke für Registerprogramme die zugelassenen Sprunganweisungen ein auf Anweisungen des Typs

(3′) Z IF $\mathrm{R}_i = \square$ THEN Z' ELSE Z''

(„Falls im Register R_i das leere Wort steht, gehe zur Zeile mit der Nummer Z' über, sonst gehe zur Zeile mit der Nummer Z'' über").

Man zeige: Es gibt kein Registerprogramm P im neuen Sinn über $\{a_0, a_1\}$ mit $\mathrm{P}: \zeta \to \zeta\zeta$ für alle $\zeta \in \{a_0, a_1\}^*$.

§3 Das Halteproblem für Registermaschinen

Es sei wieder ein Alphabet $\mathscr{A} = \{a_0, \ldots, a_r\}$ fest vorgegeben. Wir wollen in diesem Paragraphen konkret eine nicht R-entscheidbare Teilmenge von $\mathscr{A}^*$ angeben. Es wird sich dabei um eine Menge von Registerprogrammen (über $\mathscr{A}$) handeln, wobei wir die Programme in geeigneter Weise als Wörter über $\mathscr{A}$ auffassen.

Wir ordnen zu diesem Zweck jedem Programm P (über $\mathscr{A}$) ein Wort $\xi_{\mathrm{P}} \in \mathscr{A}^*$ zu. Hierfür erweitern wir zunächst $\mathscr{A}$ zu einem Alphabet $\mathscr{B}$,

$$(+)\quad \mathscr{B} := \mathscr{A} \cup \{A, B, C, \ldots, X, Y, Z\} \cup \{0, 1, \ldots, 8, 9\} \cup \{=, +, -, \square, |\},$$

und ordnen die Menge $\mathscr{B}^*$ lexikographisch bzgl. der in (+) gegebenen Reihenfolge der Buchstaben. Wir schreiben ein Programm P als ein Wort über $\mathscr{B}$, z.B. das Programm

0 LET $R_1 = R_1 - a_0$
1 PRINT
2 STOP

in der Form

0LETR1=R1$-a_0$|1PRINT|2STOP.

Ist dieses Wort das n-te Wort in der lexikographischen Reihenfolge von $\mathscr{B}^*$, so sei $\xi_P := \underbrace{a_0 \ldots a_0}_{n-\text{mal}}$. Wir setzen $\Pi := \{\xi_P \mid \text{P Programm über } \mathscr{A}\}$.

Man nennt den Übergang von P zu ξ_P (d.h. die „Numerierung" der Programme über $\mathscr{A}$ durch Wörter aus $\{a_0\}^*$) eine *Gödelisierung* (da Gödel zum erstenmal eine solche Methode verwandt hat) und spricht von ξ_P als der *Gödelnummer* von P.

Offensichtlich können wir zu jedem P das zugehörige $\xi_P \in \mathscr{A}^*$ effektiv bestimmen, und umgekehrt können wir entscheiden, ob ein vorgegebenes $\zeta \in \mathscr{A}^*$ zu Π gehört, und gegebenenfalls das Programm P mit $\xi_P = \zeta$ effektiv ermitteln. Die entsprechenden Verfahren lassen sich auf Registermaschinen programmieren (vgl. die Ausführungen am Ende von §2). Insbesondere haben wir daher:

3.1 Lemma. Π *ist R-entscheidbar.* □

Der folgende Satz bringt erste Beispiele R-unentscheidbarer Mengen.

3.2 Satz (Unentscheidbarkeit des Halteproblems). (a) *Die Menge*

$$\Pi'_{\text{stop}} = \{\xi_P \mid \text{P } \textit{Programm über } \mathscr{A} \textit{ und } \text{P}: \xi_P \to \textit{stop}\}$$

ist nicht R-entscheidbar.

(b) *Die Menge*

$$\Pi_{\text{stop}} = \{\xi_P \mid \text{P } \textit{Programm über } \mathscr{A} \textit{ und } \text{P}: \square \to \textit{stop}\}$$

ist nicht R-entscheidbar.

Nach (b) gibt es kein Programm, welches Π_{stop} entscheidet. Unter Verwendung der Churchschen These erhalten wir daher, daß es kein Verfahren schlechthin gibt, welches Π_{stop} entscheidet. Hieraus gewinnen wir dann die folgende Formulierung von (b):

Es gibt kein Verfahren, mit dem man zu beliebig vorgegebenem Programm P *entscheiden kann, ob* $\mathrm{P}: \square \to \text{stop}$.

Denn gäbe es ein solches Verfahren, etwa $\mathfrak{V}$, so könnte man auch Π_{stop} entscheiden: Zu vorgegebenem ζ prüft man zunächst, ob $\zeta \in \Pi$ (vgl. 3.1). Falls $\zeta \notin \Pi$, ist $\zeta \notin \Pi_{\text{stop}}$. Falls $\zeta \in \Pi$, stellt man das Programm P mit $\xi_{\mathrm{P}} = \zeta$ her und wendet $\mathfrak{V}$ auf P an.

Beweis von 3.2. Zu (a): Wir verfahren indirekt und nehmen an, es gäbe ein Programm P_0, das Π'_{stop} entscheidet. Dann gilt für alle P:

$$(1)\quad \begin{array}{l} \mathrm{P}_0 : \xi_{\mathrm{P}} \to \square, \quad \text{falls } \mathrm{P} : \xi_{\mathrm{P}} \to \text{stop}, \\ \mathrm{P}_0 : \xi_{\mathrm{P}} \to \eta \text{ für ein } \eta \neq \square, \quad \text{falls } \mathrm{P} : \xi_{\mathrm{P}} \to \infty. \end{array}$$

Hieraus gewinnen wir leicht (s.u.) ein Programm P_1 mit

$$(2)\quad \begin{array}{l} \mathrm{P}_1 : \xi_{\mathrm{P}} \to \infty, \quad \text{falls } \mathrm{P} : \xi_{\mathrm{P}} \to \text{stop}, \\ \mathrm{P}_1 : \xi_{\mathrm{P}} \to \text{stop}, \quad \text{falls } \mathrm{P} : \xi_{\mathrm{P}} \to \infty. \end{array}$$

Es gilt dann für alle Programme P:

$$(3)\quad \mathrm{P}_1 : \xi_{\mathrm{P}} \to \infty \quad \text{gdw} \quad \mathrm{P} : \xi_{\mathrm{P}} \to \text{stop}.$$

Indem wir insbesondere $\mathrm{P} = \mathrm{P}_1$ setzen, gelangen wir zu

$$(4)\quad \mathrm{P}_1 : \xi_{\mathrm{P}_1} \to \infty \quad \text{gdw} \quad \mathrm{P}_1 : \xi_{\mathrm{P}_1} \to \text{stop},$$

und damit zu einem Widerspruch.

Um den Beweis zu beenden, geben wir, ausgehend von P_0, das Programm P_1 an. Wir ändern hierzu P_0 so ab, daß Übergänge zur Stoppzeile nicht ausgeführt werden, wenn P_0 das leere Wort druckt; in diesem Fall soll P_1 unendlich lange laufen. Ein Programm P_1, welches dies leistet, erhalten wir, indem wir die letzte Zeile k STOP von P_0 ersetzen durch

$$\begin{array}{rl} k & \text{IF } \mathrm{R}_0 = \square \text{ THEN } k \text{ ELSE } k+1 \text{ OR} \ldots \text{OR } k+1 \\ k+1 & \text{STOP} \end{array}$$

und alle Zeilen der Gestalt Z PRINT durch Z GOTO k.

Zu (b): Wir ordnen jedem Programm P effektiv ein Programm P^+ mit der folgenden Eigenschaft zu:

$$(*)\quad \begin{array}{l} \mathrm{P} : \xi_{\mathrm{P}} \to \text{stop} \quad \text{gdw} \quad \mathrm{P}^+ : \square \to \text{stop}, \\ \text{d.h. } \xi_{\mathrm{P}} \in \Pi'_{\text{stop}} \quad \text{gdw} \quad \xi_{\mathrm{P}^+} \in \Pi_{\text{stop}}. \end{array}$$

Mit (*) können wir die Behauptung indirekt wie folgt beweisen: Angenommen, Π_{stop} sei R-entscheidbar, etwa durch ein Programm P_0. Dann gelangen wir, im Widerspruch zu (a), zu einem Entscheidungsverfahren für Π'_{stop}: Für vorgegebenes $\zeta \in \mathscr{A}^*$ prüfe man zunächst (vgl. 3.1), ob $\zeta \in \Pi$. Falls $\zeta \notin \Pi$, ist $\zeta \notin \Pi'_{\text{stop}}$. Falls $\zeta \in \Pi$, stelle man das Programm P mit der Gödelnummerζ, d.h. mit $\xi_{\mathrm{P}} = \zeta$, her und konstruiere P^+. Mit Hilfe von P_0 entscheide man, ob $\xi_{\mathrm{P}^+} \in \Pi_{\text{stop}}$. Wegen (*) erhält man damit zugleich eine Antwort darauf, ob $\xi_{\mathrm{P}} \in \Pi'_{\text{stop}}$, d.h. ob $\zeta \in \Pi'_{\text{stop}}$.

Es bleibt die Definition von P^+ nachzutragen, so daß (*) gilt. Ist $\xi_{\mathrm{P}} = \underbrace{a_0 \ldots a_0}_{n-\text{mal}}$, so sei P^+ das Programm, welches mit den Zeilen

$$\begin{array}{rl} 0 & \text{LET } \mathrm{R}_0 = \mathrm{R}_0 + a_0 \\ \vdots & \\ n-1 & \text{LET } \mathrm{R}_0 = \mathrm{R}_0 + a_0 \end{array}$$

beginnt und dann die Zeilen von P enthält, wobei deren Zeilennummern jeweils um n erhöht werden. P^+ schreibt, angesetzt auf $\square$, zunächst das Wort ξ_{P} in das Register R_0 und arbeitet dann weiter wie P, angesetzt auf ξ_{P}. Damit gilt offensichtlich (*). Da wir ξ_{P} effektiv aus P herstellen können, können wir auch P^+ effektiv aus P gewinnen. □

Der Leser beachte, daß wir von der Gödelisierung $\mathrm{P} \mapsto \xi_{\mathrm{P}}$ nur die Injektivität und die vor 3.1 erwähnten Effektivitätseigenschaften ausgenutzt haben. Insofern hängt die Unentscheidbarkeit des Halteproblems nicht von unserer speziellen Gödelisierung ab.

Satz 3.2 schließt natürlich nicht aus, daß man von einzelnen Programmen P feststellen kann, ob $\mathrm{P}: \square \to$ stop gilt. Es gibt dagegen aufgrund des Satzes kein Verfahren, das eine Entscheidung „uniform" für jedes P gestattet. (Streng genommen bezieht sich Satz 3.2 nur auf Verfahren, die sich durch ein Registerprogramm simulieren lassen; wir kommen allerdings zu unserer Formulierung, wenn wir die Churchsche These unterstellen. Dies werden wir in Zukunft bei erläuternden Texten stillschweigend tun.)

Π_{stop} ist, wie das folgende Lemma zusammen mit 3.2 zeigt, ein Beispiel für eine aufzählbare, nicht entscheidbare Menge.

3.3 Lemma. Π_{stop} *ist R-aufzählbar.*

Beweis. Wir skizzieren ein Aufzählungsverfahren: Für $n = 1, 2, 3, \ldots$ stelle man jeweils die endlich vielen Programme P her, deren Gödelnummer eine Länge $\leq n$ hat, setze sie auf $\square$ an und lasse sie n Schritte laufen. Programme, die dabei stoppen, notiere man. □

Mit 1.8 erhält man:

3.4 Korollar. $\mathscr{A}^* \setminus \Pi_{\text{stop}}$ *ist nicht R-aufzählbar.* □

Bevor wir uns in den nächsten Paragraphen Entscheidbarkeitsfragen im Rahmen der Logik der ersten und der zweiten Stufe zuwenden, wollen wir kurz auf einen Aspekt eingehen, den wir ansonsten nicht weiter verfolgen wollen, den Aspekt des *Aufwandes* von Berechnungen.

Aussagenlogische Ausdrücke werden aus Aussagenvariablen $p_0, p_1, \ldots$ mit Hilfe von $\neg$ und $\vee$ zusammengesetzt (so, wie die quantorenfreien Ausdrücke erster Stufe aus den atomaren Ausdrücken zusammengesetzt werden). Ein aussagenlogischer Ausdruck heißt erfüllbar, wenn die in ihm auftretenden Aussagenvariablen so mit Wahrheitswerten W, F belegt werden können, daß bei der üblichen Bedeutung von $\neg$ und $\vee$ der gesamte Ausdruck den Wahrheitswert W erhält. (Einen präzisen Aufbau der Aussagenlogik geben wir in XI.4.)

Die Menge SAT der erfüllbaren aussagenlogischen Ausdrücke α ist entscheidbar: Kommen in α die Aussagenvariablen $p_0, \ldots, p_n$ vor, so prüfe man systematisch für alle $b_0, \ldots, b_n \in \{W, F\}$, ob α den Wahrheitswert W erhält, wenn man p_i durch b_i (für $i \leq n$) belegt. Enthält α etwa 1000 Aussagenvariable, so wird man – im ungünstigsten Fall – diese Prüfung für 2^{1000} Tupel vornehmen müssen. Dies ist auch mit den schnellsten heutigen Rechnern nicht in „erlebbarer" Zeit möglich. Ein Entscheidungsverfahren kann somit auch für „relativ kurze" Eingaben nicht praktisch durchführbar sein. Möglicherweise ist also eine Menge zwar „theoretisch", nicht jedoch „praktisch" entscheidbar, da alle Entscheidungsverfahren zu aufwendig sind, also zu viele Schritte oder zuviel Speicherplatz (in den Registern) erfordern. Die Untersuchung entsprechender Fragen ist Gegenstand der sog. *Komplexitätstheorie* (vgl. etwa [11, 20]). Wir vermitteln einen kleinen Einblick anhand der Schrittzahl, der sog. *Zeitkomplexität.*

Es sei $t: \mathbb{N} \to \mathbb{N}$. Dann heißt ein Registerprogramm P über $\mathscr{A}$ *t-zeitbeschränkt*, wenn für alle $n \in \mathbb{N}$ gilt: Ist $\zeta \in \mathscr{A}^*$ ein Wort der Länge n, so stoppt P, angesetzt auf ζ, nach höchstens $t(n)$ vielen Schritten. Wir sprechen von einem *polynomial zeitbeschränkten* Programm, wenn es t-zeitbeschränkt ist für ein geeignetes Polynom t (mit natürlichen Koeffizienten). Es sei $\mathscr{P}$ die Klasse der R-entscheidbaren Mengen, die durch ein polynomial zeitbeschränktes Programm entschieden werden können.

Die Erfahrung zeigt, daß sich bei Problemen, die für die Praxis von Bedeutung sind oder die sich in der Mathematik natürlich ergeben, in der Regel die Existenz eines praktisch durchführbaren Verfahrens und die Existenz eines polynomial zeitbeschränkten Verfahrens entsprechen. Häufig identifiziert man daher die „praktisch entscheidbaren" Mengen mit den Mengen in $\mathscr{P}$. Diese „Churchsche These der praktischen Berechenbarkeit" (auch These von Cobham und Edmonds genannt) kann natürlich nur mit Einschränkungen gerechtfertigt werden. Denn z.B. unterliegt ja der Grad der Polynome keiner Beschränkung.

Die Menge Π der Registerprogramme liegt in $\mathscr{P}$; dagegen weiß man weder bei der Menge PRIM der (Dezimaldarstellungen der) Primzahlen noch bei SAT, ob sie zu $\mathscr{P}$ gehören; man vermutet, daß PRIM $\in \mathscr{P}$ und SAT $\notin \mathscr{P}$.

SAT gehört zu $\mathscr{N}\mathscr{P}$, der Klasse der durch sog. *nicht-deterministische* polynomial zeitbeschränkte Registerprogramme akzeptierbaren Mengen. Bei einem nicht-deterministischen Programm sind neben den üblichen Anweisungen noch solche der Gestalt

$$Z \text{ GOTO } \mathfrak{Z}$$

zugelassen. Dabei ist $\mathfrak{Z}$ eine nicht-leere endliche Menge von Zeilennummern. Um Anweisungen dieser Art zu befolgen, wählt die Maschine „nichtdeterministisch" eine Zeilennummer aus $\mathfrak{Z}$ und geht zur entsprechenden Anweisung. Nichtdeterministische Maschinen haben somit die Fähigkeit, durch sukzessive Wahl geeigneter Zeilennummern Wörter zu „erraten", z.B. eine erfüllende Belegung für einen aussagenlogischen Ausdruck. So zeigt man, daß SAT $\in \mathscr{N}\mathscr{P}$. Aus den exakten Definitionen folgt unmittelbar, daß $\mathscr{P} \subset \mathscr{N}\mathscr{P}$. Überdies gilt, daß SAT $\notin \mathscr{P}$ genau dann, wenn $\mathscr{P} \neq \mathscr{N}\mathscr{P}$. Könnte man zeigen, daß SAT $\notin \mathscr{P}$, wäre auch $\mathscr{P} \neq \mathscr{N}\mathscr{P}$ bewiesen; das sog. „$\mathscr{P} = \mathscr{N}\mathscr{P}$"-Problem, das vielleicht bekannteste ungelöste Problem der theoretischen Informatik, hätte die erwartete Lösung gefunden.

Der Beweis von 3.2(a) verwendet ein sog. „Diagonalargument". Die folgende Aufgabe enthält eine allgemeine Formulierung dieser Methode.

3.5 Aufgabe. (a) M sei eine nicht-leere Menge und $R \subset M \times M$ eine zweistellige Relation über M. Für $a \in M$ sei $M_a := \{b \in M \mid Rab\}$. Man zeige, daß die Menge $D := \{b \in M \mid \text{nicht } Rbb\}$ von allen M_a verschieden ist.

(b) Es sei $M = \mathscr{A}^*$ für $\mathscr{A} = \{a_0, \ldots, a_r\}$ und $R \subset M \times M$ definiert durch

$R\xi\eta$:gdw ξ ist Gödelnummer eines Programms, das eine Menge aufzählt, die η enthält.

Man zeige, daß $D := \{\eta \mid \text{nicht } R\eta\eta\}$ nicht R-aufzählbar ist. Somit ist die Menge der Gödelnummern von Programmen, die nicht ihre eigene Gödelnummer ausgeben, nicht aufzählbar.

(c) Sei wiederum $M = \mathscr{A}^*$ für $\mathscr{A} = \{a_0, \ldots, a_r\}$, und sei $R \subset M \times M$ definiert durch

$R\xi\eta$:gdw ξ ist nicht die Gödelnummer eines Programms P mit $\mathrm{P}: \eta \rightarrow$ stop.

Man zeige, daß alle R-entscheidbaren Teilmengen von $\mathscr{A}^*$ $(= M)$ unter den M_ξ vorkommen und das $D = \Pi'_{\text{stop}}$ gilt. (Dabei seien die M_ξ und D wie in (a) erklärt.)

§4 Unentscheidbarkeit der Logik erster Stufe

Die Menge der allgemeingültigen S_∞-Sätze erster Stufe ist aufzählbar (vgl. 1.6). Dagegen zeigen wir jetzt:

4.1 Satz von der Unentscheidbarkeit der Logik erster Stufe.
Die Menge $\{\varphi \in L_0^{S_\infty} \mid \models \varphi\}$ *der allgemeingültigen* S_∞*-Sätze ist nicht R-entscheidbar.*

Es gibt also kein Verfahren, mit dem man für einen jeden S_∞-Satz feststellen kann, ob er allgemeingültig ist.

Beweis. Wir übernehmen die Bezeichnungen aus §3 mit $\mathscr{A} = \{|\}$. Wörter über $\mathscr{A}$ identifizieren wir wieder mit natürlichen Zahlen. Nach 3.2 wissen wir, daß die Menge

$$\Pi_{\text{stop}} = \{\xi_{\mathrm{P}} \mid \mathrm{P} \text{ Programm über } \mathscr{A} \text{ und } \mathrm{P}: \square \rightarrow \text{stop}\}$$

nicht R-entscheidbar ist. Wir werden nun jedem Programm P effektiv einen S_∞-Satz φ_{P} zuordnen mit

$$(*) \qquad \models \varphi_{\mathrm{P}} \quad \text{gdw} \quad \mathrm{P}: \square \rightarrow \text{stop}.$$

Hieraus erhalten wir die Behauptung: Wäre $\{\varphi \in L_0^{S_\infty} \mid \models \varphi\}$ entscheidbar, so könnten wir für Π_{stop} das folgende Entscheidungsverfahren angeben (ein Widerspruch!): Für vorgegebenes $\zeta \in \mathscr{A}^*$ prüfe man zunächst, ob ζ die Gestalt ξ_{P} hat. Falls ja, stelle man P und dann φ_{P} her und entscheide, ob φ_{P} allgemeingültig ist. Nach (∗) entscheidet man damit, ob $\text{P}\colon \square \to$ stop, d.h. ob $\xi_{\text{P}} \in \Pi_{\text{stop}}$.

Die folgenden Ausführungen dienen zur Vorbereitung der Definition von φ_{P}. Sei dazu P ein Programm mit den Zeilen $\alpha_0, \ldots, \alpha_k$. Wir wählen n als die kleinste Zahl, so daß die in P auftretenden Register unter $\text{R}_0, \ldots, \text{R}_n$ vorkommen. Ein $(n+2)$-Tupel $(Z, m_0, \ldots, m_n)$ natürlicher Zahlen mit $Z \leq k$ nennen wir eine *Konfiguration* von P. Genauer nennen wir $(Z, m_0, \ldots, m_n)$ die *Konfiguration von* P *nach s Schritten*, wenn P, angesetzt auf $\square$, mindestens s Schritte läuft und wenn nach s Schritten die Zeilennummer Z aufgerufen wird und in den Registern $R_0, \ldots, R_n$ die Zahlen $m_0, \ldots, m_n$ stehen. Insbesondere ist $(0, 0, \ldots, 0)$ die Konfiguration von P nach 0 Schritten, die *Anfangskonfiguration von* P. Da nur die Zeile α_k eine Stoppanweisung enthält, gilt offenbar:

(1) $\text{P}\colon \square \to$ stop gdw für geeignete $s, m_0, \ldots, m_n$ ist $(k, m_0, \ldots, m_n)$ die Konfiguration von P nach s Schritten.

Falls $\text{P}\colon \square \to$ stop, so bezeichnen wir mit s_{P} die Anzahl der Schritte, die P durchführt, bis die Stoppzeile aufgerufen wird.

Wir wählen jetzt Symbole R ($(n+3)$-stellig), $<$ (zweistellig), f (einstellig) und $c \in S_\infty$ (etwa R_0^{n+3}, R_0^2, f_0^1 und c_0) und setzen $S := \{R, <, f, c\}$. Wir ordnen dem Programm P eine S-Struktur $\mathfrak{A}_{\text{P}}$ zu, in der sich die Arbeitsweise von P beschreiben läßt. Bei der Definition unterscheiden wir zwei Fälle:

Fall 1: $\text{P}\colon \square \to \infty$. Wir setzen $A_{\text{P}} := \mathbb{N}$ und interpretieren $<$ durch die gewöhnliche Ordnung auf $\mathbb{N}$, c durch 0, f durch die Nachfolgerfunktion und R durch $\{(s, Z, m_0, \ldots, m_n) \mid (Z, m_0, \ldots, m_n)$ ist die Konfiguration von P nach s Schritten$\}$.

Fall 2: $\text{P}\colon \square \to$ stop. Wir setzen $e := \max\{k, s_{\text{P}}\}$ und $A_{\text{P}} := \{0, \ldots, e\}$ und interpretieren $<$ durch die gewöhnliche Ordnung auf A_{P} und c durch 0; $f^{A_{\text{P}}}$ sei die Funktion mit $f^{A_{\text{P}}}(m) = m + 1$ für $m < e$ und $f^{A_{\text{P}}}(e) = e$, und es sei $R^{A_{\text{P}}} := \{(s, Z, m_0, \ldots, m_n) \mid (Z, m_0, \ldots, m_n)$ ist die Konfiguration von P nach s Schritten$\}$. Man beachte, daß $R^{A_{\text{P}}}$ eine Relation über A_{P} ist; denn P erhöht in jedem Schritt die Registerinhalte höchstens um 1, und somit gilt $m_0, \ldots, m_n \leq s_{\text{P}} \leq e$ für alle $(s, Z, m_0, \ldots, m_n) \in R^{A_{\text{P}}}$.

Wir geben jetzt einen S-Satz ψ_{P} an, der in geeigneter Weise das Arbeiten von P bei Ansetzen auf $\square$ beschreibt. Dabei kürzen wir $c, fc, ffc, \ldots$ durch $\overline{0}, \overline{1}, \overline{2} \ldots$ ab. Der Leser überzeuge sich bei der „Lektüre“ von ψ_{P}, daß folgendes gilt:

(2) (a) $\mathfrak{A}_{\mathrm{P}} \models \psi_{\mathrm{P}}$.
(b) Ist $\mathfrak{A}$ eine S-Struktur mit $\mathfrak{A} \models \psi_{\mathrm{P}}$ und ist $(Z, m_0, \ldots, m_n)$ die Konfiguration von P nach s Schritten, so sind die Elemente $\overline{0}^{\mathfrak{A}}, \overline{1}^{\mathfrak{A}}, \ldots, \overline{s}^{\mathfrak{A}}$ paarweise verschieden, und es gilt dann $\mathfrak{A} \models R\overline{s}\overline{Z}\overline{m_0}, \ldots, \overline{m_n}$.[1]

Wir setzen

$$\psi_{\mathrm{P}} := \psi_0 \wedge R\overline{0}\ldots\overline{0} \wedge \psi_{\alpha_0} \wedge \ldots \wedge \psi_{\alpha_{k-1}}.$$

Dabei besagt ψ_0, daß $<$ eine Ordnung mit erstem Element c ist, daß stets $x \leq fx$ gilt und daß für jedes x, welches nicht das letzte Element ist, fx unmittelbarer $<$-Nachfolger ist:

$$\psi_0 := \text{„} < \text{ ist Ordnung“} \wedge \forall x(c < x \vee c \equiv x) \wedge \forall x(x < fx \vee x \equiv fx)$$
$$\wedge \forall x(\exists y\, x < y \rightarrow (x < fx \wedge \forall z(x < z \rightarrow (fx < z \vee fx \equiv z)))).$$

Für $\alpha = \alpha_0, \ldots, \alpha_{k-1}$ beschreibt ψ_α die Wirkungsweise der Zeile α. ψ_α ist folgendermaßen definiert:

Ist α eine Verlängerungsanweisung, etwa Z LET $\mathrm{R}_i = \mathrm{R}_i + |$, so sei

$$\psi_\alpha := \forall x \forall y_0 \ldots \forall y_n (Rx\overline{Z}y_0 \ldots y_n \rightarrow (x < fx \wedge$$
$$Rfx\overline{Z+1}y_0 \ldots y_{i-1} f y_i y_{i+1} \ldots y_n)).$$

Ist α die Anweisung Z LET $\mathrm{R}_i = \mathrm{R}_i - |$, so sei

$$\psi_\alpha := \forall x \forall y_0 \ldots \forall y_n (Rx\overline{Z}y_0 \ldots y_n \rightarrow (x < fx \wedge$$
$$((y_i \equiv \overline{0} \wedge Rfx\overline{Z+1}y_0 \ldots y_n) \vee (\neg y_i \equiv \overline{0} \wedge$$
$$\exists u(fu \equiv y_i \wedge Rfx\overline{Z+1}y_0 \ldots y_{i-1} u y_{i+1} \ldots y_n))))).$$

Ist α die Anweisung Z IF $\mathrm{R}_i = \square$ THEN Z' ELSE Z_0, so sei

$$\psi_\alpha := \forall x \forall y_0 \ldots \forall y_n (Rx\overline{Z}y_0 \ldots y_n \rightarrow (x < fx \wedge$$
$$((y_i \equiv \overline{0} \wedge Rfx\overline{Z'}y_0 \ldots y_n) \vee (\neg y_i \equiv \overline{0} \wedge Rfx\overline{Z_0}y_0 \ldots y_n)))).$$

Schließlich sei für $\alpha = Z$ PRINT

$$\psi_\alpha := \forall x \forall y_0 \ldots \forall y_n (Rx\overline{Z}y_0 \ldots y_n \rightarrow (x < fx \wedge Rfx\overline{Z+1}y_0 \ldots y_n)).$$

Setzen wir nun

[1] Die Verschiedenheit von $\overline{0}^{\mathfrak{A}}, \ldots, \overline{s}^{\mathfrak{A}}$ benötigen wir erst im nächsten Paragraphen.

(3) $\varphi_P := \psi_P \rightarrow \exists x \exists y_0 \ldots \exists y_n Rx\bar{k}y_0 \ldots y_n,$

so ist φ_P ein S-Satz, für den (*) gilt, d.h.

$$\models \varphi_P \quad \text{gdw} \quad P\colon \square \rightarrow \text{stop}.$$

Ist nämlich φ_P allgemeingültig, so ist insbesondere $\mathfrak{A}_P \models \varphi_P$. Wegen $\mathfrak{A}_P \models \psi_P$ (vgl. (2)(a)) gilt daher $\mathfrak{A}_P \models \exists x \exists y_0 \ldots \exists y_n Rx\bar{k}y_0 \ldots y_n$ (vgl. (3)), d.h. für geeignete $s, m_0, \ldots, m_n$ ist $(k, m_0, \ldots, m_n)$ die Konfiguration von P nach s Schritten. Mit (1) erhalten wir dann: $P\colon \square \rightarrow$ stop.

Gilt umgekehrt $P\colon \square \rightarrow$ stop, so ist für geeignete $s, m_0, \ldots, m_n$ das Tupel $(k, m_0, \ldots, m_n)$ die Konfiguration von P nach s Schritten. φ_P ist dann allgemeingültig: Ist nämlich $\mathfrak{A}$ eine S-Struktur mit $\mathfrak{A} \models \psi_P$, so gilt wegen (2)(b), daß $\mathfrak{A} \models R\bar{s}\bar{k}\overline{m_0} \ldots \overline{m_n}$. Somit $\mathfrak{A} \models \varphi_P$. □

Der Satz über die Unentscheidbarkeit der Logik erster Stufe wurde 1936 von A. Church bewiesen. Das sog. *Entscheidungsproblem*, nämlich die Frage nach der Entscheidbarkeit der allgemeingültigen Sätze erster Stufe, hatte damit eine negative Lösung gefunden. Die Suche nach einem Entscheidungsverfahren für die „logisch wahren Aussagen" hat schon die traditionelle Logik beschäftigt (Llullus, Leibniz). 4.1 zeigt, daß diese Suche vergeblich sein mußte.

4.2 Aufgabe. Man beweise (2)(b) durch Induktion über s.

4.3 Aufgabe. Man zeige, daß die Menge der erfüllbaren S_∞-Sätze nicht R-aufzählbar ist.

4.4 Aufgabe. Man zeige, daß die Menge

> $\{(\psi, \chi) \mid \psi, \chi \in L_0^{S_\infty}$ ohne Gleichheitszeichen, $\models \psi \rightarrow \chi$, ψ ist universeller Hornsatz und χ von der Gestalt $\exists x_1 \ldots \exists x_n \chi_0$ mit atomarem $\chi_0\}$

nicht R-entscheidbar ist. (Hinweis: Man verzichte im Beweis 4.1 auf die Ordnung $<$ und nehme die Symbolisierungen so vor, daß die ψ_P universelle Hornsätze werden.)

§5 Der Satz von Trachtenbrot und die Unvollständigkeit der Logik zweiter Stufe

Ziel dieses Paragraphen ist der Nachweis, daß die Menge der allgemeingültigen S_∞-Sätze zweiter Stufe nicht aufzählbar ist, und eine kurze Diskussion der methodologischen Konsequenzen. Als wesentliches Hilfsmittel dient dabei der Satz von Trachtenbrot, dem wir uns zunächst zuwenden.

5.1 Definition. (a) Ein S-Satz φ heißt *im Endlichen erfüllbar*, wenn es eine endliche S-Struktur gibt, die φ erfüllt.
(b) Ein S-Satz φ heißt *im Endlichen allgemeingültig*, wenn jede endliche S-Struktur φ erfüllt.

Für $S = S_\infty$ setzen wir

(a) $\Phi_e := \{\varphi \in L_0^{S_\infty} \mid \varphi$ ist im Endlichen erfüllbar$\}$,

(b) $\Phi_a := \{\varphi \in L_0^{S_\infty} \mid \varphi$ ist im Endlichen allgemeingültig$\}$.

Da über einer endlichen Menge jede injektive Funktion auch surjektiv ist, ist der Satz $\varphi := (\forall x \forall y (fx \equiv fy \rightarrow x \equiv y) \rightarrow \forall x \exists y\, x \equiv fy)$ im Endlichen allgemeingültig; φ ist jedoch nicht allgemeingültig. Der Satz $\neg\varphi$ ist erfüllbar, jedoch nicht im Endlichen erfüllbar.

5.2 Lemma. *Φ_e ist R-aufzählbar.*

Beweis. Wir schildern zunächst ein Verfahren, mit dem man für jeden S_∞-Satz φ und jedes n entscheiden kann, ob φ über einem $(n+1)$-elementigen Träger erfüllbar ist. Seien φ und n gegeben. Da es zu jeder $(n+1)$-elementigen Struktur eine isomorphe Struktur mit dem Träger $\{0, \ldots, n\}$ gibt, brauchen wir (nach dem Isomorphielemma) nur zu prüfen, ob φ über $\{0, \ldots, n\}$ erfüllbar ist. S sei die (endliche!) Menge der in φ vorkommenden Symbole; $\mathfrak{A}_0, \ldots, \mathfrak{A}_k$ seien die endlich vielen S-Strukturen mit dem Träger $\{0, \ldots, n\}$ (vgl. III.1.5). Wir können die $\mathfrak{A}_i$ explizit durch Wertetabellen für die auftretenden Relationen und Funktionen und durch eine Liste der Konstanten angeben. φ ist genau dann über $\{0, \ldots, n\}$ erfüllbar, wenn $\mathfrak{A}_i \models \varphi$ für ein $i \leq k$. Wir haben daher nur noch für $i = 0, \ldots, k$ zu prüfen, ob $\mathfrak{A}_i \models \varphi$. Dies läßt sich folgendermaßen auf Fragen reduzieren, die man mit den Wertetabellen beantworten kann: Ist $\varphi = \neg\psi$, so kann man (mit Hilfe der Wahrheitstafel von $\neg$) das Problem "$\mathfrak{A}_i \models \varphi$?" auf die Frage zurückführen, ob $\mathfrak{A}_i \models \psi$. Ist $\varphi = (\psi \vee \chi)$, kann man das

Problem in ähnlicher Weise darauf reduzieren, ob $\mathfrak{A}_i \models \psi$ und ob $\mathfrak{A}_i \models \chi$. Für $\varphi = \exists v_0 \psi$ ist eine Rückführung darauf möglich, ob $\mathfrak{A}_i \models \psi[0], \ldots, \mathfrak{A}_i \models \psi[n]$. Verfolgt man diesen Weg weiter, bleibt schließlich nur noch zu klären, ob für atomares $\psi(v_0, \ldots, v_{m-1})$ und $n_0, \ldots, n_{m-1} \leq n$ gilt, daß $\mathfrak{A}_i \models \psi[n_0, \ldots, n_{m-1}]$. Diese Fragen lassen sich anhand der Wertetabellen von $\mathfrak{A}_i$ effektiv beantworten.

Φ_e läßt sich jetzt folgendermaßen aufzählen: Für $m = 0, 1, 2, \ldots$ stelle man die (endlich vielen) Wörter über $\mathscr{A}_0$ her, die S_∞-Sätze sind und eine Länge $\leq m$ haben, und entscheide mit dem oben geschilderten Verfahren für $n = 0, \ldots, m$, ob sie über einer $(n+1)$-elementigen Menge erfüllbar sind. Sätze, für die das der Fall ist, notiere man. □

5.3 Satz. Φ_e *ist nicht R-entscheidbar.*

Beweis. Für ein Programm P über $\mathscr{A} = \{|\}$ seien $\mathfrak{A}_P$ und ψ_P definiert wie im Beweis von 4.1. Wir zeigen:

(∗) $$\text{P}: \square \to \text{stop} \quad \text{gdw} \quad \psi_P \in \Phi_e.$$

Dies liefert die Behauptung; denn aus einem Entscheidungsverfahren für Φ_e ließe sich mit (∗) ein Verfahren gewinnen, das entscheidet, ob P: □ → stop. (Vgl. die entsprechende Argumentation im Beweis von 4.1.)

Zu (∗): Wenn P: □ → stop, so ist $\mathfrak{A}_P$ endlich und ein Modell von ψ_P. Somit $\psi_P \in \Phi_e$. Gelte umgekehrt P: □ → ∞. Wegen (2)(b) im Beweis von 4.1 sind in jedem Modell $\mathfrak{A}$ von ψ_P die Elemente $\overline{0}^{\mathfrak{A}}, \overline{1}^{\mathfrak{A}}, \ldots$ paarweise verschieden. Somit ist jedes Modell von ψ_P unendlich, also $\psi_P \notin \Phi_e$. □

Aus 5.2 und 5.3 gewinnen wir nun

5.4 Satz von Trachtenbrot. *Die Menge* Φ_a *der im Endlichen allgemeingültigen* S_∞*-Sätze ist nicht R-aufzählbar.*

Beweis. Für $\varphi \in L_0^{S_\infty}$ gilt offenbar

(∗) $$\varphi \in L_0^{S_\infty} \setminus \Phi_e \quad \text{gdw} \quad \neg\varphi \in \Phi_a.$$

Wir schließen indirekt und nehmen an, Φ_a sei R-aufzählbar. Dann kann man mit (∗) auch $L_0^{S_\infty} \setminus \Phi_e$ aufzählen, indem man ein Aufzählungsverfahren für Φ_a in Gang setzt und immer dann, wenn ein Satz $\neg\varphi$ erscheint, φ notiert. Im Widerspruch zu 5.3 erhalten wir nun ein Entscheidungsverfahren für Φ_e: Für eine Zeichenreihe ζ über $\mathscr{A}_0$ entscheide man zunächst, ob ζ ein S_∞-Satz ist. Wenn ja, so lasse man je ein Aufzählungsverfahren für Φ_e (vgl. 5.2) und $L_0^{S_\infty} \setminus \Phi_e$ so lange laufen, bis ζ von einem der Verfahren ausgegeben wird. Dies liefert dann die Entscheidung, ob $\zeta \in \Phi_e$. □

5.5 Satz (Unvollständigkeit der Logik zweiter Stufe). *Die Menge der allgemeingültigen S_∞-Sätze zweiter Stufe ist nicht R-aufzählbar.*

Beweis. φ_{endl} sei ein S_∞-Satz zweiter Stufe mit der Eigenschaft, daß für alle $\mathfrak{A}$ gilt:

$$\mathfrak{A} \models \varphi_{\text{endl}} \quad \text{gdw} \quad A \text{ ist endlich}$$

(vgl. IX.1.3(6)). Wir erhalten dann für alle S_∞-Sätze φ erster (!) Stufe:

$$(*) \qquad \varphi \in \Phi_a \quad \text{gdw} \quad \models \varphi_{\text{endl}} \to \varphi.$$

Wäre nun die Menge der allgemeingültigen S_∞-Sätze zweiter Stufe R-aufzählbar, so könnte man ein Aufzählungsverfahren für sie in Gang setzen und jedesmal, wenn ein Satz der Gestalt $\varphi_{\text{endl}} \to \varphi$ mit $\varphi \in L_0^{S_\infty}$ ausgegeben wird, φ notieren. Auf diese Weise erhielte man wegen (∗) eine Aufzählung von Φ_a im Widerspruch zum Satz von Trachtenbrot. □

Der Satz 5.5 geht auf Gödel zurück. Er verstärkt ein Resultat, das wir in IX.1 gewonnen haben. Dort haben wir aus der Ungültigkeit des Endlichkeitssatzes für die Logik $\mathcal{L}_{\text{II}}$ der zweiten Stufe geschlossen, daß es keinen korrekten und vollständigen Beweiskalkül gibt, d.h. keinen Kalkül, für dessen Ableitbarkeitsbeziehung $\vdash$ gilt:

(+) Für alle $\mathcal{L}_{\text{II}}$-Sätze φ und alle $\mathcal{L}_{\text{II}}$-Satzmengen Φ:
$\Phi \models \varphi \quad \text{gdw} \quad \Phi \vdash \varphi$.

Offen blieb bei jener Argumentation, ob es dennoch einen Kalkül gibt, der (+) für $\Phi = \emptyset$ erfüllt, d.h. einen korrekten Kalkül, der alle allgemeingültigen Sätze zweiter Stufe abzuleiten gestattet. 5.5 zeigt, daß die zweite Stufe auch in diesem Sinne unvollständig ist. Gäbe es nämlich einen derartigen Kalkül, so könnte man durch systematische Anwendung aller Regeln jede Ableitung herstellen und somit die allgemeingültigen Sätze zweiter Stufe aufzählen (vgl. die Argumentation zu 1.6).

Wir sehen an dieser Stelle, wie nützlich es war, den Begriff der Aufzählbarkeit einzuführen. Durch seine Verwendung konnten wir uns der Aufgabe entziehen, die Begriffe der Schlußregel und des Kalküls zu präzisieren, und dennoch zeigen, daß es keinen adäquaten Beweiskalkül für die allgemeingültigen Sätze der zweiten Stufe gibt.

Die Argumentation im Beweis von Satz 5.5 benutzt im wesentlichen nur, daß in der zweiten Stufe die endlichen Mengen charakterisierbar sind. Sie läßt sich daher auch auf die schwache Logik der zweiten Stufe (vgl. IX.1.7) übertragen.

Wir haben in den beiden letzten Paragraphen der Einfachheit halber stets die Symbolmenge S_∞ zugrunde gelegt, obwohl wir jeweils nur von einigen Symbolen von S_∞ Gebrauch gemacht haben. Es dürfte klar sein, daß sich die Betrachtungen auch auf andere Symbolmengen übertragen lassen, die wie S_∞ als Mengen konkreter Zeichen effektiv gegeben sind und Symbole zur Beschreibung der Arbeitsweise von Programmen enthalten. Wie man zeigen kann, reicht es, daß S aus nur einem zweistelligen Relationssymbol besteht. Die Unvollständigkeit der zweiten Stufe läßt sich bereits für $S = \emptyset$ nachweisen (vgl. 5.6). Dagegen ist die Menge der allgemeingültigen S-Sätze erster Stufe entscheidbar, sofern S nur einstellige Relationssymbole enthält (vgl. XII.3.18(b)).

5.6 Aufgabe. Die Menge der allgemeingültigen $\emptyset$-Sätze zweiter Stufe ist nicht R-aufzählbar.

§6 Theorien und Entscheidbarkeit

Wir wollen in diesem Paragraphen einige Theorien im Hinblick auf Fragen der Aufzählbarkeit und der Entscheidbarkeit untersuchen. U.a. beweisen wir die Unentscheidbarkeit der Arithmetik. – Wir setzen voraus, daß die auftretenden Symbolmengen effektiv gegeben sind und aus konkreten Zeichen bestehen.

A. Theorien der ersten Stufe

6.1 Definition. $T \subset L_0^S$ heißt eine *Theorie*, wenn T erfüllbar ist und wenn jeder S-Satz, der aus T folgt, bereits zu T gehört.

Für jede S-Struktur $\mathfrak{A}$ ist die Menge $\mathrm{Th}(\mathfrak{A}) = \{\varphi \in L_0^S \mid \mathfrak{A} \models \varphi\}$ eine Theorie, die Theorie von $\mathfrak{A}$ (vgl. VI.4.1). $\mathrm{Th}(\mathfrak{N})$ heißt auch die (elementare) *Arithmetik*.

Für $\Phi \in L_0^S$ sei $\Phi^{\models} := \{\varphi \in L_0^S \mid \Phi \models \varphi\}$. Ist T eine Theorie, so gilt $T = T^{\models}$, und ist Φ eine erfüllbare Menge von S-Sätzen, so ist $\Phi^{\models}$ eine Theorie. Einige Beispiele:

(1) $\emptyset^{\models} = \{\varphi \in L_0^S \mid\, \models \varphi\}$.

(2) Für $S = S_{\text{Gr}}$: die (elementare) *Gruppentheorie* $\quad \text{Th}_{\text{Gr}} := \Phi_{\text{Gr}}^{\models}$.

(3) Für $S = \{\in\}$: die ZFC-*Mengenlehre* $\quad \text{Th}_{\text{ZFC}} := \text{ZFC}^{\models}$.

(4) Für $S = S_{\text{Ar}}$: die *Peano-Arithmetik* (erster Stufe) $\quad \text{Th}_{\text{PA}} := \Phi_{\text{PA}}^{\models}$.

Das Axiomensystem Φ_{PA} besteht dabei aus den in III.7.5 angegebenen Peano-Axiomen, wobei das in der zweiten Stufe formulierte Induktionsaxiom ersetzt wird durch die unter (*) genannten „Induktionsaxiome“. Die Axiome von Φ_{PA} sind:

$$\begin{array}{ll} \forall x \neg x + 1 \equiv 0 & \forall x \forall y (x + 1 \equiv y + 1 \rightarrow x \equiv y) \\ \forall x\, x + 0 \equiv x & \forall x \forall y\, x + (y + 1) \equiv (x + y) + 1 \\ \forall x\, x \cdot 0 \equiv 0 & \forall x \forall y\, x \cdot (y + 1) \equiv x \cdot y + x \end{array}$$

$$(*) \quad \left\{ \begin{array}{l} \text{für alle } x_1, \ldots, x_n, y \text{ und alle } \varphi \in L^{S_{\text{Ar}}} \text{ mit} \\ \text{frei}(\varphi) \subset \{x_1, \ldots, x_n, y\} \text{ der Satz} \\ \forall x_1 \ldots \forall x_n \Big((\varphi \frac{0}{y} \wedge \forall y (\varphi \rightarrow \varphi \frac{y+1}{y})) \rightarrow \forall y \varphi \Big). \end{array} \right.$$

$\mathfrak{N}$ ist ein Modell von Φ_{PA} und daher $\Phi_{\text{PA}}^{\models} \subset \text{Th}(\mathfrak{N})$. Das Induktionsschema (*) ist ein natürlicher Ersatz für das Induktionsaxiom zweiter Stufe, beinhaltet es doch gerade die Gültigkeit des Induktionsaxioms für solche Eigenschaften, die in der ersten Stufe definierbar sind. Viele Sätze der elementaren Arithmetik (d.h. Sätze aus $\text{Th}(\mathfrak{N})$) lassen sich aus Φ_{PA} herleiten. Die Hoffnung, alle Sätze von $\text{Th}(\mathfrak{N})$ aus Φ_{PA} herleiten zu können, trügt jedoch: In 6.10 zeigen wir, das $\Phi_{\text{PA}}^{\models} \subsetneq \text{Th}(\mathfrak{N})$.

6.2 Definition. (a) Eine Theorie T heißt *R-axiomatisierbar*, wenn es eine R-entscheidbare Satzmenge Φ gibt mit $T = \Phi^{\models}$.

(b) Eine Theorie T heißt *endlich axiomatisierbar*, wenn es eine endliche Satzmenge Φ gibt mit $T = \Phi^{\models}$.

Jede endlich axiomatisierbare Theorie ist bereits durch einen einzigen Satz axiomatisierbar. (Man gehe zur Konjunktion der Axiome über!) Jede endlich axiomatisierbare Theorie ist außerdem R-axiomatisierbar. Die Theorien Th_{PA} und Th_{ZFC} sind R-axiomatisierbar, jedoch – ohne daß wir das hier zeigen wollen – nicht endlich axiomatisierbar.

6.3 Satz. *Eine R-axiomatisierbare Theorie ist R-aufzählbar.*

Beweis. T sei eine Theorie, und Φ sei eine R-entscheidbare Menge von S-Sätzen mit $T = \Phi^{\models}$. Um die Sätze von T aufzulisten, verfahre man auf folgende Weise: Man stelle systematisch alle ableitbaren Sequenzen her und prüfe jeweils, ob die Glieder des Antezedens zu Φ gehören. Wenn ja, notiere man das Sukzedens, sofern es ein Satz ist. □

Ist T eine R-axiomatisierbare Theorie, so braucht T nicht R-entscheidbar zu sein. Dies gilt etwa für $T = \emptyset^{\models}$ (mit $S = S_\infty$; vgl. 4.1), aber auch für $T = T_{\mathrm{Gr}}$ (vgl. [34]). Anders verhält es sich, wenn T die folgende zusätzliche Eigenschaft besitzt:

6.4 Definition. Eine Theorie $T \subset L_0^S$ heißt *vollständig*, wenn $\varphi \in T$ oder $\neg\varphi \in T$ für jeden S-Satz φ.

Für jede Struktur $\mathfrak{A}$ ist $\mathrm{Th}(\mathfrak{A})$ vollständig.

6.5 Satz. (a) *Jede R-axiomatisierbare und vollständige Theorie ist R-entscheidbar.*
(b) *Jede R-aufzählbare und vollständige Theorie ist R-entscheidbar.*

Beweis. Nach 6.3 reicht es, (b) zu zeigen. Sei also T eine R-aufzählbare und vollständige Theorie. Um zu entscheiden, ob ein vogegebener Satz φ zu T gehört, zählen wir T mit einem geeigneten Aufzählungsverfahren auf, bis entweder φ oder $\neg\varphi$ erscheint. Dies ist schließlich der Fall, da wegen der Vollständigkeit von T entweder φ oder $\neg\varphi$ zu T gehört. Erscheint φ, gehört φ zu T, erscheint $\neg\varphi$, gehört φ nicht zu T. □

Mit 6.5 erhalten wir die Entscheidbarkeit einer axiomatisierbaren Theorie, wenn wir ihre Vollständigkeit nachgewiesen haben. Eine Methode zum Nachweis der Vollständigkeit werden wir in Kapitel XII kennenlernen. In gewissen Fällen kann man auch die Aussage aus 6.7 dazu verwenden.

6.6 Aufgabe. Sei T eine Theorie, Φ R-aufzählbar und $T = \Phi^{\models}$. Man zeige, daß T bereits R-axiomatisierbar ist. (Hinweis: Man gehe von einer Aufzählung $\varphi_0, \varphi_1, \ldots$ von Φ zur Menge $\{\varphi_0, \varphi_0 \wedge \varphi_1, \ldots\}$ über.)

6.7 Aufgabe. (a) Es sei S höchstens abzählbar und $T \subset L_0^S$ eine Theorie, die nur unendliche Modelle besitzt. Weiterhin gebe es eine unendliche Mächtigkeit κ, so daß je zwei Modelle von T der Mächtigkeit κ isomorph sind. Man zeige, daß T vollständig ist.
(b) Man gebe ein entscheidbares Axiomensystem für die Theorie der algebraisch abgeschlossenen Körper einer festen Charakteristik an

und zeige mit (a) deren Vollständigkeit und damit (nach 6.5) deren Entscheidbarkeit.

B. Die Unentscheidbarkeit der Arithmetik

Wir zeigen in diesem Abschnitt die Unentscheidbarkeit der Arithmetik: Es gibt kein Verfahren, mit dem man von jedem S_{Ar}-Satz entscheiden kann, ob er in $\mathfrak{N}$ gilt. Der Beweis orientiert sich an dem für die Unentscheidbarkeit der Logik erster Stufe: Wir werden jedem Registerprogramm P über $\mathcal{A} = \{|\}$ effektiv einen S_{Ar}-Satz φ_{P} zuordnen, so daß gilt:

$$\mathfrak{N} \models \varphi_{\mathrm{P}} \quad \text{gdw} \quad \mathrm{P}: \square \to \text{stop}.$$

Aus der Unentscheidbarkeit von Π_{stop} ergibt sich dann sofort die Unentscheidbarkeit von $\mathrm{Th}(\mathfrak{N})$.

Bei der Konstruktion von φ_{P} benutzen wir wesentlich einen Ausdruck χ_{P}, der (bei Interpretation in $\mathfrak{N}$) die Arbeitsweise von P beschreibt. Das folgende Lemma, dessen Nachweis den Kern dieses Abschnitts bildet, stellt einen solchen Ausdruck bereit.

Das Registerprogramm P bestehe aus den Zeilen $\alpha_0, \ldots, \alpha_k$; n sei die kleinste Zahl, so daß alle in P angesprochenen Register unter $\mathrm{R}_0, \ldots, \mathrm{R}_n$ vorkommen. Unter einer Konfiguration von P verstehen wir (wie bereits in §4) ein $(n+2)$-Tupel $(Z, m_0, \ldots, m_n)$ natürlicher Zahlen mit $Z \leq k$. $(Z, m_0, \ldots, m_n)$ gibt die Situation einer P-Berechnung wieder, bei der die Programmzeile α_Z aufgerufen wird und in den Registern $\mathrm{R}_0, \ldots, \mathrm{R}_n$ der Reihe nach die Zahlen $m_0, \ldots, m_n$ stehen.

6.8 Lemma. *Zu* P *kann man effektiv einen* S_{Ar}*-Ausdruck* $\chi_{\mathrm{P}}(v_0, \ldots, v_{2n+2})$ *angeben, so daß für alle* $l_0, \ldots, l_n, Z, m_0, \ldots, m_n \in \mathbb{N}$ *gilt:*

> $\mathfrak{N} \models \chi_{\mathrm{P}}[l_0, \ldots, l_n, Z, m_0, \ldots, m_n]$ *gdw*
> P *erreicht, beginnend mit der Konfiguration* $(0, l_0, \ldots, l_n)$, *nach endlich vielen Schritten die Konfiguration* $(Z, m_0, \ldots, m_n)$.

Wir stellen den Beweis zurück. Mit Hilfe von χ_{P} erhalten wir den gesuchten Ausdruck φ_{P}: Wir setzen

$$\varphi_{\mathrm{P}} := \exists v_{n+2} \ldots \exists v_{2n+2} \chi_{\mathrm{P}}(\mathbf{0}, \ldots, \mathbf{0}, \boldsymbol{k}, v_{n+2}, \ldots, v_{2n+2}).^1$$

---

[1] Falls etwa $\varphi \in L_2^{S_{\mathrm{Ar}}}$, schreiben wir $\varphi(\boldsymbol{n}, v_1)$ für $\varphi \frac{\boldsymbol{n}}{v_0}$ und $\varphi(\boldsymbol{n}, \boldsymbol{m})$ für $\varphi \frac{\boldsymbol{n}\ \boldsymbol{m}}{v_0\ v_1}$. Wiederum stehen $\mathbf{0}, \mathbf{1}, \mathbf{2}, \ldots$ für die S_{Ar}-Terme $0, 1, 1+1, \ldots$.

Dann gilt (man beachte, daß α_k die Stoppzeile von P ist):

$\mathfrak{N} \models \varphi_P$

gdw P erreicht, beginnend mit der Konfiguration $(0,\ldots,0)$, nach endlich vielen Schritten für gewisse $m_0,\ldots,m_n$ die Konfiguration $(k, m_0,\ldots,m_n)$

gdw P: $\square \rightarrow$ stop.

Somit haben wir

6.9 Satz von der Unentscheidbarkeit der Arithmetik. *Die Arithmetik, also* $\mathrm{Th}(\mathfrak{N})$*, ist nicht R-entscheidbar.* □

Da $\mathrm{Th}(\mathfrak{N})$ vollständig ist, erhalten wir mit 6.5:

6.10 Korollar. *Die Arithmetik, also* $\mathrm{Th}(\mathfrak{N})$*, ist nicht R-axiomatisierbar und nicht R-aufzählbar. Insbesondere ist* $\Phi_{\mathrm{PA}}^{\models} \subsetneq \mathrm{Th}(\mathfrak{N})$. □

6.9 wie auch 6.10 beinhalten, daß die Arithmetik sich im folgenden Sinne einem „mechanischen" Zugriff entzieht: Es gibt kein Verfahren, das für arithmetische Sätze entscheidet, ob sie wahr sind; es gibt nicht einmal ein Verfahren, die wahren arithmetischen Sätze aufzuzählen. Der Mathematiker wird also nie im Besitze einer Methode sein, mit der es möglich ist, alle wahren arithmetischen Sätze systematisch zu beweisen. Insbesondere läßt sich kein Axiomensystem $\Phi \subset \mathrm{Th}(\mathfrak{N})$ effektiv angeben, mit dem sich alle Sätze aus $\mathrm{Th}(\mathfrak{N})$ gewinnen lassen.

Beweis von Lemma 6.8. Sei P wie oben vorgegeben. Wir müssen einen S_{Ar}-Ausdruck $\chi_P(x_0,\ldots,x_n,z,y_0,\ldots,y_n)$ angeben, der – in $\mathfrak{N}$ – besagt, daß P, beginnend mit der Konfiguration $(0,x_0,\ldots,x_n)$, eine Folge von Konfigurationen durchläuft, welche schließlich mit der Konfiguration $(z,y_0,\ldots,y_n)$ endet. Demnach muß $\chi_P(x_0,\ldots,x_n,z,y_0,\ldots,y_n)$ die folgende Aussage (1) symbolisieren:

(1) „Es gibt $s \in \mathbb{N}$ und eine Folge $C_0,\ldots,C_s$ von Konfigurationen, so daß

$$C_0 = (0,x_0,\ldots,x_n), \quad C_s = (z,y_0,\ldots,y_n),$$

für alle $i < s$: $C_i \underset{P}{\rightarrow} C_{i+1}$."

Dabei bedeutet "$C_i \underset{P}{\rightarrow} C_{i+1}$": Befindet sich P in der Konfiguration C_i, so geht P durch Ausführung der in C_i genannten Programmzeile in die Konfiguration C_{i+1} über.

Wir fassen die Konfigurationen $C_0,\ldots,C_s$ zu einer einzigen Folge zusammen. Dadurch geht (1) über in (2):

(2) „Es gibt $s \in \mathbb{N}$ und es gibt eine Folge

$$\underbrace{(a_0, \ldots, a_{n+1}}_{C_0}, \underbrace{a_{n+2}, \ldots, a_{(n+2)+(n+1)}}_{C_1}, \ldots, \underbrace{a_{s\cdot(n+2)}, \ldots, a_{s\cdot(n+2)+(n+1)})}_{C_s},$$

so daß

$a_0 = 0,\ a_1 = x_0, \ldots,\ a_{n+1} = x_n,$

$a_{s\cdot(n+2)} = z,\ a_{s\cdot(n+2)+1} = y_0, \ldots,\ a_{s\cdot(n+2)+(n+1)} = y_n,$

und für alle $i < s$:

$(a_{i\cdot(n+2)}, \ldots, a_{i\cdot(n+2)+(n+1)}) \underset{P}{\rightarrow} (a_{(i+1)\cdot(n+2)}, \ldots, a_{(i+1)\cdot(n+2)+(n+1)})$."

Die Hauptschwierigkeit bei der Symbolisierung von (2) in $L^{S_{\mathrm{Ar}}}$ wird durch den Quantor „es gibt eine Folge" verursacht. Um sie zu überwinden, werden wir endliche Folgen natürlicher Zahlen in geeigneter Weise durch natürliche Zahlen kodieren. Oft benutzt man zur Kodierung einer Folge $(a_0, \ldots, a_r)$ die Zahl $p_0^{a_0+1} \ldots p_r^{a_r+1}$, wobei p_i die i-te Primzahl bezeichnet. Da jedoch eine $L^{S_{\mathrm{Ar}}}$-Definition der Potenzfunktion x^y sehr verwickelt ist, benutzen wir eine andere Methode, bei der die Folge $(a_0, \ldots, a_r)$ durch zwei geeignete Zahlen t und p kodiert wird.

6.11 Lemma über die β-Funktion[1]. *Es gibt eine Funktion $\beta : \mathbb{N}^3 \to \mathbb{N}$ mit den folgenden Eigenschaften:*

(a) *Zu jeder Folge $(a_0, \ldots, a_r)$ über $\mathbb{N}$ existieren $t, p \in \mathbb{N}$, so daß für alle $i \leq r$*

$$\beta(t, p, i) = a_i.$$

(b) *β ist in $L^{S_{\mathrm{Ar}}}$ definierbar, d.h. es gibt einen S_{Ar}-Ausdruck $\varphi_\beta(v_0, v_1, v_2, v_3)$, so daß für alle $t, p, i, a \in \mathbb{N}$ gilt:*

$$\mathfrak{N} \models \varphi_\beta[t, p, i, a] \quad \text{gdw} \quad \beta(t, p, i) = a.$$

Beweis. Zu $(a_0, \ldots, a_r)$ wählen wir eine Primzahl p, die größer ist als $a_0, \ldots, a_r, r+1$ und setzen

$$(*)\quad t := 1 \cdot p^0 + a_0 p^1 + 2p^2 + a_1 p^3 + \ldots + (i+1)p^{2i} + a_i p^{2i+1} + \ldots + (r+1)p^{2r} + a_r p^{2r+1}.$$

Aufgrund der Wahl von p ist die rechte Seite die p-adische Darstellung von t.

Zunächst zeigen wir, daß für alle i, $0 \leq i \leq r$, gilt:

[1] Diese Bezeichnung geht auf Gödel zurück, der den Buchstaben β für eine Funktion mit den Eigenschaften (a) und (b) verwendet hat.

$$(**)\quad a = a_i \quad \text{gdw} \quad \text{es gibt } b_0, b_1, b_2 \text{ mit} \begin{array}{ll} \text{(i)} & t = b_0 + b_1((i+1) + ap + b_2p^2), \\ \text{(ii)} & a < p, \\ \text{(iii)} & b_0 < b_1, \\ \text{(iv)} & b_1 = p^{2m} \text{ für ein geeignetes } m. \end{array}$$

Die Richtung von links nach rechts erhält man sofort aus (*) mit

$$b_0 := 1 \cdot p^0 + \ldots + a_{i-1}p^{2i-1},$$

$$b_1 := p^{2i},$$

$$b_2 := (i+2) + a_{i+1}p + \ldots + a_r p^{2(r-i)-1}.$$

Gelte umgekehrt (i) – (iv) für b_0, b_1, b_2 und sei $b_1 = p^{2m}$. Aus (i) erhalten wir

$$t = b_0 + (i+1)p^{2m} + ap^{2m+1} + b_2p^{2m+2}.$$

Da $b_0 < p^{2m}$ und $a, i+1 < p$ und da die p-adische Darstellung von t eindeutig ist, liefert ein Vergleich mit (*), daß $m = i$ und $a = a_i$.

Offenbar ist (iv) aus (**) äquivalent mit

(iv)′ b_1 ist eine Quadratzahl, und für alle $d \neq 1$ mit $d|b_1$ gilt $p|d$.

Wir definieren $\beta(t, p, i)$ als das eindeutig bestimmte (und damit das kleinste) a, für das die rechte Seite in (**) (mit (iv)′ statt (iv)) gilt. Wir erweitern diese Definition auf beliebige Tripel natürlicher Zahlen, indem wir festsetzen:

$\beta(u, q, j)$ sei das kleinste a, für das es b_0, b_1, b_2 gibt mit

(i) $u = b_0 + b_1((j+1) + aq + b_2q^2)$,

(ii) $a < q$,

(iii) $b_0 < b_1$,

(iv)′ b_1 ist eine Quadratzahl, und für alle $d \neq 1$ mit $d|b_1$ gilt $q|d$.

Falls kein derartiges a existiert, sei $\beta(u, q, j) = 0$.

Dann hat offenbar β die in (a) geforderten Eigenschaften.

Die gerade getroffene Definition von β läßt sich unmittelbar durch einen S_{Ar}-Ausdruck $\varphi_\beta(v_0, v_1, v_2, v_3)$ symbolisieren. Somit ist auch (b) erfüllt. □

Wir kehren nun zum Beweis von 6.8 zurück, also zu der Aufgabe, durch einen S_{Ar}-Ausdruck χ_{P} zu beschreiben, daß P in endlich vielen Schritten von der Konfiguration $(0, x_0, \ldots, x_n)$ zur Konfiguration

$(z, y_0, \ldots, y_n)$ gelangt. Diesen Sachverhalt über P haben wir äquivalent umformuliert zur Aussage (2). Diese können wir nun mit Hilfe des Ausdrucks φ_β aus dem Lemma 6.11 über die β-Funktion auf folgende Weise symbolisieren (wobei wir in Anlehnung an unsere bisherigen Bezeichnungen durch $s, t, \ldots$ jetzt Variablen andeuten):

$$\begin{aligned}
&\chi_{\mathrm{P}}(x_0, \ldots, x_n, z, y_0, \ldots, y_n) := \\
&\exists s \exists p \exists t(\varphi_\beta(t, p, 0, 0) \wedge \varphi_\beta(t, p, 1, x_0) \wedge \ldots \wedge \varphi_\beta(t, p, \mathbf{n+1}, x_n) \\
&\wedge \varphi_\beta(t, p, s \cdot (\mathbf{n+2}), z) \wedge \varphi_\beta(t, p, s \cdot ((\mathbf{n+2})+1), y_0) \wedge \ldots \\
&\wedge \varphi_\beta(t, p, s \cdot (\mathbf{n+2}) + (\mathbf{n+1}), y_n) \\
&\wedge \forall i(i < s \rightarrow \forall u \forall u_0 \ldots \forall u_n \forall u' \forall u'_0 \ldots \forall u'_n \\
&[\varphi_\beta(t, p, i \cdot (\mathbf{n+2}), u) \wedge \ldots \wedge \varphi_\beta(t, p, i \cdot (\mathbf{n+2}) + (\mathbf{n+1}), u_n) \\
&\wedge \varphi_\beta(t, p, (i+1) \cdot (\mathbf{n+2}), u') \wedge \ldots \wedge \varphi_\beta(t, p, (i+1) \cdot (\mathbf{n+2}) + (\mathbf{n+1}), u'_n) \\
&\rightarrow \text{“}(u, u_0, \ldots, u_n) \underset{P}{\rightarrow} (u', u'_0, \ldots, u'_n)\text{”}])).
\end{aligned}$$

Hierbei steht

$$\text{“}(u, u_0, \ldots, u_n) \underset{P}{\rightarrow} (u', u'_0, \ldots, u'_n)\text{”}$$

für einen Ausdruck, der den unmittelbaren Übergang von der Konfiguration $(u, u_0, \ldots, u_n)$ zur Konfiguration $(u', u'_0, \ldots, u'_n)$ beschreibt. Ein solcher Ausdruck läßt sich als eine Konjunktion $\psi_0 \wedge \ldots \wedge \psi_{k-1}$ gewinnen, wobei ψ_j den Übergang gemäß Zeile α_j von P betrifft. Hat α_j z.B. die Gestalt

$$j \text{ LET } \mathrm{R}_1 = \mathrm{R}_1 + |,$$

so sei

$$\begin{aligned}
\psi_j := u \equiv \mathbf{j} \rightarrow (u' \equiv u + 1 \\
\wedge u'_0 \equiv u_0 \wedge u'_1 \equiv u_1 + 1 \wedge u'_2 \equiv u_2 \wedge \ldots \wedge u'_n \equiv u_n).
\end{aligned}$$

Damit ist χ_{P} vollständig angegeben, und der Beweis von 6.8 ist beendet. □

Abschließend ziehen wir aus der Darstellung der Arbeitsweise von Registerprogrammen in $\mathfrak{N}$ noch eine Folgerung.

6.12 Satz. *Es sei $r \geq 1$.*

(a) *Zu jeder r-stelligen R-entscheidbaren Relation $\mathfrak{Q}$ über $\mathbb{N}$ gibt es einen S_{Ar}-Ausdruck $\varphi(v_0, \ldots, v_{r-1})$, so daß für alle $l_0, \ldots, l_{r-1} \in \mathbb{N}$*

$$\mathfrak{Q} l_0 \ldots l_{r-1} \quad \textit{gdw} \quad \mathfrak{N} \models \varphi(\boldsymbol{l}_0, \ldots, \boldsymbol{l}_{r-1}).$$

(b) *Zu jeder R-berechenbaren Funktion $f: \mathbb{N}^r \rightarrow \mathbb{N}$ gibt es einen S_{Ar}-Ausdruck $\varphi(v_0, \ldots, v_{r-1}, v_r)$, so daß für alle $l_0, \ldots, l_{r-1}, l_r \in \mathbb{N}$*

$$f(l_0, \ldots, l_{r-1}) = l_r \quad gdw \quad \mathfrak{N} \models \varphi(\boldsymbol{l}_0, \ldots, \boldsymbol{l}_{r-1}, \boldsymbol{l}_r)$$

und daher insbesondere

$$\mathfrak{N} \models \exists^{=1} v_r \varphi(\boldsymbol{l}_0, \ldots, \boldsymbol{l}_{r-1}, v_r).$$

Beweis. Zu (a). Es sei $r \geq 1$ und $\mathfrak{Q}$ eine r-stellige R-entscheidbare Relation über $\mathbb{N}$. P sei ein Registerprogramm, daß $\mathfrak{Q}$ entscheidet. R_n sei das größte in P angesprochene Register, und o.B.d.A. sei $n \geq r-1$. Es seien $\alpha_{Z_0}, \ldots, \alpha_{Z_m}$ die Zeilen mit Druckanweisungen in P. Wir wählen nun χ_P wie in 6.8. Dann gilt für beliebige $l_0, \ldots, l_{r-1} \in \mathbb{N}$:

$\mathfrak{Q} l_0, \ldots, l_{r-1}$

gdw P erreicht, beginnend mit der Konfiguration $(0, l_0, \ldots, l_{r-1}, \underbrace{0, \ldots, 0}_{n+1-r})$, nach endlich vielen Schritten eine Konfiguration der Gestalt $(Z_i, 0, m_1, \ldots, m_n)$ mit $0 \leq i \leq m$ (d.h. eine Druckanweisung, bei der in R_0 das leere Wort steht)

gdw $\mathfrak{N} \models \exists v_{n+3} \ldots \exists v_{2n+2} (\chi_P(\boldsymbol{l}_0, \ldots, \boldsymbol{l}_{r-1}, \boldsymbol{0}, \ldots, \boldsymbol{0}, \boldsymbol{Z}_0, \boldsymbol{0}, v_{n+3}, \ldots, v_{2n+2})$
$\vee \ldots \vee \chi_P(\boldsymbol{l}_0, \ldots, \boldsymbol{l}_{r-1}, \boldsymbol{0}, \ldots, \boldsymbol{0}, \boldsymbol{Z}_m, \boldsymbol{0}, v_{n+3}, \ldots, v_{2n+2}))$.

Man kann daher als $\varphi(v_0, \ldots, v_{r-1})$ den folgenden Ausdruck wählen:

$$\exists v_{n+3} \ldots \exists v_{2n+2} \bigvee_{i=0}^{m} \chi_P(v_0, \ldots, v_{r-1}, \boldsymbol{0}, \ldots, \boldsymbol{0}, \boldsymbol{Z}_i, \boldsymbol{0}, v_{n+3}, \ldots, v_{2n+2}).$$

Zu (b). Wir verfahren wie unter (a) und beachten, daß

$f(l_0, \ldots, l_{r-1}) = l_r$

gdw P erreicht, beginnend mit der Konfiguration $(0, l_0, \ldots, l_{r-1}, 0, \ldots, 0)$, nach endlich vielen Schritten eine Konfiguration der Gestalt $(Z_i, l_r, m_1, \ldots, m_n)$ mit $0 \leq i \leq m$.

Als beschreibenden Ausdruck $\varphi(v_0, \ldots, v_{r-1}, v_r)$ können wir daher den folgenden Ausdruck wählen:

$$\exists v_{n+3} \ldots \exists v_{2n+2} \bigvee_{i=0}^{m} \chi_P(v_0, \ldots, v_{r-1}, \boldsymbol{0}, \ldots, \boldsymbol{0}, \boldsymbol{Z}_i, v_r, v_{n+3}, \ldots, v_{2n+2}). \qquad \square$$

Relationen und Funktionen über $\mathbb{N}$, die wie in 6.12 durch einen S_{Ar}-Ausdruck beschrieben werden können, nennt man *arithmetisch*. Satz 6.12 sagt also aus, daß alle R-entscheidbaren Relationen und alle R-berechenbaren Funktionen über $\mathbb{N}$ arithmetisch sind.

Der Satz über die Unentscheidbarkeit der Arithmetik läßt sich verschärfen: 1970 gelang Matijasevič der Beweis dafür, daß die Menge

PGN (vgl. 1.11) nicht R-entscheidbar ist. Da man jedem Polynom p mit ganzzahligen Koeffizienten effektiv einen existenziellen S_{Ar}-Satz φ_p zuordnen kann, so daß

$$p \in \mathrm{PGN} \quad \text{gdw} \quad \varphi_p \in \mathrm{Th}(\mathfrak{N}),$$ [1]

erhält man, daß bereits die Menge $\{\varphi \in \mathrm{Th}(\mathfrak{N}) \mid \varphi \text{ existentiell}\}$ unentscheidbar ist. – Aus den Betrachtungen von Matijasevič ergibt sich weiter, daß sich jede R-aufzählbare Teilmenge von $\mathbb{N}$ in der Gestalt

$$\{n \in \mathbb{N} \mid \text{es gibt ganze Zahlen } z_1, \ldots, z_r \text{ mit } p(z_1, \ldots, z_r) = n\}$$

schreiben läßt, wobei p ein Polynom mit ganzzahligen Koeffizienten ist. Die R-aufzählbaren Teilmengen von $\mathbb{N}$ fallen also mit den Wertebereichen solcher Polynome zusammen.

6.13 Aufgabe. $\mathfrak{Z} = (\mathbb{Z}, +, \cdot, 0, 1)$ sei der Ring der ganzen Zahlen (als S_{Ar}-Struktur). Man zeige, daß $\mathrm{Th}(\mathfrak{Z})$ nicht R-entscheidbar ist. (Hinweis: Man benutze, daß eine ganze Zahl genau dann eine natürliche Zahl ist, wenn sie Summe von vier Quadraten ganzer Zahlen ist.)

§7 Selbstbezügliche Aussagen und die Gödelschen Unvollständigkeitssätze

Im vorangehenden Abschnitt haben wir gezeigt, daß die Arithmetik nicht R-axiomatisierbar ist. Gödel [13] hat ursprünglich einen anderen Weg eingeschlagen, um zu diesem Ergebnis zu gelangen. Wesentlich für seinen Beweis ist die Tatsache, daß für genügend reichhaltige Axiomensysteme Ausdrücke existieren, die in einem gewissen Sinn Aussagen über sich selbst machen. Das Studium solcher selbstbezüglicher Ausdrücke steht im Mittelpunkt der folgenden Überlegungen. Es führt uns abschließend zu dem Anliegen dieses Kapitels zurück, zur Auslotung von Grenzen der formalen Methode. Im Hinblick auf dieses Ziel werden wir die Betrachtungen großenteils auf syntaktischer Ebene durchführen.

Im folgenden sei Φ stets eine Menge von S_{Ar}-Sätzen.

---

[1] Z.B. ordnet man dem Polynom $p = x + 2y^2 - 5$ den Satz $\varphi_p = \exists x \exists y\, (x + \mathbf{2}y^2 = \mathbf{5} \vee \mathbf{2}y^2 = x + \mathbf{5})$ zu (φ_p berücksichtigt auch negative Nullstellen).

7.1 Definition. (a) Eine Relation $\mathfrak{Q} \subset \mathbb{N}^r$ heißt *repräsentierbar in* Φ, falls es einen S_{Ar}-Ausdruck $\varphi(v_0, \dots, v_{r-1})$ gibt, so daß für alle $n_0, \dots, n_{r-1} \in \mathbb{N}$:

Wenn $\mathfrak{Q} n_0 \dots n_{r-1}$, so $\Phi \vdash \varphi(\boldsymbol{n_0}, \dots, \boldsymbol{n_{r-1}})$;
wenn nicht $\mathfrak{Q} n_0 \dots n_{r-1}$, so $\Phi \vdash \neg\varphi(\boldsymbol{n_0}, \dots, \boldsymbol{n_{r-1}})$.

Wir sagen dann, $\varphi(v_0, \dots, v_{r-1})$ *repräsentiere* $\mathfrak{Q}$ *in* Φ.

(b) Eine Funktion $F: \mathbb{N}^r \to \mathbb{N}$ heißt *repräsentierbar in* Φ, falls es einen S_{Ar}-Ausdruck $\varphi(v_0, \dots, v_{r-1}, v_r)$ gibt, so daß für alle $n_0, \dots, n_{r-1}, n_r \in \mathbb{N}$:

Wenn $F(n_0 \dots n_{r-1}) = n_r$, so $\Phi \vdash \varphi(\boldsymbol{n_0}, \dots, \boldsymbol{n_{r-1}}, \boldsymbol{n_r})$;
wenn $F(n_0 \dots n_{r-1}) \neq n_r$, so $\Phi \vdash \neg\varphi(\boldsymbol{n_0}, \dots, \boldsymbol{n_{r-1}}, \boldsymbol{n_r})$;
$\Phi \vdash \exists^{=1} v_r \varphi(\boldsymbol{n_0}, \dots, \boldsymbol{n_{r-1}}, v_r)$.

Wir sagen dann, $\varphi(v_0, \dots, v_{r-1}, v_r)$ *repräsentiere* F *in* Φ.

7.2 Lemma. (a) *Wenn* Φ *widerspruchsvoll ist, so ist jede Relation über* $\mathbb{N}$ *und jede Funktion über* $\mathbb{N}$ *in* Φ *repräsentierbar.*

(b) *Wenn* $\Phi \subset \Phi' \subset L_0^{S_{\mathrm{Ar}}}$, *so sind Relationen und Funktionen, die in* Φ *repräsentierbar sind, auch in* Φ' *repräsentierbar.*

(c) Φ *sei widerspruchsfrei. Ist dann* Φ *R-entscheidbar, so ist jede in* Φ *repräsentierbare Relation R-entscheidbar und jede in* Φ *repräsentierbare Funktion R-berechenbar.*

Beweis. Die Behauptungen (a) und (b) ergeben sich unmittelbar aus der Definition 7.1. Wir zeigen (c) für eine Funktion $F: \mathbb{N} \to \mathbb{N}$. F werde in Φ durch $\varphi(v_0, v_1)$ repräsentiert. Wir gewinnen auf folgende Weise ein Verfahren zur Berechnung von F: Es sei $n \in \mathbb{N}$ vorgegeben. Dann gilt $\Phi \vdash \varphi(\boldsymbol{n}, \boldsymbol{F(n)})$ und $\Phi \vdash \neg\varphi(\boldsymbol{n}, \boldsymbol{m})$ für $m \neq F(n)$, wegen der Widerspruchsfreiheit von Φ also nicht $\Phi \vdash \varphi(\boldsymbol{n}, \boldsymbol{m})$ für $m \neq F(n)$. Um $F(n)$ zu bestimmen, also das k mit $\Phi \vdash \varphi(\boldsymbol{n}, \boldsymbol{k})$, setzen wir ein Aufzählungsverfahren für $\{\psi \in L_0^{S_{\mathrm{Ar}}} \mid \Phi \vdash \psi\}$ in Gang und stellen zugleich die Sätze $\varphi(\boldsymbol{n}, \boldsymbol{0}), \varphi(\boldsymbol{n}, \boldsymbol{1}), \varphi(\boldsymbol{n}, \boldsymbol{2}), \dots$ her. Sobald einer dieser Sätze $\varphi(\boldsymbol{n}, \boldsymbol{k})$ vom Aufzählungsverfahren geliefert wird, haben wir mit k den Wert $F(n)$ gefunden. □

Wir sagen, daß Φ *Repräsentierungen erlaubt*, wenn alle R-entscheidbaren Relationen und alle R-berechenbaren Funktionen über $\mathbb{N}$ in Φ repräsentierbar sind.

Erlaubt Φ Repräsentierungen, so besagt dies in einer gewissen Weise, daß Φ reichhaltig genug ist, um die Wirkungsweise von Verfahren zu beschreiben. Im vorangehenden Paragraphen haben wir die Arbeitsweise von Registerprogrammen in $\Phi = \mathrm{Th}(\mathfrak{N})$ wiedergegeben. In der Tat gilt:

7.3 Satz. $\mathrm{Th}(\mathfrak{N})$ *erlaubt Repräsentierungen.*

Der Beweis ergibt sich sofort aus 6.12, wenn man beachtet, daß für jeden S_{Ar}-Satz φ ($\mathfrak{N} \models \varphi$ gdw $\mathrm{Th}(\mathfrak{N}) \vdash \varphi$) und (nicht $\mathfrak{N} \models \varphi$ gdw $\mathrm{Th}(\mathfrak{N}) \vdash \neg\varphi$). □

Eine genauere Analyse der Überlegungen, die zum Beweis von 6.12 führen, auf die wir jedoch hier nicht eingehen, zeigt, daß man die Arbeitsweise von Registerprogrammen bereits auf der Basis der Peano-Arithmetik, also in Φ_{PA}, beschreiben kann. Man gelangt so zu

7.4 Satz. Φ_{PA} *erlaubt Repräsentierungen.* □

Im folgenden legen wir als wichtiges technisches Hilfsmittel eine effektive Kodierung („Gödelisierung“) der S_{Ar}-Ausdrücke durch natürliche Zahlen zugrunde. Die Gödelisierung sei surjektiv, es trete also jede Zahl als Gödelnummer eines Ausdrucks auf. Wir bezeichnen die Gödelnummer von φ mit n^{φ}.

Die Gödelisierung macht es möglich, Sachverhalte über Ausdrücke in arithmetische Aussagen zu übersetzen. Beispielsweise wird dann aus einer Aussage über die Ableitbarkeit eines Ausdrucks φ eine arithmetische Aussage über die Gödelnummer von φ, und diese wiederum läßt sich durch einen S_{Ar}-Satz symbolisieren. Damit haben wir den Schlüssel zur Konstruktion selbstbezüglicher Aussagen in der Hand.

Unser weiteres Vorgehen orientiert sich an der Antinomie vom Lügner (und führt dabei auf formaler Ebene zu einer Klärung der Problematik, die hinter dieser Antinomie steht). Die Antinomie besagt, daß die Behauptung

(∗) „*Ich spreche jetzt nicht die Wahrheit*“

weder wahr noch falsch sein kann; denn wäre sie wahr, so müßte sie auch falsch sein, und wäre sie falsch, so müßte sie auch wahr sein.

Offenbar macht die Aussage (∗) eine Aussage über sich selbst; sie ist ein Beispiel für eine sog. *selbstbezügliche* Aussage. In einem ersten Schritt betrachten wir allgemein derartige Aussagen. Wir zeigen, daß in einem genügend reichhaltigen System (d.h. in einem System, das Repräsentierungen erlaubt) für *jede* in diesem System ausdrückbare Eigenschaft ein selbstbezüglicher Satz existiert. Genauer:

7.5 Fixpunktsatz. Φ *erlaube Repräsentierungen. Dann gibt es zu jedem* $\psi \in L_1^{S_{\mathrm{Ar}}}$ *einen* S_{Ar}*-Satz* φ *mit*

$$\Phi \vdash \varphi \leftrightarrow \psi(\boldsymbol{n}^{\varphi}).$$

Inhaltlich besagt φ: „Die Eigenschaft ψ trifft auf mich zu".

Beweis. $F: \mathbb{N} \times \mathbb{N} \to \mathbb{N}$ sei gegeben durch

$$F(n,m) = \begin{cases} n^{\chi(\boldsymbol{m})}, & \text{falls } n = n^{\chi} \text{ für ein } \chi \in L_1^{S_{\mathrm{Ar}}}; \\ 0, & \text{sonst.} \end{cases}$$

Offenbar ist F berechenbar, und für $\chi \in L_1^{S_{\mathrm{Ar}}}$ gilt

$$F(n^{\chi}, m) = n^{\chi(\boldsymbol{m})}.$$

Da Φ Repräsentierungen erlaubt, wird F durch einen geeigneten S_{Ar}-Ausdruck $\alpha(v_0, v_1, v_2)$ in Φ repräsentiert. Wir schreiben x, y, z für v_0, v_1, v_2 und setzen für vorgegebenes $\psi \in L_1^{S_{\mathrm{Ar}}}$

$$\beta := \forall z(\alpha(x,x,z) \to \psi(z)),$$

$$\varphi := \forall z(\alpha(\boldsymbol{n}^{\beta}, \boldsymbol{n}^{\beta}, z) \to \psi(z)).$$

Da $\beta \in L_1^{S_{\mathrm{Ar}}}$ und da $\varphi = \beta\frac{\boldsymbol{n}^{\beta}}{x}$, ist $F(n^{\beta}, n^{\beta}) = n^{\varphi}$, und somit gilt

(1) $$\Phi \vdash \alpha(\boldsymbol{n}^{\beta}, \boldsymbol{n}^{\beta}, \boldsymbol{n}^{\varphi}).$$

Wir zeigen nun für φ und ψ die Behauptung, d.h.

$$\Phi \vdash \varphi \leftrightarrow \psi(\boldsymbol{n}^{\varphi}).$$

Zur Richtung von links nach rechts: Nach Definition von φ gilt

$$\Phi \cup \{\varphi\} \vdash \alpha(\boldsymbol{n}^{\beta}, \boldsymbol{n}^{\beta}, \boldsymbol{n}^{\varphi}) \to \psi(\boldsymbol{n}^{\varphi}),$$

wegen (1) daher $\Phi \vdash \varphi \to \psi(\boldsymbol{n}^{\varphi})$.

Andererseits gilt, da α die Funktion F in Φ repräsentiert, insbesondere

$$\Phi \vdash \exists^{=1} z\alpha(\boldsymbol{n}^{\beta}, \boldsymbol{n}^{\beta}, z),$$

wegen (1) demnach

$$\Phi \vdash \forall z(\alpha(\boldsymbol{n}^{\beta}, \boldsymbol{n}^{\beta}, z) \to z \equiv \boldsymbol{n}^{\varphi})$$

und daher

$$\Phi \vdash \psi(\boldsymbol{n}^{\varphi}) \to \forall z(\alpha(\boldsymbol{n}^{\beta}, \boldsymbol{n}^{\beta}, z) \to \psi(z)),$$

d.h.

$$\Phi \vdash \psi(\boldsymbol{n}^{\varphi}) \to \varphi.$$ □

Wir wenden uns nun Systemen zu, die so reichhaltig sind, daß es darin Aussagen gibt, welche über die „Wahrheit“ oder „Falschheit“ von Aussagen des Systems sprechen. Wir zeigen, daß in einem derartigen System eine Einteilung aller Aussagen in „wahre“ und „falsche“ nicht möglich ist. Um dies auf syntaktischer Ebene präzise zu fassen, betrachten wir ein widerspruchsfreies Axiomensystem Φ, das Repräsentierungen erlaubt. Den „wahren“ Aussagen lassen wir die Sätze in $\Phi^{\vdash} = \{\varphi \in L_0^{S_{\mathrm{Ar}}} \mid \Phi \vdash \varphi\}$ entsprechen, den „falschen“ Aussagen die Sätze, deren Negat in $\Phi^{\vdash}$ liegt. In Φ über „Wahrheit“ oder „Falschheit“ sprechen zu können, besage, daß $\Phi^{\vdash}$ (d.h. genauer: $\{n^{\varphi} \mid \varphi \in \Phi^{\vdash}\}$) in Φ repräsentierbar ist. Erfüllt Φ diese Bedingung, so gibt es, wie wir jetzt zeigen werden, einen Satz φ, so daß weder φ noch $\neg\varphi$ zu $\Phi^{\vdash}$ gehört.

7.6 Lemma. *Φ sei widerspruchsfrei und erlaube Repräsentierungen. Ist dann $\Phi^{\vdash}$ repräsentierbar in Φ, so gibt es einen S_{Ar}-Satz φ, für den weder $\Phi \vdash \varphi$ noch $\Phi \vdash \neg\varphi$.*

Beweis. Die Voraussetzungen seien erfüllt, und $\chi(v_0)$ repräsentiere $\Phi^{\vdash}$ in Φ. Für beliebiges $\alpha \in L_0^{S_{\mathrm{Ar}}}$ gilt also insbesondere

(1) $$\Phi \vdash \chi(\boldsymbol{n}^{\alpha}) \quad \text{gdw} \quad \Phi \vdash \alpha.$$

Zu $\psi := \neg\chi$ wählen wir gemäß 7.5 einen „Fixpunkt“, d.h. ein $\varphi \in L_0^{S_{\mathrm{Ar}}}$ mit

(2) $$\Phi \vdash \varphi \leftrightarrow \neg\chi(\boldsymbol{n}^{\varphi}).$$

φ besagt so viel wie „Ich bin nicht ‚wahr‘“. Wie bei der Antinomie vom Lügner erhalten wir jetzt, daß weder $\Phi \vdash \varphi$ noch $\Phi \vdash \neg\varphi$. Wäre nämlich $\Phi \vdash \varphi$, so wegen (1) auch $\Phi \vdash (\boldsymbol{n}^{\varphi})$ und nach (2) dann $\Phi \vdash \neg\varphi$; Φ wäre also – entgegen der Voraussetzung – widerspruchsvoll. Wäre dagegen $\Phi \vdash \neg\varphi$, so nach (2) auch $\Phi \vdash (\boldsymbol{n}^{\varphi})$ und nach (1) damit $\Phi \vdash \varphi$; Φ wäre also wiederum widerspruchsvoll. □

Lemma 7.6 hat interessante Konsequenzen sowohl in syntaktischer als auch in semantischer Hinsicht, wobei man sich im letzteren Fall auf $\Phi^{\models}$ statt auf $\Phi^{\vdash}$ bezieht. Wir gewinnen aus 7.6 den Satz von Tarski (7.7) und den ersten Gödelschen Unvollständigkeitssatz (7.8).

7.7 Satz von Tarski [33]. (a) *Φ sei widerspruchsfrei und erlaube Repräsentierungen. Ist dann $\Phi^{\models}$ in Φ repräsentierbar, so ist $\Phi^{\models}$ nicht vollständig.*

(b) $\mathrm{Th}(\mathfrak{N})$ *ist in* $\mathrm{Th}(\mathfrak{N})$ *nicht repräsentierbar.*

Beweis. (a) ergibt sich wegen $\Phi^{\vdash} = \Phi^{\models}$ unmittelbar aus 7.6. Aus (a) erhält man (b), indem man $\mathrm{Th}(\mathfrak{N})$ als Φ wählt und beachtet, daß $\mathrm{Th}(\mathfrak{N})^{\models}$ (= $\mathrm{Th}(\mathfrak{N})$) vollständig ist. □

Der Satz von Tarski ist für semantische Fragestellungen von zentraler Bedeutung. Teil (a) beinhaltet, daß sich für ein genügend reichhaltiges System die folgenden zwei Forderungen nicht zugleich erfüllen lassen:

(1) Im System ist jede Aussage wahr oder falsch („$\Phi^{\models}$ ist vollständig“).

(2) Das System erlaubt es, über seine wahren Aussagen zu sprechen („$\Phi^{\models}$ ist in Φ repräsentierbar“).

Die Antinomie vom Lügner beruht auf der stillschweigenden Annahme, daß die Bedingungen (1) und (2) in bezug auf die Umgangssprache erfüllt sind.

Teil (b) des Satzes von Tarski besagt in prägnanter Formulierung, daß es „keine Wahrheitsdefinition für die Arithmetik in der Arithmetik” gibt.

7.8 Erster Gödelscher Unvollständigkeitssatz. *Φ sei widerspruchsfrei, R-entscheidbar und erlaube Repräsentierungen. Dann gibt es einen S_{Ar}-Satz φ, so daß weder $\Phi \vdash \varphi$ noch $\Phi \vdash \neg\varphi$.*

Beweis. Wir nehmen an, für alle S_{Ar}-Sätze φ gelte $\Phi \vdash \varphi$ oder $\Phi \vdash \neg\varphi$. Dann ist $\Phi^{\vdash}$ vollständig und somit R-entscheidbar (vgl. 6.5(a)), also in Φ repräsentierbar, ein Widerspruch zu 7.6. □

Eine Verfeinerung der vorangehenden Argumentationen führt zu Ergebnissen, welche die Frage nach der Widerspruchsfreiheit der Mathematik betreffen. So zeigt der zweite Gödelsche Unvollständigkeitssatz, dem wir uns jetzt zuwenden wollen, daß sich die Widerspruchsfreiheit eines genügend reichhaltigen Axiomensystems nicht mit den Mitteln des Systems allein beweisen läßt.

Im folgenden sei $\Phi \subset L_0^{S_{\mathrm{Ar}}}$ entscheidbar und erlaube Repräsentierungen.

Wir wählen eine effektive Aufzählung aller Ableitungen in dem zu S_{Ar} gehörenden Sequenzenkalkül und definieren die Relation H durch

Hnm gdw die m-te Ableitung endet mit einer Sequenz der Gestalt $\psi_0 \ldots \psi_{k-1}\ \varphi$, wobei $\psi_0, \ldots, \psi_{k-1} \in \Phi$ und $n = n^{\varphi}$.

Aus der Entscheidbarkeit von Φ ergibt sich die von H, und offensichtlich gilt

$$\Phi \vdash \varphi \quad \text{gdw} \quad \text{es gibt } m \in \mathbb{N} \text{ mit } Hn^{\varphi}m.$$

Da Φ Repräsentierungen erlaubt, läßt sich H durch einen geeigneten Ausdruck $\varphi_H(v_0, v_1) \in L_2^{S_{\text{Ar}}}$ in Φ repräsentieren. Wir schreiben wieder x, y für v_0, v_1 und setzen

$$\text{Abl}_\Phi(x) := \exists y \varphi_H(x, y).$$

Zu $\psi = \neg\text{Abl}_\Phi(x)$ wählen wir mit 7.5 einen Fixpunkt $\varphi \in L_0^{S_{\text{Ar}}}$, also einen S_{Ar}-Satz φ mit

$$(*) \qquad \Phi \vdash \varphi \leftrightarrow \neg\text{Abl}_\Phi(\boldsymbol{n}^{\varphi}).$$

Inhaltlich gesprochen besagt φ so viel wie „Ich bin nicht aus Φ beweisbar".

7.9 Lemma. *Wenn* Wf Φ, *so nicht* $\Phi \vdash \varphi$.

Beweis. Wir nehmen an, es sei $\Phi \vdash \varphi$, und wählen m so, daß $Hn^{\varphi}m$. Dann gilt $\Phi \vdash \varphi_H(\boldsymbol{n}^{\varphi}, \boldsymbol{m})$ und somit $\Phi \vdash \text{Abl}_\Phi(\boldsymbol{n}^{\varphi})$. Mit $(*)$ erhalten wir $\Phi \vdash \neg\varphi$, also Wv Φ. □

Da $\Phi \vdash 0 \equiv 0$, gilt

$$\text{Wf } \Phi \quad \text{gdw} \quad \text{nicht } \Phi \vdash \neg 0 \equiv 0.$$

Der S_{Ar}-Satz

$$\text{wfrei}_\Phi :\equiv \neg\text{Abl}_\Phi(\boldsymbol{n}^{\neg 0 \equiv 0})$$

drückt somit die Widerspruchsfreiheit von Φ aus. Mit seiner Hilfe können wir auch die Aussage von Lemma 7.9 in natürlicher Weise formalisieren, nämlich durch

$$(**) \qquad \text{wfrei}_\Phi \rightarrow \neg\text{Abl}_\Phi(\boldsymbol{n}^{\varphi}).$$

Wie eine aufwendige, doch prinzipiell einfache Überlegung zeigt, kann man für $(**)$ den Beweis von Lemma 7.9 auf der Basis von Φ durchführen, man kann also zeigen, daß

$$(***) \qquad \Phi \vdash \text{wfrei}_\Phi \rightarrow \neg\text{Abl}_\Phi(\boldsymbol{n}^{\varphi}),$$

sofern $\Phi \supset \Phi_{\text{PA}}$ (und sofern nur der in Abl_Φ benutzte Ausdruck $\varphi_H(x, y)$ genügend einfach gewählt ist; vgl. Aufgabe 7.12). Hiermit erhalten wir:

7.10 Zweiter Gödelscher Unvollständigkeitssatz. *Φ sei widerspruchsfrei und R-entscheidbar mit $\Phi \supset \Phi_{\mathrm{PA}}$. Dann gilt*

$$\textit{nicht } \Phi \vdash \mathrm{wfrei}_\Phi.$$

Beweis. Gälte nämlich $\Phi \vdash \mathrm{wfrei}_\Phi$, so nach $(***)$ auch $\Phi \vdash \neg\mathrm{Abl}_\Phi(\boldsymbol{n}^\varphi)$. Wegen $\Phi \vdash \varphi \leftrightarrow \neg\mathrm{Abl}_\Phi(\boldsymbol{n}^\varphi)$ (vgl. $(*)$) ergäbe sich hieraus $\Phi \vdash \varphi$ im Widerspruch zu 7.9. □

Der zweite Gödelsche Unvollständigkeitssatz beinhaltet z.B. für $\Phi = \Phi_{\mathrm{PA}}$, daß sich die Widerspruchsfreiheit von Φ_{PA} auf der Basis von Φ_{PA} nicht beweisen läßt. Er führte damit zur Einsicht, daß das Hilbertsche Programm in seiner ursprünglichen Form nicht durchführbar ist. Zu diesem Programm gehörte nämlich insbesondere ein Widerspruchsfreiheitsbeweis für Φ_{PA} mit elementaren, sogenannten *finiten* Hilfsmitteln. Der mathematisch nicht präzise Begriff „finit" (vgl. [19], I, S. 32) war dabei so eng gefaßt, daß man von finiten Beweismethoden erwartete, sie seien auf der Basis von Φ_{PA} nachvollziehbar.

Die vorangehenden Argumentationen lassen sich auf andere Axiomensysteme übertragen, sofern nur in ihnen ein Ersatz für die natürlichen Zahlen existiert und die R-entscheidbaren Relationen und R-berechenbaren Funktionen repräsentierbar sind. Insbesondere gilt dies für die üblichen Axiomensysteme der Mengenlehre. Für ZF-C z.B. verwendet man die mengentheoretisch definierten natürlichen Zahlen. Ähnlich wie oben für Φ läßt sich dann ein $\{\in\}$-Satz $\mathrm{wfrei}_{\mathrm{ZFC}}$ angeben, der die Widerspruchsfreiheit von ZFC ausdrückt, und es läßt sich zeigen:

7.11 Satz. *Wenn* Wf ZFC, *so nicht* ZFC $\vdash \mathrm{wfrei}_{\mathrm{ZFC}}$. □

Da sich die heutige Mathematik auf der Basis der ZFC-Axiome aufbauen läßt und da „nicht ZFC $\vdash \mathrm{wfrei}_{\mathrm{ZFC}}$" besagt, daß die Widerspruchsfreiheit von ZFC nicht mit den Hilfsmitteln von ZFC beweisbar ist, können wir 7.11 auch so formulieren: Ist die Mathematik widerspruchsfrei, so läßt sich ihre Widerspruchsfreiheit nicht mathematisch beweisen.

In ähnlicher Weise lassen sich auch der Satz von Tarski und der erste Gödelsche Unvollständigkeitssatz auf Axiomensysteme der Mengenlehre übertragen. So liefert etwa 7.8, daß es zu jedem entscheidbaren und widerspruchsfreien Axiomensystem Φ der Mengenlehre, das ZFC umfaßt, einen $\{\in\}$-Satz φ gibt, für den weder $\Phi \vdash \varphi$ noch $\Phi \vdash \neg\varphi$ gilt. Es gibt – anschaulich gesprochen – also kein entscheidbares und widerspruchsfreies Axiomensystem für die Mathematik, das jede mathematische Aussage zu beweisen oder zu widerlegen gestattet. Hierin offenbart sich eine prinzipielle Begrenztheit der axiomatischen Methode.

Mit den am Ende von §6 erwähnten Ergebnissen von Matijasevič läßt sich 7.11 auf die folgende einprägsamere Form bringen: Man kann ein Polynom p in endlich vielen Unbestimmten mit ganzzahligen Koeffizienten angeben, für das gilt: Die Mathematik ist genau dann widerspruchsfrei, wenn p keine Nullstelle (in den ganzen Zahlen) hat. Wegen 7.11 gilt daher: Wenn p keine Nullstelle hat, so kann man es mathematisch nicht beweisen.

7.12 Aufgabe. Für die (effektiv gegebene) Symbolmenge S sei eine Gödelisierung der S-Ausdrücke fest gewählt; n^{φ} sei die Gödelnummer von φ. Weiterhin sei, für $n \in \mathbb{N}$, $\underline{n}$ ein variablenfreier S-Term.

Für $\Phi \subset L_0^S$ erfülle der S-Ausdruck $\mathrm{abl}(v_0)$ („v_0 ist aus Φ ableitbar") die sog. *Löb-Axiome*, d.h. für beliebige $\varphi, \psi \in L^S$ gelte:

(L1) Wenn $\Phi \vdash \varphi$, so $\Phi \vdash \mathrm{abl}(\underline{n^{\varphi}})$;

(L2) $\Phi \vdash (\mathrm{abl}(\underline{n^{\varphi}}) \wedge \mathrm{abl}(\underline{n^{(\varphi \to \psi)}}) \to \mathrm{abl}(\underline{n^{\psi}}))$;

(L3) $\Phi \vdash (\mathrm{abl}(\underline{n^{\varphi}}) \to \mathrm{abl}(\underline{n^{\mathrm{abl}(\underline{n^{\varphi}})}}))$.

Man zeige: Ist Φ widerspruchsfrei und gibt es einen S-Satz φ_0 mit $\Phi \vdash (\varphi_0 \leftrightarrow \neg\mathrm{abl}(\underline{n^{\varphi_0}}))$, so gilt nicht $\Phi \vdash \neg\mathrm{abl}(\underline{n^{\neg \underline{0} \equiv \underline{0}}})$. (Hinweis: Man zeige, daß mit (L1) bis (L3) für alle $\varphi, \psi \in L^S$ auch $\Phi \vdash (\mathrm{abl}(\underline{n^{\varphi}}) \wedge \mathrm{abl}(\underline{n^{\psi}}) \to \mathrm{abl}(\underline{n^{(\varphi \wedge \psi)}}))$ und daß $\Phi \vdash (\mathrm{abl}(\underline{n^{\varphi_0}}) \to \mathrm{abl}(\underline{n^{\neg\varphi_0}}))$.)

Kapitel XI

Freie Modelle und Logik-Programmierung

Die folgende Aussage ist i.a. falsch:

(*) Wenn $\Phi \vdash \exists x\varphi$, so gibt es einen Term t mit $\Phi \vdash \varphi\frac{t}{x}$.

Ein Gegenbeispiel erhalten wir für $S = \{R\}$ mit einstelligem R, $\Phi = \{\exists xRx\}$ und $\varphi = Rx$.

Im Vordergrund dieses Kapitels stehen Ergebnisse, die zeigen, daß (*) – oder Varianten von (*) – unter gewissen Bedingungen an Φ und φ richtig sind. Die entsprechenden Beweise knüpfen methodisch an die in V.1 eingeführten Termstrukturen an. Diese stellen sich dabei als *frei* oder *minimal* heraus und besitzen damit algebraisch bedeutsame Eigenschaften.

Die Gültigkeit von (*) besagt, daß eine (unter den Voraussetzungen aus Φ) zutreffende Existenzbehauptung $\exists x\varphi$ eine „konkrete" Lösung t besitzt. Gibt es dann Verfahren, mit denen man solche Lösungen effizient gewinnen kann? Mit der Verfolgung dieser Frage münden unsere Betrachtungen in die Behandlung der Grundlagen der *Logik-Programmierung* ein, in einen Themenkreis, der für gewisse Gebiete der Informatik (Datenstrukturen, wissensbasierte Systeme) eine wichtige Rolle spielt. Wir schlagen also mit diesem Kapitel eine Brücke zwischen den Untersuchungen zu zentralen Problemen der Logik und anwendungsorientierten Fragestellungen.

Die Bereitstellung der oben erwähnten Verfahren beruht wesentlich auf Untersuchungen über die Erfüllbarkeit quantorenfreier Ausdrücke. Das motivert die eingehende Beschäftigung mit der sog. *Aussagenlogik*, der Logik der Junktoren, der wir uns in §3 zuwenden.

Um den effektiven Charakter hervorzuheben, formulieren wir viele Ergebnisse und Beweise mit der Ableitbarkeitsbeziehung $\vdash$, empfehlen aber, beim Nachvollzug der Schlüsse inhaltlich zu argumentieren, d.h. mit der zu $\vdash$ äquivalenten Folgerungsbeziehung $\models$.

§1 Der Satz von Herbrand

In V.1 haben wir jeder Menge Φ von Ausdrücken ihre *Terminterpretation* $\mathfrak{I}^\Phi = (\mathfrak{T}^\Phi, \beta^\Phi)$ zugeordnet. Wir haben dazu auf der Menge T^S der S-Terme eine Äquivalenzrelation $\sim$ eingeführt gemäß

$$t \sim t' \quad \text{:gdw} \quad \Phi \vdash t \equiv t'.$$

Für $t \in T^S$ haben wir die Äquivalenzklasse von t nach $\sim$ mit $\overline{t}$ bezeichnet und dann die folgenden Festsetzungen getroffen:

$$T^\Phi := \{\overline{t} \mid t \in T^S\};$$

für n-stelliges $R \in S$: $\quad R^{\mathfrak{T}^\Phi}\overline{t_1}\ldots\overline{t_n} \quad$:gdw $\quad \Phi \vdash Rt_1 \ldots t_n$;

für n-stelliges $f \in S$: $\quad f^{\mathfrak{T}^\Phi}(\overline{t_1}, \ldots, \overline{t_n}) := \overline{ft_1 \ldots t_n}$;

für $c \in S$: $\quad c^{\mathfrak{T}^\Phi} := \overline{c}$;

und schließlich $\beta^\Phi(x) := \overline{x}$.

Schreiben wir $\varphi(\overset{n}{x} \mid \overset{n}{t})$ für $\varphi\frac{t_1 \ldots t_n}{x_1 \ldots x_n}$, so ergab sich (vgl. Lemma V.1.7):

1.1 Wiederholung. (a) *Für alle t ist $\mathfrak{I}^\Phi(t) = \overline{t}$.*

(b) *Für alle atomaren Ausdrücke φ:*

$$\mathfrak{I}^\Phi \models \varphi \quad \textit{gdw} \quad \Phi \vdash \varphi.$$

(c) *Für alle Ausdrücke φ und paarweise verschiedenen Variablen $x_1, \ldots, x_n$:*

(i) $\mathfrak{I}^\Phi \models \exists x_1 \ldots \exists x_n \varphi \quad$ *gdw es gibt S-Terme $t_1, \ldots, t_n$ mit*

$$\mathfrak{I}^\Phi \models \varphi(\overset{n}{x} \mid \overset{n}{t});$$

(ii) $\mathfrak{J}^\Phi \models \forall x_1 \ldots \forall x_n \varphi$ *gdw für alle S-Terme* $t_1, \ldots, t_n$ *gilt*

$$\mathfrak{J}^\Phi \models \varphi(\overset{n}{x} \,|\, \overset{n}{t}).$$

Bei Ausdrücken der Gestalt $\exists x_1 \ldots \exists x_n \varphi$ oder der Gestalt $\forall x_1 \ldots \forall x_n \varphi$ nehmen wir im folgenden stillschweigend an, daß $x_1, \ldots, x_n$ paarweise verschieden sind.

Für $k \in \mathbb{N}$ definieren wir analog zu L_k^S die Menge

$$T_k^S := \{t \in T^S \mid \mathrm{var}(t) \subset \{v_0, \ldots, v_{k-1}\}\}.$$

Wir betrachten die Substruktur von $\mathfrak{T}^\Phi$, deren Träger

$$T_k^\Phi := \{\overline{t} \mid t \in T_k^S\}$$

aus den Termklassen $\overline{t}$ mit $t \in T_k^S$ besteht. Damit es im Falle $k = 0$ überhaupt einen solchen Term gibt, also T_k^S nicht leer ist, setzen wir fortan stets voraus:

Wenn $k = 0$, *so enthalte* S *mindestens eine Konstante.*

T_k^Φ ist S-abgeschlossen in $\mathfrak{T}^\Phi$, also wirklich Träger einer Substruktur von $\mathfrak{T}^\Phi$. Ist nämlich $c \in S$, so $c \in T_k^S$ und daher $\overline{c} \in T_k^\Phi$; und ist $f \in S$ n-stellig und sind $a_1, \ldots, a_n \in T_k^\Phi$, etwa $a_1 = \overline{t_1}, \ldots, a_n = \overline{t_n}$ für geeignete $t_1, \ldots, t_n \in T_k^S$, so ist $f^{\mathfrak{T}^\Phi}(a_1, \ldots, a_n) = f^{\mathfrak{T}^\Phi}(\overline{t_1}, \ldots, \overline{t_n}) = \overline{f t_1 \ldots t_n} \in T_k^\Phi$.

Sei $\mathfrak{T}_k^\Phi$ die Substruktur von $\mathfrak{T}^\Phi$ mit Träger T_k^S und β_k^Φ eine Belegung in $\mathfrak{T}_k^\Phi$ mit

$$(+) \qquad \beta_k^\Phi(v_i) = \beta^\Phi(v_i) \; (= \overline{v_i}) \text{ für } i < k$$

und für $i \geq k$ etwa

$$\beta_k^\Phi(v_i) = \begin{cases} \overline{v_0}, & \text{falls } k \neq 0, \\ \overline{c}, & \text{falls } k = 0; \end{cases}$$

dabei sei im Falle $k = 0$ c eine Konstante aus S. Schließlich sei

$$\mathfrak{J}_k^\Phi := (\mathfrak{T}_k^\Phi, \beta_k^\Phi).$$

Nach (+) und dem Koinzidenzlemma gilt für $t \in T_k^S$ und $\varphi \in L_k^S$, daß

$$(\mathfrak{T}^\Phi, \beta_k^\Phi)(t) = (\mathfrak{T}^\Phi, \beta^\Phi)(t) = \overline{t} \quad \text{(vgl. 1.1)}$$

bzw.

$$(\mathfrak{T}^\Phi, \beta_k^\Phi) \models \varphi \quad \text{gdw} \quad (\mathfrak{T}^\Phi, \beta^\Phi) \models \varphi.$$

Hieraus erhalten wir wegen $\mathfrak{T}_k^\Phi \subset \mathfrak{T}^\Phi$ mit dem Substrukturenlemma:

1.2 Lemma. (a) *Für* $t \in T_k^S$ *ist* $\mathfrak{I}_k^\Phi(t) = \bar{t}$, *für* $t \in T_0^S$ *also* $t^{\mathfrak{T}_0^\Phi} = \bar{t}$.
(b) *Für quantorenfreies* $\psi \in L_k^S$ *gilt:* $\mathfrak{I}^\Phi \models \psi$ *gdw* $\mathfrak{I}_k^\Phi \models \psi$.
(c) *Für universelles* $\psi \in L_k^S$ *gilt: Wenn* $\mathfrak{I}^\Phi \models \psi$, *so* $\mathfrak{I}_k^\Phi \models \psi$,
im Falle $k = 0$ *also: Wenn* $\mathfrak{T}^\Phi \models \psi$, *so* $\mathfrak{T}_0^\Phi \models \psi$. □

Das nächste Lemma ist der wesentliche Schritt zum sog. Satz von Herbrand, dem ersten Resultat, das die zu Beginn dieses Kapitels angegebene Gestalt (∗) hat.

1.3 Lemma. *Für eine Menge* $\Phi \subset L_k^S$ *von universellen Ausdrücken in pränexer Normalform sind die folgenden Aussagen äquivalent:*
(a) Φ *ist erfüllbar.*
(b) *Die Menge* $\Phi_0 :=$
$\{\varphi(\overset{m}{x} \mid \overset{m}{t}) \mid \forall x_1 \ldots \forall x_m \varphi \in \Phi,\ \varphi$ *quantorenfrei und* $t_1, \ldots, t_m \in T_k^S\}$
ist erfüllbar.

Beweis. Aus (a) erhalten wir (b), da stets $\forall x_1 \ldots \forall x_m \varphi \models \varphi(\overset{m}{x} \mid \overset{m}{t})$ für $t_1, \ldots, t_m \in T_k^S$. Zur Richtung von (b) nach (a): Eine leichte Argumentation mit dem Endlichkeitssatz zeigt, daß wir uns auf endliches S beschränken können. Sei also S endlich, und Φ_0 sei erfüllbar und damit widerspruchsfrei. Da $\Phi_0 \subset L_k^S$, ist frei(Φ_0) endlich. Es gibt daher (vgl. V.2.1 und V.2.2) ein Θ mit $\Phi_0 \subset \Theta \subset L^S$, das negationstreu ist und Beispiele enthält. Nach dem Satz von Henkin ist $\mathfrak{I}^\Theta$ ein Modell von Θ, insbesondere gilt also $\mathfrak{I}^\Theta \models \Phi_0$. Da Φ_0 nur quantorenfreie Ausdrücke aus L_k^S enthält, ist (nach 1.2(b)) $\mathfrak{I}_k^\Theta$ ein Modell von Φ_0, es gilt also für alle Ausdrücke $\forall x_1 \ldots \forall x_m \varphi \in \Phi$ mit quantorenfreiem φ:

$$\text{für alle } t_1, \ldots, t_m \in T_k^S: \quad \mathfrak{I}_k^\Theta \models \varphi(\overset{m}{x} \mid \overset{m}{t}),$$

wegen $\mathfrak{I}_k^\Theta(t_i) = \bar{t_i}$ (vgl. 1.2(a)) und dem Substitutionslemma also:

$$\text{für alle } t_1, \ldots, t_m \in T_k^S: \quad \mathfrak{I}_k^\Theta \frac{\bar{t_1} \ldots \bar{t_m}}{x_1 \ldots x_m} \models \varphi.$$

Da $T_k^\Theta = \{\bar{t} \mid t \in T_k^S\}$, gilt somit $\mathfrak{I}_k^\Theta \models \forall x_1 \ldots \forall x_m \varphi$. Insgesamt ist also $\mathfrak{I}_k^\Theta$ ein Modell von Φ. □

1.4 Satz von Herbrand. *Es sei* $k \in \mathbb{N}$, *und falls* $k = 0$ *ist, enthalte die Symbolmenge S eine Konstante. Sind dann* $\forall x_1 \ldots \forall x_m \varphi$ *und* $\exists y_1 \ldots \exists y_n \psi$ *Ausdrücke aus* L_k^S *mit quantorenfreien* φ, ψ *und paarweise verschiedenen Variablen* $x_1, \ldots, x_m$ *bzw.* $y_1, \ldots, y_n$, *so sind die folgenden Aussagen äquivalent:*
(a) $\forall x_1 \ldots \forall x_m \varphi \vdash \exists y_1 \ldots \exists y_n \psi$.

(b) *Es gibt* $j \geq 1$ *und Terme* $t_{11}, \ldots, t_{1n}, \ldots, t_{j1}, \ldots, t_{jn} \in T_k^S$ *mit*

$$\forall x_1 \ldots \forall x_m \varphi \vdash \psi(\overset{n}{y} \mid \overset{n}{t_1}) \vee \ldots \vee \psi(\overset{n}{y} \mid \overset{n}{t_j}).$$ [1]

(c) *Es gibt* $i, j \geq 1$ *und Terme* $s_{11}, \ldots, s_{1m}, \ldots, s_{i1}, \ldots, s_{im}$ *und* $t_{11}, \ldots, t_{1n}, \ldots, t_{j1}, \ldots, t_{jn} \in T_k^S$ *mit*

$$\varphi(\overset{m}{x} \mid \overset{m}{s_1}) \wedge \ldots \wedge \varphi(\overset{m}{x} \mid \overset{m}{s_i}) \vdash \psi(\overset{n}{y} \mid \overset{n}{t_1}) \vee \ldots \vee \psi(\overset{n}{y} \mid \overset{n}{t_j}).$$

Beweis. Da $\forall x_1 \ldots \forall x_m \varphi \vdash \varphi(\overset{m}{x} \mid \overset{m}{s})$ und $\psi(\overset{n}{y} \mid \overset{n}{t}) \vdash \exists y_1 \ldots \exists y_n \psi$, erhält man aus (c) leicht (b) und aus (b) leicht (a). Wir brauchen also nur noch zu zeigen, daß sich aus (a) die Aussage (c) ergibt. Gelte dazu $\forall x_1 \ldots \forall x_m \varphi \vdash \exists y_1 \ldots \exists y_n \psi$. Dann ist die Menge $\{\forall x_1 \ldots \forall x_m \varphi, \ \neg \exists y_1 \ldots \exists y_n \psi\}$ nicht erfüllbar, also auch die Menge $\{\forall x_1 \ldots \forall x_m \varphi, \ \forall y_1 \ldots \forall y_n \neg \psi\}$ nicht. Mit dem vorangehenden Lemma erhalten wir, daß die Menge

$$\{\varphi(\overset{m}{x} \mid \overset{m}{s}) \mid s_1, \ldots, s_m \in T_k^S\} \cup \{\neg \psi(\overset{n}{y} \mid \overset{n}{t}) \mid t_1, \ldots, t_n \in T_k^S\}$$

ebenfalls nicht erfüllbar ist. Nach dem Endlichkeitssatz gilt das bereits für eine endliche Teilmenge; es gibt also $i, j \geq 1$ und Terme $s_{11}, \ldots, s_{1m}, \ldots, s_{i1}, \ldots, s_{im}$ und $t_{11}, \ldots, t_{1n}, \ldots, t_{j1}, \ldots, t_{jn} \in T_k^S$, so daß

$$\{\varphi(\overset{m}{x} \mid \overset{m}{s_1}), \ldots, \varphi(\overset{m}{x} \mid \overset{m}{s_i})\} \cup \{\neg \psi(\overset{n}{y} \mid \overset{n}{t_1}), \ldots, \neg \psi(\overset{n}{y} \mid \overset{n}{t_j})\}$$

nicht erfüllbar ist. Damit haben wir

$$\varphi(\overset{m}{x} \mid \overset{m}{s_1}) \wedge \ldots \wedge \varphi(\overset{m}{x} \mid \overset{m}{s_i}) \models \psi(\overset{n}{y} \mid \overset{n}{t_1}) \vee \ldots \vee \psi(\overset{n}{y} \mid \overset{n}{t_j}),$$

also gilt (c). □

Als Spezialfälle von 1.3 und 1.4 erhalten wir:

1.5 Korollar. *Sei* $\forall x_1 \ldots \forall x_n \varphi \in L_k^S$ *und* φ *quantorenfrei.*

(a) *Es sind äquivalent:*
  (i) Erf $\forall x_1 \ldots \forall x_n \varphi$.
  (ii) Erf $\{\varphi(\overset{n}{x} \mid \overset{n}{t}) \mid t_1, \ldots, t_n \in T_k^S\}$.

(b) *Es sind äquivalent:*
  (i) $\vdash \exists x_1 \ldots \exists x_n \varphi$.
  (ii) *Es gibt* $j \geq 1$ *und Terme* $t_{11}, \ldots, t_{1n}, \ldots, t_{j1}, \ldots, t_{jn} \in T_k^S$ *mit*

$$\vdash \varphi(\overset{n}{x} \mid \overset{n}{t_1}) \vee \ldots \vee \varphi(\overset{n}{x} \mid \overset{n}{t_j}).$$ □

Im allgemeinen besteht die Disjunktion in 1.5(b)(ii) und auf der rechten Seite von 1.4(c) aus mehreren Gliedern (vgl. Aufgabe 1.7). Im

---

[1] Hierbei stehe z.B. $\overset{n}{t_1}$ für $t_{11}, \ldots, t_{1n}$.

nächsten Paragraphen lernen wir allerdings einen wichtigen Sonderfall kennen, in dem wir $j = 1$ erreichen können. – Die folgende Aufgabe zeigt, daß 1.5(b) nicht für beliebige Ausdrücke gültig ist.

1.6 Aufgabe. Sei $S = \{R, c\}$ mit einstelligem R und $\varphi = \forall x(Ry \vee \neg Rx)$. Man zeige:
(a) $\vdash \exists y \varphi$.
(b) Für jedes $j \geq 1$ und beliebige $t_1, \ldots, t_j \in T^S$ gilt nicht $\vdash \varphi(y\,|\,t_1) \vee \ldots \vee \varphi(y\,|\,t_j)$.

1.7 Aufgabe. Man zeige, daß man 1.4 und 1.5 nicht dadurch verschärfen kann, daß man an den entsprechenden Stellen $j = 1$ verlangt.

§2 Freie Modelle und universelle Hornausdrücke

Es sei Φ eine Menge von Ausdrücken. Im allgemeinen ist die Terminterpretation $\mathfrak{I}^\Phi$ kein Modell von Φ. (Aus diesem Grund sind wir in Kapitel V zu einer Ausdrucksmenge übergegangen, die negationstreu ist und Beispiele enthält.) Wenn jedoch $\mathfrak{I}^\Phi$ ein Modell von Φ ist, so ist $\mathfrak{I}^\Phi$, wie wir zeigen werden, ein ausgezeichnetes Modell von Φ, ein sog. *freies* Modell. Zum Beispiel ist $\mathfrak{I}^\Phi$ ein Modell von Φ, wenn Φ aus atomaren Ausdrücken besteht (vgl. 1.1(b)). Wie wir darlegen werden, gilt ein entsprechender Sachverhalt für weitere, noch hinreichend „einfache" Ausdrucksmengen, die für die Algebra wichtig und für die Logik-Programmierung von zentraler Bedeutung sind: für Mengen universeller Hornausdrücke. Für sie wird die zu Beginn dieses Kapitels aufgeworfene Frage nach der Existenz erfüllender Terme eine positive Antwort erhalten (Satz 2.7).

Fortan sei S wieder eine fest vorgegebene Symbolmenge.

Für eine Menge Φ von S-Ausdrücken haben wir die Terminterpretation $\mathfrak{I}^\Phi = (\mathfrak{T}^\Phi, \beta^\Phi)$ so definiert, daß ein atomarer Ausdruck φ bei $\mathfrak{I}^\Phi$ genau dann gilt, wenn $\Phi \vdash \varphi$ (vgl. 1.1(b)). Ist also $R \in S$ n-stellig und sind $t_1, \ldots, t_n \in T^S$, so haben wir

Wenn $\Phi \vdash Rt_1 \ldots t_n$, so $R^{\mathfrak{T}^\Phi}\overline{t_1} \ldots \overline{t_n}$;
wenn nicht $\Phi \vdash Rt_1 \ldots t_n$, so nicht $R^{\mathfrak{T}^\Phi}\overline{t_1} \ldots \overline{t_n}$.

Entsprechend gilt:

Wenn $\Phi \vdash t_1 \equiv t_2$, so $\overline{t_1} = \overline{t_2}$;

wenn nicht $\Phi \vdash t_1 \equiv t_2$, so $\overline{t_1} \neq \overline{t_2}$.

Ist also φ atomar und weder $\Phi \vdash \varphi$ noch $\Phi \vdash \neg\varphi$, so ist $\mathfrak{I}^\Phi$ ein Modell von $\neg\varphi$. Wir haben uns demnach bei der Definition von $\mathfrak{I}^\Phi$ nur dann für eine „positive atomare Information" entschieden, wenn Φ dies verlangt. In diesem Sinn ist $\mathfrak{I}^\Phi$ ein minimales Modell. Aus algebraischer Sicht spiegelt sich diese Minimalität in der Tatsache wider, daß $\mathfrak{I}^\Phi$ frei ist:

2.1 Satz. *Es sei* $\mathfrak{I}^\Phi \models \Phi$. *Dann ist* $\mathfrak{I}^\Phi$ $(= (\mathfrak{T}^\Phi, \beta^\Phi))$ *ein* freies Modell *von* Φ, *d.h.* $\mathfrak{I}^\Phi$ *ist ein Modell von* Φ, *und ist* $\mathfrak{I} = (\mathfrak{A}, \beta)$ *ein weiteres Modell von* Φ, *so wird durch die Festsetzung*

$$\pi(\overline{t}) := \mathfrak{I}(t) \quad \textit{für } t \in T^S$$

eine Abbildung von T^Φ *nach* A *definiert, die ein* Homomorphismus *von* $\mathfrak{T}^\Phi$ *nach* $\mathfrak{A}$ *ist, d.h.*

(i) *für n-stelliges* $R \in S$ *und* $a_1, \ldots, a_n \in T^\Phi$ *gilt:*

$$\textit{Wenn } R^{\mathfrak{T}^\Phi} a_1 \ldots a_n, \textit{ so } R^{\mathfrak{A}} \pi(a_1) \ldots \pi(a_n);$$

(ii) *für n-stelliges* $f \in S$ *und* $a_1, \ldots, a_n \in T^\Phi$ *ist*

$$\pi(f^{\mathfrak{T}^\Phi}(a_1, \ldots, a_n)) = f^{\mathfrak{A}}(\pi(a_1), \ldots, \pi(a_n));$$

(iii) *für* $c \in S$ *ist* $\pi(c^{\mathfrak{T}^\Phi}) = c^{\mathfrak{A}}$.

Beweis. Die Voraussetzungen seien erfüllt. Zunächst ist π wohldefiniert. Sind nämlich $t, t' \in T^S$ mit $\overline{t} = \overline{t'}$, so gilt $\Phi \vdash t \equiv t'$, wegen $\mathfrak{I} \models \Phi$ also $\mathfrak{I}(t) = \mathfrak{I}(t')$. Beim Nachweis der Homomorphieeigenschaft von π beschränken wir uns auf (i). Seien hierzu $a_1, \ldots, a_n \in T^\Phi$, etwa $a_i = \overline{t_i}$ mit geeigneten $t_i \in T^S$ für $1 \leq i \leq n$. Gilt dann $R^{\mathfrak{T}^\Phi} a_1 \ldots a_n$, d.h. $R^{\mathfrak{T}^\Phi} \overline{t_1} \ldots \overline{t_n}$, so ist $\Phi \vdash Rt_1 \ldots t_n$. Da $\mathfrak{I} \models \Phi$, erhalten wir $\mathfrak{I} \models Rt_1 \ldots t_n$, d.h. $R^{\mathfrak{A}} \mathfrak{I}(t_1) \ldots \mathfrak{I}(t_n)$, und nach Definition von π schließlich $R^{\mathfrak{A}} \pi(a_1) \ldots \pi(a_n)$. □

Ist Φ eine Menge von S-Sätzen mit $\mathfrak{I}^\Phi \models \Phi$, d.h. $\mathfrak{T}^\Phi \models \Phi$, so nennt der Algebraiker die Struktur $\mathfrak{T}^\Phi$ auch ein *freies Modell von* Φ *über* $\{\overline{v_n} \mid n \in \mathbb{N}\}$. Entsprechend läßt sich zeigen, daß $\mathfrak{I}_k^\Phi$ *frei über* $\{\overline{v_n} \mid n \leq k\}$ ist. Wir gehen auf die präzisen Definitionen hier nicht ein; vgl. jedoch Aufgabe 2.9.

Im folgenden zeigen wir, daß für eine Menge Φ von universellen Hornausdrücken die Interpretation $\mathfrak{I}^\Phi$ ein Modell von Φ ist, und gewinnen damit konkrete Anwendungen von 2.1. Unter universellen Hornausdrücken verstehen wir Ausdrücke, die zugleich universell und Hornausdrücke (vgl. III.4.16) sind. Wir können sie durch den folgenden Kalkül einführen:

2.2 Definition. Die Ausdrücke, die im folgenden Kalkül ableitbar sind, heißen *universelle Hornausdrücke*:

(1) $\dfrac{}{(\neg\varphi_1 \vee \ldots \vee \neg\varphi_n \vee \varphi)}$, falls $n \in \mathbb{N}$ und $\varphi_1, \ldots, \varphi_n, \varphi$ atomar

(2) $\dfrac{}{(\neg\varphi_0 \vee \ldots \vee \neg\varphi_n)}$, falls $n \in \mathbb{N}$ und $\varphi_0, \ldots, \varphi_n$ atomar

(3) $\dfrac{\varphi, \psi}{(\varphi \wedge \psi)}$ (4) $\dfrac{\varphi}{\forall x \varphi}$.

Die entscheidende Einschränkung, der universelle Hornausdrücke im Gegensatz zu universellen Ausdrücken unterliegen, äußert sich bei (1), das nur ein einziges Atom als Disjunktionsglied erlaubt. So sind $(Pc \vee Pd)$ und $(\neg Px \vee Py \vee x \equiv y)$ keine universellen Hornausdrücke und – wie wir in 2.8 sehen werden – auch nicht zu universellen Hornausdrücken logisch äquivalent.

2.3 Lemma. *Für* $k \in \mathbb{N}$ *gilt:*

(a) *Jeder universelle Hornausdruck in* L_k^S *ist logisch äquivalent zu einer Konjunktion von Ausdrücken in* L_k^S *der Gestalt*

(H1) $\forall x_1 \ldots \forall x_m \varphi$

(H2) $\forall x_1 \ldots \forall x_m (\varphi_0 \wedge \ldots \wedge \varphi_n \rightarrow \varphi)$

(H3) $\forall x_1 \ldots \forall x_m (\neg\varphi_0 \vee \ldots \vee \neg\varphi_n)$

mit atomaren φ *und* φ_i.

(b) *Jeder universelle Hornausdruck in* L_k^S *ist logisch äquivalent zu einem universellen Hornausdruck aus* L_k^S *in pränexer Normalform.*

(c) *Ist* φ *ein universeller Hornausdruck und sind* $x_1, \ldots, x_n$ *paarweise verschieden, so ist für* $t_1, \ldots, t_n \in T^S$ *auch* $\varphi(\overset{n}{x} \mid \overset{n}{t})$ *ein universeller Hornausdruck.*

Beweis. (a) ergibt sich daraus, daß für $n \geq 1$ der Ausdruck $(\neg\varphi_1 \vee \ldots \vee \neg\varphi_n \vee \varphi)$ zu $(\varphi_1 \wedge \ldots \wedge \varphi_n \rightarrow \varphi)$ und der Ausdruck $\forall x(\varphi \wedge \psi)$ zu $(\forall x \varphi \wedge \forall x \psi)$ logisch äquivalent ist. (b) ergibt sich ähnlich. (c) beweist man leicht durch Induktion über den Aufbau der universellen Hornausdrücke. □

Wir zeigen nun:

2.4 Satz. *Es sei Φ eine widerspruchsfreie Menge von Ausdrücken und ψ ein universeller Hornausdruck mit $\Phi \vdash \psi$. Dann gilt $\mathfrak{I}^{\Phi} \models \psi$.*

Mit 2.1 erhalten wir:

2.5 Korollar. *Sei Φ eine widerspruchsfreie Menge von universellen Hornausdrücken. Dann ist $\mathfrak{I}^{\Phi}$ ein freies Modell von Φ.* □

Und mit 1.2(c) ergibt sich hieraus:

2.6 Korollar. *S enthalte eine Konstante, und Φ sei eine Menge von universellen Hornsätzen. Dann ist $\mathfrak{T}_0^{\Phi}$ ein Modell von Φ.* □

Beweis von 2.4. Ist ψ atomar, so liefert 1.1(b):

$$(*) \qquad \mathfrak{I}^{\Phi} \models \psi \quad \text{gdw} \quad \Phi \vdash \psi.$$

Wir beweisen nun die Behauptung des Satzes durch Induktion über $\mathrm{rg}(\psi)$ anhand der Definition 2.2.

Zu (1): Sei $\psi = (\neg\varphi_1 \vee \ldots \vee \neg\varphi_n \vee \varphi)$ und gelte $\Phi \vdash \psi$. Der Fall $n = 0$ wird durch $(*)$ erfaßt. Sei $n > 0$. Zu zeigen ist $\mathfrak{I}^{\Phi} \models (\varphi_1 \wedge \ldots \wedge \varphi_n \rightarrow \varphi)$. Gelte also $\mathfrak{I}^{\Phi} \models (\varphi_1 \wedge \ldots \wedge \varphi_n)$, nach $(*)$ daher $\Phi \vdash \varphi_1, \ldots, \Phi \vdash \varphi_n$. Da $\Phi \vdash (\varphi_1 \wedge \ldots \wedge \varphi_n \rightarrow \varphi)$, gilt dann auch $\Phi \vdash \varphi$, und, wiederum nach $(*)$, schließlich $\mathfrak{I}^{\Phi} \models \varphi$.

Zu (2): Sei $\psi = (\neg\varphi_0 \vee \ldots \vee \neg\varphi_n)$ und gelte $\Phi \vdash \psi$. Dann ist $\Phi \vdash \neg(\varphi_0 \wedge \ldots \wedge \varphi_n)$. Wäre nun $\mathfrak{I}^{\Phi}$ kein Modell von $(\neg\varphi_0 \vee \ldots \vee \neg\varphi_n)$, so erhielten wir $\mathfrak{I}^{\Phi} \models \varphi_i$ für $i = 0, \ldots, n$, nach $(*)$ also $\Phi \vdash \varphi_i$ für $i = 0, \ldots, n$, d.h. $\Phi \vdash (\varphi_0 \wedge \ldots \wedge \varphi_n)$. Φ wäre also, entgegen der Voraussetzung, widerspruchsvoll.

Zu (3): Ist $\psi = (\varphi_1 \wedge \varphi_2)$ mit universellen Hornausdrücken φ_1 und φ_2, erhält man die Behauptung unmittelbar aus der Induktionsvoraussetzung für φ_1 und φ_2.

Zu (4): Sei $\psi = \forall x\varphi$ und $\Phi \vdash \forall x\varphi$. Dann gilt $\Phi \vdash \varphi\frac{t}{x}$ für alle $t \in T^S$. Da die $\varphi\frac{t}{x}$ universelle Hornausdrücke sind (vgl. 2.3(c)) und da $\mathrm{rg}(\varphi\frac{t}{x}) = \mathrm{rg}(\varphi) < \mathrm{rg}(\psi)$, liefert die Induktionsvoraussetzung, daß $\mathfrak{I}^{\Phi} \models \varphi\frac{t}{x}$ für alle $t \in T^S$, und 1.1(c)(ii), daß $\mathfrak{I}^{\Phi} \models \forall x\varphi$. □

Als Beispiel betrachten wir das Axiomensystem Φ_{Grp} für die Klasse der Gruppen als $\{\circ, {}^{-1}, e\}$-Strukturen (vgl. III.5). Es besteht aus universellen Hornsätzen. Nach 2.5 ist daher $\mathfrak{T}^{\Phi_{\mathrm{Grp}}}$ ein freies Modell, die sog. *freie Gruppe* über $\{\overline{v_n} \mid n \in \mathbb{N}\}$. Setzen wir $\Phi_{\mathrm{ab}} := \Phi_{\mathrm{Grp}} \cup \{\forall x \forall y\, x \circ y \equiv y \circ x\}$, so ist $\mathfrak{T}^{\Phi_{\mathrm{ab}}}$ die sog. *freie abelsche Gruppe* über $\{\overline{v_n} \mid n \in \mathbb{N}\}$.

Einen Satz der Gestalt $\forall x_1 \ldots \forall x_r\, t_1 \equiv t_2$ nennt man auch eine *Gleichung*. Gleichungen sind somit universelle Hornsätze. Die Axiome von Φ_{Grp} und Φ_{ab} sind Gleichungen. Zahlreiche Klassen von Strukturen, die in der Algebra untersucht werden, lassen sich ebenfalls durch Gleichungen axiomatisieren und besitzen somit freie Modelle; vgl. hierzu auch Aufgabe 2.10.

Für das Axiomensystem Φ_{Grp} gilt $\Phi_{\mathrm{Grp}} \vdash \exists z\, z \circ x \equiv y$. Eine „Lösung“ erhalten wir in dem Term $y \circ x^{-1}$ (einem Term in den freien Variablen von $\exists z\, z \circ x \equiv y$). Ein entsprechender Sachverhalt gilt allgemein; er ist in der folgenden Verschärfung von 1.4 enthalten:

2.7 Satz. *Es sei $k \in \mathbb{N}$, und falls $k = 0$ ist, enthalte S eine Konstante. Weiterhin sei $\Phi \subset L_k^S$ eine widerspruchsfreie Menge von universellen Hornausdrücken. Dann sind für jeden Ausdruck in L_k^S der Gestalt $\exists x_1 \ldots \exists x_n(\psi_0 \wedge \ldots \wedge \psi_l)$ mit atomaren $\psi_0, \ldots, \psi_l$ äquivalent:*

(i) $\Phi \vdash \exists x_1 \ldots \exists x_n(\psi_0 \wedge \ldots \wedge \psi_l)$.

(ii) $\mathfrak{I}_k^\Phi \models \exists x_1 \ldots \exists x_n(\psi_0 \wedge \ldots \wedge \psi_l)$.

(iii) *Es gibt $t_1, \ldots, t_n \in T_k^S$ mit $\Phi \vdash (\psi_0 \wedge \ldots \wedge \psi_l)(\overset{n}{x} \,|\, \overset{n}{t})$.*

Beweis. Aus (iii) ergibt sich sofort (i) und aus (i) sofort (ii). Wir zeigen, wie man (iii) aus (ii) erhält. Gelte dazu $\mathfrak{I}_k^\Phi \models \exists x_1 \ldots \exists x_n(\psi_0 \wedge \ldots \wedge \psi_l)$, also für geeignete Terme $t_1, \ldots, t_n \in T_k^S$, daß $\mathfrak{I}_k^\Phi \models (\psi_0 \wedge \ldots \wedge \psi_l)(\overset{n}{x} \,|\, \overset{n}{t})$. Da $(\psi_0 \wedge \ldots \wedge \psi_l)(\overset{n}{x} \,|\, \overset{n}{t})$ ein quantorenfreier Ausdruck aus L_k^S ist, liefert 1.2(b), daß $\mathfrak{I}^\Phi \models (\psi_0 \wedge \ldots \wedge \psi_l)(\overset{n}{x} \,|\, \overset{n}{t})$. Somit gilt $\mathfrak{I}^\Phi \models \psi_i(\overset{n}{x} \,|\, \overset{n}{t})$ für $i = 0, \ldots, l$ und, da die ψ_i atomar sind, daher $\Phi \vdash \psi_i(\overset{n}{x} \,|\, \overset{n}{t})$, insgesamt also $\Phi \vdash (\psi_0 \wedge \ldots \wedge \psi_l)(\overset{n}{x} \,|\, \overset{n}{t})$. □

Ersetzt man in Teil (i) die Ableitbarkeitsbeziehung $\vdash$ durch die Folgerungsbeziehung $\models$, so sieht man, daß sich die Gültigkeit von $\Phi \models \exists x_1 \ldots \exists x_n(\psi_0 \wedge \ldots \wedge \psi_l)$ anhand *einer* Interpretation, nämlich $\mathfrak{I}_k^\Phi$, feststellen läßt.

In der Mathematik und ihren Anwendungen ist man in der Regel nicht nur an der Herleitung einer Existenzaussage, sondern auch an der konkreten Angabe erfüllender Terme interessiert. Satz 2.7 und der formale Charakter des Beweiskalküls zeigen, daß es in bestimmten Situationen grundsätzlich möglich ist, konkrete Lösungen auf systematische Weise zu finden; sie lassen es als möglich erscheinen, eine Programmiersprache zu entwickeln, bei der ein Programmierer für ein gegebenes Problem nur die Voraussetzungen (als universelle Hornausdrücke) und die "Anfrage" (als Existenzausdruck) in der Sprache erster Stufe zu symbolisieren hat; der Rechner sucht dann durch systematische Anwendung des Sequenzenkalküls Terme, welche die Existenzaussage erfüllen, also das gegebene Problem lösen. Das Gebiet, in dem man diesen Ansatz verfolgt, wird *Logik-Programmierung* genannt; die bekannteste entsprechende Programmiersprache ist PROLOG (Programming in Logic).

Der eben geschilderte zentrale Gedanke dieses Gebiets wird häufig durch die Gleichung

$$algorithm = logic + control$$

wiedergegeben. Hierbei wird mit „logic" auf den statischen (den *deklarativen*) Aspekt der Problemerfassung hingewiesen. Mit „control" wird dagegen der Teil bezeichnet, der sich mit Strategien zur Anwendung von Ableitungsregeln beschäftigt, der somit den dynamischen (den *prozeduralen*) Aspekt beleuchtet.

Wir werden in den Paragraphen 6 und 7 die grundlegenden Sachverhalte der Logik-Programmierung behandeln. In den Paragraphen 4 und 5 gehen wir auf Ableitungsregeln ein, die für die Logik-Programmierung geeigneter sind als die Regeln des Sequenzenkalküls, der sich primär an der Beweispraxis des Mathematikers orientiert. Eine Vereinfachung ergibt sich dadurch, daß man in den Anwendungen bei den jeweiligen Symbolisierungen häufig auf das Gleichheitszeichen verzichten kann. Der nächste Paragraph stellt dazu einige Resultate zusammen.

2.8 Aufgabe. Für $S := \{P, c, d\}$ mit einstelligem P und $\Phi := \{(Pc \vee Pd)\}$ zeige man, daß nicht $\mathfrak{I}^{\Phi} \models \Phi$, und folgere, daß $(Pc \vee Pd)$ nicht zu einem universellen Hornsatz logisch äquivalent ist. Man zeige die entsprechende Behauptung für $(\neg Px \vee Py \vee x \equiv y)$.

2.9 Aufgabe. Man zeige: Jede höchstens abzählbare Gruppe $\mathfrak{G}$ (als $\{\circ, ^{-1}, e\}$-Struktur) ist ein homomorphes Bild von $\mathfrak{T}^{\Phi_{\mathrm{Grp}}}$ (d.h. es gibt einen Homomorphismus von $\mathfrak{T}^{\Phi_{\mathrm{Grp}}}$ auf $\mathfrak{G}$). Entsprechend zeige man für $k \in \mathbb{N}$, daß jede Gruppe $\mathfrak{G}$, die von höchstens k vielen Elementen erzeugt wird, ein homomorphes Bild von $\mathfrak{T}_k^{\Phi_{\mathrm{Grp}}}$ ist.

2.10 Aufgabe. Es sei $\Phi := \{\forall x_1 \ldots \forall x_{n_i}\, t_i \equiv t_i' \mid i \in \mathbb{N}\}$ eine Menge von Gleichungen in der Sprache $L^{S_{\mathrm{Grp}}}$ der Gruppentheorie. Man zeige:

(a) $\Phi_{\mathrm{Grp}} \cup \Phi$ ist erfüllbar.

(b) $\mathfrak{T}^{\Phi_{\mathrm{Grp}} \cup \Phi}$ ist ein Modell von $\Phi_{\mathrm{Grp}} \cup \Phi$, die sog. *freie Gruppe über* $\{\overline{v_n} \mid n \in \mathbb{N}\}$ *mit definierenden Relationen* $t_i \equiv t_i'$ $(i \in \mathbb{N})$.

(c) $\{\overline{t} \mid t \in T^S$ und $\Phi_{\mathrm{Grp}} \cup \Phi \vdash t \equiv e\}$ ist Träger eines Normalteilers $\mathfrak{U}$ in $\mathfrak{T}^{\Phi_{\mathrm{Grp}}}$ (die Äquivalenzklassenbildung beziehe sich auf Φ_{Grp}). Es ist $\mathfrak{T}^{\Phi_{\mathrm{Grp}} \cup \Phi} \cong \mathfrak{T}^{\Phi_{\mathrm{Grp}}}/_{\mathfrak{U}}$.

§3 Herbrandstrukturen

Ein Ausdruck heiße *gleichheitsfrei*, wenn in ihm das Gleichheitszeichen nicht vorkommt. Unser erstes Ziel ist es, nachzuweisen, daß aus gleichheitsfreien Ausdrücken keine nicht-trivialen Gleichungen ableitbar sind. Dies befähigt uns, den Terminterpretationen $\mathfrak{J}^{\Phi}$ eine besonders einfache Gestalt zu geben, sofern Φ aus gleichheitsfreien Ausdrücken besteht.

3.1 Satz. *Ist Φ eine widerspruchsfreie Menge gleichheitsfreier S-Ausdrücke, so gilt für alle Terme $t_1, t_2 \in T^S$:*

(*) $$\textit{Wenn} \quad \Phi \vdash t_1 \equiv t_2, \quad \textit{so } t_1 = t_2.$$

Kern des Beweises ist:

3.2 Lemma. *Für eine S-Interpretation $\mathfrak{J} = (\mathfrak{A}, \beta)$ sei $\mathfrak{J}' = (\mathfrak{A}', \beta')$ die S-Interpretation mit*

(1) $A' := T^S$;

(2) *für n-stelliges $f \in S$ und $t_1, \ldots, t_n \in T^S$:*

$$f^{\mathfrak{A}'}(t_1, \ldots, t_n) := f t_1 \ldots t_n;$$

(3) *für $c \in S$:* $c^{\mathfrak{A}'} := c$;

(4) *für n-stelliges $R \in S$ und $t_1, \ldots, t_n \in T^S$:*

$$R^{\mathfrak{A}'} t_1 \ldots t_n \quad \textit{:gdw} \quad R^{\mathfrak{A}} \mathfrak{J}(t_1) \ldots \mathfrak{J}(t_n);$$

(5) $\beta'(x) := x$ *für alle Variablen x.*

Dann gilt

(i) *für alle $t \in T^S$:* $\mathfrak{J}'(t) = t$;

(ii) *für alle universellen und gleichheitsfreien Ausdrücke $\psi \in L^S$:*

$$\textit{Wenn } \mathfrak{J} \models \psi, \textit{ so } \mathfrak{J}' \models \psi.$$

Beweis von 3.2. Teil (i) ergibt sich sofort aus den Festlegungen. – Jeder gleichheitsfreie atomare Ausdruck φ hat die Gestalt $Rt_1 \ldots t_n$; nach (4) gilt daher

$$\mathfrak{I}' \models \varphi \quad \text{gdw} \quad \mathfrak{I} \models \varphi.$$

Damit läßt sich die Implikation unter (ii) induktiv über $\mathrm{rg}(\psi)$ zeigen. Zum Beispiel schließt man für $\psi = \forall x\varphi$ wie folgt: Ist $\mathfrak{I} \models \forall x\varphi$, so gilt für alle $t \in T^S$, daß $\mathfrak{I}\frac{\mathfrak{I}(t)}{x} \models \varphi$, d.h. $\mathfrak{I} \models \varphi\frac{t}{x}$, nach Induktionsvoraussetzung (beachte $\mathrm{rg}(\varphi\frac{t}{x}) < \mathrm{rg}(\psi)$) also $\mathfrak{I}' \models \varphi\frac{t}{x}$, wegen $\mathfrak{I}'(t) = t$ daher $\mathfrak{I}'\frac{t}{x} \models \varphi$. Somit gilt für alle $t \in T^S$ $(= A')$, daß $\mathfrak{I}'\frac{t}{x} \models \varphi$, also gilt $\mathfrak{I}' \models \forall x\varphi$. □

Beweis von 3.1. Φ erfülle die Voraussetzungen des Satzes. Ferner sei $\Phi \vdash t_1 \equiv t_2$.

Wir behandeln zunächst den Fall, daß Φ aus universellen Sätzen besteht und wählen ein Modell $\mathfrak{I}$ von Φ. Nach 3.2(ii) gilt dann $\mathfrak{I}' \models \Phi$, wegen $\Phi \vdash t_1 \equiv t_2$ also $\mathfrak{I}' \models t_1 \equiv t_2$, und daher $t_1 = \mathfrak{I}'(t_1) = \mathfrak{I}'(t_2) = t_2$ (vgl. 3.2(i)).

Im allgemeinen Fall gehen wir zunächst mit dem Endlichkeitssatz zu einer endlichen Teilmenge Φ_0 von Φ über mit $\Phi_0 \vdash t_1 \equiv t_2$. Sei φ_0 die Konjunktion der Ausdrücke aus Φ_0. Dann ist φ_0 erfüllbar und gleichheitsfrei, und es gilt $\varphi_0 \vdash t_1 \equiv t_2$. Nach dem Satz über die Skolemsche Normalform (vgl. VIII.3.6 und den dortigen Beweis) gibt es ein erfüllbares, universelles und gleichheitsfreies ψ mit $\psi \vdash \varphi_0$. Mit $\varphi_0 \vdash t_1 \equiv t_2$ gilt daher $\psi \vdash t_1 \equiv t_2$. Nach dem bereits abgehandelten Fall universeller Ausdrücke ist somit $t_1 = t_2$. □

Sei nun Φ widerspruchsfrei und gleichheitsfrei. Für die durch Φ auf T^S bestimmte Äquivalenzrelation

$$t_1 \sim t_2 \quad \text{gdw} \quad \Phi \vdash t_1 \equiv t_2$$

gilt nach dem vorangehenden Satz

$$t_1 \sim t_2 \quad \text{gdw} \quad t_1 = t_2.$$

Somit ist $\overline{t} = \{t\}$. Wir identifizieren der Einfachheit halber $\overline{t}$ mit t und erhalten damit:

3.3 Bemerkung. *Sei Φ eine widerspruchsfreie Menge gleichheitsfreier S-Ausdrücke. Dann gilt für die Terminterpretation $\mathfrak{I}^\Phi = (\mathfrak{T}^\Phi, \beta^\Phi)$:*

(a) $T^\Phi = T^S$.

(b) *Für n-stelliges $f \in S$ und $t_1, \ldots, t_n \in T^S$ ist*

$$f^{\mathfrak{T}^\Phi}(t_1, \ldots, t_n) = f t_1 \ldots t_n.$$

(c) *Für $c \in S$ ist $c^{\mathfrak{T}^\Phi} = c$.*

(d) *Für n-stelliges $R \in S$ und $t_1, \ldots, t_n \in T^S$:*

$$R^{\mathfrak{T}^\Phi} t_1 \ldots t_n \quad gdw \quad \Phi \vdash R t_1 \ldots t_n.$$

(e) *Für jede Variable x: $\beta^\Phi(x) = x$.* □

Wir wenden uns nun dem Fall zu, daß Φ eine Menge von Sätzen ist, und nehmen dabei stets an, daß S eine Konstante enthält. Die Substruktur $\mathfrak{T}_0^\Phi$ von $\mathfrak{T}^\Phi$ aus 3.3, die aus den variablenfreien Termen besteht, ist im Sinne der folgenden Definition eine Herbrandstruktur.

3.4 Definition. Eine S-Struktur $\mathfrak{A}$ heißt *Herbrandstruktur* :gdw
(i) $A = T_0^S$.
(ii) Für n-stelliges $f \in S$ und $t_1, \ldots, t_n \in T^S$ ist $f^{\mathfrak{A}}(t_1, \ldots, t_n) = f t_1 \ldots t_n$.
(iii) Für $c \in S$ ist $c^{\mathfrak{A}} = c$.

Wir halten fest:

3.5 Bemerkung. *Für eine widerspruchsfreie Menge Φ gleichheitsfreier Sätze ist $\mathfrak{T}_0^\Phi$ eine Herbrandstruktur.* □

3.6 Bemerkung. *Für eine Herbrandstruktur $\mathfrak{A}$ und $t \in T_0^S$ gilt $t^{\mathfrak{A}} = t$.* □

Bei einer Herbrandstruktur liegt die Interpretation der Funktionssymbole und Konstanten fest. Über die Interpretation der Relationssymbole wird dagegen in der Definition 3.4 nichts ausgesagt; sie ist „frei" wählbar.

3.7 Satz. *Sei Φ eine erfüllbare Menge universeller und gleichheitsfreier Sätze. Dann hat Φ ein Herbrandmodell, d.h. ein Modell, das eine Herbrandstruktur ist.*

Beweis. Sei $\mathfrak{I} = (\mathfrak{A}, \beta)$ eine Interpretation mit $\mathfrak{I} \models \Phi$. Dann gilt nach 3.2 für die zugehörige Interpretation $\mathfrak{I}' = (\mathfrak{A}', \beta')$, daß $\mathfrak{I}' \models \Phi$ und damit $\mathfrak{A}' \models \Phi$. Nach Definition von $\mathfrak{A}'$ ist T_0^S Träger einer Substruktur $\mathfrak{B}'$ von $\mathfrak{A}'$. $\mathfrak{B}'$ ist eine Herbrandstruktur und auch Modell von Φ, da Φ aus universellen Sätzen besteht. □

Die im vorangehenden Paragraphen (vor 2.1) angesprochene Minimalität der Termstruktur spiegelt sich in der folgenden Charakterisierung von $\mathfrak{T}_0^\Phi$ wider.

3.8 Satz. *Sei Φ eine widerspruchsfreie Menge von gleichheitsfreien universellen Hornsätzen. Dann gilt:*

(a) $\mathfrak{T}_0^\Phi$ *ist ein Herbrandmodell von* Φ.

(b) *Für jedes Herbrandmodell* $\mathfrak{A}$ *von* Φ *und jedes n-stellige* $R \in S$ *gilt* $R^{\mathfrak{T}_0^\Phi} \subset R^{\mathfrak{A}}$.

Man nennt $\mathfrak{T}_0^\Phi$ daher auch das *minimale Herbrandmodell* von Φ.

Beweis. Zu (a): $\mathfrak{T}_0^\Phi$ ist eine Herbrandstruktur (vgl. 3.5) und ein Modell von Φ (vgl. 2.6).

Zu (b): Sei $\mathfrak{A}$ ein Herbrandmodell von Φ und $R \in S$ n-stellig. Für $t_1, \ldots, t_n \in T_0^S$ $(= A)$ haben wir nach Definition (vgl. 3.3(d)):

$$R^{\mathfrak{T}_0^\Phi} t_1 \ldots t_n \quad \text{gdw} \quad \Phi \vdash Rt_1 \ldots t_n.$$

Wegen $\mathfrak{A} \models \Phi$ gilt also mit $R^{\mathfrak{T}_0^\Phi} t_1 \ldots t_n$ auch $\mathfrak{A} \models Rt_1 \ldots t_n$, d.h. $R^{\mathfrak{A}} t_1 \ldots t_n$. □

Wir schließen, indem wir Satz 2.7 noch einmal im Hinblick auf die Herbrandstruktur $\mathfrak{T}_0^\Phi$ formulieren:

3.9 Satz. *Sei Φ eine widerspruchsfreie Menge von gleichheitsfreien universellen Hornsätzen. Dann sind für jeden Satz der Gestalt* $\exists x_1 \ldots \exists x_n(\psi_0 \wedge \ldots \wedge \psi_l)$ *mit atomaren* $\psi_0, \ldots, \psi_l$ *äquivalent:*

(i) $\Phi \vdash \exists x_1 \ldots \exists x_n(\psi_0 \wedge \ldots \wedge \psi_l)$.

(ii) $\mathfrak{T}_0^\Phi \models \exists x_1 \ldots \exists x_n(\psi_0 \wedge \ldots \wedge \psi_l)$.

(iii) *Es gibt* $t_1, \ldots, t_n \in T_0^S$ *mit* $\Phi \vdash (\psi_0 \wedge \ldots \wedge \psi_l)(\overset{n}{x} \,|\, \overset{n}{t})$. □

§4 Aussagenlogik

In der Aussagenlogik werden Ausdrücke betrachtet, die aus Atomen, den sog. Aussagenvariablen, allein mit Hilfe der Junktoren zusammengesetzt sind. Die Aussagenvariablen werden interpretiert durch die Wahrheitswerte W (für „wahr") und F (für „falsch") (vgl. III.2).

4.1 Definition. Es sei $\mathscr{A}_a$ das Alphabet $\{\neg, \vee,), (\} \cup \{p_0, p_1, p_2, \ldots\}$. Die *Ausdrücke der Sprache der Aussagenlogik* (kurz: die *aussagenlogischen Ausdrücke*) seien die Zeichenreihen über $\mathscr{A}_a$, die mit den folgenden Regeln ableitbar sind:

$$\frac{}{p_i} \quad (i \in \mathbb{N}), \quad \frac{\alpha}{\neg\alpha}, \quad \frac{\alpha, \beta}{(\alpha \vee \beta)}.$$

Für Aussagenvariablen benutzen wir häufig die Buchstaben $p, q, r, \ldots$, für aussagenlogische Ausdrücke die Buchstaben $\alpha, \beta, \ldots$. Wir bezeichnen die Menge der aussagenlogischen Ausdrücke mit AA. Für $\alpha \in AA$ sei $\operatorname{avar}(\alpha)$ die Menge der in α auftretenden Aussagenvariablen,

$$\operatorname{avar}(\alpha) := \{p \mid p \text{ kommt in } \alpha \text{ vor}\}.$$

Weiterhin setzen wir für $n \geq 1$

$$AA_n := \{\alpha \in AA \mid \operatorname{avar}(\alpha) \subset \{p_0, \ldots, p_{n-1}\}\}.$$

Eine Abbildung $b: \{p_i \mid i \in \mathbb{N}\} \to \{W, F\}$ nennen wir eine (aussagenlogische) *Belegung*. Die weiteren semantischen Begriffe führen wir in Übereinstimmung mit der ersten Stufe ein:

Den Wahrheitswert $\alpha[b]$ eines aussagenlogischen Ausdrucks α bei der Belegung b definieren wir induktiv gemäß[1]

$$\begin{aligned} p_i[b] &:= b(p_i) \\ \neg\alpha[b] &:= \dot{\neg}(\alpha[b]) \\ (\alpha \vee \beta)[b] &:= \dot{\vee}(\alpha[b], \beta[b]) \end{aligned}$$

(vgl. III.2 zur Definition von $\dot{\neg}$ und $\dot{\vee}$). Ist $\alpha[b] = W$, so sagen wir, daß α bei b *gilt* oder daß b ein *Modell* von α ist oder α *erfüllt*. Die Belegung b ist ein *Modell* der Ausdrucksmenge $\Delta \subset AA$, wenn b Modell eines jeden Ausdrucks in Δ ist.

Ähnlich wie beim Koinzidenzlemma der ersten Stufe hängt in der Aussagenlogik der Wahrheitswert $\alpha[b]$ nur von der Belegung der in α vorkommenden Aussagenvariablen ab:

4.2 Koinzidenzlemma der Aussagenlogik. *Es sei α ein aussagenlogischer Ausdruck, und b und b' seien Belegungen mit $b(p) = b'(p)$ für alle $p \in \operatorname{avar}(\alpha)$. Dann gilt $\alpha[b] = \alpha[b']$.*

Den einfachen Beweis überlassen wir dem Leser. □

Aufgrund des Koinzidenzlemmas ist für $\alpha \in AA_{n+1}$ und $b_0, \ldots, b_n \in \{W, F\}$ die Schreibweise

$$\alpha[b_0, \ldots, b_n]$$

sinnvoll, und zwar für $\alpha[b]$ mit einer Belegung b, für die $b(p_i) = b_i$ für $i \leq n$.

---

[1] Induktive Beweise und Definitionen über den Aufbau der aussagenlogischen Ausdrücke lassen sich ähnlich rechtfertigen, wie wir das in II.4 für die Logik erster Stufe getan haben.

Wir sagen

- α *folgt aus* Δ (kurz: $\Delta \models \alpha$) :gdw jedes Modell von Δ ist Modell von α;
- α ist *allgemeingültig* (kurz: $\models \alpha$) :gdw α gilt bei allen Belegungen;
- Δ ist *erfüllbar* (kurz: Erf Δ) :gdw es gibt eine Belegung, die Modell von Δ ist;
- α ist *erfüllbar* (kurz: Erf α) :gdw Erf $\{\alpha\}$;
- α und β sind *logisch äquivalent* :gdw $\models (\alpha \leftrightarrow \beta)$.

Dabei sind wiederum $(\alpha \wedge \beta), (\alpha \rightarrow \beta)$ und $(\alpha \leftrightarrow \beta)$ Abkürzungen für $\neg(\neg\alpha \vee \neg\beta)$, $(\neg\alpha \vee \beta)$ und $(\neg(\alpha \vee \beta) \vee \neg(\neg\alpha \vee \neg\beta))$.

Wesentliche Aspekte der Verfahren der Logik-Programmierung lassen sich übersichtlicher auf der aussagenlogischen Ebene behandeln; wir werden dies im nächsten Paragraphen tun. Die dort gewonnenen Ergebnisse müssen dann auf die Sprache der ersten Stufe übertragen werden. Einer entsprechenden Übersetzungsmethode wenden wir uns jetzt zu. Sie beruht auf dem intuitiv einleuchtenden Sachverhalt, daß ein gleichheitsfreier Ausdruck, etwa $((Rxy \wedge Ryfx) \vee (\neg Rzz \wedge Rxy))$, die „gleichen Modelle" hat wie der aussagenlogische Ausdruck $((p_0 \wedge p_1) \vee (\neg p_2 \wedge p_0))$.

Es sei S eine höchstens abzählbare Symbolmenge, die mindestens ein Relationszeichen enthält. Dann ist die Menge

$$\mathrm{GA}^S := \{Rt_1 \ldots t_n \mid R \in S \text{ } n\text{-stellig}, t_1, \ldots, t_n \in T^S\}$$

der gleichheitsfreien atomaren S-Ausdrücke abzählbar. Ferner sei

$$\pi_0 : \mathrm{GA}^S \rightarrow \{p_i \mid i \in \mathbb{N}\}$$

eine Bijektion. Wir setzen π_0 zu einer auf der Menge der gleichheits- und quantorenfreien S-Ausdrücke definierten Abbildung π fort, indem wir festlegen:

$$\begin{aligned} \pi(\varphi) &:= \pi_0(\varphi) \text{ für } \varphi \in \mathrm{GA}^S \\ \pi(\neg\varphi) &:= \neg\pi(\varphi) \\ \pi(\varphi \vee \psi) &:= (\pi(\varphi) \vee \pi(\psi)). \end{aligned}$$

Dann gilt:

4.3. *Die Abbildung $\varphi \mapsto \pi(\varphi)$ ist eine Bijektion von der Menge der gleichheits- und quantorenfreien S-Ausdücke auf AA.*

Beweis. Wir definieren eine Abbildung $\rho: AA \to L^S$ durch

$$\begin{aligned}\rho(p) &:= \pi_0^{-1}(p)\\ \rho(\neg\alpha) &:= \neg\rho(\alpha)\\ \rho(\alpha \vee \beta) &:= (\rho(\alpha) \vee \rho(\beta)).\end{aligned}$$

Durch Induktion über den Aufbau von φ bzw. α zeigt man leicht:

$\rho(\pi(\varphi)) = \varphi$ für gleichheits- und quantorenfreies φ,

$\pi(\rho(\alpha)) = \alpha$ für $\alpha \in AA$.

Somit ist π bijektiv und $\rho = \pi^{-1}$. □

4.4. *Ist $\Phi \cup \{\varphi, \psi\}$ eine Menge von gleichheits- und quantorenfreien S-Ausdrücken, so gilt:*

(a) Erf Φ *gdw* Erf $\pi(\Phi)$.

(b) $\Phi \models \varphi$ *gdw* $\pi(\Phi) \models \pi(\varphi)$.

(c) *φ und ψ sind logisch äquivalent gdw $\pi(\varphi)$ und $\pi(\psi)$ sind logisch äquivalent.*

Beweis. Da sich (b) sofort aus (a) und (c) sofort aus (b) ergibt, brauchen wir nur (a) zu zeigen. Sei, für die Richtung von links nach rechts, $\mathfrak{I}$ eine S-Interpretation mit $\mathfrak{I} \models \Phi$. Wir definieren eine aussagenlogische Belegung b durch

$$b(p_i) = \begin{cases} W, & \text{falls } \mathfrak{I} \models \rho(p_i)\\ F, & \text{sonst}\end{cases}$$

für $i \in \mathbb{N}$. Durch Induktion über den Aufbau der aussagenlogischen Ausdrücke zeigt man leicht, daß für alle $\alpha \in AA$

$$\alpha[b] = W \quad \text{gdw} \quad \mathfrak{I} \models \rho(\alpha).$$

Wegen $\mathfrak{I} \models \Phi$ ist b daher ein Modell von $\pi(\Phi)$.

Sei nun umgekehrt $\pi(\Phi)$ erfüllbar und b ein Modell von $\pi(\Phi)$. Es reicht, wenn wir eine S-Interpretation $\mathfrak{I}$ angeben mit

$$(*) \qquad \mathfrak{I} \models \varphi \quad \text{gdw} \quad \pi(\varphi)[b] = W$$

für alle $\varphi \in \mathrm{GA}^S$. Dann zeigt ein entsprechender Induktionsbeweis, daß $\mathfrak{I} \models \Phi$. Wir definieren $\mathfrak{I} = (\mathfrak{A}, \beta)$ durch (vgl. 3.2):

$A := T^S$;

$f^{\mathfrak{A}}(t_1, \ldots, t_n) := ft_1 \ldots t_n$ für n-stelliges $f \in S$ und $t_1, \ldots, t_n \in T^S$;

$c^{\mathfrak{A}} := c$ für $c \in S$;

$\beta(x) := x$;

und für n-stelliges $P \in S$ und $t_1, \ldots, t_n \in T^S$:

$$P^{\mathfrak{A}} t_1 \ldots t_n \quad \text{:gdw} \quad \pi(P t_1 \ldots t_n)[b] = W.$$

Dann gilt offensichtlich (*). □

Die Gültigkeit von 4.4 hängt wesentlich daran, daß in Φ das Gleichheitszeichen nicht auftritt. Löst man sich von dieser Bedingung, erhält man mit einstelligem P und $\pi(Pv_0) = p_0$, $\pi(\neg Pv_1) = p_1$, $\pi(v_0 \equiv v_1) = p_2$ und $\Phi = \{Pv_0, \neg Pv_1, v_0 \equiv v_1\}$ ein Gegenbeispiel zu 4.4(a).

Man kann die durch 4.4 hergestellte Brücke auch benutzen, um Eigenschaften der Logik erster Stufe auf die Aussagenlogik zu übertragen. Wir zeigen dies für den Endlichkeitssatz (für einen rein aussagenlogischen Beweis vgl. Aufgabe 4.11).

4.5 Endlichkeitssatz für die Aussagenlogik. *Eine Menge aussagenlogischer Ausdrücke ist genau dann erfüllbar, wenn jede ihrer endlichen Teilmengen erfüllbar ist.*

Beweis. Wir setzen im Sinne der vorangehenden Bezeichnungen $S := \{P\}$ mit einstelligem P und definieren π_0 auf $\mathrm{GA}^S = \{Pv_i \mid i \in \mathbb{N}\}$ durch $\pi_0(Pv_i) := p_i$ für $i \in \mathbb{N}$. Dann gilt für beliebiges $\Delta \subset AA$:

Erf Δ gdw Erf $\pi^{-1}(\Delta)$ (nach 4.4(a))

gdw für jede endliche Teilmenge Φ_0 von $\pi^{-1}(\Delta)$: Erf Φ_0 (nach dem Endlichkeitssatz für die erste Stufe)

gdw für jede endliche Teilmenge Δ_0 von Δ: Erf Δ_0 (nach 4.4(a)). □

Der Leser wird mit Aufgabe 4.10 ermuntert, auf ähnliche Weise den Satz über die disjunktive bzw. die konjunktive Normalform in die Aussagenlogik zu übertragen. Dabei ist ein aussagenlogischer Ausdruck in *disjunktiver Normalform* (kurz: in DNF), wenn er eine Disjunktion von Konjunktionen aus Aussagenvariablen oder negierten Aussagenvariablen ist, und in *konjunktiver Normalform* (kurz: in KNF), wenn er eine Konjunktion von Disjunktionen aus Aussagenvariablen oder negierten Aussagenvariablen ist. Zum Beispiel sind die Ausdrücke

$$(p \vee q \vee (\neg r \wedge q \wedge \neg p)) \text{ und } ((\neg p \wedge r) \vee (q \wedge \neg r \wedge \neg q) \vee r)$$

in disjunktiver Normalform, und der Ausdruck

$$((p \vee \neg r) \wedge (\neg q \vee r \vee q))$$

ist in konjunktiver Normalform.

Wir beweisen die Sätze über die disjunktive bzw. die konjunktive Normalform für die Aussagenlogik im folgenden auf direktem Weg. Wir tun dies, indem wir die in III.2 angesprochene Frage aufgreifen und auf aussagenlogischer Ebene zeigen, daß sich jeder extensionale Junktor mit $\neg$ und $\vee$ definieren läßt.

Der Junktor „und" wird durch den Ausdruck $\alpha := \neg(\neg p_0 \vee \neg p_1)$ (und demnach mit $\neg$ und $\vee$) in dem Sinne definiert, daß

$$\text{für alle } b_0, b_1 \in \{W, F\}: \quad \dot{\wedge}(b_0, b_1) = \alpha[b_0, b_1].$$

Entsprechendes gilt für jeden extensionalen Junktor:

4.6 Satz. *Es sei $n \geq 0$. Zu jeder Wahrheitswertfunktion $h: \{W, F\}^{n+1} \to \{W, F\}$ gibt es ein $\alpha \in AA_{n+1}$, so daß*

$$h(b_0, \ldots, b_n) = \alpha[b_0, \ldots, b_n] \quad \textit{für alle } b_0, \ldots, b_n \in \{W, F\}.$$

Der Ausdruck kann – je nach Wunsch – in DNF *oder in* KNF *gewählt werden.*

Beweis. Zunächst erläutern wir die Beweisidee am Beispiel der zweistelligen Wahrheitswertfunktion h mit der Wahrheitstafel

		h
W	W	F
W	F	W
F	W	F
F	F	W

Einen Ausdruck in DNF, der h definiert, erhält man wie folgt: Die zweite und die vierte Zeile der Tafel führen zum Wahrheitswert W; die dort stehenden Argumente werden durch die Konjunktionen $(p_0 \wedge \neg p_1)$ bzw. $(\neg p_0 \wedge \neg p_1)$ beschrieben. Deren Disjunktion, d.h. der Ausdruck

$$(p_0 \wedge \neg p_1) \vee (\neg p_0 \wedge \neg p_1)$$

ist ein Ausdruck in DNF, der h definiert.

Die erste und die dritte Zeile der Tafel führen zum Wahrheitswert F; die Ausdrücke $(\neg p_0 \vee \neg p_1)$ und $(p_0 \vee \neg p_1)$ besagen, daß wir es nicht mit den dort stehenden Argumenten zu tun haben. Ihre Konjunktion

$$(\neg p_0 \vee \neg p_1) \wedge (p_0 \vee \neg p_1)$$

ist ein Ausdruck in KNF, der h definiert.

Sei nun $h: \{W, F\}^{n+1} \to \{W, F\}$ eine beliebige Wahrheitswertfunktion. Wir setzen $-W := F$ und $-F := W$. Für eine Aussagenvariable p sei $p^W := p$ und$p^F := \neg p$. Schließlich sei für „Argumente" $b_0, \ldots, b_n \in \{W, F\}$

$$\alpha^{b_0,\ldots,b_n} := p_0^{b_0} \wedge \ldots \wedge p_n^{b_n}$$

(„wir sind in der Zeile mit den Argumenten $b_0, \ldots, b_n$"),

$$\beta^{b_0,\ldots,b_n} := p_0^{-b_0} \vee \ldots \vee p_n^{-b_n}$$

(„wir sind nicht in der Zeile mit den Argumenten $b_0, \ldots, b_n$").

Dann gilt für alle $b'_0, \ldots, b'_n \in \{W, F\}$:

(1) $\alpha^{b_0,\ldots,b_n}[b'_0, \ldots, b'_n] = W$ gdw $b_0 = b'_0$ und ... und $b_n = b'_n$

und

(2) $\beta^{b_0,\ldots,b_n}[b'_0, \ldots, b'_n] = W$ gdw $b_0 \neq b'_0$ oder ... oder $b_n \neq b'_n$.

Die folgenden Ausdrücke α_D bzw. α_K in DNF bzw. KNF definieren h:

$$\alpha_D := \begin{cases} p_0 \wedge \neg p_0, & \text{falls } h(b_0, \ldots, b_n) = F \text{ für alle } b_0, \ldots, b_n \in \{W, F\}, \\ \bigvee\{\alpha^{b_0,\ldots,b_n} \mid b_0, \ldots, b_n \in \{W, F\}, \quad h(b_0, \ldots, b_n) = W\}, & \text{sonst;} \end{cases}$$

$$\alpha_K := \begin{cases} p_0 \vee \neg p_0, & \text{falls } h(b_0, \ldots, b_n) = W \text{ für alle } b_0, \ldots, b_n \in \{W, F\}, \\ \bigwedge\{\beta^{b_0,\ldots,b_n} \mid b_0, \ldots, b_n \in \{W, F\}, \quad h(b_0, \ldots, b_n) = F\}, & \text{sonst.} \end{cases}$$

Wir zeigen dies am Beispiel von α_D, d.h.:

für alle $b_0, \ldots, b_n \in \{W, F\}$ ist $h(b_0, \ldots, b_n) = \alpha_D[b_0, \ldots, b_n]$.

Ist $h(b_0, \ldots, b_n) = W$, so ist $\alpha^{b_0,\ldots,b_n}$ ein Disjunktionsglied von α_D. Nach (1) ist $\alpha^{b_0,\ldots,b_n}[b_0, \ldots, b_n] = W$, somit $\alpha_D[b_0, \ldots, b_n] = W$. Ist umgekehrt $\alpha_D[b_0, \ldots, b_n] = W$, so gibt es (nach Definition von α_D) Wahrheitswerte $b'_0, \ldots, b'_n \in \{W, F\}$ mit $h(b'_0, \ldots, b'_n) = W$ und $\alpha^{b'_0,\ldots,b'_n}[b_0, \ldots, b_n] = W$. Wegen (1) ist dann $b'_0 = b_0, \ldots, b'_n = b_n$ und somit $h(b_0, \ldots, b_n) = W$.□

Als Korollar erhalten wir jetzt leicht:

4.7 Satz über die disjunktive und über die konjunktive Normalform. *Jeder aussagenlogische Ausdruck ist zu einem Ausdruck in disjunktiver Normalform und zu einem Ausdruck in konjunktiver Normalform logisch äquivalent.*

Beweis. Es sei α ein aussagenlogischer Ausdruck in AA_{n+1}. Wir wählen $h: \{W, F\}^{n+1} \to \{W, F\}$ mit $h(b_0, \ldots, b_n) = \alpha[b_0, \ldots, b_n]$ für $b_0, \ldots, b_n \in \{W, F\}$. Nach 4.6 gibt es einen Ausdruck in DNF bzw. in KNF, der h definiert und somit zu α logisch äquivalent ist. □

4.8 Korollar. *Für $n \geq 0$ gibt es in AA_{n+1} genau $2^{(2^{n+1})}$ paarweise nicht logisch äquivalente Ausdrücke.*

Beweis. Zwei Ausdrücke α und β in AA_{n+1} sind genau dann logisch äquivalent, wenn $\alpha[b_0, \ldots, b_n] = \beta[b_0, \ldots, b_n]$ für alle $b_0, \ldots, b_n \in \{W, F\}$, wenn sie also dieselbe $(n+1)$-stellige Wahrheitswertfunktion definieren. Wegen 4.6 ist daher die Anzahl der paarweise nicht logisch äquivalenten Ausdrücke in AA_{n+1} gleich der Anzahl der Wahrheitswertfunktionen $h: \{W, F\}^{n+1} \to \{W, F\}$, also gleich $2^{(2^{n+1})}$. □

4.9 Aufgabe. In 4.6 haben wir gezeigt, daß sich jede Wahrheitswertfunktion mit $\dot{\neg}$ und $\dot{\vee}$ definieren läßt. Man beweise die entsprechende Behauptung, wenn die Rolle von $\dot{\neg}$ und $\dot{\vee}$ übernommen wird von
(a) $\dot{\neg}$ und $\dot{\wedge}$;
(b) $\dot{|}: \{W, F\} \times \{W, F\} \to \{W, F\}$ mit der Wahrheitstafel

		$\dot{\vert}$
W	W	F
W	F	W
F	W	W
F	F	W

Man sagt, daß die Mengen $\{\dot{\neg}, \dot{\vee}\}$, $\{\dot{\neg}, \dot{\wedge}\}$, $\{\dot{|}\}$ *funktional vollständig* sind.

4.10 Aufgabe. Man übertrage die Sätze über die DNF bzw. über die KNF der Logik erster Stufe mit Hilfe von 4.4 auf die Aussagenlogik.

4.11 Aufgabe. Man beweise den Endlichkeitssatz der Aussagenlogik auf direktem Weg. Hinweis: Es sei $\Delta \subset AA$, und jede endliche Teilmenge von Δ sei erfüllbar. Eine Folge $(b_0, \ldots, b_n)$ von Wahrheitswerten heiße *gut*, wenn jede endliche Teilmenge von Δ ein Modell b hat mit $b(p_i) = b_i$ für $i \leq n$. Man zeige, daß es beliebig lange gute Folgen gibt und schließe daraus auf die Existenz einer Belegung b, die jede endliche Teilmenge von Δ, also auch Δ selbst, erfüllt.

4.12 Aufgabe. Der Sequenzenkalkül $\mathfrak{S}_a$ der Aussagenlogik bestehe aus den Analoga der Regeln (Vor), (Ant), (FU), (Wid), ($\vee$A) und ($\vee$S). Für die entsprechend definierte Ableitbarkeitsbeziehung $\vdash_a$ der

Aussagenlogik zeige man den folgenden Adäquatheitssatz: Für alle $\Delta \subset AA$ und alle $\alpha \in AA$ gilt: $\Delta \vdash_a \alpha$ gdw $\Delta \models \alpha$.

§5 Aussagenlogische Resolution

Wir wollen in diesem Abschnitt Verfahren kennenlernen, mit denen man von aussagenlogischen Ausdrücken gewisser Bauart „schnell" prüfen kann, ob sie erfüllbar sind. Zum Teil handelt es sich dabei um aussagenlogische Vorstufen von Verfahren der Logik-Programmierung, die wir im nächsten Paragraphen kennenlernen werden.

Ist $\alpha \in AA_{n+1}$ und will man anhand der Definition der aussagenlogischen Modellbeziehung prüfen, ob α erfüllbar ist, so hat man schlimmstenfalls für 2^{n+1} Tupel $(b_0, \ldots, b_n) \in \{W, F\}^{n+1}$ den Wahrheitswert $\alpha[b_0, \ldots, b_n]$ zu berechnen. Für $n = 5, 10, 20$ sind dies bereits 64, 2048, 2 097 152 Tupel. Es ist bis heute völlig offen, ob es „geschicktere" Verfahren gibt, die auch im schlimmsten Fall wesentlich schneller arbeiten. Wie wir in X.3 erwähnt haben, ist die präzise Frage, ob man die Erfüllbarkeit aussagenlogischer Ausdrücke mit einem Registerprogramm testen kann, das, für geeignetes $k \in \mathbb{N}$, die Antwort für Ausdrücke einer Länge $\leq n$ in höchstens n^k Schritten liefert, mit dem „$\mathscr{P} = \mathscr{N}\mathscr{P}$"-Problem der theoretischen Informatik äquivalent.

Für Teilklassen von Ausdrücken lassen sich schnelle Verfahren angeben. So kann man etwa die Erfüllbarkeit von Ausdrücken in DNF leicht testen: Ist nämlich $\alpha = (\beta_0 \vee \ldots \vee \beta_r)$, so ist α genau dann erfüllbar, wenn für ein i mit $0 \leq i \leq r$ der Ausdruck β_i erfüllbar ist. Ist $\beta_i = (\lambda_0 \wedge \ldots \wedge \lambda_s)$, wobei die λ_j Aussagenvariablen oder Negate von Aussagenvariablen sind, so ist β_i genau dann erfüllbar, wenn für keine Aussagenvariable p zugleich p und $\neg p$ unter $\lambda_0, \ldots, \lambda_s$ vorkommen.

Da ein Ausdruck α genau dann allgemeingültig ist, wenn $\neg\alpha$ nicht erfüllbar ist, erhält man aus jedem Verfahren zum Nachweis der Erfüllbarkeit ein Verfahren zum Nachweis der Allgemeingültigkeit. Weiterhin läßt sich zu jedem α in KNF bzw. in DNF unmittelbar eine DNF bzw. KNF für $\neg\alpha$ angeben. So ist für den Ausdruck

$$\alpha = (p \vee \neg q \vee r) \wedge (\neg p \vee s \vee t \vee r) \wedge q$$

in KNF das Negat $\neg\alpha$ logisch äquivalent zu

$$(\neg p \wedge q \wedge \neg r) \vee (p \wedge \neg s \wedge \neg t \wedge \neg r) \vee \neg q.$$

Der oben beschriebene schnelle Erfüllbarkeitstest für Ausdrücke in DNF liefert also einen schnellen Test, der für Ausdrücke in KNF die Allgemeingültigkeit prüft.

Wir zeigen nun, daß wir die Erfüllbarkeit auch für spezielle Ausdrücke in KNF, für sog. aussagenlogische Hornausdrücke, schnell testen können. Zur folgenden Definition vgl. III.4.16 oder 2.2.

5.1 Definition. Die Ausdrücke, die im folgenden Kalkül ableitbar sind, heißen (*aussagenlogische*) *Hornausdrücke*.

(1) $\dfrac{}{(\neg q_1 \vee \ldots \vee \neg q_n \vee q)}$ für $n \in \mathbb{N}$,

(2) $\dfrac{}{(\neg q_0 \vee \ldots \vee \neg q_n)}$ für $n \in \mathbb{N}$,

(3) $\dfrac{\alpha, \beta}{(\alpha \wedge \beta)}$.

Jeder Hornausdruck ist ein Ausdruck in konjunktiver Normalform, wobei jedes Konjunktionsglied die Gestalt (1) oder (2) hat. Unterscheiden wir in (1) die Fälle $n = 0$ und $n > 0$, so hat jedes Konjunktionsglied die Gestalt (AH1), (AH2) oder (AH3):
(AH1) q
(AH2) $(q_0 \wedge \ldots \wedge q_n \rightarrow q)$
(AH3) $(\neg q_0 \vee \ldots \vee \neg q_n)$.
Hornausdrücke der Gestalt (AH1) oder (AH2) nennen wir *positiv*, die der Gestalt (AH3) *negativ*.

Im folgenden sei Δ eine Menge positiver Hornausdrücke. Δ ist erfüllbar: Die Belegung b mit $b(q) = W$ für alle Aussagenvariablen q ist ein Modell von Δ. Neben dieser maximalen Δ erfüllenden Belegung (maximal in dem Sinn, daß maximal viele Aussagenvariablen den Wahrheitswert W erhalten) wollen wir jetzt eine minimale Δ erfüllende Belegung b^Δ angeben. Wir fassen dazu die Ausdrücke der Gestalt (AH1) und (AH2) als Regeln auf.

(AH1) fordert: „q muß mit W belegt werden",
(AH2) fordert: „Werden $q_0, \ldots, q_n$ mit W belegt, so auch q".

Und wir lassen uns von dieser dynamischen Auffassung der Ausdrücke leiten, um b^Δ zu „konstruieren". Hierzu betrachten wir den Kalkül mit den Regeln

(W1) $\dfrac{}{q}$, falls $q \in \Delta$

(W2) $\dfrac{q_0, \ldots, q_n}{q}$, falls $(q_0 \wedge \ldots \wedge q_n \rightarrow q) \in \Delta$

und setzen für eine Aussagenvariable p:

$b^{\Delta}(p) = W$:gdw p ist im Kalkül mit den Regeln (W1) und (W2) ableitbar.

5.2 Lemma. *b^{Δ} ist ein minimales Modell von Δ, d.h.*

(a) *b^{Δ} ist ein Modell von Δ.*

(b) *Für jede Belegung b, die Modell von Δ ist, und für jede Aussagenvariable q gilt:*

$$\text{Wenn } b^{\Delta}(q) = W, \text{ so } b(q) = W.$$

Beweis. (a) ist aufgrund der Regeln unmittelbar klar: Ist etwa der Ausdruck $(q_0 \wedge \ldots \wedge q_n \rightarrow q) \in \Delta$ und gilt $(q_0 \wedge \ldots \wedge q_n)[b^{\Delta}] = W$, so sind nach Definition von b^{Δ} die Variablen $q_0, \ldots, q_n$ im Kalkül ableitbar und damit (vgl. (W2)) auch q; daher ist $b^{\Delta}(q) = W$.

Zu (b): Sei b ein Modell von Δ. Nach Definition von b^{Δ} genügt es zu zeigen, daß $b(q) = W$ für jedes ableitbare q. Dies beweist man leicht durch Induktion über den Kalkül: Wird etwa q durch die Regel (W1) gewonnen, so ist $q \in \Delta$ und damit $b(q) = W$, da b ein Modell von Δ ist. □

Wir lösen uns von der Voraussetzung, daß Δ eine Menge positiver Hornausdrücke ist, und zeigen:

5.3 Satz. *Sei Δ eine Menge von Hornausdrücken der Gestalt* (AH1), (AH2) *oder* (AH3), *und sei Δ^+ bzw. Δ^- die Menge der positiven bzw. der negativen Ausdrücke in Δ. Dann sind äquivalent:*

(a) *Δ ist erfüllbar.*

(b) *Für alle $\alpha \in \Delta^-$ ist $\Delta^+ \cup \{\alpha\}$ erfüllbar.*

(c) *b^{Δ^+} ist ein Modell von Δ.*

Beweis. Die Richtungen von (a) nach (b) und von (c) nach (a) sind trivial. Wir zeigen, wie man (c) aus (b) erhält. Nach 5.2(a) ist b^{Δ^+} ein Modell von Δ^+. Sei $\alpha \in \Delta^-$, etwa $\alpha = (\neg q_0 \vee \ldots \vee \neg q_n)$. Nach (b) gibt es eine Belegung b, die Modell von $\Delta^+ \cup \{\neg q_0 \vee \ldots \vee \neg q_n\}$ ist und daher ein $i \in \{0, \ldots, n\}$ mit $b(q_i) = F$. Da b ein Modell von Δ^+ ist, liefert 5.2(b), daß $b^{\Delta^+}(q_i) = F$ und damit $\alpha[b^{\Delta^+}] = (\neg q_0 \vee \ldots \vee \neg q_n)[b^{\Delta^+}] = W$. □

Wir sind jetzt in der Lage, ein schnelles Verfahren anzugeben, mit dem wir die Erfüllbarkeit von Hornausdrücken testen können, das *Unterstreichungsverfahren*.

Sei α ein Hornausdruck. Aufgrund der Bemerkungen nach 5.1 ist α eine Konjunktion von Ausdrücken β der Gestalt (AH1), (AH2) oder (AH3). Es sei Δ die Menge dieser β, also die Menge der Konjunktionsglieder von α.

Die Regeln des Unterstreichungsverfahrens, (U1) und (U2), entsprechen den obigen Regeln (W1) und (W2):

(U1) Man unterstreiche in α alle Vorkommen einer Aussagenvariablen q, die selber ein Konjunktionsglied von α ist.

(U2) Sind in einem Konjunktionsglied der Gestalt $(q_0 \wedge \ldots \wedge q_n \rightarrow q)$ von α die Aussagenvariablen $q_0, \ldots, q_n$ bereits unterstrichen, so unterstreiche man alle Vorkommen von q in α.

Das Verfahren ist beendet, wenn keine der beiden Regeln mehr angewendet werden kann. Enthält α etwa r verschiedene Aussagenvariablen, ist dies spätestens nach r Schritten der Fall. Es sind dann genau die Variablen q unterstrichen, für die $b^{\Delta^+}(q) = W$ ist. Somit ist (vgl. 5.3) α genau dann erfüllbar, wenn in keinem Konjunktionsglied $(\neg q_0 \vee \ldots \vee \neg q_n)$ alle Aussagenvariablen unterstrichen sind.

Wir illustrieren das Verfahren an zwei Beispielen. Sei zunächst

$$\alpha = (\neg p \vee \neg q) \wedge (p \rightarrow q) \wedge (p \wedge r \rightarrow q) \wedge r.$$

Wir erhalten mit (U1):

$$(\neg p \vee \neg q) \wedge (p \rightarrow q) \wedge (p \wedge \underline{r} \rightarrow q) \wedge \underline{r}.$$

Nun ist keine der Regeln (U1), (U2) mehr anwendbar. Somit ist α erfüllbar, und die zu α gehörende minimale Belegung b wird gegeben durch

$$b(s) = \begin{cases} W, & \text{für } s = r \\ F, & \text{sonst.} \end{cases}$$

Sei nun

$$\alpha = (\neg p \vee \neg q \vee \neg s) \wedge \neg t \wedge (r \rightarrow p) \wedge r \wedge q \wedge (u \rightarrow s) \wedge u$$

mit den Aussagenvariablen p, q, r, s, t und u. Schrittweise erhalten wir:

$$(\neg p \vee \neg q \vee \neg s) \wedge \neg t \wedge (\underline{r} \rightarrow p) \wedge \underline{r} \wedge q \wedge (u \rightarrow s) \wedge u \quad \text{(mit(U1))}$$
$$(\neg \underline{p} \vee \neg q \vee \neg s) \wedge \neg t \wedge (\underline{r} \rightarrow \underline{p}) \wedge \underline{r} \wedge q \wedge (u \rightarrow s) \wedge u \quad \text{(mit(U2))}$$
$$(\neg \underline{p} \vee \neg \underline{q} \vee \neg s) \wedge \neg t \wedge (\underline{r} \rightarrow \underline{p}) \wedge \underline{r} \wedge \underline{q} \wedge (u \rightarrow s) \wedge u \quad \text{(mit(U1))}$$
$$(\neg \underline{p} \vee \neg \underline{q} \vee \neg s) \wedge \neg t \wedge (\underline{r} \rightarrow \underline{p}) \wedge \underline{r} \wedge \underline{q} \wedge (\underline{u} \rightarrow s) \wedge \underline{u} \quad \text{(mit(U1))}$$
$$(\neg \underline{p} \vee \neg \underline{q} \vee \neg \underline{s}) \wedge \neg t \wedge (\underline{r} \rightarrow \underline{p}) \wedge \underline{r} \wedge \underline{q} \wedge (\underline{u} \rightarrow \underline{s}) \wedge \underline{u} \quad \text{(mit(U2)).}$$

α ist somit nicht erfüllbar; denn alle Variablen in $(\neg p \vee \neg q \vee \neg s)$ sind unterstrichen. Es ist also bereits der Ausdruck

$$\alpha_0 = (\neg p \vee \neg q \vee \neg s) \wedge (r \rightarrow p) \wedge r \wedge q \wedge (u \rightarrow s) \wedge u,$$

der aus α entsteht, indem man von den negativen Konjunktionsgliedern nur das Glied $(\neg p \vee \neg q \vee \neg s)$ beibehält, unerfüllbar.

Bei dem Verfahren, das wir später als *Horn-Resolution* kennenlernen werden, durchläuft man den Unterstreichungsalgorithmus „rückwärts“: Ist etwa α ein Hornausdruck mit nur einem negativen Konjunktionsglied $(\neg q_0 \vee \ldots \vee \neg q_n)$ und will man mit dem Unterstreichungsverfahren die Unerfüllbarkeit von α nachweisen, so muß man zeigen, daß alle Variablen in $\{\neg q_0, \ldots, \neg q_n\}$ (also $q_0, \ldots, q_n$) schließlich unterstrichen werden. Ist $(r_0 \wedge \ldots \wedge r_j \rightarrow q)$ bzw. q ein Konjunktionsglied von α und ist $q = q_i$, so genügt es (vgl. die Regeln (W1) und (W2)) zu zeigen, daß jede Variable in

$$(*) \qquad \{\neg q_0, \ldots, \neg q_{i-1}, \neg r_0, \ldots, \neg r_j, \neg q_{i+1}, \ldots, \neg q_n\}$$
$$(\text{bzw. } \{\neg q_0, \ldots, \neg q_{i-1}, \neg q_{i+1}, \ldots, \neg q_n\})$$

schließlich unterstrichen wird.

Diesen Schluß kann man jetzt entsprechend auf die in (∗) gewonnene Menge anwenden. Es wird sich herausstellen, daß α genau dann erfüllbar ist, wenn man auf diesem Weg in endlich vielen Schritten die leere Menge erreichen kann. (Dann ist von keiner Variable mehr nachzuweisen, daß sie schließlich unterstrichen wird.) Im Falle von

$$\alpha_0 = (\neg p \vee \neg q \vee \neg s) \wedge (r \rightarrow p) \wedge r \wedge q \wedge (u \rightarrow s) \wedge u$$

erhält man die leere Menge etwa auf dem folgenden Weg:

$$\begin{array}{ll} \{\neg p, \neg q, \neg s\} & \\ \{\neg p, \neg q, \neg u\} & (\text{da } (u \rightarrow s) \in \Delta^+) \\ \{\neg p, \neg q\} & (\text{da } u \in \Delta^+) \\ \{\neg p\} & (\text{da } q \in \Delta^+) \\ \{\neg r\} & (\text{da } (r \rightarrow p) \in \Delta^+) \\ \emptyset & (\text{da } r \in \Delta^+). \end{array}$$

Die der Horn-Resolution zugrundeliegende Idee läßt sich auf beliebige Ausdrücke in KNF erweitern; man gelangt so zu dem auf J. A. Robinson (1965) zurückgehenden *Resolutionsverfahren*. Ausdrücke in KNF gibt man dabei in mengentheoretischer Schreibweise wieder. So identifiziert man eine Disjunktion $(\alpha_0 \vee \ldots \vee \alpha_n)$ mit der Menge $\{\alpha_0, \ldots, \alpha_n\}$ ihrer Glieder. Auf diese Weise fallen z.B. die Ausdrücke $(\neg p_0 \vee p_1 \vee \neg p_0)$, $(\neg p_0 \vee \neg p_0 \vee p_1)$ und $(p_1 \vee \neg p_0)$ zur Menge $\{\neg p_0, p_1\}$ zusammen. Disjunktionen, die zur gleichen Menge führen, sind also auf triviale Weise logisch äquivalent. Wir vereinbaren genauer:

Ein *Literal* ist ein Ausdruck der Gestalt p oder $\neg p$. Wir geben Literale durch $\lambda, \lambda_1, \ldots$ wieder. Eine endliche, möglicherweise auch leere, Menge von Literalen heiße eine *Klausel*. Wir verwenden $K, L, M, \ldots$, um Klauseln, und $\mathfrak{K}, \ldots$, um (nicht notwendig endliche) Mengen von Klauseln wiederzugeben.

Ist α ein Ausdruck in KNF,

$$\alpha = (\lambda_{00} \vee \ldots \vee \lambda_{0n_0}) \wedge \ldots \wedge (\lambda_{k0} \vee \ldots \vee \lambda_{kn_k}),$$

so sei

$$\mathfrak{K}(\alpha) := \{\{\lambda_{00}, \ldots, \lambda_{0n_0}\}, \ldots, \{\lambda_{k0}, \ldots, \lambda_{kn_k}\}\}$$

die α zugeordnete Klauselmenge.

Dieser Übergang von einem Ausdruck zu seiner Klauselmenge motiviert die folgenden Festlegungen:

5.4 Definition. Es sei b eine Belegung, K eine Klausel und $\mathfrak{K}$ eine Menge von Klauseln.

(a) *b erfüllt K* (oder *K gilt bei b*) :gdw es gibt ein $\lambda \in K$ mit $\lambda[b] = W$.

(b) *K erfüllbar* :gdw es gibt eine Belegung, die K erfüllt.

(c) *b erfüllt $\mathfrak{K}$* :gdw b erfüllt K für alle $K \in \mathfrak{K}$.

(d) *$\mathfrak{K}$ ist erfüllbar* :gdw es gibt eine Belegung, die $\mathfrak{K}$ erfüllt.

Somit erfüllt eine Belegung b die Klausel $\{\lambda_0, \ldots, \lambda_n\}$ genau dann, wenn $(\lambda_0 \vee \ldots \vee \lambda_n)[b] = W$, und die leere Klausel ist nicht erfüllbar. Ist daher $\emptyset \in \mathfrak{K}$, so ist $\mathfrak{K}$ nicht erfüllbar. Dagegen ist die leere Menge von Klauseln erfüllbar.

Weiterhin sehen wir sofort: Ist $\emptyset \notin \mathfrak{K}$ und $\mathfrak{K} \neq \emptyset$, so erfüllt b die Menge $\mathfrak{K}$ genau dann, wenn b ein Modell von $\bigwedge_{K \in \mathfrak{K}} \bigvee_{\lambda \in K} \lambda$ ist. Mithin gelten ein Ausdruck α in KNF und die zugehörige Klauselmenge $\mathfrak{K}(\alpha)$ bei den gleichen Belegungen.

Mit dem Resolutionsverfahren läßt sich für eine Menge $\mathfrak{K}$ von Klauseln (und damit für Ausdrücke in KNF) feststellen, ob sie erfüllbar ist. Das Verfahren beruht auf einer einzigen Regel und bietet daher bei Implementierungen gewisse Vorteile. Die Regel erlaubt die Bildung von sog. Resolventen.

Wir erweitern die Schreibweise $p^F := \neg p$ auf Literale, indem wir $(\neg p)^F := p$ setzen.

5.5 Definition. K, K_1 und K_2 seien Klauseln. K heißt *Resolvente* von K_1 und K_2 :gdw es gibt ein Literal λ mit $\lambda \in K_1$ und $\lambda^F \in K_2$, so daß $K_1 \cup K_2 = K \cup \{\lambda, \lambda^F\}$.[1]

Für $K_1 = \{\neg r, p, \neg q, s, t\}$ und $K_2 = \{p, q, \neg s\}$ ist $\{\neg r, p, s, t, \neg s\}$, aber auch $\{\neg r, p, \neg q, t, q\}$ und $\{\neg r, p, \neg q, s, t, q, \neg s\}$ eine Resolvente von K_1 und K_2.

Die Hinzunahme einer Resolvente zu einer Menge von Klauseln ändert nicht deren Erfüllbarkeit:

5.6 Resolutionslemma. *Es seien $\mathfrak{K}$ eine Menge von Klauseln, $K_1, K_2 \in \mathfrak{K}$, und K eine Resolvente von K_1 und K_2. Dann gilt für jede Belegung b:*

$$b \text{ erfüllt } \mathfrak{K} \cup \{K\} \quad \text{gdw} \quad b \text{ erfüllt } \mathfrak{K}.$$

Beweis. Die Richtung von links nach rechts ist trivial. Erfülle umgekehrt b die Menge $\mathfrak{K}$. Wir müssen dann noch zeigen, daß b die Klausel K erfüllt. Da K eine Resolvente von K_1 und K_2 ist, gibt es ein Literal λ mit $\lambda \in K_1$, $\lambda^F \in K_2$ und $K_1 \cup K_2 = K \cup \{\lambda, \lambda^F\}$. Wir unterscheiden zwei Fälle:

$\lambda[b] = F$: Da K_1 bei b gilt, gibt es ein $\lambda' \in K_1$, $\lambda \neq \lambda'$, mit $\lambda'[b] = W$. Wegen $\lambda' \in K$ wird K durch b erfüllt.

$\lambda[b] = W$: Dann ist $\lambda^F[b] = F$, und wir schließen entsprechend mit K_2 und λ^F. □

Wir zeigen nun, daß eine beliebige Menge $\mathfrak{K}$ von Klauseln genau dann nicht erfüllbar ist, wenn man, ausgehend von den Klauseln in $\mathfrak{K}$, durch die Bildung von Resolventen in endlich vielen Schritten zur leeren Klausel gelangen kann. Wir führen hierzu für $i \in \mathbb{N}$ die Menge

[1] Die folgenden Ergebnisse bleiben gültig, wenn man zusätzlich verlangt, daß $\lambda, \lambda^F \notin K$, daß also $K = (K_1 \setminus \{\lambda\}) \cup (K_2 \setminus \{\lambda^F\})$. Für die Zwecke der Logik-Programmierung ist es jedoch günstiger, die Definition wie angegeben zu fassen.

$\mathrm{Res}_i(\mathfrak{K})$ der Klauseln ein, die in höchstens i Schritten aus $\mathfrak{K}$ gewonnen werden können:

5.7 Definition. Für eine Menge $\mathfrak{K}$ von Klauseln sei

$$\begin{aligned}\mathrm{Res}(\mathfrak{K}) := \mathfrak{K} \cup \{K \mid\ & \text{Es gibt } K_1, K_2 \in \mathfrak{K} \text{ mit:}\\ & K \text{ ist Resolvente von } K_1 \text{ und } K_2\}.\end{aligned}$$

Für $i \in \mathbb{N}$ sei $\mathrm{Res}_i(\mathfrak{K})$ induktiv definiert durch

$$\begin{aligned}\mathrm{Res}_0(\mathfrak{K}) &:= \mathfrak{K}\\ \mathrm{Res}_{i+1}(\mathfrak{K}) &:= \mathrm{Res}(\mathrm{Res}_i(\mathfrak{K})).\end{aligned}$$

Schließlich sei

$$\mathrm{Res}_\infty(\mathfrak{K}) := \textstyle\bigcup_{i\in\mathbb{N}} \mathrm{Res}_i(\mathfrak{K}).$$

Die bereits mehrfach angekündigte Behauptung läßt sich nun wie folgt formulieren:

5.8 Resolutionssatz. *Für eine Menge $\mathfrak{K}$ von Klauseln gilt:*

$$\mathfrak{K} \textit{ ist erfüllbar} \quad \textit{gdw} \quad \emptyset \notin \mathrm{Res}_\infty(\mathfrak{K}).$$

Beweis. Sei zunächst $\mathfrak{K}$ erfüllbar. Dann ist nach dem Resolutionslemma auch $\mathrm{Res}(\mathfrak{K})$ erfüllbar. Hieraus ergibt sich sofort durch Induktion, daß $\mathrm{Res}_i(\mathfrak{K})$ für alle i erfüllbar ist und daher $\emptyset \notin \mathrm{Res}_i(\mathfrak{K})$. Somit ist auch $\emptyset \notin \mathrm{Res}_\infty(\mathfrak{K})$.

Sei umgekehrt $\mathfrak{K}$ nicht erfüllbar. Wir führen den Beweis indirekt und nehmen an, daß $\emptyset \notin \mathrm{Res}_\infty(\mathfrak{K})$. Als Menge nicht-leerer Klauseln ist $\mathfrak{K}$ genau dann erfüllbar, wenn $\{\bigvee_{\lambda\in K} \lambda \mid K \in \mathfrak{K}\}$ erfüllbar ist. Nach dem Endlichkeitssatz 4.5 können wir annehmen, daß $\mathfrak{K}$ endlich ist. Für $m \in \mathbb{N}$ setzen wir

$$\mathfrak{R}_m := \{K \in \mathrm{Res}_\infty(\mathfrak{K}) \mid K \subset AA_m\}.$$

Insbesondere ist $\mathfrak{R}_0 = \emptyset$ oder $\mathfrak{R}_0 = \{\emptyset\}$, wegen $\emptyset \notin \mathrm{Res}_\infty(\mathfrak{K})$ daher $\mathfrak{R}_0 = \emptyset$. Wir wählen $n \in \mathbb{N}$ so, daß $K \subset AA_n$ für alle $K \in \mathfrak{K}$, d.h. in den Klauseln von $\mathfrak{K}$ kommen dann höchstens die Aussagenvariablen $p_0, \ldots, p_{n-1}$ und ihre Negate vor. Da sich diese Eigenschaft bei der Bildung von Resolventen vererbt, erhalten wir durch Induktion über i leicht, daß $K \subset AA_n$ für alle $K \in \mathrm{Res}_i(\mathfrak{K})$, also für alle $K \in \mathrm{Res}_\infty(\mathfrak{K})$. Insbesondere ist $\mathfrak{K} \subset \mathrm{Res}_\infty(\mathfrak{K}) = \mathfrak{R}_n$ und nach Voraussetzung daher $\mathfrak{R}_n$ nicht erfüllbar.

Wir setzen

$$l := \min\{m \mid \mathfrak{R}_m \text{ ist nicht erfüllbar}\}$$

und unterscheiden zwei Fälle:

Fall $l = 0$: Dann ist $\mathfrak{R}_0$ nicht erfüllbar im Widerspruch zu $\mathfrak{R}_0 = \emptyset$.

Fall $l = k+1$: Wegen der Minimalität von l ist $\mathfrak{R}_k$ erfüllbar. Da in $\mathfrak{R}_k$ höchstens die Variablen $p_0, \ldots, p_{k-1}$ vorkommen, gibt es $b_0, \ldots, b_{k-1} \in \{W, F\}$ mit

(1) $$(b_0, \ldots, b_{k-1}) \text{ erfüllt } \mathfrak{R}_k.$$

Da $\mathfrak{R}_{k+1}$ nicht erfüllbar ist, existiert zu $(b_0, \ldots, b_{k-1}, W)$ eine Klausel K_W mit

(2) $$K_W \in \mathfrak{R}_{k+1} \text{ und } (b_0, \ldots, b_{k-1}, W) \text{ erfüllt } K_W \text{ nicht,}$$

und zu $(b_0, \ldots, b_{k-1}, F)$ eine Klausel K_F mit

(3) $$K_F \in \mathfrak{R}_{k+1} \text{ und } (b_0, \ldots, b_{k-1}, F) \text{ erfüllt } K_F \text{ nicht.}$$

Wegen (2) bzw. (3) gilt

(4) $$p_k \notin K_W \text{ und } \neg p_k \notin K_F.$$

Wir zeigen

(5) $$\neg p_k \in K_W \text{ und } p_k \in K_F.$$

Wäre nämlich $\neg p_k \notin K_W$, so wäre (mit (4)) $K_W \subset AA_k$ und damit $K_W \in \mathfrak{R}_k$. Mit $(b_0, \ldots, b_{k-1})$ würde dann aber auch $(b_0, \ldots, b_{k-1}, W)$ die Klausel K_W erfüllen – ein Widerspruch zu (2). Entsprechend zeigt man, daß $p_k \in K_F$.

Wegen (5) ist $K := (K_W \setminus \{\neg p_k\}) \cup (K_F \setminus \{p_k\})$ eine Resolvente von K_W und K_F, die wegen (4) zu $\mathfrak{R}_k$ gehört. Wegen (1) erfüllt $(b_0, \ldots, b_{k-1})$ die Klausel K, d.h. $(b_0, \ldots, b_{k-1})$ erfüllt ein Literal aus $(K_W \setminus \{\neg p_k\}) \cup (K_F \setminus \{p_k\})$, im Widerspruch zu (2) oder (3). □

Wir illustrieren das Resolutionsverfahren an einem Beispiel und führen dabei eine übersichtliche Darstellungsweise ein. Sei

$$\alpha = (q \vee \neg r) \wedge \neg p \wedge (p \vee r) \wedge (\neg q \vee p \vee \neg r).$$

Dann ist

$$\mathfrak{K}(\alpha) = \{\{q, \neg r\}, \{\neg p\}, \{p, r\}, \{\neg q, p, \neg r\}\}.$$

Der „Resolutionsbaum" in Figur 1 zeigt, daß $\mathfrak{K}(\alpha)$ und damit α nicht erfüllbar ist: An den Knoten, die keine oberen Nachbarn haben, stehen Klauseln aus $\mathfrak{K}(\alpha)$, an den restlichen Knoten jeweils eine Resolvente der oberen Nachbarn.

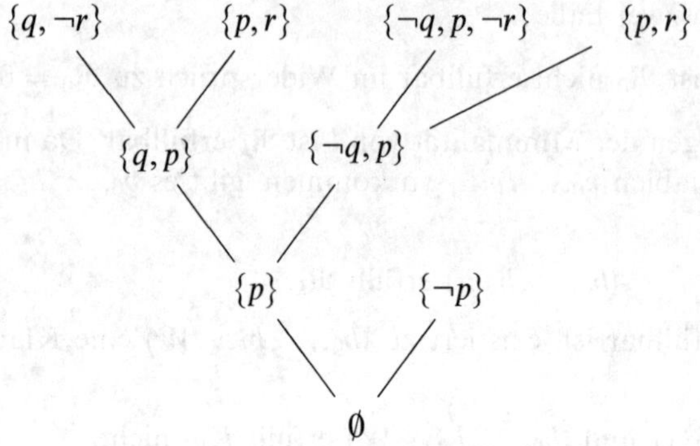

Figur 1

Enthält jede Klausel in $\mathfrak{K}$ höchstens Literale aus $\{p_0, \ldots, p_{n-1}\} \cup \{\neg p_0, \ldots, \neg p_{n-1}\}$, so kommen in jeder Resolvente höchstens diese Literale vor. Hieraus ergibt sich für solche $\mathfrak{K}$ leicht – wir überlassen die Details dem Leser –: $\mathrm{Res}_{2^{2n}}(\mathfrak{K}) = \mathrm{Res}_\infty(\mathfrak{K})$. Ist $\mathfrak{K}$ (und sind somit alle $\mathrm{Res}_i(\mathfrak{K})$) endlich, so erhält man daher in endlich vielen Schritten eine Antwort auf die Frage, ob $\mathfrak{K}$ erfüllbar ist.

Ist dagegen $\mathfrak{K}$ unendlich, so ist es möglich, daß bereits beim Übergang von einem $\mathrm{Res}_i(\mathfrak{K})$ zu $\mathrm{Res}_{i+1}(\mathfrak{K})$ unendlich viele Resolventen gebildet werden können oder daß

$$\mathrm{Res}_0(\mathfrak{K}) \subsetneq \mathrm{Res}_1(\mathfrak{K}) \subsetneq \ldots .$$

Ist dann $\mathfrak{K}$ erfüllbar, so werden wir unendlich viele Resolventen bilden können, ohne auf diesem Wege nach endlich vielen Schritten zu erfahren, ob $\mathfrak{K}$ erfüllbar ist oder nicht. So läßt die erfüllbare Klauselmenge

$$\{\{p_0\}\} \cup \{\{\neg p_i, p_{i+1}\} \mid i \in \mathbb{N}\}$$

den Resolutionsbaum in Figur 2 zu.

Aber auch bei unerfüllbarem unendlichen $\mathfrak{K}$ werden wir nur bei geeigneter systematischer Bildung von Resolventen nach endlich vielen Schritten die leere Klausel (und damit die Antwort „$\mathfrak{K}$ ist unerfüllbar") erhalten. Z.B. zeigt Figur 2 für die unerfüllbare Klauselmenge

$$\{\{p_0\}, \{\neg p_0\}\} \cup \{\{\neg p_i, p_{i+1}\} \mid i \in \mathbb{N}\}$$

einen Resolutionsbaum, in dem $\emptyset$ nicht vorkommt.

Wir kommen nun auf den Spezialfall der Hornausdrücke zurück, der ja den Ausgangspunkt für unsere Überlegungen gebildet hat.

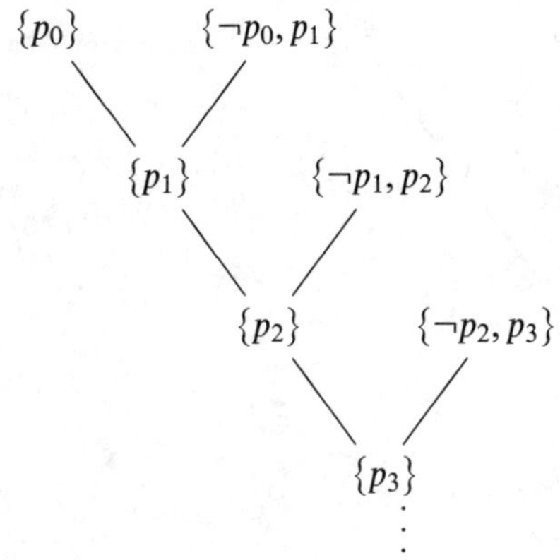

Figur 2

Eine Klausel der Gestalt $\{q\}$ oder $\{\neg q_0, \ldots, \neg q_n, q\}$ heiße *positiv*, eine der Gestalt $\{\neg q_0, \ldots, \neg q_n\}$ *negativ*. Eine negative Klausel kann leer sein, eine positive nicht. Positive Klauseln entsprechen positiven Hornausdrücken und nicht leere negative Klauseln negativen Hornausdrücken. Für negative Klauseln benutzen wir die Buchstaben $N, N_1, \ldots$.

Im folgenden berücksichtigen wir jeweils nur eine einzige negative Klausel. Wegen 5.3 ist dies jedoch keine wesentliche Einschränkung.

5.9 Definition. $\mathfrak{P}$ sei eine Menge positiver Klauseln, und N sei negativ.

(a) Eine Folge $N_0, \ldots, N_k$ von negativen Klauseln ist eine *Horn-* (oder kurz: *H*-) *Resolution aus* $\mathfrak{P}$ *und* N :gdw es gibt $K_0, \ldots, K_{k-1} \in \mathfrak{P}$, so daß $N = N_0$ ist und N_{i+1} eine Resolvente von K_i und N_i für $i < k$.

(b) Eine negative Klausel N' heißt aus $\mathfrak{P}$ und N *H-ableitbar* :gdw es gibt eine H-Resolution $N_0, \ldots, N_k$ aus $\mathfrak{P}$ und N mit $N' = N_k$.

Die H-Resolution unter (a) geben wir häufig wie in Figur 3 wieder.

Wie unsere Überlegungen im Zusammenhang mit der „Umkehrung" des Unterstreichungsalgorithmus nahelegen, gilt nun:

5.10 Satz über die H-Resolution. *Ist* $\mathfrak{P}$ *eine Menge von positiven Klauseln und* N *eine negative Klausel, so sind äquivalent:*

(a) $\mathfrak{P} \cup \{N\}$ *ist erfüllbar.*

(b) $\emptyset$ *ist nicht aus* $\mathfrak{P}$ *und* N *H-ableitbar.*

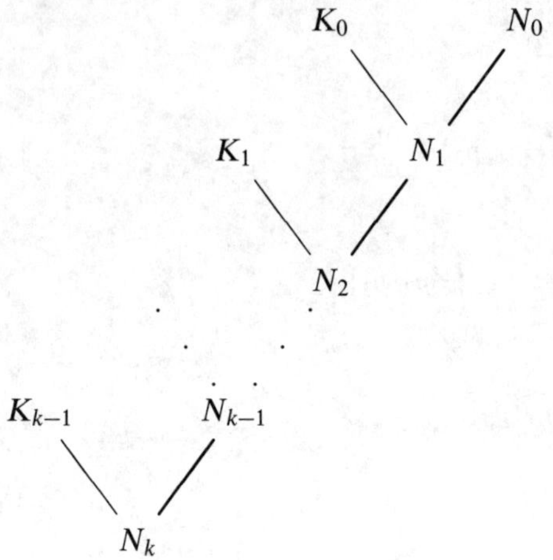

Figur 3

Beweis. Sei zunächst b eine Belegung, die $\mathfrak{P} \cup \{N\}$ erfüllt. Nach dem Resolutionslemma 5.6 gilt dann für jede H-Resolution $N_0, \dots, N_k$ aus $\mathfrak{P}$ und N:

$$b \text{ erfüllt } N_0,\ b \text{ erfüllt } N_1,\ \dots,\ b \text{ erfüllt } N_k;$$

insbesondere ist daher $N_k \neq \emptyset$. Also ist $\emptyset$ nicht aus $\mathfrak{P}$ und N H-ableitbar.

Nun zur Richtung von (b) nach (a): Die Klauseln in $\mathfrak{P}$ entsprechen einer Menge Δ von positiven Hornausdrücken. Wir zeigen:

(*) Ist $k \in \mathbb{N}$ und $b^{\Delta}(q_1) = \dots = b^{\Delta}(q_k) = W$, so ist $\emptyset$ aus $\mathfrak{P}$ und $\{\neg q_1, \dots, \neg q_k\}$ H-ableitbar.

Dann sind wir fertig: Ist nämlich $\emptyset$ nicht aus $\mathfrak{P}$ und N H-ableitbar und ist etwa $N = \{\neg q_1, \dots, \neg q_k\}$, dann zeigt (*), daß es ein i gibt mit $b^{\Delta}(q_i) = F$. Somit ist b^{Δ} ein Modell von $\mathfrak{P} \cup \{N\}$.

Wir zeigen (*), indem wir durch Induktion über l nachweisen, daß (*) gilt, sofern jedes q_i in $\leq l$ Schritten im zu Δ gehörenden Kalkül mit den Regeln (W1), (W2) (vgl. die Ausführungen zu 5.2) gewonnen werden kann: Sei der letzte Schritt bei der Herleitung von q_i von der Form $\dfrac{r_{i1} \dots r_{ij_i}}{q_i}$ (also ein Schritt gemäß (W1), falls $j_i = 0$, und gemäß (W2), falls $j_i > 0$). Insbesondere gehören die Klauseln $\{\neg r_{i1}, \dots, \neg r_{ij_i}, q_i\}$ zu $\mathfrak{P}$. Weiterhin ist $b^{\Delta}(r_{is}) = W$ für $i = 1, \dots, k$ und $s = 1, \dots, j_i$. Nach Induktionsvoraussetzung ist damit $\emptyset$ aus $\mathfrak{P}$ und

$N' := \{\neg r_{11}, \ldots, \neg r_{1j_1}, \ldots, \neg r_{k1}, \ldots, \neg r_{kj_k}\}$ H-ableitbar. Deute $\underset{\emptyset}{\nabla}$ eine solche Ableitung an. Dann gibt Figur 4 eine H-Ableitung von $\emptyset$ aus $\mathfrak{P}$ und $\{\neg q_1, \ldots, \neg q_k\}$ wieder. □

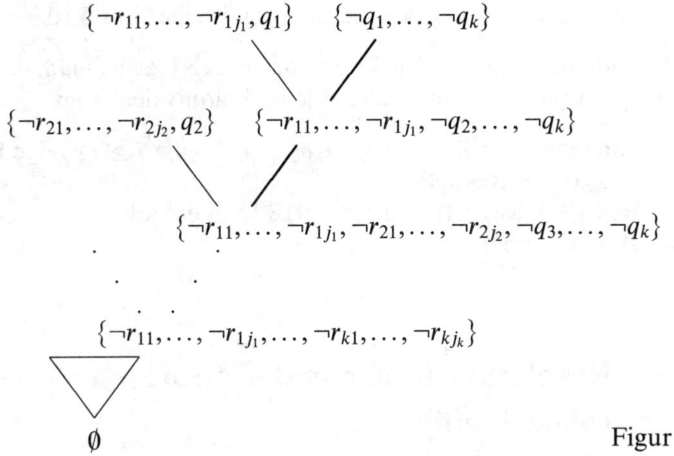

Figur 4

Im Hinblick auf eine Anwendung in §7 geben wir abschließend für den vorangehenden Satz eine Formulierung, die stärker der des Resolutionssatzes 5.8 entspricht. Wir modifizieren dazu die Operation Res so, daß nur Resolventen der Form erfaßt werden, wie sie im Satz 5.10 zugelassen sind:

Für eine Menge $\mathfrak{K}$ von Klauseln sei

$$\mathrm{HRes}(\mathfrak{K}) := \mathfrak{K} \cup \{N \mid N \text{ negative Klausel und es gibt ein positives } K_1 \in \mathfrak{K} \text{ und ein negatives } N_1 \in \mathfrak{K} \text{ mit: } N \text{ ist Resolvente von } K_1 \text{ und } N_1\}.$$

Wiederum sei $\mathrm{HRes}_0(\mathfrak{K}) := \mathfrak{K}$, $\mathrm{HRes}_{i+1}(\mathfrak{K}) := \mathrm{HRes}(\mathrm{HRes}_i(\mathfrak{K}))$ und $\mathrm{HRes}_\infty(\mathfrak{K}) := \bigcup_{i \in \mathbb{N}} \mathrm{HRes}_i(\mathfrak{K})$. Dann läßt sich 5.10 wie folgt formulieren:

5.11 Satz. *Ist $\mathfrak{P}$ eine Menge von positiven Klauseln und N eine negative Klausel, so gilt:*

$$\mathfrak{P} \cup \{N\} \text{ ist erfüllbar} \quad \text{gdw} \quad \emptyset \notin \mathrm{HRes}_\infty(\mathfrak{P} \cup \{N\}).$$

Beweis. Eine leichte Induktion über $i \in \mathbb{N}$ zeigt, daß für eine negative Klausel N':

$$N' \in \mathrm{HRes}_i(\mathfrak{P} \cup \{N\}) \quad \text{gdw} \quad \text{es gibt eine H-Ableitung von } N' \text{ aus } \mathfrak{P} \text{ und } N \text{ der Länge} \leq i.$$

Hieraus ergibt sich die Behauptung unmittelbar mit 5.10. □

5.12 Aufgabe. Für Ausdrücke α und β in KNF zeige man, daß $\mathfrak{K}(\alpha) = \mathfrak{K}(\beta)$ genau dann, wenn α und β logisch äquivalent sind.

5.13 Aufgabe. Für $\mathfrak{K} := \{\{p_0, p_1, p_2\}\} \cup \{\{\neg p_i\} \mid i \geq 1\}$ zeige man:
(a) $\mathrm{Res}_\infty(\mathfrak{K}) = \mathrm{Res}_2(\mathfrak{K})$;
(b) $\mathrm{Res}_2(\mathfrak{K}) \setminus \mathrm{Res}_1(\mathfrak{K})$ und $\mathrm{Res}_1(\mathfrak{K}) \setminus \mathfrak{K}$ sind endlich.
(c) $\mathfrak{K}$ ist erfüllbar.

§6 Resolution in der ersten Stufe (ohne Unifikation)

Wir wollen abschließend die Resolutionsverfahren, die wir für die Aussagenlogik kennengelernt haben, auf die Sprache der ersten Stufe übertragen. Eine wichtige Rolle wird dabei der Satz von Herbrand spielen. Erwartungsgemäß wird sich herausstellen, daß die entsprechenden Verfahren von größerer Komplexität sind, müssen doch neben der aussagenlogischen Struktur jetzt auch Termeinsetzungen berücksichtigt werden. Während wir im vorliegenden Paragraphen die grundsätzliche Übertragbarkeit auf die erste Stufe nachweisen, werden wir im nächsten Paragraphen eine Möglichkeit kennenlernen, die Termeinsetzungen zielgerichtet und sparsam durchzuführen. Das Analogon der aussagenlogischen Horn-Resolution, zu dem wir dabei gelangen, bildet den Kern der Vorgehensweise eines Computers, der ein in PROLOG geschriebenes Programm abarbeitet. Auf Verfeinerungen des Verfahrens und Details der Implementierung, welche die Effizienz steigern sollen, werden wir nicht eingehen; vgl. dazu etwa [23] oder [31]. Auf prinzipielle Grenzen dieser Methode weist Aufgabe X.4.4 hin.

Am Ende von §2 haben wir erwähnt, daß ein Programmierer, der zur Behandlung eines Problemkreises ein Program in PROLOG schreiben möchte, die Voraussetzungen als universelle Hornausdrücke und die

„Anfragen“ als Existenzausdrücke zu symbolisieren hat. Die folgenden Beispiele mögen diese Vorgehensweise veranschaulichen.

Wir geben zunächst ein sehr einfaches Beispiel. Seien die Relationssymbole M, W und F einstellig und $S := \{M, W, F\}$. Eine S-Struktur $\mathfrak{A}$ sei gegeben. Wir deuten die Elemente von A als die Einwohner einer Stadt, M^A und W^A seien die Teilmengen der männlichen bzw. der weiblichen Einwohner, und schließlich gelte $F^A a$, wenn a einen Führerschein besitzt.

(1) Gibt es männliche Einwohner, die einen Führerschein besitzen?

Wir wählen für jedes $a \in A$ eine Konstante c_a. Dann enthält die folgende Menge Φ atomarer Hornsätze die “positive” Information über $\mathfrak{A}$:

$$\Phi := \{Mc_a \mid a \in M^A\} \cup \{Wc_a \mid a \in W^A\} \cup \{Fc_a \mid a \in F^A\}.$$

Wir zeigen, daß die Frage (1) äquivalent ist zu

(2) $$\Phi \vdash \exists x(Mx \wedge Fx) \quad ?$$

Sie läßt sich also in einer Form schreiben, die nach den Vorbemerkungen in ein Logik-Programm übersetzt werden kann. (Dieses sollte dann im Falle einer positiven Antwort alle männlichen Einwohner mit Führerschein angeben können.)

Um die Äquivalenz von (1) und (2) zu zeigen, reicht der Nachweis von

(3) $$\mathfrak{A} \models \exists x(Mx \wedge Fx) \quad \text{gdw} \quad \Phi \vdash \exists x(Mx \wedge Fx).$$

Wegen $(\mathfrak{A}, (a)_{a \in A}) \models \Phi$ gilt die Richtung von rechts nach links. Unmittelbar aus der Definition von Φ ergibt sich

(4) Wenn $M'^A, W'^A, F'^A \subset A$ und $(A, M'^A, W'^A, F'^A, (a)_{a \in A}) \models \Phi$, so $M^A \subset M'^A, W^A \subset W'^A$ und $F^A \subset F'^A$.

Identifizieren wir den Term c_a mit a, so besagt (4), daß $(\mathfrak{A}, (a)_{a \in A})$ das minimale Herbrandmodell von Φ ist, nach 3.8 somit die Termstruktur $\mathfrak{T}_0^\Phi$ von Φ. Aus $(\mathfrak{A}, (a)_{a \in A}) \models \exists x(Mx \wedge Fx)$ ergibt sich dann wegen 3.9, daß $\Phi \vdash \exists x(Mx \wedge Fx)$.

Ein Beispiel aus der Graphentheorie: In einem gerichteten Graphen $\mathfrak{G} = (G, R^G)$ nennen wir zwei Ecken $a, b \in G$ *verbunden*, wenn es $n \in \mathbb{N}$ und $a_0, \ldots, a_n \in G$ gibt mit

$$a = a_0, b = a_n \quad \text{und} \quad R^G a_i a_{i+1} \text{ für } i < n.$$

Wir setzen

$$V^G := \{(a, b) \mid a \text{ und } b \text{ sind in } \mathfrak{G} \text{ verbunden}\}.$$

Ist etwa G die Menge der Städte eines Landes und bedeutet $R^G ab$, daß eine bestimmte Fluglinie die Strecke von a nach b ohne Zwischenlandung bedient, so gilt $V^G ab$ genau dann, wenn es möglich ist, mit dieser Fluglinie von a nach b zu fliegen (wobei alle Zwischenlandungen im Inland liegen). In den Städten a und b mögen Vertreter eines Unternehmens wohnen, welche diese Fluglinie kostenlos benutzen können. Wir zeigen, wie sich etwa die Frage „Hat der in a wohnende Vertreter die Möglichkeit, kostenlos nach b zu fliegen?" und „Gibt es eine Stadt, welche beide Vetreter kostenlos erreichen können?" als Logik-Programme schreiben lassen. Es handelt sich also um die beiden Fragen

$$(G, R^G, V^G) \models Vxy[a, b] \quad ?$$
$$(G, R^G, V^G) \models \exists z(Vxz \wedge Vyz)[a, b] \quad ?$$

Wir führen für jedes $a \in G$ eine Konstante c_a ein und halten in Φ_0 die "positive" atomare Information der Struktur $(G, R^G, (a)_{a \in G})$ fest:

$$\Phi_0 := \{Rc_a c_b \mid a, b \in G, R^G ab\}.$$

Weiterhin setzen wir

$$\Phi_1 := \Phi_0 \cup \{\forall x Vxx, \forall x \forall y \forall z(Vxy \wedge Ryz \rightarrow Vxz)\}.$$

Dann ist Φ_1 eine Menge universeller Hornsätze. Wir zeigen, daß die obigen Fragen wiedergegeben werden können in der Form

$$\Phi_1 \vdash Vc_a c_b \quad ? \quad \text{und} \quad \Phi_1 \vdash \exists z(Vc_a z \wedge Vc_b z) \quad ?$$

also in einer Form, in der sie sich nach den Vorbemerkungen als Logik-Programme schreiben lassen. Wir setzen $\mathfrak{G}_1 := (G, R^G, V^G, (a)_{a \in G})$. Dann müssen wir zeigen

(1) $$\Phi_1 \vdash Vc_a c_b \quad \text{gdw} \quad \mathfrak{G}_1 \models Vc_a c_b.$$

(2) $$\Phi_1 \vdash \exists z(Vc_a z \wedge Vc_b z) \quad \text{gdw} \quad \mathfrak{G}_1 \models \exists z(Vc_a z \wedge Vc_b z).$$

Wir argumentieren ähnlich wie im vorangehenden Beispiel: Wegen $\mathfrak{G}_1 \models \Phi_1$ ergeben sich die rechten Seiten in (1) und (2) unmittelbar aus den linken. Wir kommen zum Nachweis der anderen Richtungen und bemerken zunächst:

(3) Wenn $R'^G, V'^G \subset G \times G$ und $(G, R'^G, V'^G, (a)_{a \in G}) \models \Phi_1$, so $R^G \subset R'^G$ und $V^G \subset V'^G$.

In der Tat ergibt sich $R^G \subset R'^G$ unmittelbar aus der Definition von Φ_0. Weiterhin ist nach Definition von V^G für $n \in \mathbb{N}$ und $a_0, \ldots, a_n \in G$ mit $R^G a_i a_{i+1}$ für $i < n$ zu zeigen, daß $V'^G a_0 a_n$. Dies erhält man leicht aus den Axiomen in Φ_1 durch Induktion über n.

Identifizieren wir nun für $a \in G$ den Term c_a mit a, so zeigt (3) wegen 3.8, daß $\mathfrak{G}_1$ die Herbrandstruktur $\mathfrak{T}_0^{\Phi_1}$ ist. Daher ergeben sich mit 3.9 in (1) und (2) die linken Seiten aus den rechten.

Natürlich erwartet man in der Regel nicht nur eine Antwort auf die Frage, ob a und b in (G, R^G) verbunden sind, sondern im positiven Fall auch die Angabe der Wege von a nach b. Wir deuten an, wie dies erreicht werden kann.

Wir betrachten hierzu die Symbolmenge $S := \{R, W, f\} \cup \{c_a \mid a \in G\}$, wobei W drei- und f zweistellig ist. Für $a, b, d, e \in G$ mit $R^G ab$, $R^G bd$, $R^G da$ und $R^G ae$ etwa stellt der Term $ffffc_a c_b c_d c_a c_e$ in augenfälliger Weise den Weg von a über b, d und a nach e dar. Allgemein besage $Wxyv$, daß v einen Weg von x nach y darstellt. Wir setzen

$$\Phi_2 := \Phi_0 \cup \{\forall x\, Wxxx, \forall x \forall y \forall u \forall z (Wxyu \wedge Ryz \rightarrow Wxzfuz)\}.$$

Der Leser überlege sich – ähnlich wie oben beim Nachweis von (1) und (2) –, daß für einen Term $t \in T_0^S$ gilt:

$$\Phi_2 \vdash Wc_a c_b t \quad \text{gdw} \quad t \text{ stellt einen Weg von } a \text{ nach } b \text{ in } (G, R^G) \text{ dar.}$$

Man erwartet nun von einem Logik-Programm, daß es auf die Frage "$\Phi_2 \vdash \exists v\, Wc_a c_b v$?" alle Terme $t \in T_0^S$ liefern kann, die Wege von a nach b darstellen.

In den Beispielen kommt, wie meist in den Anwendungen der Logik-Programmierung, das Gleichheitszeichen nicht vor. *Wir beschränken uns daher im Rest dieses Kapitels auf gleichheitsfreie Ausdrücke, ohne das jeweils explizit hervorzuheben.* (Auf welchem Wege die Ergebnisse und Verfahren auch für Ausdrücke *mit* Gleichheit nutzbar gemacht werden können, zeigt Aufgabe 6.11.)

Um die aussagenlogischen Resolutionsverfahren auf die erste Stufe zu übertragen, benutzen wir einmal die durch 4.4 gebildete Brücke zwischen der Aussagenlogik und den quantorenfreien Ausdrücken der ersten Stufe, zum anderen, wie bereits erwähnt, den Satz von Herbrand. Zuvor benötigen wir noch einige Begriffsbildungen.

Es sei S stets eine höchstens abzählbare Symbolmenge, die eine Konstante enthält.

6.1 Definition. (a) Hat der Ausdruck φ die Gestalt $\forall x_1 \ldots \forall x_n \psi$ mit quantorenfreiem ψ, so heißt für beliebige (!) paarweise verschiedenen Variablen $y_1, \ldots, y_l$ und Terme $t_1, \ldots, t_l \in T^S$ der Ausdruck $\psi(\overset{l}{y} \mid \overset{l}{t})$ eine *Instanz* von φ. Ist $\psi(\overset{l}{y} \mid \overset{l}{t})$ ein Satz, so spricht man auch von einer *Grundinstanz* von φ.

(b) $\mathrm{GI}(\varphi)$ sei die Menge der Grundinstanzen von φ.

(c) Ist Φ eine Menge von Ausdrücken φ der obigen Gestalt, so sei $\mathrm{GI}(\Phi) := \bigcup_{\varphi \in \Phi} \mathrm{GI}(\varphi)$.

Man beachte, daß für einen Satz $\varphi := \forall x_1 \ldots \forall x_m \psi$ mit quantorenfreiem ψ und Terme $t_1, \ldots, t_m \in T_0^S$ der Ausdruck $\psi(\overset{m}{x} \mid \overset{m}{t})$ eine Grundinstanz von φ ist.

Wir wählen eine Bijektion $\pi_0 \colon \mathrm{GA}^S \to \{p_i \mid i \in \mathbb{N}\}$ der Menge der (gleichheitsfreien) atomaren Ausdrücke auf die Menge der Aussagenvariablen. Es sei π die vor 4.3 angegebene Fortsetzung von π_0 auf die Menge der quantorenfreien Ausdrücke.

6.2 Definition. Eine Menge Ψ von quantorenfreien Ausdrücken heiße *aussagenlogisch erfüllbar* :gdw $\pi(\Psi)$ ist erfüllbar.

Nach 4.4 gilt offenbar:

6.3 Lemma. *Für eine Menge Ψ von quantorenfreien Ausdrücken sind äquivalent:*

(a) *Ψ ist erfüllbar.*

(b) *Ψ ist aussagenlogisch erfüllbar.* □

Mit dem Satz von Herbrand in der Form von 1.3 erhalten wir hieraus, wobei wir uns – wie auch fortan – der Einfachheit halber auf Sätze beschränken:

6.4 Satz. *Für eine Menge Φ gleichheitsfreier Sätze der Gestalt $\forall x_1 \ldots \forall x_m \psi$ mit quantorenfreiem ψ sind äquivalent:*

(a) *Φ ist erfüllbar.*

(b) *$\mathrm{GI}(\Phi)$ ist aussagenlogisch erfüllbar.*

Zum *Beweis* braucht man nur zu berücksichtigen, daß die Grundinstanzen von $\forall x_1 \ldots \forall x_m \psi$ sich in der Form $\psi(\overset{m}{x} \mid \overset{m}{t})$ mit $t_1, \ldots, t_m \in T_0^S$ schreiben lassen. □

In der Situation des vorangehenden Satzes läßt sich nun auf die in (b) angegebene Ausdrucksmenge der Resolutionsalgorithmus anwenden. Man beachte jedoch, daß in der Regel bereits die Ausdrucksmenge

$GI(\forall x_1 \ldots \forall x_m \psi)$ unendlich ist. Auf die Grenzen des Resolutionsverfahrens für unendliche Mengen sind wir am Ende des vorangehenden Paragraphen eingegangen.

Wir geben einige Beispiele. Der Klarheit und besseren Lesbarkeit halber arbeiten wir hierbei und im folgenden mit Klauseln, die aus atomaren und negiert atomaren Ausdrücken der ersten Stufe bestehen, und gehen nicht zu deren π-Bildern über; besagt doch Lemma 6.3, daß wir atomare Ausdrücke wie Aussagenvariablen behandeln können. Die Notationen und Begriffsbildungen übertragen wir sinngemäß. So sind Literale jetzt atomare oder negiert atomare Ausdrücke; und für ein Literal ψ ist

$$\psi^F = \begin{cases} \neg\psi, & \text{falls } \psi \text{ atomar,} \\ \varphi, & \text{falls } \psi = \neg\varphi. \end{cases}$$

6.5 Beispiel. Sei $S := \{R, g, c\}$ mit zweistelligem R und einstelligem g. Die Erfüllbarkeit des Satzes

$$\forall z \forall y (Rcy \wedge \neg Rzgz)$$

ist äquivalent zur aussagenlogischen Erfüllbarkeit von

$$\{Rct_1 \wedge \neg Rt_2gt_2 \mid t_1, t_2 \in T_0^S\},$$

also zur Erfüllbarkeit der Klauselmenge

$$\big\{\{Rct\} \mid t \in T_0^S\big\} \cup \big\{\{\neg Rtgt\} \mid t \in T_0^S\big\}.$$

Der Resolutionsbaum

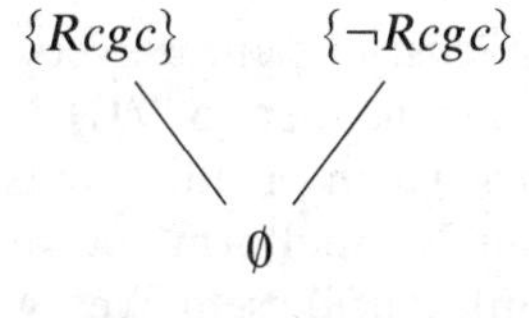

zeigt somit, daß $\forall z \forall y (Rcy \wedge \neg Rzgz)$ unerfüllbar ist.

6.6 Beispiel. Sei $S := \{Q, R, g, c\}$ mit einstelligem Q und R, g, c wie im vorangehenden Beispiel. Der Satz

$$\forall x \forall y ((Rxy \vee Qx) \wedge \neg Rxgx \wedge \neg Qy)$$

ist nicht erfüllbar, da die zugehörige Klauselmenge

$$\big\{\{Rt_1t_2, Qt_1\} \mid t_1, t_2 \in T_0^S\big\} \cup \big\{\{\neg Rtgt\} \mid t \in T_0^S\big\} \cup \big\{\{\neg Qt\} \mid t \in T_0^S\big\}$$

den zu $\emptyset$ führenden Resolutionsbaum in Figur 5 zuläßt.

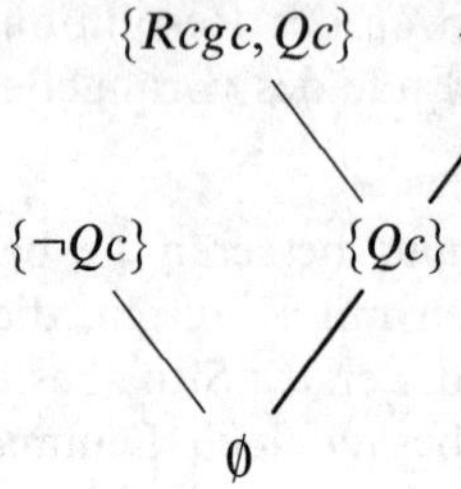

Figur 5

Natürlich hätten wir auch die $x := ggc$ und $y := gggc$ entsprechenden Grundinstanzen wählen können und wären dann in ähnlicher Weise zu dem Baum in Figur 6 gelangt.

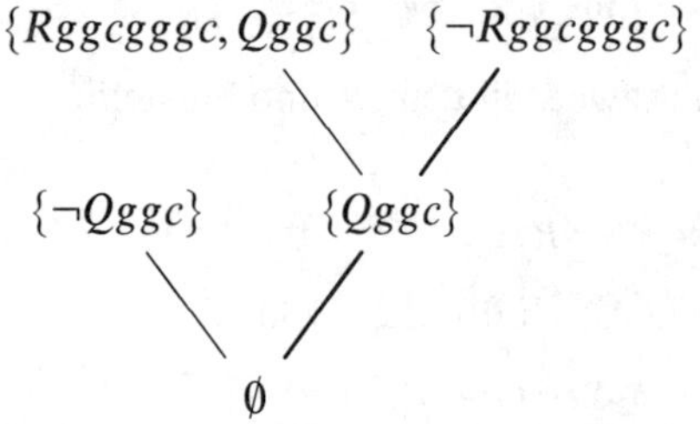

Figur 6

In komplizierteren Fällen ist es sicherlich wichtig, möglichst einfache Terme zu verwenden. Auf entsprechende Verfahren bzw. Heuristiken gehen wir im nächsten Paragraphen ein.

Satz 6.4 bezieht sich zunächst nur auf universelle Ausdrücke in pränexer Normalform. Wir haben aber in VIII.3.6 gesehen, wie man einem beliebigen Ausdruck einen erfüllbarkeitsäquivalenten universellen Ausdruck in pränexer Normalform zuordnen kann (Satz über die Skolemsche Normalform). Auf diesem Weg wird das Resolutionsverfahren für beliebige (gleichheitsfreie) Ausdrücke nutzbar. Ein Beispiel möge dies veranschaulichen.

6.7 Beispiel. Sei $S := \{R\}$ mit zweistelligem R und

$$\varphi := (\exists x \forall y\, Rxy \land \forall z \exists u \neg Rzu).$$

φ ist logisch äquivalent zu dem Ausdruck

$$\exists x \forall z \exists u \forall y (Rxy \land \neg Rzu)$$

in pränexer Normalform. Wählen wir ein einstelliges Funktionssymbol

g und eine Konstante c, so erhalten wir den erfüllbarkeitsäquivalenten $\{R, g, c\}$-Satz (vgl. den Beweis von VIII.3.6)

$$\forall z \forall y (Rcy \wedge \neg Rzgz),$$

von dem wir in Beispiel 6.5 mit dem Resolutionsverfahren festgestellt haben, daß er nicht erfüllbar ist. Somit ist φ nicht erfüllbar.

Auf universelle Hornausdrücke läßt sich die im vorangehenden Paragraphen auf aussagenlogischer Ebene bereitgestellte Horn-Resolution übertragen.

Universelle Hornausdrücke sind nach 2.3(a) logisch äquivalent zu einer Konjunktion von Ausdrücken der Gestalt (H1), (H2) oder (H3):

(H1) $\forall x_1 \ldots \forall x_m \varphi$

(H2) $\forall x_1 \ldots \forall x_m (\varphi_0 \wedge \ldots \wedge \varphi_n \rightarrow \varphi)$

(H3) $\forall x_1 \ldots \forall x_m (\neg \varphi_0 \vee \ldots \vee \neg \varphi_n)$

mit atomaren φ und φ_i.

Hornausdrücke der Gestalt (H1) oder (H2) heißen *positiv*, solche der Gestalt (H3) *negativ*. Somit entsprechen den quantorenfreien positiven bzw. negativen Hornausdrücken vermöge π gerade die positiven bzw. negativen aussagenlogischen Hornausdrücke. Für eine Menge Φ von universellen Hornausdrücken bezeichnen Φ^+ und Φ^- die Teilmengen der positiven bzw. der negativen Ausdrücke aus Φ. Da Instanzen von positiven bzw. negativen Hornausdrücken wiederum positiv bzw. negativ sind, gilt $\mathrm{GI}(\Phi^+) = (\mathrm{GI}(\Phi))^+$.

6.8 Lemma. *Sei* Φ *eine erfüllbare Menge universeller Hornsätze der Gestalt* (H1), (H2) *oder* (H3), *und sei* $\exists x_1 \ldots \exists x_m (\psi_0 \wedge \ldots \wedge \psi_l)$ *ein Satz mit atomaren* $\psi_0, \ldots, \psi_l$.

(a) *Für* $t_1, \ldots, t_m \in T_0^S$ *sind äquivalent:*

(i) $\Phi \vdash (\psi_0 \wedge \ldots \wedge \psi_l)(\overset{m}{x} \mid \overset{m}{t})$

(ii) $\Phi^+ \vdash (\psi_0 \wedge \ldots \wedge \psi_l)(\overset{m}{x} \mid \overset{m}{t})$.

(b) *Es sind äquivalent:*

(i) $\Phi \vdash \exists x_1 \ldots \exists x_m (\psi_0 \wedge \ldots \wedge \psi_l)$

(ii) $\Phi^+ \vdash \exists x_1 \ldots \exists x_m (\psi_0 \wedge \ldots \wedge \psi_l)$.

Beweis. Zu (a): Wir erhalten für $t_1, \ldots, t_m \in T_0^S$ die Äquivalenz der folgenden Aussagen:

(1) $\Phi \vdash (\psi_0 \wedge \ldots \wedge \psi_l)(\overset{m}{x} \mid \overset{m}{t})$.

(2) $\Phi \cup \{(\neg\psi_0 \vee \ldots \vee \neg\psi_l)(\overset{m}{x} \mid \overset{m}{t})\}$ ist nicht erfüllbar.

(3) $\mathrm{GI}(\Phi) \cup \{(\neg\psi_0 \vee \ldots \vee \neg\psi_l)(\overset{m}{x} \mid \overset{m}{t})\}$ ist nicht aussagenlogisch erfüllbar (vgl. 6.4).

(4) $\mathrm{GI}(\Phi^+) \cup \{(\neg\psi_0 \vee \ldots \vee \neg\psi_l)(\overset{m}{x} \mid \overset{m}{t})\}$ ist nicht aussagenlogisch erfüllbar.

Da nach 6.4 mit Φ auch $\mathrm{GI}(\Phi)$ erfüllbar ist, ergibt sich die Äquivalenz von (3) und (4) wegen $(\mathrm{GI}(\Phi))^+ = \mathrm{GI}(\Phi^+)$ sofort mit 5.3. Wählen wir als Φ die Menge Φ^+ und beachten, daß $(\Phi^+)^+ = \Phi^+$, so zeigt schließlich die Äquivalenz von (1) und (4), daß die Aussage (4) äquivalent ist zu

(5) $\Phi^+ \vdash (\psi_0 \wedge \ldots \wedge \psi_l)(\overset{m}{x} \mid \overset{m}{t})$.

(b) ergibt sich mit 3.9 unmittelbar aus (a). □

Wir beschränken uns in den folgenden Überlegungen auf Mengen Φ von *positiven* universellen Hornsätzen; das vorangehende Lemma zeigt, daß es sich dabei um keine wesentliche Einschränkung handelt. Für diesen Fall läßt sich die Horn-Resolution auf die erste Stufe übertragen:

6.9 Satz. *Sei Φ eine Menge von positiven universellen Hornsätzen und $\exists x_1 \ldots \exists x_m(\psi_0 \wedge \ldots \wedge \psi_l)$ ein Satz mit atomaren $\psi_0, \ldots, \psi_l$.*

(a) *Für $t_1, \ldots, t_m \in T_0^S$ sind äquivalent:*

(i) $\Phi \vdash (\psi_0 \wedge \ldots \wedge \psi_l)(\overset{m}{x} \mid \overset{m}{t})$

(ii) *Es gibt eine H-Ableitung der leeren Klausel $\emptyset$ aus* $\mathrm{GI}(\Phi)$ *und* $(\neg\psi_0 \vee \ldots \vee \neg\psi_l)(\overset{m}{x} \mid \overset{m}{t})$ *(genauer: aus den Klauseln, die* $\mathrm{GI}(\Phi)$ *entsprechen, und der Klausel* $\{\neg\psi_0(\overset{m}{x} \mid \overset{m}{t}), \ldots, \neg\psi_l(\overset{m}{x} \mid \overset{m}{t})\}$).

(b) *Es sind äquivalent:*

(i) $\Phi \vdash \exists x_1 \ldots \exists x_m(\psi_0 \wedge \ldots \wedge \psi_l)$

(ii) *Es gibt $t_1, \ldots, t_m \in T_0^S$, für die eine H-Ableitung von $\emptyset$ aus* $\mathrm{GI}(\Phi)$ *und* $(\neg\psi_0 \vee \ldots \vee \neg\psi_l)(\overset{m}{x} \mid \overset{m}{t})$ *existiert.*

Beweis. Zu (a): Wir schließen ähnlich wie beim Beweis von 6.8 und erhalten für $t_1, \ldots, t_m \in T_0^S$ die Äquivalenz der folgenden Aussagen:

(1) $\Phi \vdash (\psi_0 \wedge \ldots \wedge \psi_l)(\overset{m}{x} \mid \overset{m}{t})$.

(2) $\Phi \cup \{(\neg\psi_0 \vee \ldots \vee \neg\psi_l)(\overset{m}{x} \mid \overset{m}{t})\}$ ist nicht erfüllbar.

(3) $\mathrm{GI}(\Phi) \cup \{(\neg\psi_0 \vee \ldots \vee \neg\psi_l)(\overset{m}{x} \mid \overset{m}{t})\}$ ist nicht aussagenlogisch erfüllbar.

(4) Es gibt eine H-Ableitung der leeren Klausel aus $\mathrm{GI}(\Phi)$ und

$(\neg\psi_0 \vee \ldots \vee \neg\psi_l)(\overset{m}{x} \mid \overset{m}{t})$ (vgl. 5.10: da Φ eine Menge positiver universeller Hornsätze ist, sind die den Sätzen aus GI(Φ) entsprechenden Klauseln positiv!).

Wiederum ergibt sich (b) mit 3.9 aus (a). □

6.10 Beispiel. Sei $S := \{R, T, a, b, c, d, e\}$ mit zweistelligen R, T und Konstanten a, b, c, d, e, und sei

$$\Phi := \{Rab, Rcb, Rbd, Rde, \\ \forall x \forall y(Rxy \to Txy), \forall x \forall y(Txy \wedge Tyz \to Txz)\}.$$

Es ist $\Phi \vdash \exists x(Rcx \wedge Rax \wedge Txe)$, da GI($\Phi$) $\cup \{\neg Rcb \vee \neg Rab \vee \neg Tbe\}$ nicht aussagenlogisch erfüllbar ist, wie der H-Resolutionsbaum in Figur 7 zeigt.

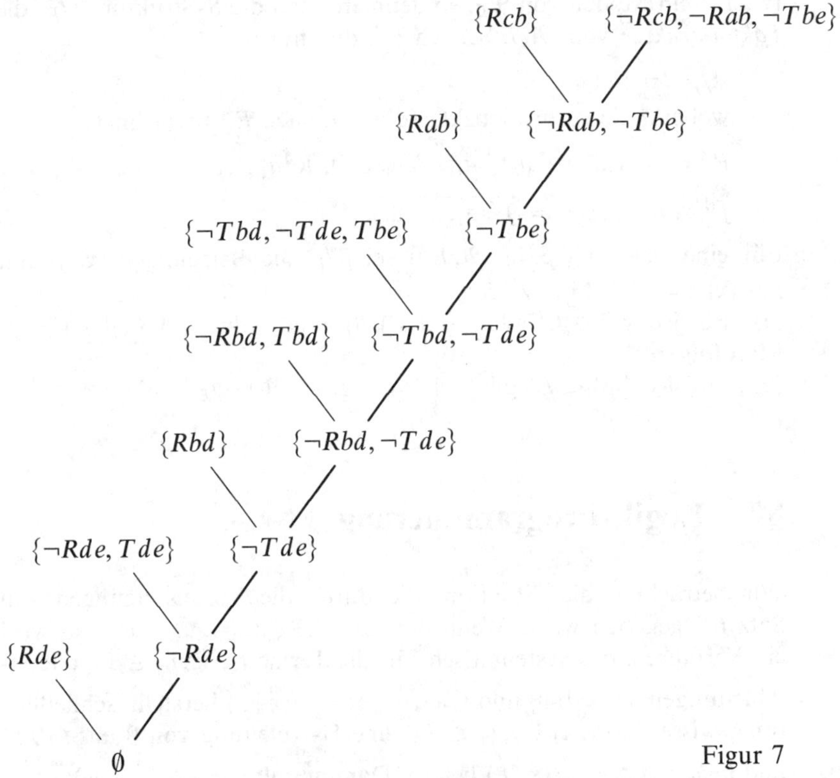

Figur 7

6.11 Aufgabe. Diese Aufgabe zeigt, wie man die Ergebnisse dieses

Paragraphen auf Ausdrücke erweitern kann, welche das Gleichheitszeichen enthalten: Das zweistellige Relationssymbol E komme in der Symbolmenge S nicht vor. Wir setzen $S' := S \cup \{E\}$. Jedem S-Ausdruck φ ordnen wir den S'-Ausdruck φ^* zu, der aus φ durch Ersetzung aller atomaren Teilausdrücke $t_1 \equiv t_2$ durch Et_1t_2 entsteht. Weiterhin sei $\Psi_E \subset L_0^{S'}$ die Menge der *Gleichheitsaxiome*,

$$\begin{aligned}\Psi_E := \{&\forall x Exx, \forall x \forall y(Exy \to Eyx), \forall x \forall y \forall z(Exy \land Eyz \to Exz)\}\\ \cup \{&\forall x_1 \ldots \forall x_n \forall y_1 \ldots \forall y_n(Ex_1y_1 \land \ldots \land Ex_ny_n \land Rx_1 \ldots x_n\\ &\to Ry_1 \ldots y_n) \mid R \in S \text{ } n\text{-stellig}\}\\ \cup \{&\forall x_1 \ldots \forall x_n \forall y_1 \ldots \forall y_n(Ex_1y_1 \land \ldots \land Ex_ny_n\\ &\to E fx_1 \ldots x_n fy_1 \ldots y_n) \mid f \in S \text{ } n\text{-stellig}\}.\end{aligned}$$

Ψ_E besteht also aus universellen Hornsätzen. Ist die $S \cup \{E\}$-Struktur $(\mathfrak{A}, E^A)$ ein Modell von Ψ_E, so definiere man die S-Struktur $\mathfrak{A}/_E$, die *Faktorstruktur* von $(\mathfrak{A}, E^A)$ nach E^A, durch:

$A/_E := \{\overline{a} \mid a \in A\}$,
wobei $\overline{a}$ die Äquivalenzklasse von a nach E^A bezeichnet;

$R^{A/E} := \{(\overline{a_1}, \ldots, \overline{a_n}) \mid a_1, \ldots, a_n \in A, R^A a_1 \ldots a_n\}$;

$f^{A/E}(\overline{a_1}, \ldots, \overline{a_n}) := \overline{f^A(a_1, \ldots, a_n)}$.

Für eine Belegung β in $(\mathfrak{A}, E^A)$ sei $\beta/_E$ die Belegung in $\mathfrak{A}/_E$ mit $\beta/_E(x) := \overline{\beta(x)}$. Man zeige:

(a) Für jedes $\varphi \in L^S$ gilt: $((\mathfrak{A}, E), \beta) \models \varphi^*$ gdw $(\mathfrak{A}/_E, \beta/_E) \models \varphi$.

Man folgere:

(b) Für $\Phi \cup \{\psi\} \subset L^S$ gilt: $\Phi \vdash \psi$ gdw $\Phi \cup \Phi_E \vdash \psi^*$.

§7 Logik-Programmierung

Wir betrachten die Situation, die durch die Voraussetzungen von Satz 6.9 gegeben wird: Wenn $\Phi \vdash \exists x_1 \ldots \exists x_m(\psi_0 \land \ldots \land \psi_l)$, so wird ein Verfahren, das systematisch für alle Terme $t_1, \ldots, t_m \in T_0^S$ alle H-Ableitungen aus GI(Φ) und $(\neg\psi_0 \lor \ldots \lor \neg\psi_l)(\overset{m}{x} \mid \overset{m}{t})$ herstellt, schließlich für gewisse Terme $t_1, \ldots, t_m \in T_0^S$ eine H-Ableitung von $\emptyset$ aus GI(Φ) und $(\neg\psi_0 \lor \ldots \lor \neg\psi_l)(\overset{m}{x} \mid \overset{m}{t})$ liefern. Dann gilt $\Phi \vdash (\psi_0 \land \ldots \land \psi_l)(\overset{m}{x} \mid \overset{m}{t})$, d.h. wir haben eine „Lösung" $t_1, \ldots, t_m$ für die Existenzaussage gefunden.

Bei PROLOG-Programmen werden die Terme aus T_0^S nicht einfach in einer festen problemunabhängigen Reihenfolge abgearbeitet, sondern „zielgerichtet" geeignete Terme gesucht, wobei diese Suche zugleich dem nach Beispiel 6.6 erwähnten Aspekt möglichst sparsamer Substitutionen Rechnung trägt. Dabei besteht der Leitgedanke darin, die Terme „so allgemein wie möglich und so speziell wie nötig" zu wählen. Zunächst bringen wir den Begriff der Substitution in eine für das Folgende geeignete Form.

7.1 Definition. Ein *Substitutor* ist eine Abbildung $\sigma : V \to T^S$ der Menge V der Variablen in die Menge der S-Terme, so daß $\sigma(x) = x$ für fast alle x.

Zu einem Substitutor σ gibt es somit $n \in \mathbb{N}$ und paarweise verschiedene Variablen $x_1, \ldots, x_n$ mit $\sigma(x) = x$ für alle $x \neq x_1, \ldots, x_n$. Sei dann $t_i := \sigma(x_i)$ für $i = 1, \ldots, n$. Für $t \in T^S$ und $\varphi \in L^S$ setzen wir

$$t\sigma := t\frac{t_1 \ldots t_n}{x_1 \ldots x_n} \quad \text{und} \quad \varphi\sigma := \varphi\frac{t_1 \ldots t_n}{x_1 \ldots x_n} \; (= \varphi(\overset{n}{x} \mid \overset{n}{t}))$$

(nach III.8.4 sind $t\sigma$ und $\varphi\sigma$ wohldefiniert) und bezeichnen in Übereinstimmung hiermit σ zuweilen durch $\frac{t_1 \ldots t_n}{x_1 \ldots x_n}$. Insbesondere ist $\sigma(x) = x\sigma$.

Es sei ι der Substitutor mit $\iota(x) = x$ für alle x, der sog. *identische* Substitutor. Sind σ und τ Substitutoren, so bezeichne $\sigma\tau : V \to T^S$ den Substitutor mit $x(\sigma\tau) := (x\sigma)\tau$. Ist K eine Klausel (atomarer oder negiert atomarer Ausdrücke), so sei $K\sigma := \{\varphi\sigma \mid \varphi \in K\}$. Aus einfachen Eigenschaften der Substitution erhält man sofort:

7.2. (a) $t\iota = t$ *und* $\varphi\iota = \varphi$ *für alle* $t \in T^S$ *und* $\varphi \in L^S$.

(b) $t(\sigma\tau) = (t\sigma)\tau$ *und* $\varphi(\sigma\tau) = (\varphi\sigma)\tau$ *für alle* $t \in T^S$ *und quantorenfreien* $\varphi \in L^S$.

(c) $(\rho\sigma)\tau = \rho(\sigma\tau)$ *für Substitutoren* ρ, σ, τ.

(b) und (c) rechtfertigen die Benutzung klammerfreier Schreibweisen wie $\varphi\rho\sigma\tau$.

Wir nennen einen Substitutor ξ eine *Umbenennung*, wenn ξ eine bijektive Abbildung von V auf V ist. Ist ξ eine Umbenennung, so auch die Umkehrabbildung $\xi^{-1} : V \to V$, und es ist $\xi\xi^{-1} = \xi^{-1}\xi = \iota$.

7.3 Definition. K_1 und K_2 seien Klauseln. Eine Umbenennung ξ heißt *Separator von* K_1 *und* K_2 :gdw $\operatorname{frei}(K_1\xi) \cap \operatorname{frei}(K_2) = \emptyset$.

Zum Beispiel ist $\xi = \frac{v_4 v_5 v_2 v_3}{v_2 v_3 v_4 v_5}$ ein Separator von $\{Pv_0v_2, Pv_3v_2\}$ und $\{Qv_1, Pv_2v_3\}$.

Wir erläutern die angestrebte Strategie des vorsichtigen Umgangs mit Termeinsetzungen an einem Beispiel, das die allgemeinen Überlegungen, die den weiteren Inhalt dieses Paragraphen bilden, in einem konkreten Fall vorwegnimmt und damit gleichsam den Weg und das Ziel schildert, den wir gehen und das wir erreichen wollen.

7.4 Beispiel. Sei $S := \{P, R, f, g, c\}$ mit dreistelligem P, zweistelligem R und einstelligen f, g und sei

$$\Phi := \{\forall x \forall y (Pxyc \rightarrow Rygfx), \forall x \forall y\, Pfxyc\}.$$

Gesucht ist ein Nachweis, daß $\Phi \vdash \exists x \exists y\, Rfxgy$, sowie eine (alle) Lösung(en) t_1 und t_2 dieses Existenzproblems. Um die durch 6.9 bereitgestellte Methode der H-Resolution zielgerichteter einzusetzen und die Termeinsetzungen möglichst allgemein zu halten, geben wir Φ zunächst durch die „unsubstituierten" Klauseln

$$K_1 := \{\neg Pxyc, Rygfx\} \quad \text{und} \quad K_2 := \{Pfxyc\}$$

und $\exists x \exists y\, Rfxgy$ durch die Klausel

$$N_1 := \{\neg Rfxgy\}$$

wieder und versuchen dann, K_1 und N_1 durch eine möglichst schwache Spezialisierung der auftretenden Terme zur Resolution zu bringen.

Hierzu wählen wir einen Separator von K_1 und N_1, etwa $\xi_1 := \frac{uvxy}{xyuv}$. Dann ist

$$K_1' := K_1\xi_1 = \{\neg Puvc, Rvgfu\}.$$

Mit dem Substitutor $\sigma_1 := \frac{fx\, fu}{v\ \ y}$ wird

$$K_1'\sigma_1 = \{\neg Pufxc, Rfxgfu\} \quad \text{und} \quad N_1\sigma_1 = \{\neg Rfxgfu\}.$$

Jetzt ist $N_2 := \{\neg Pufxc\}$ eine Resolvente von $K_1'\sigma_1$ und $N_1\sigma_1$.

Für den Separator $\xi_2 := \frac{zx}{xz}$ von K_2 und N_2 gilt

$$K_2' := K_2\xi_2 = \{Pfzyc\},$$

und mit dem Substitutor $\sigma_2 := \frac{fz\, fx}{u\ \ y}$ ergibt sich

$$K_2'\sigma_2 = \{Pfzfxc\} \quad \text{und} \quad N_2\sigma_2 = \{\neg Pfzfxc\},$$

und $\emptyset$ ist eine Resolvente von $K_2'\sigma_2$ und $N_2\sigma_2$.

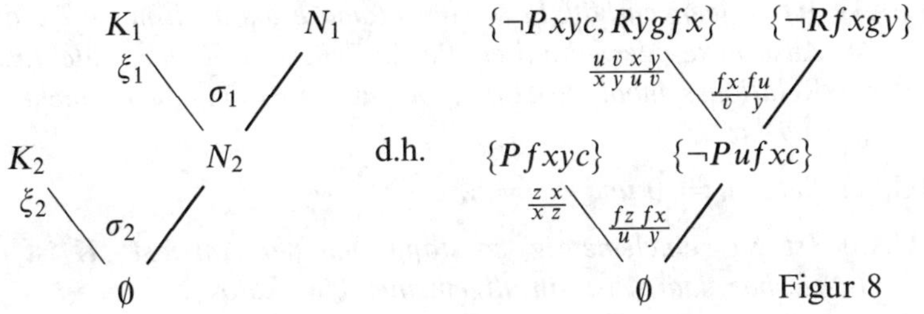

Figur 8

Schematisch geben wir diese Ableitung in Figur 8 wieder.

Nun ist $[Rfxgy]\sigma_1\sigma_2 = Rfxgffz$. In der Tat gilt (die folgenden Überlegungen werden das allgemein zeigen):

$$\Phi \vdash Rfxgffz$$

und damit

$$\Phi \vdash \forall x \forall z\, Rfxgffz.$$

Das Existenzproblem $\exists x \exists y\, Rfxgy$ hat also "$x\sigma_1\sigma_2$ und $y\sigma_1\sigma_2$", d.h. "x und ffz" als eine „Lösungsschar". Insbesondere ist etwa (für $x = gc$ und $z = c$) $x = gc$ und $y = ffc$ eine Lösung in T_0^S.

Durch den Substitutor σ_1 wurden die Ausdrücke $Rvgfu$ in K_1' und $\neg Rfxgy$ in N_1 „in sparsamer Weise" (bis auf $\neg$) gleich gemacht. Im Sinne der folgenden Überlegungen handelt es sich bei σ_1 um einen *allgemeinen* Unifikator von $\{Rvgfu, Rfxgy\}$ (vgl. Beispiel 7.7(a)).

7.5 Definition. Sei K eine Klausel. K heißt *unifizierbar* :gdw es gibt einen Substitutor σ, für den $K\sigma$ einelementig ist. In diesem Fall heißt σ ein *Unifikator* von K.

Die leere Klausel ist also nicht unifizierbar.

7.6 Lemma über den Unifikator. *Das folgende Verfahren, der sog.* Unifikationsalgorithmus, *entscheidet für jede Klausel K, ob sie unifizierbar ist, und liefert gegebenenfalls einen* allgemeinen Unifikator *von K, d.h. einen Unifikator η von K, für den gilt:*

Ist σ ein Unifikator von K, so gibt es einen Substitutor τ mit $\sigma = \eta\tau$.

Den durch den Algorithmus gelieferten allgemeinen Unifikator nennen wir den *allgemeinen Unifikator von K.*

Der Unifikationsalgorithmus wird, beginnend mit (UA1), *schrittweise ausgeführt.*

(UA1) *Ist K leer, enthält K sowohl atomare als auch negiert atomare Ausdrücke oder enthalten die Ausdrücke in K nicht alle dasselbe Relationssymbol, so stoppe mit der Antwort „K ist nicht unifizierbar".*

(UA2) *Setze* $i := 0$ *und* $\sigma_0 := \iota$.

(UA3) *Ist* $K\sigma_i$ *einelementig, so stoppe mit der Antwort „K ist unifizierbar und* σ_i *ist ein allgemeiner Unifikator".*

(UA4) *Ist* $K\sigma_i$ *nicht einelementig, so seien* ψ_1 *und* ψ_2 *zwei verschiedene Literale in* $K\sigma_i$ *(etwa die ersten in einer ausgezeichneten, z.B. der lexikographischen, Reihenfolge). Man bestimme die erste Stelle, an denen sich die Wörter* ψ_1 *und* ψ_2 *unterscheiden. Es seien* $\S_1$ *und* $\S_2$ *die Buchstaben an dieser Stelle in* ψ_1 *bzw. in* ψ_2.

(UA5) *Sind die (verschiedenen) Buchstaben* $\S_1$ *und* $\S_2$ *Funktionssymbole oder Konstanten, so stoppe mit der Antwort „K ist nicht unifizierbar".*

(UA6) *Einer der Buchstaben* $\S_1, \S_2$ *ist eine Variable x, etwa* $\S_1$. *Man bestimme den Term t, der in* ψ_2 *mit* $\S_2$ *beginnt (t kann auch eine Variable sein; nach* II.4.9 *existiert t und ist eindeutig bestimmt).*

(UA7) *Kommt x in t vor, so stoppe mit der Antwort „K ist nicht unifizierbar".*

(UA8) *Setze* $\sigma_{i+1} := \sigma_i \frac{t}{x}$ *und* $i := i + 1$.

(UA9) *Gehe zu* (UA3).

Beweis. Wir müssen zeigen, daß der Unifikationsalgorithmus für jede Klausel K stoppt, dabei die Frage „Ist K unifizierbar?" richtig beantwortet und im positiven Fall einen allgemeinen Unifikator liefert.

Stoppt der Algorithmus vermöge (UA1), so ist K offensichtlich nicht unifizierbar. O.B.d.A. sei K daher eine nicht-leere Klausel, deren Literale alle atomar oder alle negiert atomar sind und das gleiche Relationssymbol enthalten.

Der Algorithmus muß für K nach endlich vielen Schritten stoppen: Da bei Ausführung von (UA8) die Variable x verschwindet (x kommt nicht in t vor!), kann die einzig mögliche Schleife (UA3)–(UA9) nur so oft durchlaufen werden, wie es verschiedene Variablen in K gibt.

Stoppt der Algorithmus mit (UA3), ist K unifizierbar. Ist daher K nicht unifizierbar, kann der Algorithmus nur nach (UA5) oder (UA7) stoppen; er liefert also die richtige Antwort.

Sei jetzt K unifizierbar. Wir werden zeigen:

(*) Ist τ irgendein Unifikator von K, so gibt es für jeden Wert i, den der Algorithmus erreicht, ein τ_i mit $\sigma_i\tau_i = \tau$.

Dann sind wir fertig: Ist k der letzte Wert von i, so ist wegen $K\sigma_k\tau_k = K\tau$ die Klausel $K\sigma_k$ unifizierbar; der Algorithmus kann also nicht mit (UA5) oder (UA7) enden. (Würde er z.B. mit (UA7) enden, gäbe es in $K\sigma_k$ zwei verschiedene Literale der Gestalt $\ldots x \sim$ und $\ldots t$ ——, wobei $t \neq x$ und x in t vorkommt; nach Ausführung von Substitutionen würden an den x bzw. t entsprechenden Stellen stets Terme verschiedener Länge beginnen.) Demnach muß der Algorithmus mit (UA3) enden, d.h. σ_k ist ein Unifikator und nach (*) ein allgemeiner Unifikator von K.

Den Beweis von (*) führen wir induktiv über i.

Für $i = 0$ setzen wir $\tau_0 := \tau$. Dann ist $\sigma_0\tau_0 = \iota\tau_0 = \tau$. Gelte im Induktionsschritt $\sigma_i\tau_i = \tau$ und werde der Wert $i + 1$ erreicht. Nach (UA8) haben wir $\sigma_{i+1} = \sigma_i\frac{t}{x}$. Dann gilt zunächst ($K\sigma_i\tau_i$ ist einelementig!)

(1) $$x\tau_i = t\tau_i.$$

Wir definieren τ_{i+1} durch

$$y\tau_{i+1} := \begin{cases} y\tau_i, & \text{falls } y \neq x, \\ x, & \text{falls } y = x. \end{cases}$$

Da x in t nicht vorkommt, ist

(2) $$t\tau_{i+1} = t\tau_i.$$

Nun gilt $\frac{t}{x}\tau_{i+1} = \tau_i$; denn für $y \neq x$ ist $y(\frac{t}{x}\tau_{i+1}) = y\tau_{i+1} = y\tau_i$, und für $y = x$ gilt $y(\frac{t}{x}\tau_{i+1}) = t\tau_{i+1} = t\tau_i = x\tau_i = y\tau_i$ (vgl. (1) und (2)).

Insgesamt ist daher

$$\sigma_{i+1}\tau_{i+1} = (\sigma_i\frac{t}{x})\tau_{i+1} = \sigma_i(\frac{t}{x}\tau_{i+1}) = \sigma_i\tau_i = \tau$$

und die Induktionsbehauptung damit bewiesen. □

7.7 Beispiele. Es sei S wie in 7.4.
(a) Es sei $K := \{Rvgfu, Rfxgy\}$. Der Unifikationsalgorithmus liefert

der Reihe nach $\sigma_0 = \iota$, $\sigma_1 = \frac{fx}{v}$, $\sigma_2 = \frac{fx\ fu}{v\ \ y}$ und die Antwort: „K ist unifizierbar und $\frac{fx\ fu}{v\ \ y}$ ist ein allgemeiner Unifikator".

(b) Es sei $K := \{Pfzyc, Pufxc\}$. Der Algorithmus liefert entsprechend $\sigma_0 = \iota$, $\sigma_1 = \frac{fz}{u}$, $\sigma_2 = \frac{fz\ fx}{u\ \ y}$ und die Antwort: „K ist unifizierbar und $\frac{fz\ fx}{u\ \ y}$ ist ein allgemeiner Unifikator".

(c) Es sei $K := \{Ryfy, Rzz\}$. Wir erhalten $\sigma_0 = \iota$, $\sigma_1 = \frac{z}{y}$ (oder $\sigma_1 = \frac{y}{z}$) und die Antwort: „K ist nicht unifizierbar".

Der Kern der im Beispiel 7.4 durchgeführten Resolutionen wird durch den folgenden Begriff erfaßt:

7.8 Definition. K, K_1 und K_2 seien Klauseln. K ist eine *Unifikationsresolvente* (kurz: *U-Resolvente*) von K_1 und K_2 :gdw es gibt einen Separator ξ von K_1 und K_2, und es gibt $M_1, L_1 \subset K_1$ und $M_2, L_2 \subset K_2$ mit den folgenden Eigenschaften:

(i) L_1 und L_2 sind nicht leer.

(ii) $L_1\xi \cup L_2^F$ ist unifizierbar.

(iii) $K_1 = M_1 \cup L_1$, $K_2 = M_2 \cup L_2$ und $K = (M_1\xi \cup M_2)\eta$,

wobei η der allgemeine Unifikator von $L_1\xi \cup L_2^F$ ist.

Schematisch geben wir diese „U-Resolution" wieder durch

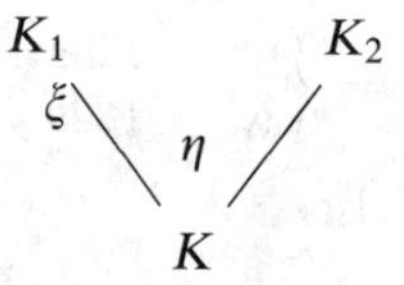

Da Substitutionen an Grundklauseln (d.h. an variablenfreien Klauseln) nichts ändern und da eine unifizierbare Grundklausel einelementig ist (mit ι als allgemeinem Unifikator), sehen wir sofort:

7.9 Bemerkung. *Für Grundklauseln K, K_1 und K_2 gilt: K ist eine Resolvente von K_1 und K_2 genau dann, wenn K eine U-Resolvente von K_1 und K_2 ist.* □

In Beispiel 7.4 war $K_1 = \{\neg Pxyc, Rygfx\}$ und $N_1 = \{\neg Rfxgy\}$. Ist ξ_1 der dort gewählte Separator $\frac{uvxy}{xyuv}$ von K_1 und N_1 und damit $K_1\xi_1 = \{\neg Puvc, Rvgfu\}$, so ist für $L_1 := \{Rygfx\}$ und $L_2 := \{\neg Rfxgy\}$

die Klausel $L_1\xi_1 \cup L_2^F$ $(= \{Rvgfu, Rfxgy\})$ unifizierbar, und $\sigma_1 = \frac{fx\,fu}{v\;\;y}$ $(= \eta_1)$ ist ihr allgemeiner Unifikator. Somit ist $N_2 = \{\neg Pufxc\}$ eine U-Resolvente von K_1 und N_1.

Mit dem folgenden Lemma schlagen wir die Brücke zwischen Resolventen und U-Resolventen. Es liefert uns den Schlüssel zum Satz 7.14 über die U-Resolution.

7.10 Verträglichkeitslemma. *K_1 und K_2 seien Klauseln. Dann gilt:*

(a) *Jede Resolvente einer Grundinstanz von K_1 und einer Grundinstanz von K_2 ist Grundinstanz einer U-Resolvente von K_1 und K_2.*

(b) *Jede Grundinstanz einer U-Resolvente von K_1 und K_2 ist Resolvente einer Grundinstanz von K_1 und einer Grundinstanz von K_2.*

Beweis. (a) Es sei $K_i\sigma_i$ Grundinstanz von K_i $(i = 1, 2)$ und K eine Resolvente von $K_1\sigma_1$ und $K_2\sigma_2$, also für geeignete M_1, M_2 und φ_0

$$K_1\sigma_1 = M_1 \cup \{\varphi_0\}, \quad K_2\sigma_2 = M_2 \cup \{\varphi_0^F\}, \quad K = M_1 \cup M_2.$$

Wir setzen

$$\begin{aligned} M_i' &:= \{\varphi \in K_i \mid \varphi\sigma_i \in M_i\} \quad (i = 1, 2), \\ L_1 &:= \{\varphi \in K_1 \mid \varphi\sigma_1 = \varphi_0\}, \ L_2 := \{\varphi \in K_2 \mid \varphi\sigma_2 = \varphi_0^F\}. \end{aligned}$$

Dann ist

$$\begin{aligned} & K_i = M_i \cup L_i \quad (i = 1, 2), \\ (*) \quad & M_i'\sigma_i = M_i \quad (i = 1, 2), \\ & L_1\sigma_1 = L_2^F\sigma_2 = \{\varphi_0\}. \end{aligned}$$

Sei ξ ein Separator von K_1 und K_2 und σ der Substitutor mit

$$x\sigma := \begin{cases} x\xi^{-1}\sigma_1, & \text{falls } x \in \text{frei}(K_1\xi), \\ x\sigma_2, & \text{sonst.} \end{cases}$$

Somit ist wegen $\text{frei}(K_1\xi) \cap \text{frei}(K_2) = \emptyset$

$$(+) \qquad \varphi\sigma = \varphi\sigma_2 \text{ für } \varphi \in K_2.$$

Daher ist

$$(L_1\xi \cup L_2^F)\sigma = L_1\xi\xi^{-1}\sigma_1 \cup L_2^F\sigma = L_1\sigma_1 \cup L_2^F\sigma_2 = \{\varphi_0\},$$

σ also ein Unifikator von $L_1\xi \cup L_2^F$. Sei η der allgemeine Unifikator und $\sigma = \eta\tau$. Dann ist $K^* := (M_1'\xi \cup M_2')\eta$ eine U-Resolvente von K_1 und K_2. Schließlich ist K eine Grundinstanz von K^*; denn es ist $K^*\tau = (M_1'\xi \cup M_2{}')\sigma \overset{(+)}{=} M_1'\sigma_1 \cup M_2'\sigma_2 \overset{(*)}{=} M_1 \cup M_2 = K.$

Damit ist (a) bewiesen. Für spätere Zwecke halten wir die folgende Verschärfung fest: Da wir bei gegebener endlicher Menge Y

von Variablen den Separator ξ von K_1 und K_2 so wählen können, daß frei$(K_1\xi) \cap Y = \emptyset$, haben wir gezeigt:

$\binom{*}{*}$ Sind K_1 und K_2 Klauseln und $K_1\sigma_1$ und $K_2\sigma_2$ Grundklauseln von K_1 bzw. K_2 und ist

$$\begin{array}{ccc} K_1\sigma_1 & & K_2\sigma_2 \\ & \searrow \quad \swarrow & \\ & K & \end{array}$$

eine Resolution, so gibt es zu jeder endlichen Menge Y von Variablen K^*, ξ, η und τ so, daß

$$\begin{array}{ccc} K_1 & & K_2 \\ \xi\searrow & \eta & \swarrow \\ & K^* & \end{array}$$

eine U-Resolution ist und $K = K^*\tau$ sowie $y\eta\tau = y\sigma_2$ für $y \in Y$.

(b) Sei K eine U-Resolvente von K_1 und K_2, etwa $K = (M_1\xi \cup M_2)\eta$, $K_i = M_i \cup L_i$ $(i = 1, 2)$ und $(L_1\xi \cup L_2^F)\eta = \{\varphi_0\}$, wobei ξ ein Separator von K_1 und K_2 und η der allgemeine Unifikator von $L_1\xi \cup L_2^F$ sei.

Sei weiter eine Grundinstanz $K\sigma$ von K gegeben. Wir setzen

$$\sigma_1 := \xi\eta\sigma \quad \text{und} \quad \sigma_2 := \eta\sigma.$$

Dabei können wir annehmen, daß $K_1\sigma_1$ und $K_2\sigma_2$ Grundklauseln sind. (Sonst ersetze man σ durch $\sigma\tau$, wobei $\tau(x) \in T_0^S$ für $x \in$ frei$(K_1\sigma_1 \cup K_2\sigma_2)$ und beachte, daß $K\sigma\tau = K\sigma$ gilt, da $K\sigma$ eine Grundklausel ist.) Die Behauptung ergibt sich somit aus

$K\sigma$ ist Resolvente von $K_1\sigma_1$ und $K_2\sigma_2$.

Hierzu brauchen wir nur zu beachten, daß

$$K_1\sigma_1 = M_1\sigma_1 \cup L_1\sigma_1 = M_1\sigma_1 \cup \{\varphi_0\sigma\},$$
$$K_2\sigma_2 = M_2\sigma_2 \cup L_2\sigma_2 = M_2\sigma_2 \cup \{\varphi_0^F\sigma\}$$

und $$M_1\sigma_1 \cup M_2\sigma_2 = (M_1\xi \cup M_2)\eta\sigma = K\sigma. \qquad \square$$

Wie bei der Resolution führen wir jetzt die Mengen $\mathrm{URes}_i(\mathfrak{K})$ der Klauseln ein, die durch i-malige Bildung von U-Resolventen aus Klauseln in $\mathfrak{K}$ gewonnen werden können.

7.11 Definition. Für eine Menge $\mathfrak{K}$ von Klauseln sei

$$\mathrm{URes}(\mathfrak{K}) := \mathfrak{K} \cup \{K \mid \text{Es gibt } K_1, K_2 \in \mathfrak{K} \text{ mit: } K \text{ ist U-Resolvente von } K_1 \text{ und } K_2\}.$$

Für $i \in \mathbb{N}$ sei $\mathrm{URes}_i(\mathfrak{K})$ induktiv definiert durch

$$\begin{aligned} \mathrm{URes}_0(\mathfrak{K}) &:= \mathfrak{K} \\ \mathrm{URes}_{i+1}(\mathfrak{K}) &:= \mathrm{URes}(\mathrm{URes}_i(\mathfrak{K})). \end{aligned}$$

Schließlich sei

$$\mathrm{URes}_\infty(\mathfrak{K}) := \bigcup_{i \in \mathbb{N}} \mathrm{URes}_i(\mathfrak{K}).$$

Wir wollen zunächst einen Zusammenhang zwischen den Operationen URes und Res herstellen. Dazu vereinbaren wir noch: Für eine Klausel $K = \{\varphi_1, \ldots, \varphi_l\}$ mit $\mathrm{frei}(\varphi_i) \subset \{x_1, \ldots, x_m\}$ für $1 \leq i \leq l$ sei

$$\mathrm{GI}(K) := \left\{ \{\varphi_1(\overset{m}{x} \mid \overset{m}{t}), \ldots, \varphi_l(\overset{m}{x} \mid \overset{m}{t})\} \mid t_1, \ldots, t_m \in T_0^S \right\}$$

die Menge der *Grundinstanzen von* K, und für eine Menge $\mathfrak{K}$ von Klauseln sei

$$\mathrm{GI}(\mathfrak{K}) := \bigcup_{K \in \mathfrak{K}} \mathrm{GI}(K).$$

Da sich nach dem Verträglichkeitslemma der Übergang zu Grundinstanzen und die Bildung von U-Resolventen vertauschen lassen, ergibt sich:

7.12 Lemma. *Für eine Menge* $\mathfrak{K}$ *von Klauseln gilt:*
(a) *Für alle* $i \in \mathbb{N}$: $\mathrm{Res}_i(\mathrm{GI}(\mathfrak{K})) = \mathrm{GI}(\mathrm{URes}_i(\mathfrak{K}))$.
(b) $\mathrm{Res}_\infty(\mathrm{GI}(\mathfrak{K})) = \mathrm{GI}(\mathrm{URes}_\infty(\mathfrak{K}))$.

Beweis. (b) ergibt sich unmittelbar aus (a). Wir zeigen (a) durch Induktion über i. Für $i = 0$ haben wir

$$\mathrm{Res}_0(\mathrm{GI}(\mathfrak{K})) = \mathrm{GI}(\mathfrak{K}) = \mathrm{GI}(\mathrm{URes}_0(\mathfrak{K})).$$

Beim Induktionsschritt schließen wir folgendermaßen:

$$\begin{aligned} \mathrm{Res}_{i+1}(\mathrm{GI}(\mathfrak{K})) &= \mathrm{Res}(\mathrm{Res}_i(\mathrm{GI}(\mathfrak{K}))) \\ &= \mathrm{Res}(\mathrm{GI}(\mathrm{URes}_i(\mathfrak{K}))) && \text{(nach Ind.-Vor.)} \\ &= \mathrm{GI}(\mathrm{URes}(\mathrm{URes}_i(\mathfrak{K}))) && \text{(nach 7.10)} \\ &= \mathrm{GI}(\mathrm{URes}_{i+1}(\mathfrak{K})). \end{aligned}$$

□

Da $\emptyset \in \mathrm{GI}(\mathrm{URes}_\infty(\mathfrak{K}))$ gdw $\emptyset \in \mathrm{URes}_\infty(\mathfrak{K})$, erhalten wir aus 7.12:

7.13 Hauptlemma über die U-Resolution. *Für eine Menge* $\mathfrak{K}$ *von Klauseln gilt:*

$$\emptyset \in \mathrm{Res}_\infty(\mathrm{GI}(\mathfrak{K})) \quad \textit{gdw} \quad \emptyset \in \mathrm{URes}_\infty(\mathfrak{K}).$$

□

Wir übersetzen das Ergebnis auf Mengen universeller Sätze. Für einen universellen Satz φ der Gestalt

$$\forall x_1 \ldots \forall x_m \big((\varphi_{00} \vee \ldots \vee \varphi_{0l_0}) \wedge \ldots \wedge (\varphi_{s0} \vee \ldots \vee \varphi_{sl_s})\big)$$

mit Literalen φ_{ij} sei

$$\mathfrak{K}(\varphi) := \{\{\varphi_{00}, \ldots, \varphi_{0l_0}\}, \ldots, \{\varphi_{s0}, \ldots, \varphi_{sl_s}\}\}$$

die zu φ gehörende „unsubstituierte" Klauselmenge, und für eine Menge Φ solcher Sätze sei $\mathfrak{K}(\Phi)$ die Klauselmenge $\bigcup_{\varphi\in\Phi} \mathfrak{K}(\varphi)$. Man beachte, daß

$$(*) \qquad \mathrm{GI}(\mathfrak{K}(\Phi)) = \mathfrak{K}(\mathrm{GI}(\Phi)).$$

Wir zeigen:

7.14 Satz über die U-Resolution. *Für eine Menge Φ universeller Sätze der Gestalt $\forall x_1 \ldots \forall x_m \varphi$ mit quantorenfreiem φ in* KNF *gilt:*

$$\Phi \textit{ ist erfüllbar} \quad \textit{gdw} \quad \emptyset \notin \mathrm{URes}_\infty(\mathfrak{K}(\Phi)).$$

Beweis. Φ ist erfüllbar

gdw	$\mathrm{GI}(\Phi)$ ist aussagenlogisch erfüllbar	(wegen 6.4)
gdw	$\mathfrak{K}(\mathrm{GI}(\Phi))$ ist erfüllbar	(wegen 5.4)
gdw	$\mathrm{GI}(\mathfrak{K}(\Phi))$ ist erfüllbar	(wegen (*))
gdw	$\emptyset \notin \mathrm{Res}_\infty(\mathrm{GI}(\mathfrak{K}(\Phi)))$	(wegen 5.8)
gdw	$\emptyset \notin \mathrm{URes}_\infty(\mathfrak{K}(\Phi))$	(wegen 7.13). □

Zur Illustration von 7.14 betrachten wir noch einmal das Beispiel 6.6: Wir zeigen die Unerfüllbarkeit des Ausdrucks

$$\varphi := \forall x \forall y((Rxy \vee Qx) \wedge \neg Rxgx \wedge \neg Qy)$$

mit Hilfe der U-Resolution. Man vergleiche dazu das Vorgehen in 6.6!

Zunächst gehen wir von φ zur Klauselmenge

$$\mathfrak{K}(\varphi) = \{\{Rxy, Qx\}, \{\neg Rxgx\}, \{\neg Qy\}\}$$

über. Dann zeigt der U-Resolutionsbaum in Figur 9 die Unerfüllbarkeit von φ.

Wir gelangen zum Kern der Logik-Programmierung, indem wir auch die Horn-Resolution mit dem Unifikationsalgorithmus verknüpfen. Zunächst übertragen wir die Definition 5.9 der H-Ableitbarkeit:

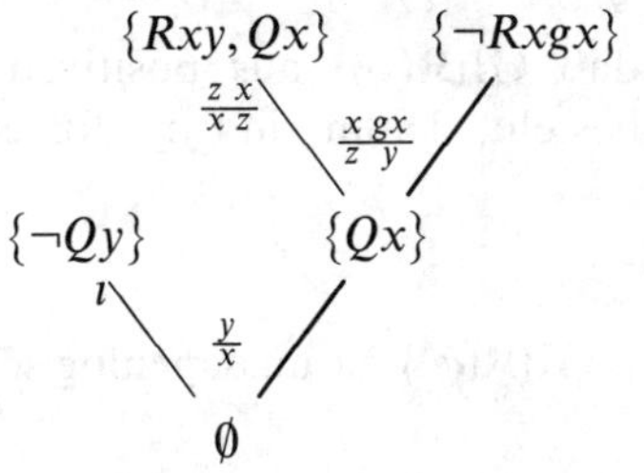

Figur 9

7.15 Definition. $\mathfrak{P}$ sei eine Menge positiver Klauseln (der ersten Sufe), und N sei negativ.

(a) Eine Folge $N_0, \ldots, N_k$ von negativen Klauseln ist *eine UH-Resolution aus $\mathfrak{P}$ und N* :gdw es gibt $K_0, \ldots, K_{k-1} \in \mathfrak{P}$, so daß $N_0 = N$ ist und N_{i+1} eine U-Resolvente von K_i und N_i für $i < k$.

(b) Eine negative Klausel N' heißt aus $\mathfrak{P}$ und N *UH-ableitbar* :gdw es gibt eine UH-Resolution $N_0, \ldots, N_k$ aus $\mathfrak{P}$ und N mit $N' = N_k$.

(c) Für eine Menge $\mathfrak{K}$ von Klauseln sei

$$\mathrm{UHRes}(\mathfrak{K}) := \mathfrak{K} \cup \{N \mid N \text{ negative Klausel, und es gibt ein positives } K_1 \in \mathfrak{K} \text{ und ein negatives } N_1 \in \mathfrak{K}, \text{ so daß } N \text{ U-Resolvente von } K_1 \text{ und } N_1 \text{ ist}\}.$$

Weiterhin sei

$$\mathrm{UHRes}_0(\mathfrak{K}) := \mathfrak{K},$$
$$\mathrm{UHRes}_{i+1}(\mathfrak{K}) := \mathrm{UHRes}(\mathrm{UHRes}_i(\mathfrak{K})) \text{ und}$$
$$\mathrm{UHRes}_\infty(\mathfrak{K}) := \bigcup_{i \in \mathbb{N}} \mathrm{UHRes}_i(\mathfrak{K}).$$

7.16 Hauptlemma über die UH-Resolution. *Für eine Menge $\mathfrak{P}$ von positiven Klauseln und eine negative Klausel N gilt*

$$\emptyset \in \mathrm{UHRes}_\infty(\mathrm{GI}(\mathfrak{P} \cup \{N\})) \quad \textit{gdw} \quad \emptyset \in \mathrm{UHRes}_\infty(\mathfrak{P} \cup \{N\}).$$

Beweis. Wiederum mit dem Verträglichkeitslemma 7.10 zeigt man, daß $\mathrm{UHRes}_\infty(\mathrm{GI}(\mathfrak{P} \cup \{N\})) = \mathrm{GI}(\mathrm{UHRes}_\infty(\mathfrak{P} \cup \{N\}))$. Daraus ergibt sich sofort die Behauptung. □

Ähnlich wie 7.14 erhalten wir jetzt:

7.17 Satz über die UH-Resolution. *Es sei Φ eine Menge von positiven universellen Hornsätzen und φ ein negativer universeller Hornsatz. Dann gilt:*

$$\Phi \cup \{\varphi\} \textit{ ist erfüllbar} \quad \textit{gdw} \quad \emptyset \textit{ ist nicht aus } \mathfrak{K}(\Phi) \textit{ und } \mathfrak{K}(\varphi) \textit{ UH-ableitbar}.$$

Beweis. Wir beachten zunächst, daß $\mathrm{GI}(\mathfrak{K}(\Phi))$ aus positiven und $\mathrm{GI}(\mathfrak{K}(\varphi))$ aus negativen Klauseln besteht. Dann sind die folgenden Aussagen äquivalent:

(1) $\Phi \cup \{\varphi\}$ ist erfüllbar.

(2) $\mathrm{GI}(\mathfrak{K}(\Phi) \cup \mathfrak{K}(\varphi)) = \mathrm{GI}(\mathfrak{K}(\Phi)) \cup \mathrm{GI}(\mathfrak{K}(\varphi))$ ist aussagenlogisch erfüllbar.

(3) $\emptyset \notin \mathrm{HRes}_\infty(\mathrm{GI}(\mathfrak{K}(\Phi)) \cup \mathrm{GI}(\mathfrak{K}(\varphi)))$.

(4) $\emptyset \notin \mathrm{UHRes}_\infty(\mathfrak{K}(\Phi) \cup \mathfrak{K}(\varphi))$.

(5) $\emptyset$ ist nicht aus $\mathfrak{K}(\Phi)$ und $\mathfrak{K}(\varphi)$ UH-ableitbar.

Zur Begründung die folgenden Hinweise: Die Äquivalenz von (1) und (2) ergibt sich wie die Äquivalenz der ersten und der vierten Aussage im Beweis von 7.14; von (2) nach (3) gelangt man mit 5.11 unter Verwendung von 5.3, von (3) nach (2) mit dem Resolutionssatz 5.8, da $\mathrm{HRes}_\infty(\ldots) \subset \mathrm{Res}_\infty(\ldots)$. Die Äquivalenz von (3) und (4) ergibt sich mit 7.16, die von (4) und (5) aus der Definition 7.15. □

Auch hier betrachten wir zur Illustration ein früheres Beispiel, nämlich 7.4. Es sei

$$\Phi := \{\forall x \forall y (Pxyc \to Rygfx), \forall x \forall y\, Pfxyc\}.$$

Um zu zeigen, daß

$$(*) \qquad \Phi \vdash \exists x \exists y\, Rfxgy,$$

daß also $\Phi \cup \{\forall x \forall y \neg Rfxgy\}$ unerfüllbar ist, genügt es nachzuweisen, daß eine UH-Ableitung von $\emptyset$ aus $\{\{\neg Pxyc, Rygfx\}, \{Pfxyc\}\}$ und $\{\neg Rfxgy\}$ existiert (vgl. 7.17). In der Tat gibt der in Figur 8 auf Seite 267 angegebene Resolutionsbaum eine entsprechende UH-Ableitung wieder. In 7.4 haben wir auch erwähnt, daß diese Ableitung uns zugleich eine Lösung für die Existenzbehauptung $(*)$ liefert. Wir wollen das jetzt allgemein zeigen; zugleich beweisen wir, daß wir alle Lösungen des Existenzproblems auf diese Weise erhalten. Damit haben wir unser Ziel erreicht.

7.18 Satz über die Logik-Programmierung. *Es sei Φ eine Menge von positiven universellen Hornsätzen der Gestalt*

(1) $\forall y_1 \ldots \forall y_l \varphi$ *oder* (2) $\forall y_1 \ldots \forall y_l (\varphi_0 \wedge \ldots \wedge \varphi_s \to \varphi)$

mit atomaren $\varphi, \varphi_0, \ldots, \varphi_s$, und es sei $\exists x_1 \ldots \exists x_m (\psi_0 \wedge \ldots \wedge \psi_r)$ ein Satz mit atomaren $\psi_0, \ldots, \psi_r$. Schließlich sei

$$N := \{\neg\psi_0, \ldots, \neg\psi_r\} \text{ und } \mathfrak{P} := \mathfrak{K}(\Phi)$$

($\mathfrak{P}$ *enthält also für Sätze in* Φ *der Gestalt* (1) *die Klausel* $\{\varphi\}$ *und für Sätze der Gestalt* (2) *die Klausel* $\{\neg\varphi_0, \ldots, \neg\varphi_s, \varphi\}$). *Dann gilt:*

(a) Adäquatheit*:*

$\Phi \vdash \exists x_1 \ldots \exists x_m(\psi_0 \wedge \ldots \wedge \psi_r)$ *gdw* $\emptyset$ *ist UH-ableitbar aus* $\mathfrak{P}$ *und* N.

(b) Lösungskorrektheit*: Ist*

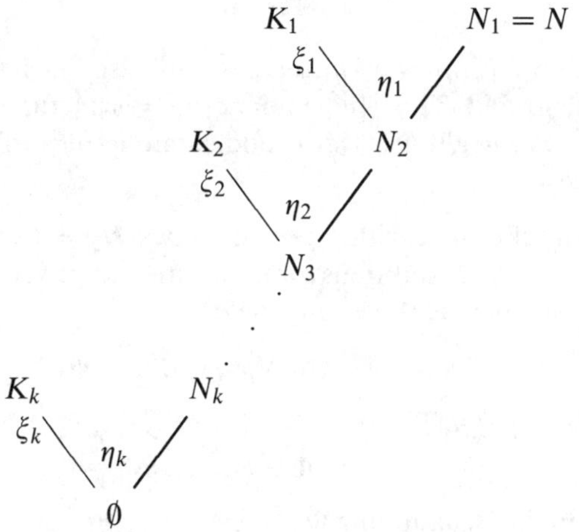

eine UH-Ableitung von $\emptyset$ *aus* $\mathfrak{P}$ *und* N, *so ist*

$$\Phi \vdash (\psi_0 \wedge \ldots \wedge \psi_r)\eta_1 \ldots \eta_k.$$

(c) Lösungsvollständigkeit*: Ist für* $t_1, \ldots, t_m \in T_0^S$

$$\Phi \vdash (\psi_0 \wedge \ldots \wedge \psi_r)(\overset{m}{x} \mid \overset{m}{t}),$$

so gibt es eine UH-Ableitung von $\emptyset$ *aus* $\mathfrak{P}$ *und* N *der unter* (b) *angegebenen Form und einen Substitutor* τ *mit*

$$t_i = x_i\eta_1 \ldots \eta_k\tau, \quad \text{für } i = 1, \ldots, m.$$

Kommen unter (b) in $(\psi_0 \wedge \ldots \wedge \psi_r)\eta_1 \ldots \eta_k$ genau die Variablen $z_1, \ldots, z_s$ vor, so gilt $\Phi \vdash \forall z_1 \ldots \forall z_s[(\psi_0 \wedge \ldots \wedge \psi_r)\eta_1 \ldots \eta_k]$, also für jeden Substitutor τ dann $\Phi \vdash (\psi_0 \wedge \ldots \wedge \psi_r)\eta_1 \ldots \eta_k\tau$. (b) und (c) zeigen damit, daß die variablenfreien Terme $t_1, \ldots, t_m$ mit $\Phi \vdash (\psi_0 \wedge \ldots \wedge \psi_r)(\overset{m}{x} \mid \overset{m}{t})$, also die Lösungen des Existenzproblems, gerade die „Spezialisierungen" der durch UH-Ableitungen gelieferten „Lösungsscharen" $x_1\eta_1 \ldots \eta_k$, $\ldots$, $x_m\eta_1 \ldots \eta_k$ sind.

Beweis. Wegen $\Phi \vdash \exists x_1 \ldots \exists x_m(\psi_0 \wedge \ldots \wedge \psi_r)$ gdw nicht Erf $\Phi \cup \{\forall x_1 \ldots \forall x_m(\neg\psi_0 \vee \ldots \vee \neg\psi_r)\}$ ergibt sich (a) unmittelbar aus 7.17.

Zu (b): Wir führen den Beweis induktiv über die Länge k der Ableitung. Ist $k = 1$, so gilt

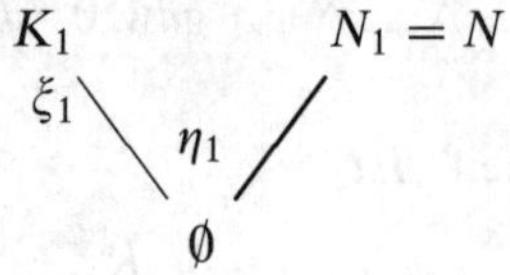

Daher muß $K_1\xi_1\eta_1 = N^F\eta_1$ sein, es muß also einen Satz $\forall y_1 \ldots \forall y_l\varphi \in \Phi$ geben, so daß $K_1 = \{\varphi\}$ und $\varphi\xi_1\eta_1 = \psi_i\eta_1$ für $i = 0, \ldots, r$. Wegen $\Phi \vdash \forall y_1 \ldots \forall y_l\varphi$ gilt $\Phi \vdash \varphi\xi_1\eta_1$ und somit $\Phi \vdash \psi_i\eta_1$ für $i = 0, \ldots, r$, d.h. $\Phi \vdash (\psi_0 \wedge \ldots \wedge \psi_r)\eta_1$.

Sei, im Induktionsschritt, $k > 1$ und etwa $N_2 = \{\neg\chi_0, \ldots, \neg\chi_t\}$ (N_2 ist nicht leer!). Die Induktionsvoraussetzung, angewendet auf die mit K_2 und N_2 beginnende Ableitung, liefert

(1) $$\Phi \vdash (\chi_0 \wedge \ldots \wedge \chi_t)\eta_2 \ldots \eta_k.$$

Sei $i \leq r$. Wir zeigen

(*) $$\Phi \vdash \psi_i\eta_1 \ldots \eta_k$$

und damit die Behauptung $\Phi \vdash (\psi_0 \wedge \ldots \wedge \psi_r)\eta_1 \ldots \eta_k$. Wir unterscheiden zwei Fälle:

Ist $\neg\psi_i\eta_1 \in N_2$, erhalten wir (*) sofort aus (1).

Sei jetzt $\neg\psi_i\eta_1 \notin N_2$. Dann muß $\neg\psi_i\eta_1$ beim nach N_2 führenden Resolutionsschritt „verlorengehen". Es gibt also in Φ einen Satz $\forall y_1 \ldots \forall y_l(\varphi_1 \wedge \ldots \wedge \varphi_s \to \varphi)$ (d.h. $\forall y_1 \ldots \forall y_l\varphi$ im Falle $s = 0$) mit $K_1 = \{\neg\varphi_1, \ldots, \neg\varphi_s, \varphi\}$ und

(2) $$\varphi\xi_1\eta_1 = \psi_i\eta_1,$$

(3) $$\neg\varphi_j\xi_1\eta_1 \in N_2 \quad \text{für } 1 \leq j \leq s,$$

also nach (3) und (1):

(4) $$\Phi \vdash \varphi_j\xi_1\eta_1\eta_2 \ldots \eta_k \quad \text{für } 1 \leq j \leq s.$$

Da $\Phi \vdash \forall y_1 \ldots \forall y_l(\varphi_1 \wedge \ldots \wedge \varphi_s \to \varphi)$, erhalten wir

$$\Phi \vdash (\neg\varphi_1 \vee \ldots \vee \neg\varphi_s \vee \varphi)\xi_1\eta_1\eta_2 \ldots \eta_k,$$

also nach (4)

$$\Phi \vdash \varphi\xi_1\eta_1\eta_2\ldots\eta_k,$$

und das führt mit (2) zu (*).

Zu (c): Aus beweistechnischen Gründen fassen wir die Voraussetzung an die Terme geringfügig allgemeiner:

Es seien $t_1,\ldots,t_m \in T^S$, $\rho_1 := \frac{t_1\ldots t_m}{x_1\ldots x_m}$ und $N_1 := N = \{\neg\psi_0,\ldots,\neg\psi_r\}$; $N' := N_1\rho_1$ sei eine Grundklausel. Ferner sei $\Phi \vdash (\psi_0 \wedge \ldots \wedge \psi_r)\rho_1$.

Dann ist $\mathfrak{K}(\mathrm{GI}(\Phi)) \cup \{N_1\rho_1\}$ nicht aussagenlogisch erfüllbar. Also gibt es nach 5.10 eine H-Ableitung von $\emptyset$ aus $\mathfrak{K}(\mathrm{GI}(\Phi))$ und N_1' wie in Figur 10. Dabei sind alle K_j' und alle N_j' Grundklauseln und etwa

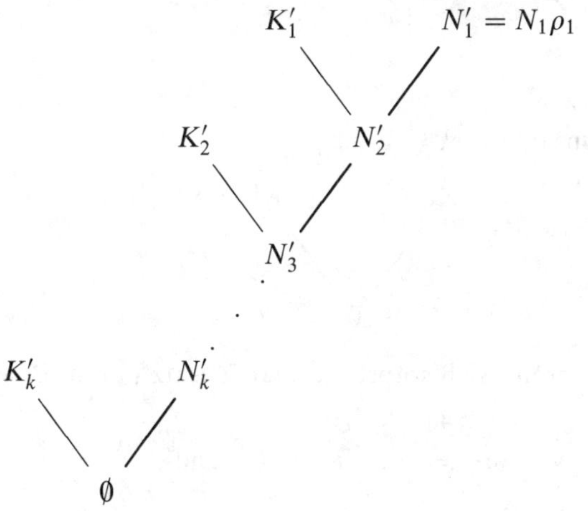

Figur 10

$K_j' = K_j\sigma_j$ mit geeigneten Klauseln $K_j \in \mathfrak{P}$. Wir zeigen: Es gibt zu jeder endlichen Menge X von Variablen eine UH-Ableitung wie in Figur 11 von $\emptyset$ aus $\mathfrak{P} = \mathfrak{K}(\Phi)$ und $N = N_1$, so daß ein τ existiert mit

$$x\eta_1\ldots\eta_k\tau = x\rho_1 \quad \text{für } x \in X.$$

Wählen wir dann $X := \{x_1,\ldots,x_m\}$, so ist

$$x\eta_1\ldots\eta_k\tau = t_i \quad (1 \le i \le m),$$

und wir sind fertig.

Die Existenz einer entsprechenden UH-Ableitung zeigen wir induktiv über die Länge von k.

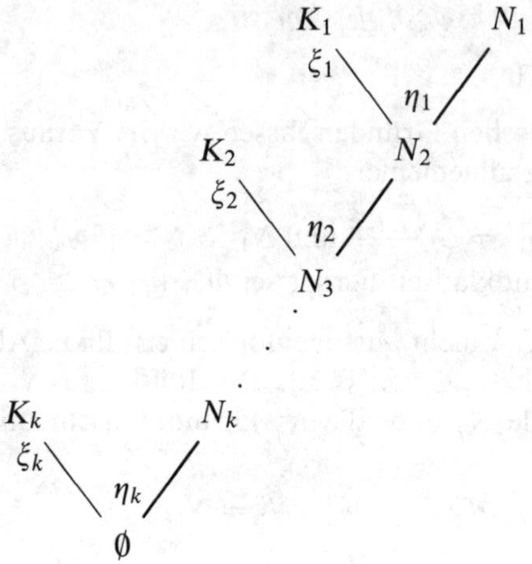

Figur 11

Sei, im Induktionsanfang, $k = 1$, d.h.

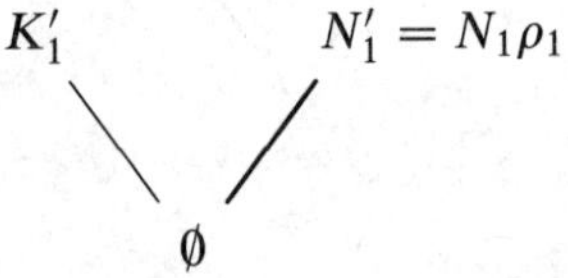

Die Behauptung ergibt sich sofort aus dem Zusatz $(^*_*)$ im Beweis von 7.10, wobei wir

$$K_2 := N_1, \quad \sigma_2 := \rho_1, \quad K := \emptyset \quad \text{und} \quad Y := X$$

setzen.

Sei, im Induktionsschritt, $k \geq 2$. Zum ersten Schritt der H-Ableitung in Figur 10 wählen wir, wiederum mit dem Zusatz aus 7.10, ξ_1, η_1, N_2 und ρ_2 so, daß

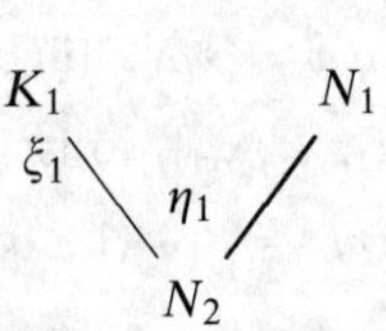

und

$$(*) \qquad x\eta_1\rho_2 = x\rho_1 \text{ für } x \in X$$

sowie $N_2' = N_2\rho_2$. Auf den mit K_2' und N_2' beginnenden Teil der

H-Ableitung in Figur 10 und

$$Y := \mathrm{var}(\{x\eta_1 \mid x \in X\})$$

können wir die Induktionsvoraussetzung anwenden. Wir erhalten so die UH-Ableitung in Figur 12 und einen Substitutor τ, für den

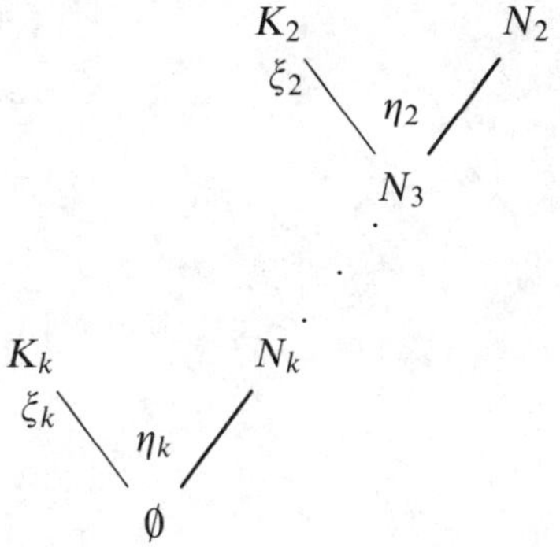

Figur 12

$$y\eta_2 \ldots \eta_k\tau = y\rho_2 \text{ für } y \in Y,$$

also wegen (*) und der Definition von Y

$$x\eta_1\eta_2 \ldots \eta_k\tau = x\eta_1\rho_2 = x\rho_1 \text{ für } x \in X.$$

Damit ist alles bewiesen. □

Kapitel XII

Eine algebraische Charakterisierung der elementaren Äquivalenz

Der überwiegende Teil unserer bisherigen Ausführungen galt dem Aufbau und der Untersuchung der Logik erster Stufe. Für die dominierende Rolle, die die erste Stufe einnimmt, kann man verschiedene Gründe angeben:

(a) Die Logik erster Stufe reicht prinzipiell für die Mathematik aus.

(b) Man kann den intuitiven Beweisbegriff und die Folgerungsbeziehung adäquat durch einen formalen Beweisbegriff beschreiben, der durch einen einfachen Kalkül gegeben ist.

(c) Eine Reihe von semantischen Sachverhalten wie der Endlichkeitssatz oder der Satz von Löwenheim und Skolem führen zu einer Bereicherung mathematischer Methoden.

Dieser „Positivliste" muß allerdings gegenübergestellt werden, daß die bescheidenen Ausdrucksmöglichkeiten der ersten Stufe oftmals zu schwerfälligen Formulierungen zwingen und einen expliziten Bezug auf die Mengenlehre notwendig machen, der nicht der mathematischen Praxis entspricht. Aus diesem Grunde haben wir nach Systemen gesucht, die ausdrucksstärker sind und weiterhin (b) und (c) genügen.

Dabei haben wir eine Reihe von Erweiterungen der ersten Stufe ($\mathscr{L}_{\mathrm{II}}$, $\mathscr{L}_{\mathrm{II}}^{\mathrm{w}}$, $\mathscr{L}_{\omega_1\omega}$, $\mathscr{L}_Q$) eingeführt und zunächst unter semantischen Aspekten „abgetastet“. Es stellte sich heraus (vgl. Kapitel IX), daß wir bei (c) Einbußen hinnehmen müssen.

Im vorangehenden Kapitel haben wir entsprechende Untersuchungen unter mehr syntaktischen Aspekten geführt. Sie brachten negative Ergebnisse im Hinblick auf (b). So gibt es sowohl für $\mathscr{L}_{\mathrm{II}}$ als auch für $\mathscr{L}_{\mathrm{II}}^{\mathrm{w}}$ keine Möglichkeit, den Beweisbegriff adäquat zu kalkülisieren – nicht einmal mit dem bescheideneren Ziel, die allgemeingültigen Ausdrücke zu erfassen.

Die restlichen Ausführungen des Buches dienen dem Nachweis, daß wir mit diesen negativen Ergebnissen einem prinzipiellen Tatbestand auf der Spur sind: Nach Präzisierung des Begriffs „logisches System“ werden wir in Kapitel XIII zeigen, daß kein logisches System, welches ausdruckstärker ist als die erste Stufe, (b) und (c) erfüllt.

Das vorliegende Kapitel stellt ein wichtiges Hilfsmittel bereit: Wir nannten zwei Strukturen elementar äquivalent, wenn sie dieselben Sätze erster Stufe erfüllen. Im folgenden geben wir eine algebraische Charakterisierung der elementaren Äquivalenz. Diese Charakterisierung ist jedoch nicht nur für die angestrebten Ergebnisse von Nutzen; sie eignet sich auch für andere Untersuchungen. So erlaubt sie es in vielen Fällen, die elementare Äquivalenz zweier Strukturen $\mathfrak{A}$ und $\mathfrak{B}$ einfacher zu zeigen als über den Nachweis, daß in $\mathfrak{A}$ und $\mathfrak{B}$ die gleichen Sätze der ersten Stufe gelten. Damit liefert sie eine der wichtigsten Methoden, die Vollständigkeit von Theorien zu beweisen. Zugleich gewinnt man mit ihr ein Hilfsmittel, um zu zeigen, daß gewisse Eigenschaften von Strukturen nicht in der ersten Stufe formulierbar sind.

§1 Endliche und partielle Isomorphie

Wir stellen in diesem Paragraphen die Begriffe bereit, die wir zur Formulierung der algebraischen Charakterisierung der elementaren Äquivalenz benötigen. Wir beziehen uns dabei auf eine fest vorgegebene Symbolmenge S. Mit $\mathrm{def}(p)$ bezeichnen wir den Definitionsbereich einer Abbildung p und mit $\mathrm{bd}(p)$ ihren Bildbereich, d.h. die Menge $\{p(x) \mid x \in \mathrm{def}(p)\}$.

1.1 Definition. $\mathfrak{A}$ und $\mathfrak{B}$ seien (S-)Strukturen, und p sei eine Abbildung. Wir nennen p einen *partiellen Isomorphismus von* $\mathfrak{A}$ *nach* $\mathfrak{B}$ genau dann, wenn $\mathrm{def}(p) \subset A, \mathrm{bd}(p) \subset B$ und p die folgenden Eigenschaften hat:

(a) p ist injektiv.

(b) p ist in folgendem Sinne homomorph:

(1) Für n-stelliges $P \in S$ und $a_1, \ldots, a_n \in \mathrm{def}(p)$ gilt

$$P^{\mathfrak{A}} a_1 \ldots a_n \quad \text{gdw} \quad P^{\mathfrak{B}} p(a_1) \ldots p(a_n).$$

(2) Für n-stelliges $f \in S$ und $a_1, \ldots, a_n, a \in \mathrm{def}(p)$ gilt

$$f^{\mathfrak{A}}(a_1, \ldots, a_n) = a \quad \text{gdw} \quad f^{\mathfrak{B}}(p(a_1), \ldots, p(a_n)) = p(a).$$

(3) Für $c \in S$ und $a \in \mathrm{def}(p)$ gilt

$$c^{\mathfrak{A}} = a \quad \text{gdw} \quad c^{\mathfrak{B}} = p(a).$$

Mit $\mathrm{Part}(\mathfrak{A}, \mathfrak{B})$ bezeichnen wir die Menge der partiellen Isomorphismen von $\mathfrak{A}$ nach $\mathfrak{B}$.

1.2 Beispiele und Bemerkungen. (a) Die leere Abbildung, d.h. die Abbildung mit leerem Definitionsbereich, ist ein partieller Isomorphismus von $\mathfrak{A}$ nach $\mathfrak{B}$.

(b) Die Abbildung p mit $\mathrm{def}(p) = \{2, 3\}$ und $p(2) = 2$, $p(3) = 6$ ist ein partieller Isomorphismus von der additiven Gruppe $(\mathbb{R}, +, 0)$ der reellen Zahlen in die additive Gruppe $(\mathbb{Z}, +, 0)$ der ganzen Zahlen. Die Abbildung q mit $\mathrm{def}(q) = \{2, 3\}$ und $q(2) = 1$, $q(3) = 2$ ist dagegen kein partieller Isomorphismus von $(\mathbb{R}, +, 0)$ nach $(\mathbb{Z}, +, 0)$, weil $2 + 2 \neq 3$, jedoch $q(2) + q(2) = q(3)$.

(c) Ist S relational, d.h. enthält S nur Relationssymbole, so sind für $a_0, \ldots, a_{r-1} \in A$ und $b_0, \ldots, b_{r-1} \in B$ die beiden folgenden Aussagen äquivalent:

(*) Durch

$$p(a_i) := b_i \text{ für } i < r$$

wird ein partieller Isomorphismus von $\mathfrak{A}$ nach $\mathfrak{B}$ definiert (mit $\mathrm{def}(p) = \{a_0, \ldots, a_{r-1}\}$ und $\mathrm{bd}(p) = \{b_0, \ldots, b_{r-1}\}$).

(**) Für jeden atomaren Ausdruck $\psi \in L_r^S$ gilt

$$\mathfrak{A} \models \psi[a_0, \ldots, a_{r-1}] \quad \text{gdw} \quad \mathfrak{B} \models \psi[b_0, \ldots, b_{r-1}].$$

Beweis. Wir bemerken zunächst, daß für $i, j < r$

$$(1)\quad \begin{array}{lll} a_i = a_j & \text{gdw} & \mathfrak{A} \models v_i \equiv v_j[a_0, \ldots, a_{r-1}], \\ b_i = b_j & \text{gdw} & \mathfrak{B} \models v_i \equiv v_j[b_0, \ldots, b_{r-1}], \end{array}$$

und daß für n-stelliges $P \in S$ und $i_1, \ldots, i_n < r$

$$(2)\quad \begin{array}{lll} P^{\mathfrak{A}} a_{i_1} \ldots a_{i_n} & \text{gdw} & \mathfrak{A} \models P v_{i_1} \ldots v_{i_n}[a_0, \ldots, a_{r-1}], \\ P^{\mathfrak{B}} b_{i_1} \ldots b_{i_n} & \text{gdw} & \mathfrak{B} \models P v_{i_1} \ldots v_{i_n}[b_0, \ldots, b_{r-1}]. \end{array}$$

Gilt nun (**), so ist wegen

$$\mathfrak{A} \models v_i \equiv v_j[a_0, \ldots, a_{r-1}] \quad \text{gdw} \quad \mathfrak{B} \models v_i \equiv v_j[b_0, \ldots, b_{r-1}]$$

und (1) die Abbildung p wohldefiniert und injektiv. Wegen

$$\mathfrak{A} \models P v_{i_1} \ldots v_{i_n}[a_0, \ldots, a_{r-1}] \quad \text{gdw} \quad \mathfrak{B} \models P v_{i_1} \ldots v_{i_n}[b_0, \ldots, b_{r-1}]$$

und (2) ist p auch homomorph.

Ähnlich schließt man mit (1) und (2) von (*) auf (**). □

(d) Man beachte, daß die Äquivalenz unter (c) i.a. nicht mehr gültig bleibt, wenn S Funktionssymbole oder Konstanten enthält. So gilt etwa für den partiellen Isomorphismus p aus (b):

$$\text{nicht} \quad (\mathbb{R}, +, 0) \models v_0 + (v_0 + v_0) \equiv v_1[2, 3],$$

jedoch

$$(\mathbb{Z}, +, 0) \models v_0 + (v_0 + v_0) \equiv v_1[p(2), p(3)].$$

(e) Das folgende Beispiel zeigt, daß – auch für relationales S – ein partieller Isomorphismus i.a. nicht die Gültigkeit von Ausdrücken mit Quantoren erhält.

Es sei $S = \{<\}$ und q_0 der partielle Isomorphismus von $(\mathbb{R}, <)$ nach $(\mathbb{Z}, <)$ mit $\mathrm{def}(q_0) = \{2, 3\}$ und $q_0(2) = 3$, $q_0(3) = 4$. Dann gilt

$$(\mathbb{R}, <) \models \exists v_2 (v_0 < v_2 \wedge v_2 < v_1)[2, 3],$$

jedoch

$$\text{nicht} \quad (\mathbb{Z}, <) \models \exists v_2 (v_0 < v_2 \wedge v_2 < v_1)[q_0(2), q_0(3)].$$

Ist p ein partieller Isomorphismus von $(\mathbb{R}, <)$ nach $(\mathbb{Z}, <)$ mit $\mathrm{def}(p) = \{a, b\}$ und $a < b$, so gilt stets

$$(\mathbb{R}, <) \models \exists v_2 (v_0 < v_2 \wedge v_2 < v_1)[a, b],$$

da etwa

$$(\mathbb{R}, <) \models (v_0 < v_2 \wedge v_2 < v_1)[a, b, \tfrac{a+b}{2}].$$

Die Gültigkeit von

$$(+) \qquad (\mathbb{Z},<) \models \exists v_2(v_0 < v_2 \wedge v_2 < v_1)[p_0(a), p_0(b)]$$

ist äquivalent mit der Existenz eines partiellen Isomorphismus q von $(\mathbb{R},<)$ nach $(\mathbb{Z},<)$, der p fortsetzt und $\frac{a+b}{2}$ im Definitionsbereich enthält: Denn gibt es ein solches q, so gilt (+), da

$$(\mathbb{Z},<) \models (v_0 < v_2 \wedge v_2 < v_1)[q(a), q(b), q(\tfrac{a+b}{2})];$$

ist umgekehrt (+) erfüllt und etwa

$$(\mathbb{Z},<) \models (v_0 < v_2 \wedge v_2 < v_1)[p(a), p(b), d],$$

so ist die Fortsetzung q von p mit $\mathrm{def}(q) = \{a, b, \frac{a+b}{2}\}$ und $q(\frac{a+b}{2}) = d$ ein solcher partieller Isomorphismus.

Diese Überlegung zeigt, daß die Gültigkeit von Ausdrücken mit Quantoren bei partiellen Isomorphismen erhalten bleibt, sofern es für die partiellen Isomorphismen gewisse Fortsetzungsmöglichkeiten gibt. Sie birgt den Grundgedanken der angestrebten algebraischen Charakterisierung der elementaren Äquivalenz: Die elementare Äquivalenz zweier Strukturen ist gleichwertig mit der Fortsetzbarkeit gewisser partieller Isomorphismen.

Mit den folgenden Definitionen führen wir die benötigten algebraischen Begriffe ein. Bei Abbildungen bedienen wir uns der mengentheoretischen Darstellungsweise, d.h. wir identifizieren eine Abbildung p mit ihrem Graphen $\{(a, p(a)) \mid a \in \mathrm{def}(p)\}$. Z.B. bedeutet dann $p \subset q$, daß die Abbildung q eine Fortsetzung von p ist.

1.3 Definition. $\mathfrak{A}$ und $\mathfrak{B}$ heißen *endlich isomorph* (kurz: $\mathfrak{A} \cong_e \mathfrak{B}$) :gdw es gibt eine Folge $(I_n)_{n\in\mathbb{N}}$ mit den Eigenschaften

(a) Jedes I_n ist eine nicht-leere Menge partieller Isomorphismen von $\mathfrak{A}$ nach $\mathfrak{B}$.

(b) (*Hin-Eigenschaft*) Ist $p \in I_{n+1}$ und $a \in A$, so gibt es ein $q \in I_n$ mit $q \supset p$ und $a \in \mathrm{def}(q)$.

(c) (*Her-Eigenschaft*) Ist $p \in I_{n+1}$ und $b \in B$, so gibt es ein $q \in I_n$ mit $q \supset p$ und $b \in \mathrm{bd}(q)$.

(b) und (c) lassen sich anschaulich folgendermaßen fassen: In I_{n+1} liegen nur partielle Isomorphismen, die sich $(n+1)$-mal erweitern lassen. Dabei gewinnt man Fortsetzungen, die der Reihe nach in I_n, $I_{n-1}, \ldots, I_1, I_0$ liegen.

Hat $(I_n)_{n\in\mathbb{N}}$ die Eigenschaften (a), (b) und (c), so schreiben wir $(I_n)_{n\in\mathbb{N}}: \mathfrak{A} \cong_e \mathfrak{B}$.

1.4 Definition. $\mathfrak{A}$ und $\mathfrak{B}$ heißen *partiell isomorph* (kurz: $\mathfrak{A} \cong_p \mathfrak{B}$) :gdw es gibt eine Menge I mit

(a) I ist eine nicht-leere Menge partieller Isomorphismen von $\mathfrak{A}$ nach $\mathfrak{B}$.

(b) (*Hin-Eigenschaft*) Ist $p \in I$ und $a \in A$, so gibt es ein $q \in I$ mit $q \supset p$ und $a \in \mathrm{def}(q)$.

(c) (*Her-Eigenschaft*) Ist $p \in I$ und $b \in B$, so gibt es ein $q \in I$ mit $q \supset p$ und $b \in \mathrm{bd}(q)$.

Die Bedingungen (a), (b), (c) besagen also gerade, daß für die konstante Folge $(I)_{n\in\mathbb{N}}$ gilt: $(I)_{n\in\mathbb{N}} : \mathfrak{A} \cong_e \mathfrak{B}$.

Sind (a), (b) und (c) für I erfüllt, so schreiben wir $(I)_{n\in\mathbb{N}} : \mathfrak{A} \cong_p \mathfrak{B}$.

Zwischen den verschiedenen Isomorphiebegriffen bestehen die folgenden Beziehungen:

1.5 Lemma. (a) *Wenn* $\mathfrak{A} \cong \mathfrak{B}$, *so* $\mathfrak{A} \cong_p \mathfrak{B}$.

(b) *Wenn* $\mathfrak{A} \cong_p \mathfrak{B}$, *so* $\mathfrak{A} \cong_e \mathfrak{B}$.

(c) *Wenn* $\mathfrak{A} \cong_e \mathfrak{B}$ *und* A *endlich ist, so* $\mathfrak{A} \cong \mathfrak{B}$.

(d) *Wenn* $\mathfrak{A} \cong_p \mathfrak{B}$ *und* A *und* B *höchstens abzählbar sind, so* $\mathfrak{A} \cong \mathfrak{B}$.

Beweis. Zu (a): Ist $\pi : \mathfrak{A} \cong \mathfrak{B}$, so gilt $I : \mathfrak{A} \cong_p \mathfrak{B}$ für $I = \{\pi\}$.

Zu (b): Ist $I : \mathfrak{A} \cong_p \mathfrak{B}$, so gilt $(I)_{n\in\mathbb{N}} : \mathfrak{A} \cong_e \mathfrak{B}$.

Zu (c): Es gelte $(I_n)_{n\in\mathbb{N}} : \mathfrak{A} \cong_e \mathfrak{B}$, und A habe genau r Elemente, etwa $A = \{a_1, \ldots, a_r\}$. Wir wählen $p \in I_{r+1}$. Wenden wir die Hin-Eigenschaft r-mal geeignet an, so erhalten wir ein q in I_1 mit $a_1, \ldots, a_r \in \mathrm{def}(q)$, d.h. $\mathrm{def}(q) = A$. Wäre $\mathrm{bd}(q) \neq B$ und $b \in B$ ein Element mit $b \notin \mathrm{bd}(q)$, so müßte es wegen der Her-Eigenschaft in I_0 eine echte Erweiterung q' von q geben mit $b \in \mathrm{bd}(q')$. Wegen $\mathrm{def}(q) = A$ ist das aber nicht möglich. Daher gilt $\mathrm{bd}(q) = B$ und somit $q : \mathfrak{A} \cong \mathfrak{B}$.

Zu (d): Sei $I : \mathfrak{A} \cong_p \mathfrak{B}$, $A = \{a_0, a_1, \ldots\}$ und $B = \{b_0, b_1, \ldots\}$. Ausgehend von einem $p_0 \in I$ gelangen wir durch wiederholte Anwendung der Hin- und der Her-Eigenschaft zu Fortsetzungen $p_1, p_2, \ldots$ aus I mit $a_0 \in \mathrm{def}(p_1)$, $b_0 \in \mathrm{bd}(p_2)$, $a_1 \in \mathrm{def}(p_3)$, $b_1 \in \mathrm{bd}(p_4)$, ..., d.h. zu einer Folge $(p_n)_{n\in\mathbb{N}}$ partieller Isomorphismen in I mit

(1) $p_n \subset p_{n+1}$;

(2) Ist n ungerade, etwa $n = 2r + 1$, so $a_r \in \mathrm{def}(p_n)$;

(3) Ist n gerade, etwa $n = 2r + 2$, so $b_r \in \mathrm{bd}(p_n)$.

$p := \bigcup_{n \in \mathbb{N}} p_n$ ist nach (1) ein partieller Isomorphismus von $\mathfrak{A}$ nach $\mathfrak{B}$; es gilt $\operatorname{def}(p) = A$ (wegen (2)) und $\operatorname{bd}(p) = B$ (wegen (3)), insgesamt also $p: \mathfrak{A} \cong \mathfrak{B}$. □

Die Aussage (d) in 1.5 ist eine abstrakte Form des folgenden Satzes von Cantor.

1.6 Satz. *Je zwei abzählbare dichte Ordnungen (ohne erstes und letztes Element) sind isomorph.*

Dabei ist eine *dichte Ordnung* eine Struktur zur Symbolmenge $\{<\}$, die Modell der Satzmenge Φ_{dOrd} ist. Φ_{dOrd} enthält die Ordnungsaxiome und die folgenden Sätze („Dichtheit"):

$$\forall x \forall y (x < y \to \exists z (x < z \land z < y)), \quad \forall x \exists y\, x < y, \quad \forall x \exists y\, y < x.$$

$(\mathbb{R}, <)$ und $(\mathbb{Q}, <)$ sind dichte Ordnungen; $(\mathbb{Z}, <)$ ist dagegen keine dichte Ordnung.

Der Satz von Cantor folgt aus 1.5(d) mit

1.7 Lemma. *Sind $\mathfrak{A} = (A, <^A)$ und $\mathfrak{B} = (B, <^B)$ dichte Ordnungen, so gilt $I: \mathfrak{A} \cong_p \mathfrak{B}$ für $I = \{p \mid p \in \operatorname{Part}(\mathfrak{A}, \mathfrak{B}), \operatorname{def}(p)$ ist endlich$\}$.*

Beweis. Da $p = \emptyset$ in I liegt, ist $I \neq \emptyset$. I erfüllt die Hin-Eigenschaft. Ist nämlich $p \in I$, $\operatorname{def}(p) = \{a_1, \ldots, a_n\}$ und $a \in A$, so existiert aufgrund der Dichtheit von $\mathfrak{B}$ ein Element $b \in B$, das in der Ordnung $\mathfrak{B}$ zu $p(a_1), \ldots, p(a_n)$ dieselbe Stellung hat wie a in der Ordnung $\mathfrak{A}$ zu $a_1, \ldots, a_n$. Die Abbildung $q := p \cup \{(a, b)\}$ ist eine Erweiterung von p, die a im Definitionsbereich hat und in I liegt. Analog weist man die Her-Eigenschaft nach, wobei man dann von der Dichtheit von $\mathfrak{A}$ Gebrauch macht. □

1.8 Beispiel. Es sei $S = \{\boldsymbol{\sigma}, 0\}$, Φ_σ bestehe aus den „Nachfolger-Axiomen"

$$\forall x (\neg x \equiv 0 \leftrightarrow \exists y\, \boldsymbol{\sigma} y \equiv x), \quad \forall x \forall y (\boldsymbol{\sigma} x \equiv \boldsymbol{\sigma} y \to x \equiv y),$$
$$\text{und für jedes } m \geq 1: \quad \forall x \neg \underbrace{\boldsymbol{\sigma} \ldots \boldsymbol{\sigma}}_{m\text{-mal}} x \equiv x.$$

Die Struktur $\mathfrak{N}_\sigma$ (vgl. III.7.3(2)) ist ein Modell von Φ_σ. Wir zeigen, daß je zwei Modelle von Φ_σ endlich isomorph sind. Zuvor eine Konvention: Für ein Modell $\mathfrak{A}$ von Φ_σ und $a \in A$ sei $a^{(m)} := \underbrace{\boldsymbol{\sigma}^A \ldots \boldsymbol{\sigma}^A}_{m\text{-mal}}(a)$. Für jedes $n \in \mathbb{N}$ erklären wir eine „Distanzfunktion" d_n auf $A \times A$ durch

$$d_n(a,a') := \begin{cases} m, & \text{falls } a^{(m)} = a' \text{ und } m \le 2^n \\ -m, & \text{falls } a'^{(m)} = a \text{ und } m \le 2^n \\ \infty, & \text{sonst.} \end{cases}$$

Seien nun $\mathfrak{A}$ und $\mathfrak{B}$ Modelle von Φ_σ. Wir zeigen $(I_n)_{n\in\mathbb{N}} : \mathfrak{A} \cong_e \mathfrak{B}$, wobei

$$I_n := \{p \in \text{Part}(\mathfrak{A},\mathfrak{B}) \mid \text{def}(p) \text{ ist endlich}, \quad 0^A \in \text{def}(p), \\ \text{und für alle } a,a' \in \text{def}(p) \text{ gilt: } d_n(a,a') = d_n(p(a),p(a'))\}.$$

Ein partieller Isomorphismus aus I_n erhält also die "d_n-Distanzen". Es ist $I_n \neq \emptyset$, da $(0^A, 0^B) \in I_n$. Wir skizzieren den Nachweis der Hin-Eigenschaft für $(I_n)_{n\in\mathbb{N}}$ (die Her-Eigenschaft ergibt sich analog): Sei $p \in I_{n+1}$ und $a \in A$. Wir unterscheiden, ob für a die Bedingung

(*) Es gibt ein $a' \in \text{def}(p)$ mit $|d_n(a',a)| \le 2^n$

zutrifft oder nicht. Gilt (*) und ist etwa $a' \in \text{def}(p)$ mit $|d_n(a',a)| \le 2^n$, so wählen wir das $b \in B$ mit $d_n(p(a'),b) = d_n(a',a)$. Mit $p \in I_{n+1}$ ergibt sich leicht, daß $q := p \cup \{(a,b)\}$ ein partieller Isomorphismus ist, der die d_n-Distanzen erhält, also $q \in I_n$. Gilt (*) nicht, so wählen wir irgendein Element b mit $d_n(p(a'),b) = \infty$ für alle $a' \in \text{def}(p)$ (ein solches b existiert, da jedes Modell von Φ_σ unendlich ist!). Man zeigt nun leicht, daß $q := p \cup \{(a,b)\} \in I_n$. □

1.9 Aufgabe. Sei $S = \emptyset$. Man zeige: Je zwei unendliche S-Strukturen sind partiell isomorph.

1.10 Aufgabe. (a) Man gebe Strukturen an, die partiell isomorph, aber nicht isomorph sind.
(b) Man gebe Strukturen an, die endlich isomorph, aber nicht partiell isomorph sind.

1.11 Aufgabe. Man gebe ein überabzählbares Modell des Axiomensystems Φ_σ aus 1.8 an.

1.12 Aufgabe. Es sei $\mathfrak{A}$ *endlich einbettbar* in $\mathfrak{B}$ (kurz: $\mathfrak{A} \to_e \mathfrak{B}$), wenn es eine Folge $(I_n)_{n\in\mathbb{N}}$ gibt, die die Eigenschaften 1.3(a) und (b) hat. Entsprechend werde definiert, wann $\mathfrak{A}$ *partiell einbettbar* in $\mathfrak{B}$ ist, kurz, wenn $\mathfrak{A} \to_p \mathfrak{B}$ gilt. Man zeige:
(a) Wenn $\mathfrak{A} \to_e \mathfrak{B}$ und A endlich ist, so ist $\mathfrak{A}$ in $\mathfrak{B}$ einbettbar, d.h. $\mathfrak{A}$ ist isomorph zu einer Substruktur von $\mathfrak{B}$.
(b) Wenn $\mathfrak{A} \to_p \mathfrak{B}$ und A höchstens abzählbar ist, so ist $\mathfrak{A}$ in $\mathfrak{B}$ einbettbar.
(c) Ist $\mathfrak{A}$ eine Ordnung und $\mathfrak{B}$ eine dichte Ordnung, so gilt $\mathfrak{A} \to_p \mathfrak{B}$.

§2 Der Satz von Fraissé

Mit den in §1 eingeführten Begriffen können wir jetzt das Hauptergebnis dieses Kapitels formulieren.

2.1 Satz von Fraissé. *Für eine endliche Symbolmenge S und je zwei S-Strukturen $\mathfrak{A}$ und $\mathfrak{B}$ gilt:*

$$\mathfrak{A} \equiv \mathfrak{B} \quad gdw \quad \mathfrak{A} \cong_e \mathfrak{B}.$$

Der Satz von Fraissé enthält damit eine Charakterisierung der elementaren Äquivalenz, die nicht auf die Sprache erster Stufe Bezug nimmt.

Den Beweis von 2.1 verschieben wir auf den nächsten Paragraphen. Zuvor zeigen wir an einigen Beispielen, wie man 2.1 zum Nachweis für die elementare Äquivalenz von Strukturen und die Vollständigkeit von Theorien einsetzen kann.

2.2. (a) Je zwei dichte Ordnungen sind elementar äquivalent. Insbesondere gilt also $(\mathbb{R}, <) \equiv (\mathbb{Q}, <)$.
(b) Je zwei $\{\sigma, 0\}$-Strukturen, die Modell der Nachfolger-Axiome aus 1.8 sind, sind elementar äquivalent.

Beweis. (a) folgt aus 2.1, da (vgl. 1.7) je zwei dichte Ordnungen partiell isomorph, also auch endlich isomorph sind; (b) ergibt sich entsprechend mit 1.8. □

2.3 Lemma. *Für eine Theorie $T \subset L_0^S$ sind äquivalent:*
(a) *T ist vollständig, d.h. für jeden S-Satz φ gilt $\varphi \in T$ oder $\neg\varphi \in T$.*
(b) *Je zwei Modelle von T sind elementar äquivalent.*

Beweis. Gelte zunächst (a) und seien $\mathfrak{A}$ und $\mathfrak{B}$ Modelle von T. Für einen beliebigen S-Satz φ ist $\varphi \in T$ oder $\neg\varphi \in T$. Wenn $\varphi \in T$, so $\mathfrak{A} \models \varphi$ und $\mathfrak{B} \models \varphi$; wenn $\neg\varphi \in T$, so $\mathfrak{A} \models \neg\varphi$ und $\mathfrak{B} \models \neg\varphi$. Insgesamt also $\mathfrak{A} \models \varphi$ gdw $\mathfrak{B} \models \varphi$.

Zur Umkehrung: Ist φ ein S-Satz und $\varphi \notin T$, so gilt nicht $T \models \varphi$, da T eine Theorie ist. Es gibt daher ein Modell $\mathfrak{A}$ von $T \cup \{\neg\varphi\}$. Wegen (b) ist jedes Modell von T zu $\mathfrak{A}$ elementar äquivalent und somit ein Modell von $\neg\varphi$. Daher gilt $T \models \neg\varphi$ und, da T eine Theorie ist, $\neg\varphi \in T$. □

Aus 2.2 erhalten wir mit 2.3 und X.6.5

2.4. (a) *Die Theorie* $\Phi_{\mathrm{dOrd}}^{\models}$ *der dichten Ordnungen ist vollständig und R-entscheidbar.* (*Somit ist etwa* $\Phi_{\mathrm{dOrd}}^{\models} = \mathrm{Th}(\mathbb{R}, <)$.)
(b) *Die Theorie* $\Phi_{\sigma}^{\models}$ *der Nachfolger-Strukturen ist vollständig und R-entscheidbar.* (*Somit ist etwa* $\Phi_{\sigma}^{\models} = \mathrm{Th}(\mathbb{N}, \sigma)$.)

Als Vorbereitung zum Beweis des Satzes von Fraissé zeigen wir jetzt, daß wir uns auf relationale Symbolmengen beschränken können. Wie man den Beweis direkt für beliebige endliche Symbolmengen führen kann, skizzieren wir in Aufgabe 3.15.

Sei S eine beliebige Symbolmenge. Wie vor VIII.1.5 wählen wir für jedes n-stellige $f \in S$ ein neues $(n+1)$-stelliges Relationssymbol F und für jedes $c \in S$ ein neues einstelliges Relationssymbol C. S^r bestehe aus den Relationssymbolen von S und den neu eingeführten Relationssymbolen. S^r ist somit relational. – Für eine S-Struktur $\mathfrak{A}$ sei – wie in VIII.1. – $\mathfrak{A}^r$ die Sr-Struktur, die aus $\mathfrak{A}$ durch Ersetzung der Funktionen und Konstanten durch ihre Graphen entsteht.

Bei der Definition der partiellen Isomorphismen haben wir die Homomorphiebedingungen für Funktionen und Konstanten so festgelegt (vgl. 1.1), daß für beliebige Strukturen $\mathfrak{A}$ und $\mathfrak{B}$ gilt:

$$\mathrm{Part}(\mathfrak{A}, \mathfrak{B}) = \mathrm{Part}(\mathfrak{A}^r, \mathfrak{B}^r).$$

Hieraus erhalten wir

$$(*) \qquad \mathfrak{A} \cong_e \mathfrak{B} \quad \text{gdw} \quad \mathfrak{A}^r \cong_e \mathfrak{B}^r.$$

In VIII.1.8 haben wir gezeigt, daß

$$(**) \qquad \mathfrak{A} \equiv \mathfrak{B} \quad \text{gdw} \quad \mathfrak{A}^r \equiv \mathfrak{B}^r.$$

Damit kann man sich beim Beweis des Satzes von Fraissé auf *relationale* Symbolmengen beschränken: Sind nämlich $\mathfrak{A}$ und $\mathfrak{B}$ gegeben, so erhält man aus

$$\mathfrak{A}^r \equiv \mathfrak{B}^r \quad \text{gdw} \quad \mathfrak{A}^r \cong_e \mathfrak{B}^r$$

mit $(*)$ und $(**)$

$$\mathfrak{A} \equiv \mathfrak{B} \quad \text{gdw} \quad \mathfrak{A} \cong_e \mathfrak{B}.$$

2.5 Aufgabe. Für $S = \emptyset$ ist die Theorie $\{\varphi_{\geq n} \mid n \geq 2\}^{\models}$ der unendlichen Mengen vollständig und R-entscheidbar.

2.6 Aufgabe. Sei $S = \{P_n \mid n \in \mathbb{N}\}$ eine Menge einstelliger Relationssymbole. Die S-Strukturen $\mathfrak{A}$ und $\mathfrak{B}$ seien gegeben durch $A := \mathbb{N}$,

$B := \mathbb{N} \cup \{\infty\}$, $P_n^{\mathfrak{A}} := \{m \mid m \in \mathbb{N}, m \geq n\}$, $P_n^{\mathfrak{B}} := \{m \mid m \in \mathbb{N}, m \geq n\} \cup \{\infty\}$. Man zeige: $\mathfrak{A} \equiv \mathfrak{B}$, nicht $\mathfrak{A} \cong_e \mathfrak{B}$. Der Satz von Fraissé gilt also i.a. nicht für unendliche Symbolmengen. Man beachte jedoch, daß für beliebiges S und S-Strukturen $\mathfrak{A}, \mathfrak{B}$ wegen ($\mathfrak{A} \equiv \mathfrak{B}$ gdw für jedes endliche $S_0 \subset S$ ist $\mathfrak{A}\restriction_{S_0} \equiv \mathfrak{B}\restriction_{S_0}$) gilt: $\mathfrak{A} \equiv \mathfrak{B}$ gdw für jedes endliche $S_0 \subset S$ ist $\mathfrak{A}\restriction_{S_0} \cong_e \mathfrak{B}\restriction_{S_0}$.

§3 Der Beweis des Satzes von Fraissé

Ausführungen beweisen wir den Satz von Fraissé. Wir legen dazu eine *endliche*, *relationale* Symbolmenge S zugrunde.

Für einen Ausdruck φ gibt der Quantorenrang $\mathrm{qr}(\varphi)$ von φ die maximale Anzahl ineinandergeschachtelter Quantoren an:

$$\begin{aligned} \mathrm{qr}(\varphi) &:= 0, \text{ falls } \varphi \text{ atomar;} \\ \mathrm{qr}(\neg\varphi) &:= \mathrm{qr}(\varphi); \\ \mathrm{qr}(\varphi \vee \psi) &:= \max\{\mathrm{qr}(\varphi), \mathrm{qr}(\psi)\}; \\ \mathrm{qr}(\exists x\varphi) &:= \mathrm{qr}(\varphi) + 1. \end{aligned}$$

Z.B. hat der Ausdruck $\neg\exists x(\forall yRxz \wedge Qy) \wedge \forall zQz$ den Quantorenrang 2. Die Ausdrücke vom Quantorenrang Null sind die quantorenfreien Ausdrücke.

Eine Richtung des Satzes von Fraissé ergibt sich aus

3.1. *Wenn* $\mathfrak{A} \cong_e \mathfrak{B}$, *so* $\mathfrak{A} \equiv \mathfrak{B}$.

Zum Beweis von 3.1 ist für jeden S-Satz φ zu zeigen, daß

$$\mathfrak{A} \models \varphi \quad \text{gdw} \quad \mathfrak{B} \models \varphi.$$

Dies erhalten wir aus dem folgenden Lemma für $r = 0$, $n = \mathrm{qr}(\varphi)$ und ein beliebiges $p \in I_n$ (beachte, daß $I_n \neq \emptyset$!).

3.2 Lemma. *Sei* $(I_n)_{n\in\mathbb{N}} : \mathfrak{A} \cong_e \mathfrak{B}$. *Dann gilt für jeden Ausdruck* φ:

(*) *Wenn* $\varphi \in L_r^S$, $\mathrm{qr}(\varphi) \leq n$, $p \in I_n$ *und* $a_0, \ldots, a_{r-1} \in \mathrm{def}(p)$, *so* $\mathfrak{A} \models \varphi[a_0, \ldots, a_{r-1}]$ *gdw* $\mathfrak{B} \models \varphi[p(a_0), \ldots, p(a_{r-1})]$.

3.2 kann man kurz so formulieren: Partielle Isomorphismen aus I_n erhalten die Gültigkeit von Ausdrücken eines Quantorenranges $\leq n$. 3.2 präzisiert die Überlegungen in 1.2(e), die zeigten, daß die Gültigkeit von Ausdrücken mit Quantoren bei einem partiellen Isomorphismus erhalten bleibt, sofern für ihn gewisse Fortsetzungsmöglichkeiten existieren.

Beweis von 3.2. Wir beweisen (*) durch Induktion über den Aufbau von φ. Sei $\varphi \in L_r^S$, $\mathrm{qr}(\varphi) \leq n$, $p \in I_n$ und $a_0, \ldots, a_{r-1} \in \mathrm{def}(p)$.

(i) Für atomares φ haben wir die Behauptung in 1.2(c) gezeigt.

(ii) Ist $\varphi = \neg\psi$, so erhalten wir: $\mathfrak{A} \models \varphi[a_0, \ldots, a_{r-1}]$
gdw nicht $\mathfrak{A} \models \psi[a_0, \ldots, a_{r-1}]$
gdw nicht $\mathfrak{B} \models \psi[p(a_0), \ldots, p(a_{r-1})]$ (nach Ind.-Vor.)
gdw $\mathfrak{B} \models \varphi[p(a_0), \ldots, p(a_{r-1})]$.

(iii) Für $\varphi = \psi_0 \vee \psi_1$ schließt man analog.

(iv) Sei $\varphi = \exists x\psi$. Wegen $\varphi \in L_r^S$ kommt v_r nicht frei in φ vor. Somit gilt $\models \exists x\psi \leftrightarrow \exists v_r \psi \frac{v_r}{x}$, und wir können daher voraussetzen, daß $x = v_r$ ist. Wegen $\mathrm{qr}(\varphi) = \mathrm{qr}(\exists x\psi) \leq n$ ist $\mathrm{qr}(\psi) \leq n-1$. Die Behauptung ergibt sich dann aus der folgenden Kette äquivalenter Aussagen:

(a) $\mathfrak{A} \models \varphi[a_0, \ldots, a_{r-1}]$.

(b) Es gibt $a \in A$ mit $\mathfrak{A} \models \psi[a_0, \ldots, a_{r-1}, a]$.

(c) Es gibt $a \in A$ und $q \in I_{n-1}$ mit $q \supset p$, $a \in \mathrm{def}(q)$ und $\mathfrak{A} \models \psi[a_0, \ldots, a_{r-1}, a]$.

(d) Es gibt $a \in A$ und $q \in I_{n-1}$ mit $q \supset p$, $a \in \mathrm{def}(q)$ und $\mathfrak{B} \models \psi[p(a_0), \ldots, p(a_{r-1}), q(a)]$.

(e) Es gibt $b \in B$ und $q \in I_{n-1}$ mit $q \supset p$, $b \in \mathrm{bd}(q)$ und $\mathfrak{B} \models \psi[p(a_0), \ldots, p(a_{r-1}), b]$.

(f) Es gibt $b \in B$ mit $\mathfrak{B} \models \psi[p(a_0), \ldots, p(a_{r-1}), b]$.

(g) $\mathfrak{B} \models \varphi[p(a_0), \ldots, p(a_{r-1})]$.

Zum Nachweis der Äquivalenz von (b) und (c) bzw. (e) und (f) benutzt man die Hin- bzw. Her-Eigenschaft der Folge $(I_n)_{n \in \mathbb{N}}$. Die Äquivalenz von (c) und (d) ergibt sich aus der Induktionsvoraussetzung. □

Wir ziehen aus dem vorangehenden Beweis noch eine Folgerung:

Zwei Strukturen $\mathfrak{A}$ und $\mathfrak{B}$ heißen *m-isomorph* (kurz: $\mathfrak{A} \cong_m \mathfrak{B}$), wenn es eine Folge $I_0, \ldots, I_m$ von nicht-leeren Mengen partieller Isomorphismen von $\mathfrak{A}$ nach $\mathfrak{B}$ mit der Hin- und der Her-Eigenschaft gibt, d.h. mit:

Wenn $n+1 \leq m$, $p \in I_{n+1}$ und $a \in A$ (bzw. $b \in B$), so gibt es ein $q \in I_n$ mit $q \supset p$ und $a \in \operatorname{def}(q)$ (bzw. $b \in \operatorname{bd}(q)$).

Wir schreiben dann $(I_n)_{n \leq m} \colon \mathfrak{A} \cong_m \mathfrak{B}$.

Gilt $(I_n)_{n \leq m} \colon \mathfrak{A} \cong_m \mathfrak{B}$, so zeigt der Beweis von 3.2, daß jedes $p \in I_n$ (mit $n \leq m$) die Gültigkeit von Ausdrücken eines Quantorenranges $\leq n$ erhält. Schreiben wir $\mathfrak{A} \equiv_m \mathfrak{B}$, wenn $\mathfrak{A}$ und $\mathfrak{B}$ dieselben Sätze vom Quantorenrang $\leq m$ erfüllen, so gilt daher:

3.3 Korollar. *Wenn* $\mathfrak{A} \cong_m \mathfrak{B}$, *so* $\mathfrak{A} \equiv_m \mathfrak{B}$. □

Die folgenden Überlegungen werden zum Beweis der Umkehrung von 3.1 führen.

Für eine S-Struktur $\mathfrak{B}$, endlich viele Elemente $b_0, \ldots, b_{r-1} \in B$, kurz: $\overset{r}{b} \in B$, und $n \in \mathbb{N}$ führen wir einen Ausdruck $\varphi^n_{\mathfrak{B}, \overset{r}{b}} \in L_r^S$ ein: $\varphi^0_{\mathfrak{B}, \overset{r}{b}}$ beschreibt den „Isomorphietyp" der Substruktur $[b_0, \ldots, b_{r-1}]^{\mathfrak{B}}$; für $n > 0$ gibt $\varphi^n_{\mathfrak{B}, \overset{r}{b}}$ an, zu welchen Isomorphietypen sich $\overset{r}{b}$ in $\mathfrak{B}$ durch n-malige Hinzunahme jeweils eines Elements erweitern läßt. Es wird $\mathfrak{B} \models \varphi^n_{\mathfrak{B}, \overset{r}{b}}[\overset{r}{b}]$ gelten; und wenn $\mathfrak{A} \models \varphi^n_{\mathfrak{B}, \overset{r}{b}}[\overset{r}{a}]$ für eine S-Struktur $\mathfrak{A}$ und $\overset{r}{a} \in A$, so wird die Zuordnung $a_i \mapsto b_i$ $(i < r)$ ein partieller Isomorphismus sein, der sich „n-mal hin und her erweitern läßt". Für $n > 0$ lassen wir auch den Fall $r = 0$ zu, d.h. den Fall der leeren Folge $\emptyset$ von Elementen von $\mathfrak{B}$, und schreiben $\varphi^n_{\mathfrak{B}}$ für $\varphi^n_{\mathfrak{B}, \emptyset}$.

Wir geben nun eine exakte Definition. Zur Abkürzung setzen wir

$$\Phi_r := \{\varphi \in L_r^S \mid \varphi \text{ atomar oder negiert atomar}\}.$$

Da S nur Relationssymbole enthält, ist Φ_r endlich und Φ_0 leer.

Für eine S-Struktur $\mathfrak{B}$ definieren wir durch Induktion über n für alle r ($r > 0$, falls $n = 0$) und alle $\overset{r}{b} \in B$ den Ausdruck $\varphi^n_{\mathfrak{B}, \overset{r}{b}}$ wie folgt (wir zeigen anschließend, daß die in der Definition auftretenden Konjunktionen und Disjunktionen endlich sind):

$$\varphi^0_{\mathfrak{B}, \overset{r}{b}} := \bigwedge \{\varphi \in \Phi_r^S \mid \mathfrak{B} \models \varphi[\overset{r}{b}]\},$$

$$\varphi^{n+1}_{\mathfrak{B}, \overset{r}{b}} := \forall v_r \bigvee \{\varphi^n_{\mathfrak{B}, \overset{r}{b}b} \mid b \in B\} \wedge \bigwedge \{\exists v_r \varphi^n_{\mathfrak{B}, \overset{r}{b}b} \mid b \in B\}.$$

Dabei stehe $\overset{r}{b}b$ abkürzend für $(b_0, \ldots, b_{r-1}, b)$.

Da Φ_r für alle r endlich ist, ergibt sich durch Induktion über n leicht:

3.4. *Die Menge* $\{\varphi^n_{\mathfrak{B},\overset{r}{b}} \mid \mathfrak{B}$ *S-Struktur und* $\overset{r}{b} \in B\}$ *ist endlich.* □

Die in der Definition auftretenden Konjunktionen und Disjunktionen sind also alle endlich, und somit sind die $\varphi^n_{\mathfrak{B},\overset{r}{b}}$ Ausdrücke erster Stufe.

3.5. (a) $\varphi^n_{\mathfrak{B},\overset{r}{b}} \in L^S_r$ *und* $\mathrm{qr}(\varphi^n_{\mathfrak{B},\overset{r}{b}}) = n$.

(b) $\mathfrak{B} \models \varphi^n_{\mathfrak{B},\overset{r}{b}}[\overset{r}{b}]$.

Beweis für (a) und (b) durch Induktion über n. Wir gehen auf (b) ein. Für $n = 0$ (und $r > 0$) ergibt sich die Behauptung sofort aus der Definition der $\varphi^0_{\mathfrak{B},\overset{r}{b}}$. Im Schritt von n nach $n+1$ gilt nach Induktionsvoraussetzung für alle $b' \in B$, daß

$$\mathfrak{B} \models \varphi^n_{\mathfrak{B},\overset{r}{b}b'}[\overset{r}{b}, b'],$$

also für alle $b' \in B$, daß

$$\mathfrak{B} \models \bigvee\{\varphi^n_{\mathfrak{B},\overset{r}{b}b} \mid b \in B\}[\overset{r}{b}, b'] \quad \text{und} \quad \mathfrak{B} \models \exists v_r \varphi^n_{\mathfrak{B},\overset{r}{b}b'}[\overset{r}{b}],$$

somit

$$\mathfrak{B} \models \forall v_r \bigvee\{\varphi^n_{\mathfrak{B},\overset{r}{b}b} \mid b \in B\}[\overset{r}{b}] \quad \text{und} \quad \mathfrak{B} \models \bigwedge\{\exists v_r \varphi^n_{\mathfrak{B},\overset{r}{b}b'} \mid b' \in B\}[\overset{r}{b}]$$

und daher $\mathfrak{B} \models \varphi^{n+1}_{\mathfrak{B},\overset{r}{b}}[\overset{r}{b}]$. □

Sei weiterhin $\overset{r}{b} \in B$. Ist auch $\mathfrak{A}$ eine S-Struktur und $\overset{r}{a} \in A$, so liefert 1.2(c):

3.6. $\mathfrak{A} \models \varphi^0_{\mathfrak{B},\overset{r}{b}}[\overset{r}{a}]$ *gdw durch* $p(a_i) = b_i$ *für* $i < r$ *wird ein partieller Isomorphismus von* $\mathfrak{A}$ *nach* $\mathfrak{B}$ *definiert, kurz:* $\overset{r}{a} \mapsto \overset{r}{b} \in \mathrm{Part}(\mathfrak{A}, \mathfrak{B})$.

Die Richtung von links nach rechts verallgemeinern wir zu

3.7. *Wenn* $\mathfrak{A} \models \varphi^n_{\mathfrak{B},\overset{r}{b}}[\overset{r}{a}]$, *so ist* $\overset{r}{a} \mapsto \overset{r}{b} \in \mathrm{Part}(\mathfrak{A}, \mathfrak{B})$.

Beweis durch Induktion über n. Für $n = 0$ ergibt sich die Behauptung aus 3.6. Gelte $\mathfrak{A} \models \varphi^{n+1}_{\mathfrak{B},\overset{r}{b}}[\overset{r}{a}]$. Wir wählen $a \in A$ beliebig. Wegen

$\mathfrak{A} \models \forall v_r \bigvee\{\varphi^n_{\mathfrak{B},\overset{r}{b}b} \mid b \in B\}[\overset{r}{a}]$ gibt es ein $b \in B$, so daß $\mathfrak{A} \models \varphi^n_{\mathfrak{B},\overset{r}{b}b}[\overset{r}{a}, a]$.

Nach Induktionsvoraussetzung ist $\overset{r}{a}a \mapsto \overset{r}{b}b \in \mathrm{Part}(\mathfrak{A}, \mathfrak{B})$, also auch $\overset{r}{a} \mapsto \overset{r}{b} \in \mathrm{Part}(\mathfrak{A}, \mathfrak{B})$. □

Im folgenden seien $\mathfrak{A}$ und $\mathfrak{B}$ fest vorgegebene S-Strukturen. Für $n \in \mathbb{N}$ setzen wir

$$J_n := \{\overset{r}{a} \mapsto \overset{r}{b} \mid r \in \mathbb{N}, \overset{r}{a} \in A, \overset{r}{b} \in B \text{ und } \mathfrak{A} \models \varphi^n_{\mathfrak{B},\overset{r}{b}}[\overset{r}{a}]\}.$$

Dann erhalten wir:

3.8. (a) $J_n \subset \mathrm{Part}(\mathfrak{A}, \mathfrak{B})$;
(b) $(J_n)_{n \in \mathbb{N}}$ *hat die Hin- und die Her-Eigenschaft;*
(c) *Ist* $n > 0$ *und* $\mathfrak{A} \models \varphi^n_{\mathfrak{B}}$ $(= \varphi^n_{\mathfrak{B},\emptyset})$, *so ist* $\emptyset \in J_n$, *also* $J_n \neq \emptyset$.

Beweis. (a) ergibt sich sofort aus 3.7 und (c) sofort aus der Definition der J_n. Es bleibt (b) zu zeigen. Wir beweisen zunächst die Hin-Eigenschaft. Sei hierzu $p = \overset{r}{a} \mapsto \overset{r}{b} \in J_{n+1}$ und $a \in A$. Dann gilt $\mathfrak{A} \models \varphi^{n+1}_{\mathfrak{B},\overset{r}{b}}[\overset{r}{a}]$, also insbesondere $\mathfrak{A} \models \forall v_r \bigvee\{\varphi^n_{\mathfrak{B},\overset{r}{b}b} \mid b \in B\}[\overset{r}{a}]$. Es gibt daher ein $b \in B$ mit $\mathfrak{A} \models \varphi^n_{\mathfrak{B},\overset{r}{b}b}[\overset{r}{a}, a]$. Dann ist $\overset{r}{a}a \mapsto \overset{r}{b}b$ ein partieller Isomorphismus in J_n, der p fortsetzt und a im Definitionsbereich hat. – Da auch $\mathfrak{A} \models \bigwedge\{\exists v_r \varphi^n_{\mathfrak{B},\overset{r}{b}b} \mid b \in B\}[\overset{r}{a}]$, gibt es zu jedem $b \in B$ ein $a \in A$ mit $\mathfrak{A} \models \varphi^n_{\mathfrak{B},\overset{r}{b}b}[\overset{r}{a}, a]$, also mit $\overset{r}{a}a \mapsto \overset{r}{b}b \in J_n$, d.h. einen partiellen Isomorphismus in J_n, der p fortsetzt und b im Bildbereich hat. Damit haben wir auch die Her-Eigenschaft bewiesen. □

Mit 3.8 ergibt sich nun leicht die noch ausstehende Richtung des Satzes von Fraissé: Wenn $\mathfrak{A} \equiv \mathfrak{B}$, so $\mathfrak{A} \cong_e \mathfrak{B}$. Sei hierzu $\mathfrak{A} \equiv \mathfrak{B}$. Da, für $n \geq 1$, $\mathfrak{B} \models \varphi^n_{\mathfrak{B}}$ (vgl. 3.5(b)), gilt somit $\mathfrak{A} \models \varphi^n_{\mathfrak{B}}$; nach 3.8(c) ist dann $J_n \neq \emptyset$, und daher $(J_n)_{n \in \mathbb{N}} : \mathfrak{A} \cong_e \mathfrak{B}$ (vgl. 3.8(a), (b)). □

Aus den vorangehenden Überlegungen erhalten wir:

3.9 Satz. *Es sei S eine endliche relationale Symbolmenge, und* $\mathfrak{A}$ *und* $\mathfrak{B}$ *seien S-Strukturen. Dann sind äquivalent:*

(a) $\mathfrak{A} \equiv \mathfrak{B}$.
(b) $\mathfrak{A} \models \varphi^n_{\mathfrak{B}}$ *für* $n \geq 1$.
(c) $(J_n)_{n \in \mathbb{N}} : \mathfrak{A} \cong_e \mathfrak{B}$.
(d) $\mathfrak{A} \cong_e \mathfrak{B}$. □

Da $\mathrm{qr}(\varphi^m_{\mathfrak{B}}) = m$ für $m \geq 1$, erhalten wir weiter:

3.10 Satz. *Es sei S eine endliche relationale Symbolmenge, und $\mathfrak{A}$ und $\mathfrak{B}$ seien S-Strukturen. Dann sind für $m \geq 1$ die folgenden Aussagen äquivalent:*

(a) $\mathfrak{A} \equiv_m \mathfrak{B}$.

(b) $\mathfrak{A} \models \varphi^m_{\mathfrak{B}}$.

(c) $(J_n)_{n \leq m} : \mathfrak{A} \cong_m \mathfrak{B}$.

(d) $\mathfrak{A} \cong_m \mathfrak{B}$.

Für die Richtung von (b) nach (c) beachte man, daß – aufgrund der Hin- und der Her-Eigenschaft der Folge $(J_n)_{n\in\mathbb{N}}$ – mit $J_n \neq \emptyset$ auch $J_m \neq \emptyset$ ist für $m < n$. □

In VI.3 haben wir von einer Reihe von Klassen gezeigt, daß sie nicht Δ-elementar sind. Die Argumentationen bedienten sich des Endlichkeitssatzes und machten von unendlichen Strukturen Gebrauch. Die vorangehenden Betrachtungen geben uns eine Methode an die Hand, um zu zeigen, daß gewisse Eigenschaften auch bei Beschränkung auf *endliche* Strukturen nicht durch einen Satz der ersten Stufe formuliert werden können. Wir erläutern die Vorgehensweise am Beispiel des Zusammenhangs für endliche Graphen (in VI.3.6 hatten wir den Zusammenhang für die Klasse *aller* Graphen behandelt). Ein weiteres Beispiel enthält Aufgabe 3.16(b).

3.11 Satz. *Es gibt keinen $\{R\}$-Satz, dessen endliche Modelle die endlichen zusammenhängenden Graphen sind.* (*Insbesondere ist also die Klasse der zusammenhängenden Graphen nicht elementar*).

Beweis. Für $k \geq 0$ sei $\mathfrak{G}_k$ der zusammenhängende Graph, der dem regelmäßigen $(k+1)$-Eck mit den Ecken $0, \dots, k$ entspricht, also

$$\mathfrak{G}_k = \big(\{0, \dots, k\}, R^{G_k}\big)$$

mit

$$R^{G_k} = \{(i, i+1) \mid i < k\} \cup \{(i, i-1) \mid 1 \leq i \leq k\} \cup \{(0,k), (k,0)\},$$

und $\mathfrak{H}_k$ bestehe aus zwei disjunkten Kopien von $\mathfrak{G}_k$, etwa

$$\mathfrak{H}_k = \big(\{0, \dots, k\} \times \{0,1\}, R^{H_k}\big)$$

mit

$$R^{H_k} = \{((i,0),(j,0)) \mid (i,j) \in R^{G_k}\} \cup \{((i,1),(j,1)) \mid (i,j) \in R^{G_k}\}.$$

Wir behaupten:

(*) Für $k \geq 2^m$ gilt $\mathfrak{G}_k \cong_m \mathfrak{H}_k$.

Dann sind wir fertig. Sei nämlich φ ein $\{R\}$-Satz, und sei $m = \mathrm{qr}(\varphi)$. Dann liefert (*), daß $\mathfrak{G}_{2^m} \cong_m \mathfrak{H}_{2^m}$, also $\mathfrak{G}_{2^m} \equiv_m \mathfrak{H}_{2^m}$ und daher

($\mathfrak{G}_{2^m} \models \varphi$ gdw $\mathfrak{H}_{2^m} \models \varphi$). Da $\mathfrak{G}_{2^m}$ zusammenhängend ist, $\mathfrak{H}_{2^m}$ aber nicht, kann die Klasse der endlichen Modelle von φ nicht die Klasse der endlichen zusammenhängenden Graphen sein.

Zum Beweis von (*) definieren wir für festes $k \geq 2^m$ und $n \geq 0$ ähnlich wie in 1.8 „Distanzfunktionen" d_n auf $G_k \times G_k$ und d_n' auf $(G_k \times \{0,1\}) \times (G_k \times \{0,1\})$ wie folgt:

$$d_n(a,b) := \begin{cases} \text{Länge des kürzesten Kantenzuges, der } a \text{ und } b \text{ in } \mathfrak{G}_k \\ \text{miteinander verbindet, falls diese Länge} \leq 2^m \text{ ist;} \\ \infty, \quad \text{sonst;} \end{cases}$$

$$d_n'((a,i),(b,j)) := \begin{cases} d_n(a,b), & \text{falls } i = j; \\ \infty, & \text{sonst.} \end{cases}$$

Wir setzen

$$I_n := \{p \in \operatorname{Part}(\mathfrak{G}_k, \mathfrak{H}_k) \mid \operatorname{def}(p) \text{ endlich, und für alle } a,b \in G_k \text{ gilt: } d_n(a,b) = d_n'(p(a),p(b))\}.$$

Ähnlich wie in 1.8 kann man leicht zeigen, daß $(I_n)_{n \leq m} : \mathfrak{G}_k \cong_m \mathfrak{H}_k$. □

3.12 Aufgabe. Es sei S endlich und relational, und die S-Struktur $\mathfrak{B}$ enthalte genau n Elemente. Dann gilt für jede S-Struktur $\mathfrak{A}$:

$$\mathfrak{A} \cong \mathfrak{B} \quad \text{gdw} \quad \mathfrak{A} \models \varphi_{\mathfrak{B}}^{n+1},$$

d.h. $\varphi_{\mathfrak{B}}^{n+1}$ charakterisiert $\mathfrak{B}$ bis auf Isomorphie.

3.13 Aufgabe. Es sei S endlich und relational und $\mathfrak{B}$ eine S-Struktur. Man zeige für alle n und r (mit $n + r > 0$) und für alle $\overset{r}{b} \in B$, daß $\models \varphi^{n+1}_{\mathfrak{B},\overset{r}{b}} \to \varphi^{n}_{\mathfrak{B},\overset{r}{b}}$.

3.14 Aufgabe. Sei wiederum S endlich und relational. Für eine S-Struktur $\mathfrak{B}$ und $\overset{r}{b} \in B$ sei $\psi^{n+1}_{\mathfrak{B},\overset{r}{b}}$ (für $n + r > 0$) definiert durch $\psi^{0}_{\mathfrak{B},\overset{r}{b}} := \varphi^{0}_{\mathfrak{B},\overset{r}{b}}$ und $\psi^{n+1}_{\mathfrak{B},\overset{r}{b}} := \forall v_r \bigvee \{\psi^{n}_{\mathfrak{B},\overset{r}{b}b} \mid b \in B\}$. Man zeige:

(a) $\psi^{n}_{\mathfrak{B},\overset{r}{b}}$ ist ein universeller Ausdruck.

(b) Für eine weitere S-Struktur $\mathfrak{A}$ sind äquivalent:
   (1) $\mathfrak{A}$ erfüllt jeden universellen S-Satz, der in $\mathfrak{B}$ gilt.
   (2) $\mathfrak{A} \models \psi^{n}_{\mathfrak{B}}$ für alle $n \geq 1$.
   (3) $\mathfrak{A} \to_e \mathfrak{B}$ (zur Bezeichnung vgl. 1.12).

(c) Teil (b) entspricht dem Satz 3.9. Man formuliere und beweise das ensprechende Analogon von 3.10.

3.15 Aufgabe. Man übertrage die Ergebnisse dieses Paragraphen auf beliebige endliche Symbolmengen. Hierzu definiere man einen modifizierten Rang, mrg, für Terme und Ausdrücke wie folgt:

$$\begin{aligned} \mathrm{mrg}(x) &= 0, \quad \mathrm{mrg}(c) = 1 \\ \mathrm{mrg}(ft_1 \ldots t_n) &= 1 + \mathrm{mrg}(t_1) + \ldots + \mathrm{mrg}(t_n) \\ \mathrm{mrg}(Rt_1 \ldots t_n) &= \mathrm{mrg}(t_1) + \ldots + \mathrm{mrg}(t_n) \\ \mathrm{mrg}(t_1 \equiv t_2) &= \max\{0, \mathrm{mrg}(t_1) + \mathrm{mrg}(t_2) - 1\} \\ \mathrm{mrg}(\neg\varphi) &= \mathrm{mrg}(\varphi) \\ \mathrm{mrg}(\varphi \vee \psi) &= \max\{\mathrm{mrg}(\varphi), \mathrm{mrg}(\psi)\} \\ \mathrm{mrg}(\exists x\varphi) &= 1 + \mathrm{mrg}(\varphi). \end{aligned}$$

Weiterhin setze man für $r \geq 0$

$$\Phi_r' := \{\varphi \in L_r^S \mid \varphi \text{ atomar oder negiert atomar und } \mathrm{mrg}(\varphi) = 0\}.$$

Man zeige:

(a) Die Sätze 3.9 und 3.10 und die Überlegungen, die dazu führten, behalten ihre Gültigkeit, wenn überall der Quantorenrang durch den modifizierten Rang und Φ_r durch Φ_r' ersetzt wird. Entsprechendes gilt für die vorangehenden Aufgaben.

(b) Ist S relational, so ist $\Phi_r = \Phi_r'$ und $\mathrm{qr}(\varphi) = \mathrm{mrg}(\varphi)$ für alle $\varphi \in L^S$.

3.16 Aufgabe. Es sei $S := \{<, R\}$ mit zweistelligen Relationssymbolen $<$ und R. Für $k \in \mathbb{N}$ sei $\mathfrak{A}_k := (\{0, \ldots, k\}, <^{A_k}, R^{A_k})$, wobei $<^{A_k}$ die natürliche Ordnung auf $\{0, \ldots, k\}$ ist und R^{A_k} die Nachfolgerrelation, d.h. $R^{A_k} = \{(i, i+1) \mid i < k\}$. Man zeige:

(a) Für $k, l, m \in \mathbb{N}$ mit $k, l \geq 2^m$ ist $\mathfrak{A}_k \cong_m \mathfrak{A}_l$.

Hinweis: Ähnlich wie in 1.8 definiere man für $n \in \mathbb{N}$ eine „Distanzfunktion“ d_n auf $\mathbb{N} \times \mathbb{N}$ durch

$$d_n(a,b) := \begin{cases} b - a, & \text{falls } |b - a| \leq 2^n \\ \infty, & \text{sonst.} \end{cases}$$

Für $k, l \geq 2^m$ setze man

$$I_n := \{p \in \mathrm{Part}(\mathfrak{A}_k, \mathfrak{A}_l) \mid \mathrm{def}(p) \text{ endlich}, \ p(0) = 0, \ p(k) = l, \text{ und für alle } a, b \in \mathrm{def}(p) \text{ gilt: } d_n(a,b) = d_n(p(a), p(b))\}$$

und zeige (wie in 1.8), daß $(I_n)_{n \leq m} \colon \mathfrak{A}_k \cong_m \mathfrak{A}_l$.

(b) Es gibt kein $\varphi \in L_0^S$ mit $\mathfrak{A}_k \models \varphi$ gdw k gerade.

3.17 Aufgabe. Es sei $S := \{P_1, \ldots, P_r\}$ mit einstelligen P_i. Man zeige: Zu jeder S-Struktur $\mathfrak{A}$ und jedem $m \geq 1$ gibt es eine Struktur $\mathfrak{B}$ mit $\mathfrak{A} \cong_m \mathfrak{B}$, die höchstens $m \cdot 2^r$ Elemente enthält. (Hinweis: Man betrachte die 2^r Teilmengen von A der Gestalt $A_1 \cap \ldots \cap A_r$, wobei $A_i = P_i^A$ oder $A_i = A \setminus P_i^A$ ist. Man wähle als $\mathfrak{B}$ eine Struktur, bei der die entsprechenden Mengen die gleiche Anzahl von Elementen haben, falls diese $< m$ ist, und sonst m Elemente.)

3.18 Aufgabe. Sei wieder $S = \{P_1, \ldots, P_r\}$ mit einstelligen P_i, sei $m \geq 1$ und $\varphi \in L_0^S$ ein Satz vom Quantorenrang $\leq m$. Man zeige:
(a) Ist φ erfüllbar, so ist φ bereits über einem Bereich mit höchstens $m \cdot 2^r$ Elementen erfüllbar.
(b) $\{\psi \mid \psi \in L_0^S, \psi \text{ allgemeingültig}\}$ ist R-entscheidbar.

§4 Ehrenfeucht-Spiele

Die algebraische Umschreibung der elementaren Äquivalenz eignet sich gut für theoretische Überlegungen, ist aber nicht so einprägsam wie eine auf Ehrenfeucht zurückgehende spieltheoretische Charakterisierung, die wir in diesem Paragraphen schildern.

S sei eine beliebige Symbolmenge, und $\mathfrak{A}$ und $\mathfrak{B}$ seien S-Strukturen. Um die folgenden Formulierungen zu erleichtern, setzen wir weiter voraus, daß $A \cap B = \emptyset$ ist. Das durch $\mathfrak{A}$ und $\mathfrak{B}$ bestimmte *Ehrenfeucht-Spiel* $G(\mathfrak{A}, \mathfrak{B})$ wird von zwei Spielern, I und II, nach folgenden Regeln gespielt:

Eine *Partie* des Spiels beginnt damit, daß Spieler I eine natürliche Zahl $r \geq 1$ wählt. Er setzt damit fest, daß anschließend jeder Spieler in der so eröffneten Partie r Züge durchzuführen hat. Gezogen wird dabei abwechselnd, wobei Spieler I beginnt. Jeder Zug besteht in der Wahl eines Elements aus $A \cup B$. Hat Spieler I in seinem i-ten Zug ein Element $a_i \in A$ gewählt, muß Spieler II in seinem i-ten Zug ein $b_i \in B$ wählen. Hat Spieler I im i-ten Zug ein $b_i \in B$ gewählt, so muß Spieler II ein $a_i \in A$ wählen. Nach dem r-ten Zug von Spieler II ist die Partie beendet. Es sind dann eine Zahl $r \geq 1$, Elemente $a_1, \ldots, a_r \in A$ und Elemente $b_1, \ldots, b_r \in B$ gewählt worden. Spieler II hat die Partie gewonnen, falls durch die Vorschrift $p(a_i) := b_i$ für $i = 1, \ldots, r$ ein partieller Isomorphismus von $\mathfrak{A}$ nach $\mathfrak{B}$ definiert wird.

Wir sagen, daß es für den Spieler II in $G(\mathfrak{A}, \mathfrak{B})$ eine Gewinnstrategie gibt (kurz: II gewinnt $G(\mathfrak{A}, \mathfrak{B})$), wenn es für ihn die Möglichkeit gibt, in jeder Partie so zu spielen, daß er gewinnt. (Auf eine exakte Definition des Begriffs „Gewinnstrategie“ verzichten wir.)

4.1 Lemma. $\mathfrak{A} \cong_e \mathfrak{B}$ *gdw* II *gewinnt* $G(\mathfrak{A}, \mathfrak{B})$.

Dieses Lemma ergibt zusammen mit dem Satz von Fraissé die angestrebte spieltheortische Charakterisierung der elementaren Äquivalenz:

4.2 Satz von Ehrenfeucht. *Ist S eine endliche Symbolmenge, so gilt für S-Strukturen* $\mathfrak{A}$ *und* $\mathfrak{B}$*:*

$$\mathfrak{A} \equiv \mathfrak{B} \quad gdw \quad \text{II } gewinnt \ G(\mathfrak{A}, \mathfrak{B}).$$

Beweis von 4.1. Sei $(I_n)_{n \in \mathbb{N}} : \mathfrak{A} \cong_e \mathfrak{B}$. Dann gilt auch $(I'_n)_{n \in \mathbb{N}} : \mathfrak{A} \cong_e \mathfrak{B}$ für $I'_n := \{p \mid \text{Es gibt } q \in I_n \text{ mit } p \subset q\}$. Wir geben eine Gewinnstrategie für Spieler II an:

Wählt Spieler I zu Beginn einer $G(\mathfrak{A}, \mathfrak{B})$-Partie die Zahl r, so wähle Spieler II für $i = 1, \ldots, r$ die Elemente a_i bzw. b_i so, daß durch $p_i(a_j) = b_j$ für $1 \leq j \leq i$ ein partieller Isomorphismus $p_i : \{a_1, \ldots, a_i\} \to \{b_1, \ldots, b_i\}$ mit $p_i \in I'_{r-i}$ bestimmt wird; dies ist wegen der Fortsetzungseigenschaften der partiellen Isomorphismen aus $(I'_n)_{n \in \mathbb{N}}$ stets möglich. Für $i = r$ ergibt sich hieraus, daß Spieler II die Partie gewinnt.

Besitze nun umgekehrt Spieler II eine Gewinnstrategie in $G(\mathfrak{A}, \mathfrak{B})$. Wir definieren eine Folge $(I_n)_{n \in \mathbb{N}}$ durch die Festsetzung:

Für $n \in \mathbb{N}$ sei

$p \in I_n$:gdw $p \in \mathrm{Part}(\mathfrak{A}, \mathfrak{B})$ und es gibt $j \in \mathbb{N}$ und $a_1, \ldots, a_j \in A$ mit
(i) $\mathrm{def}(p) = \{a_1, \ldots, a_j\}$;
(ii) es gibt ein $m \geq n$ und es gibt eine $G(\mathfrak{A}, \mathfrak{B})$-Partie, die Spieler II nach seiner Gewinnstrategie spielt, die Spieler I mit der Zahl $m + j$ eröffnet und bei der in den ersten j Zügen eines jeden Spielers insgesamt die Elemente $a_1, \ldots, a_j \in A$ und $p(a_1), \ldots, p(a_j) \in B$ gespielt werden.

Aus den Spielregeln folgt unmittelbar, daß $(I_n)_{n \in \mathbb{N}} : \mathfrak{A} \cong_e \mathfrak{B}$. □

4.3 Aufgabe. Für $r \geq 1$ entstehe das Spiel $G_r(\mathfrak{A}, \mathfrak{B})$ aus dem Ehrenfeucht-Spiel $G(\mathfrak{A}, \mathfrak{B})$ durch die Festlegung, daß Spieler I zunächst die Zahl r zu wählen hat. Man zeige: $\mathfrak{A} \cong_r \mathfrak{B}$ gdw II gewinnt $G_r(\mathfrak{A}, \mathfrak{B})$.

Kapitel XIII

Die Sätze von Lindström

Im letzten Kapitel dieses Buches bringen wir einige bereits mehrfach angekündigte Sätze, die auf Lindström [25] zurückgehen und die der Logik erster Stufe eine ausgezeichnete Stellung zuweisen. Wir zeigen:

(a) Es gibt kein logisches System, das ausdrucksstärker ist als die Logik erster Stufe und für das der Endlichkeitssatz und der Satz von Löwenheim und Skolem gelten (§3).

(b) Es gibt kein logisches System, das ausdrucksstärker ist als die Logik erster Stufe, für das der Satz von Löwenheim und Skolem gilt und für das die Menge der allgemeingültigen Sätze aufzählbar ist (§4).

§1 Logische Systeme

Bei der folgenden Präzisierung des Begriffs „logisches System“ fassen wir einige Merkmale zusammen, die alle Logiken besitzen, welche wir bislang betrachtet haben. Wir lassen uns dabei von semantischen Gesichtspunkten leiten und sprechen bereits dann von einem logischen System, wenn für jede Symbolmenge S eine „abstrakte“ Menge gegeben ist, deren Elemente die Rolle der S-Sätze übernehmen, und wenn zusätzlich eine Beziehung zwischen Strukturen und solchen Sätzen gegeben ist, die der Modellbeziehung entspricht und festlegt, ob ein „abstrakter“ Satz in einer Struktur gilt.

1.1 Definition. Ein *logisches System* $\mathscr{L}$ besteht aus einer Funktion L und einer zweistelligen Relation $\models_{\mathscr{L}}$. L ordnet jeder Symbolmenge S eine Menge $L(S)$ zu, die *Menge der S-Sätze* von $\mathscr{L}$. Dabei soll gelten:

(a) Wenn $S_0 \subset S_1$, so $L(S_0) \subset L(S_1)$.

(b) Wenn $\mathfrak{A} \models_{\mathscr{L}} \varphi$ (d.h. stehen $\mathfrak{A}$ und φ in der Relation $\models_{\mathscr{L}}$), so ist, für geeignetes S, $\mathfrak{A}$ eine S-Struktur und $\varphi \in L(S)$.

(c) (*Isomorphiebedingung*) Wenn $\mathfrak{A} \models_{\mathscr{L}} \varphi$ und $\mathfrak{A} \cong \mathfrak{B}$, so auch $\mathfrak{B} \models_{\mathscr{L}} \varphi$.

(d) (*Koinzidenzbedingung*) Ist $S_0 \subset S_1$, $\varphi \in L(S_0)$ und $\mathfrak{A}$ eine S_1-Struktur, so

$$\mathfrak{A} \models_{\mathscr{L}} \varphi \quad \text{gdw} \quad \mathfrak{A}\restriction_{S_0} \models_{\mathscr{L}} \varphi.$$

$\mathscr{L}_{\mathrm{I}}, \mathscr{L}_{\mathrm{II}}, \mathscr{L}_{\mathrm{II}}^{\mathrm{w}}, \mathscr{L}_{\omega_1\omega}, \mathscr{L}_Q$ sind logische Systeme. Bei $\mathscr{L}_{\mathrm{I}}$ z.B. wählen wir als L_{I} diejenige Funktion, welche jeder Symbolmenge S die Menge $L_{\mathrm{I}}(S) := L_0^S$ der S-Sätze erster Stufe zuordnet, und als $\models_{\mathscr{L}_{\mathrm{I}}}$ die übliche Modellbeziehung zwischen Strukturen und Sätzen erster Stufe.

Ist $\mathscr{L}$ ein logisches System und $\varphi \in L(S)$, so sei

$$\mathrm{Mod}_{\mathscr{L}}^S(\varphi) := \{\mathfrak{A} \mid \mathfrak{A}\ S\text{-Struktur und } \mathfrak{A} \models \varphi\}.$$

Ist der Bezug zur Symbolmenge S klar, schreiben wir auch kurz $\mathrm{Mod}_{\mathscr{L}}(\varphi)$.

Wir können $\mathrm{Mod}_{\mathscr{L}}^S(\varphi)$ als eine abstrakte Präzisierung der *Bedeutung* von φ auffassen. Auf diese Weise gelangen wir zu einer natürlichen Festlegung, ob ein logisches System $\mathscr{L}'$ ausdrucksstärker als $\mathscr{L}$ ist: nämlich dann, wenn es zu jedem $\mathscr{L}$-Satz φ einen $\mathscr{L}'$-Satz ψ mit der gleichen Bedeutung gibt.

1.2 Definition. $\mathscr{L}$ und $\mathscr{L}'$ seien logische Systeme.

(a) Sei S eine Symbolmenge, $\varphi \in L(S)$ und $\psi \in L'(S)$. φ und ψ heißen *logisch äquivalent* :gdw $\mathrm{Mod}_{\mathscr{L}}^S(\varphi) = \mathrm{Mod}_{\mathscr{L}'}^S(\psi)$.

(b) *$\mathscr{L}'$ ist ausdrucksstärker als $\mathscr{L}$* (kurz: $\mathscr{L} \leq \mathscr{L}'$) :gdw zu jedem S und jedem $\varphi \in L(S)$ gibt es $\psi \in L'(S)$, so daß φ und ψ logisch äquivalent sind.

(c) *$\mathscr{L}$ und $\mathscr{L}'$ sind gleich ausdrucksstark* (kurz: $\mathscr{L} \sim \mathscr{L}'$) :gdw $\mathscr{L} \leq \mathscr{L}'$ und $\mathscr{L}' \leq \mathscr{L}$.

Beispiele. $\mathscr{L}_{\mathrm{I}} \leq \mathscr{L}_{\mathrm{II}}^{\mathrm{w}}$; $\mathscr{L}_{\mathrm{II}}^{\mathrm{w}} \leq \mathscr{L}_{\mathrm{II}}$; nicht $\mathscr{L}_{\mathrm{II}} \leq \mathscr{L}_{\mathrm{II}}^{\mathrm{w}}$ (vgl. IX.1.7); $\mathscr{L}_{\mathrm{II}}^{\mathrm{w}} \leq \mathscr{L}_{\omega_1\omega}$ (vgl. IX.2.7).

Wir formulieren einige Eigenschaften logischer Systeme, die in abstrakter Form bekannte Bildungsmöglichkeiten in den von uns bislang betrachteten Systemen wiedergeben.

Für ein logisches System $\mathscr{L}$ besage:

Boole($\mathscr{L}$) („$\mathscr{L}$ enthält aussagenlogische („Boolesche") Junktoren"):

(1) Zu S und $\varphi \in L(S)$ gibt es ein $\chi \in L(S)$, so daß für jede S-Struktur $\mathfrak{A}$:

$$\mathfrak{A} \models_{\mathscr{L}} \chi \quad \text{gdw} \quad \text{nicht } \mathfrak{A} \models_{\mathscr{L}} \varphi.$$

(2) Zu S und $\varphi, \psi \in L(S)$ gibt es ein $\chi \in L(S)$, so daß für jede S-Struktur $\mathfrak{A}$:

$$\mathfrak{A} \models_{\mathscr{L}} \chi \quad \text{gdw} \quad (\mathfrak{A} \models_{\mathscr{L}} \varphi \text{ oder } \mathfrak{A} \models_{\mathscr{L}} \psi).$$

Wenn Boole($\mathscr{L}$) gilt, so bezeichne $\neg\varphi$ bzw. $(\varphi \vee \psi)$ stets ein χ im Sinne von (1) bzw. (2). Ähnlich sind Bildungen wie $(\varphi \wedge \psi), (\varphi \rightarrow \psi), \ldots$ zu verstehen.

Rel($\mathscr{L}$) („$\mathscr{L}$ erlaubt Relativierungen"):

Zu S, $\varphi \in L(S)$ und einstelligem U gibt es ein $\psi \in L(S \cup \{U\})$, so daß

$$(\mathfrak{A}, U^A) \models_{\mathscr{L}} \psi \quad \text{gdw} \quad [U^A]^{\mathfrak{A}} \models_{\mathscr{L}} \varphi$$

für alle S-Strukturen $\mathfrak{A}$ und alle S-abgeschlossenen Teilmengen U^A von A. ($[U^A]^{\mathfrak{A}}$ ist die Substruktur von $\mathfrak{A}$ mit dem Träger U^A.)

Wenn Rel($\mathscr{L}$) gilt, so bezeichne φ^U ein ψ mit der obigen Eigenschaft.

Ers($\mathscr{L}$) („$\mathscr{L}$ erlaubt Ersetzung von Funktionssymbolen und Konstanten durch Relationssymbole"):

Ist S eine Symbolmenge und ist S^r zu S gewählt wie in VIII.1.5 – die Funktionssymbole und Konstanten aus S werden durch Relationssymbole für ihre Graphen ersetzt –, so gilt: Zu $\varphi \in L(S)$ gibt es ein $\psi \in L(S^r)$, so daß für alle S-Strukturen $\mathfrak{A}$:

$$\mathfrak{A} \models_{\mathscr{L}} \varphi \quad \text{gdw} \quad \mathfrak{A}^r \models_{\mathscr{L}} \psi.$$

(Zur Definition von $\mathfrak{A}^r$ vgl. ebenfalls VIII.1.5). Wenn Ers($\mathscr{L}$) gilt, so bezeichne φ^r ein ψ mit der obigen Eigenschaft.

1.3 Definition. Ein logisches System $\mathscr{L}$ mit Boole($\mathscr{L}$), Rel($\mathscr{L}$) und Ers($\mathscr{L}$) nennen wir *regulär*.

Alle von uns bislang betrachteten logischen Systeme sind regulär. Für $\mathscr{L}_{\mathrm{I}}$ haben wir Rel($\mathscr{L}_{\mathrm{I}}$) und Ers($\mathscr{L}_{\mathrm{I}}$) ausführlich in VIII.1,2 gezeigt.

Die dortigen Betrachtungen lassen sich ohne Schwierigkeiten auch für die übrigen Systeme durchführen.

Wir übertragen semantische Begriffsbildungen und Redeweisen in natürlicher Weise von $\mathscr{L}_{\mathrm{I}}$ auf andere logische Systeme $\mathscr{L}$. Beispiele: Ist $\varphi \in L(S)$, so heiße φ *erfüllbar*, falls $\mathrm{Mod}^S_{\mathscr{L}}(\varphi) \neq \emptyset$, und *allgemeingültig*, falls $\mathrm{Mod}^S_{\mathscr{L}}(\varphi)$ die Klasse aller S-Strukturen ist. Ist $\Phi \subset L(S)$, so besage $\Phi \models_{\mathscr{L}} \varphi$, daß jedes Modell von Φ (im Sinne von $\models_{\mathscr{L}}$) ein Modell von φ ist. Der Leser überlege sich, daß diese Festlegungen aufgrund der Koinzidenzbedingung 1.1(d) nicht von S abhängen. Wir werden auch im folgenden von der Koinzidenzbedingung oft stillschweigend Gebrauch machen.

Es bedeute

Lösko($\mathscr{L}$) („Für $\mathscr{L}$ gilt der Satz von Löwenheim und Skolem"):

> Ist $\varphi \in L(S)$ erfüllbar, so gibt es ein Modell von φ, das einen höchstens abzählbaren Träger besitzt.

und

Endl($\mathscr{L}$) („Für $\mathscr{L}$ gilt der Endlichkeitssatz"):

> Ist $\Phi \subset L(S)$ und ist jede endliche Teilmenge von Φ erfüllbar, so auch Φ selbst.

In der jetzt geschaffenen Terminologie können wir das eingangs unter (a) genannte Resultat von Lindström folgendermaßen formulieren:

Ist $\mathscr{L}$ ein reguläres logisches System mit $\mathscr{L}_{\mathrm{I}} \leq \mathscr{L}$, Lösko($\mathscr{L}$) und Endl($\mathscr{L}$), so $\mathscr{L} \sim \mathscr{L}_{\mathrm{I}}$.

Das folgende Ergebnis werden wir verwenden, um uns bei den Beweisen der Sätze von Lindström auf relationales S zu beschränken.

1.4 Lemma. *Sei $\mathscr{L}$ ein reguläres logisches System. Wenn für alle relationalen Symbolmengen S jeder $L(S)$-Satz zu einem Satz erster Stufe logisch äquivalent ist, so gilt $\mathscr{L} \leq \mathscr{L}_{\mathrm{I}}$.*

Beweis. Wir erhalten die Behauptung mit Ers($\mathscr{L}$) und den Ergebnissen in VIII.1: Sei S eine beliebige Symbolmenge und $\psi \in L(S)$. Wir wählen mit Ers($\mathscr{L}$) den $L(S^r)$-Satz ψ^r (zur Definition von S^r vgl. Ers($\mathscr{L}$)). Da S^r relational ist, gibt es nach Voraussetzung zu ψ^r einen logisch äquivalenten Satz erster Stufe, etwa $\varphi \in L_{\mathrm{I}}(S^r)$. Zu φ wählen wir den $L_{\mathrm{I}}(S)$-Satz φ^{-r} gemäß VIII.1.7. Dann gilt für jede S-Struktur $\mathfrak{A}$:

$$\begin{aligned} \mathfrak{A} \models_{\mathcal{L}} \psi \quad & \text{gdw} \quad \mathfrak{A}^r \models_{\mathcal{L}} \psi^r \\ & \text{gdw} \quad \mathfrak{A}^r \models \varphi \\ & \text{gdw} \quad \mathfrak{A} \models \varphi^{-r}. \end{aligned}$$

Somit sind ψ und φ^{-r} logisch äquivalent. □

1.5 Aufgabe. $\mathcal{L}$ sei durch die folgenden Festlegungen gegeben:
(i) $L(S) := \{\varphi \mid \varphi$ ist ein L_{II}^S-Satz der Gestalt $\exists X_1 \ldots \exists X_n \psi$, wobei in ψ keine Relationsvariable (und keine Funktionsvariable) quantifiziert wird$\}$.
(ii) Für $\varphi \in L(S)$ und S-Strukturen $\mathfrak{A}$ gelte:
$\mathfrak{A} \models_{\mathcal{L}} \varphi$ gdw $\mathfrak{A} \models_{\mathcal{L}_{\mathrm{II}}} \varphi$.
Man zeige:
(a) $\mathcal{L}$ ist ein logisches System.
(b) Es gelten Lösko($\mathcal{L}$), Endl($\mathcal{L}$), Rel($\mathcal{L}$) und Ers($\mathcal{L}$).
(c) Es gilt nicht Boole($\mathcal{L}$).
(d) $\mathcal{L}_{\mathrm{I}} \leq \mathcal{L}$, aber nicht $\mathcal{L} \leq \mathcal{L}_{\mathrm{I}}$.
(e) Die Menge der allgemeingültigen $L(S_{\mathrm{Ar}})$-Sätze ist nicht aufzählbar. (Hinweis: Man beachte, daß Th($\mathfrak{N}$) nicht aufzählbar ist, und verwende das in III.7.5 angegebene Axiomensystem Π.)
Das logische System $\mathcal{L}$ zeigt, daß man im ersten Satz von Lindström, 3.5, nicht auf die Eigenschaft Boole($\mathcal{L}$) verzichten kann.

1.6 Aufgabe. Man zeige: $\mathcal{L}_Q \leq \mathcal{L}_{\mathrm{II}}$, nicht $\mathcal{L}_{\mathrm{II}}^{\mathrm{w}} \leq \mathcal{L}_Q$, nicht $\mathcal{L}_Q \leq \mathcal{L}_{\mathrm{II}}^{\mathrm{w}}$.

§2 Reguläre logische Systeme mit Endlichkeitssatz

Bevor wir mit dem Beweis der Sätze von Lindström beginnen, schicken wir in diesem Paragraphen einige Bemerkungen über logische Systeme voraus, für die der Endlichkeitssatz gilt.

Es sei $\mathcal{L}$ stets ein *reguläres logisches System mit* $\mathcal{L}_{\mathrm{I}} \leq \mathcal{L}$. Ist φ ein S-Satz erster Stufe, so bezeichne φ^* im folgenden einen zu φ logisch äquivalenten Satz aus $L(S)$. Für eine Menge Φ von S-Sätzen erster Stufe sei $\Phi^* := \{\varphi^* \mid \varphi \in \Phi\}$.

Aus Endl($\mathcal{L}$), dem Endlichkeitssatz für Erfüllbarkeit, ergibt sich wie üblich der Endlichkeitssatz für die Folgerungsbeziehung:

2.1 Lemma. *Es gelte* Endl($\mathscr{L}$). *Ist* $\Phi \cup \{\varphi\} \subset L(S)$ *und gilt* $\Phi \models_{\mathscr{L}} \varphi$, *so gibt es eine endliche Teilmenge* Φ_0 *von* Φ *mit* $\Phi_0 \models_{\mathscr{L}} \varphi$.

Beweis. Wähle $\neg\varphi$ gemäß Boole($\mathscr{L}$). Dann ist $\Phi\cup\{\neg\varphi\}$ nicht erfüllbar. Wegen Endl($\mathscr{L}$) gibt es eine endliche Teilmenge Φ_0 von Φ, so daß $\Phi_0\cup\{\neg\varphi\}$ nicht erfüllbar ist, d.h. $\Phi_0 \models_{\mathscr{L}} \varphi$. □

Falls Endl($\mathscr{L}$) gilt, hängt die Bedeutung eines $L(S)$-Satzes jeweils nur von endlich vielen Symbolen aus S ab:

2.2 Lemma. *Es gelte* Endl($\mathscr{L}$), *und es sei* $\psi \in L(S)$. *Dann gibt es eine endliche Teilmenge* S_0 *von* S, *so daß für alle* S*-Strukturen* $\mathfrak{A}, \mathfrak{B}$:

$$\textit{Wenn } \mathfrak{A}\upharpoonright_{S_0} \cong \mathfrak{B}\upharpoonright_{S_0}, \textit{ so} \quad (\mathfrak{A} \models_{\mathscr{L}} \psi \quad \textit{gdw} \quad \mathfrak{B} \models_{\mathscr{L}} \psi).$$

Beweis. Wir beschränken uns auf den (später benötigten) Fall, daß S relational ist. Eine Ausdehnung des Beweises auf beliebige Symbolmengen bereitet keine Schwierigkeiten.

Wir wählen neue Symbole U, V, f, alle einstellig. Φ bestehe aus den folgenden $S \cup \{U, V, f\}$-Sätzen der ersten Stufe, die besagen, daß f ein Isomorphismus zwischen der auf U induzierten Substruktur und der auf V induzierten Substruktur ist:

$$\exists x Ux, \ \exists x Vx,$$
$$\forall x(Ux \to Vfx), \ \forall y(Vy \to \exists x(Ux \wedge fx \equiv y)),$$
$$\forall x \forall y((Ux \wedge Uy \wedge fx \equiv fy) \to x \equiv y),$$

und für jedes $R \in S$, R n-stellig:

$$\forall x_1 \ldots \forall x_n((Ux_1 \wedge \ldots \wedge Ux_n) \to (Rx_1 \ldots x_n \leftrightarrow Rfx_1 \ldots fx_n)).$$

Dann gilt zunächst (beachte, daß $\mathscr{L}_{\mathrm{I}} \leq \mathscr{L}$!)

$$(1) \qquad \Phi^* \models_{\mathscr{L}} \psi^U \leftrightarrow \psi^V.$$

Ist nämlich $\mathfrak{A}$ eine S-Struktur und $(\mathfrak{A}, U^A, V^A, f^A) \models_{\mathscr{L}} \Phi^*$, d.h. $(\mathfrak{A}, U^A, V^A, f^A) \models \Phi$, so sind U^A und V^A nicht leer, und es ist $f^A\upharpoonright_{U^A}$ ein Isomorphismus von $[U^A]^{\mathfrak{A}}$ auf $[V^A]^{\mathfrak{A}}$. Aufgrund der Isomorphiebedingung (vgl. 1.1(c)) gilt also:

$$[U^A]^{\mathfrak{A}} \models_{\mathscr{L}} \psi \quad \text{gdw} \quad [V^A]^{\mathfrak{A}} \models_{\mathscr{L}} \psi,$$

d.h. mit Rel($\mathscr{L}$):

$$(\mathfrak{A}, U^A) \models_{\mathscr{L}} \psi^U \quad \text{gdw} \quad (\mathfrak{A}, V^A) \models_{\mathscr{L}} \psi^V,$$

und mit der Koinzidenzbedingung und Boole($\mathscr{L}$)

$$(\mathfrak{A}, U^A, V^A, f^A) \models_{\mathscr{L}} \psi^U \leftrightarrow \psi^V.$$

Damit ist (1) gezeigt, und wir erhalten mit Endl($\mathscr{L}$) eine endliche Teilmenge Φ_0 von Φ mit

$$(2) \qquad \Phi_0^* \models_{\mathscr{L}} \psi^U \leftrightarrow \psi^V.$$

Da Φ_0 aus Sätzen erster Stufe besteht, können wir eine endliche Teilmenge S_0 von S so wählen, daß Φ_0 aus S_0-Sätzen besteht. Wir zeigen, daß S_0 die Behauptung erfüllt. Seien hierzu $\mathfrak{A}, \mathfrak{B}$ S-Strukturen und $\pi: \mathfrak{A}\restriction_{S_0} \cong \mathfrak{B}\restriction_{S_0}$, wobei wir annehmen wollen, daß $A \cap B = \emptyset$. (Sonst gehen wir zu einer isomorphen Kopie von $\mathfrak{B}$ über und benutzen die Isomorphiebedingung.) Wir definieren über $C := A \cup B$ eine $S \cup \{U, V, f\}$-Struktur $(\mathfrak{C}, U^C, V^C, f^C)$ durch (man beachte: S ist relational!)

$$\begin{aligned} R^C &:= R^A \cup R^B \text{ für } R \in S, \\ U^C &:= A, \quad V^C := B, \\ f^C &\text{ so, daß } f^C\restriction_{U^C} = \pi. \end{aligned}$$

Dann ist $(\mathfrak{C}, U^C, V^C, f^C)$ ein Modell von Φ_0, also gilt $(\mathfrak{C}, U^C, V^C, f^C) \models_{\mathscr{L}} \Phi_0^*$. Mit (2) erhalten wir

$$(\mathfrak{C}, U^C, V^C, f^C) \models_{\mathscr{L}} \psi^U \leftrightarrow \psi^V,$$

wegen $[U^C]^{\mathfrak{C}} = \mathfrak{A}$ und $[V^C]^{\mathfrak{C}} = \mathfrak{B}$ somit

$$\mathfrak{A} \models_{\mathscr{L}} \psi \quad \text{gdw} \quad \mathfrak{B} \models_{\mathscr{L}} \psi. \qquad \square$$

§3 Der erste Satz von Lindström

Im folgenden sei $\mathscr{L}$ ein reguläres logisches System mit $\mathscr{L}_{\mathrm{I}} \leq \mathscr{L}$. Weiterhin sei S eine relationale Symbolmenge und ψ ein $L(S)$-Satz, der zu keinem Satz erster Stufe logisch äquivalent ist. Zur Vorbereitung der Sätze von Lindström zeigen wir zunächst, daß es Strukturen $\mathfrak{A}$ und $\mathfrak{B}$ gibt, $\mathfrak{A} \models_{\mathscr{L}} \psi$, $\mathfrak{B} \models_{\mathscr{L}} \neg\psi$, die sich in bezug auf die erste Stufe beliebig wenig unterscheiden.

Ist φ ein S-Satz erster Stufe, so bezeichne φ^* wiederum einen logisch äquivalenten Satz in $L(S)$.

3.1 Lemma. *Sei S eine relationale Symbolmenge und ψ ein $L(S)$-Satz, der zu keinem Satz erster Stufe logisch äquivalent ist. Dann gibt es zu jedem endlichen $S_0 \subset S$ und jedem $m \in \mathbb{N}$ S-Strukturen $\mathfrak{A}$ und $\mathfrak{B}$ mit:*

(+) $\mathfrak{A}\upharpoonright_{S_0} \cong_m \mathfrak{B}\upharpoonright_{S_0}, \mathfrak{A} \models_{\mathscr{L}} \psi$ *und* $\mathfrak{B} \models_{\mathscr{L}} \neg\psi$.

Beweis. Sei S_0 eine endliche Teilmenge von S und o.B.d.A. $m \geq 1$. Wir setzen

$$\varphi := \bigvee\{\varphi^m_{\mathfrak{A}\upharpoonright_{S_0}} \mid \mathfrak{A}\ S\text{-Struktur}, \mathfrak{A} \models_{\mathscr{L}} \psi\}.$$

Nach XII.3.4 ist diese Disjunktion endlich, φ also ein Satz erster Stufe. Offensichtlich ist $\psi \to \varphi^*$ allgemeingültig. Da ψ nach Voraussetzung nicht zu φ und damit auch nicht zu φ^* logisch äquivalent ist, gibt es eine S-Struktur $\mathfrak{B}$ mit $\mathfrak{B} \models_{\mathscr{L}} \varphi^*$ und $\mathfrak{B} \models_{\mathscr{L}} \neg\psi$. Wegen $\mathfrak{B} \models \varphi$ gibt es weiter eine S-Struktur $\mathfrak{A}$ mit $\mathfrak{A} \models_{\mathscr{L}} \psi$ und $\mathfrak{B} \models \varphi^m_{\mathfrak{A}\upharpoonright_{S_0}}$. Somit haben wir $\mathfrak{A}\upharpoonright_{S_0} \cong_m \mathfrak{B}\upharpoonright_{S_0}$ (vgl. XII.3.10). □

In den Beweisen der Sätze von Lindström werden wir wesentlich davon Gebrauch machen, daß sich 3.1 in $\mathscr{L}$ formulieren läßt. Einer solchen Formulierung wenden wir uns nun zu. Für $m \in \mathbb{N}$ wählen wir ψ, $\mathfrak{A}$, $\mathfrak{B}$, S_0 und $(I_n)_{n\leq m}$ mit $(I_n)_{n\leq m}\colon \mathfrak{A}\upharpoonright_{S_0} \cong_m \mathfrak{B}\upharpoonright_{S_0}$, $\mathfrak{A} \models_{\mathscr{L}} \psi$, $\mathfrak{B} \models_{\mathscr{L}} \neg\psi$. Indem wir gegebenenfalls zu einer isomorphen Kopie von $\mathfrak{B}$ übergehen, können wir annehmen, daß $A \cap B = \emptyset$. Die Symbolmenge S^+ entstehe, indem wir zu S die folgenden Symbole hinzunehmen: eine Konstante c, ein einstelliges Funktionssymbol f und Relationssymbole P, U, V, W (einstellig), $<, I$ (zweistellig) und G (dreistellig). $\mathfrak{C}$ sei eine S^+-Struktur, welche $\mathfrak{A}$ und $\mathfrak{B}$ umfaßt und welche die m-Isomorphie $(I_n)_{n\leq m}\colon \mathfrak{A}\upharpoonright_{S_0} \cong_m \mathfrak{B}\upharpoonright_{S_0}$ dadurch zu beschreiben gestattet, daß ihr Träger auch die partiellen Isomorphismen aus den I_n als Elemente enthält. Genauer gelte:

(a) $C = A \cup B \cup \{0, \ldots, m\} \cup \bigcup_{n\leq m} I_n$;

(b) $U^C = A$ und $[U^C]^{\mathfrak{C}\upharpoonright_S} = \mathfrak{A}$;

(c) $V^C = B$ und $[V^C]^{\mathfrak{C}\upharpoonright_S} = \mathfrak{B}$;

((b) und (c) sind realisierbar, da $A \cap B = \emptyset$ und da S relational ist.)

(d) $W^C = \{0, \ldots, m\}$, $<^C$ ist die natürliche Ordnungsrelation auf $\{0, \ldots, m\}$, $c^C = m$ und $f^C\upharpoonright_{W^C}$ ist die Vorgängerfunktion auf W^C, d.h. $f^C(n+1) = n$ für $n < m$, und etwa $f^C(0) = 0$;

(e) $P^C = \bigcup_{n\leq m} I_n$;

(f) $I^C np$ gdw $n \leq m$ und $p \in I_n$;

(g) $G^C pab$ gdw $P^C p$, $a \in \operatorname{def}(p)$ und $p(a) = b$.

Figur 13 gibt eine Veranschaulichung.

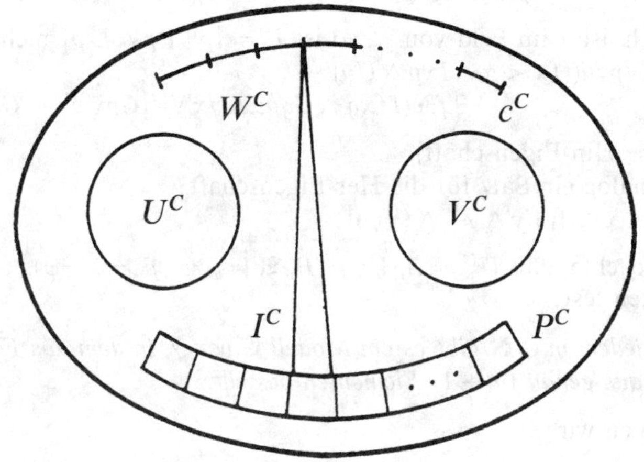

Figur 13

$\mathfrak{C}$ ist dann ein Modell der Konjunktion χ der endlich vielen folgenden Sätze aus $L(S^+)$, welche die gewünschte Formulierung von (+) liefert. (Beachte, daß χ nicht von m abhängt. Wir bedienen uns hier und später einer suggestiven Schreibweise im Rahmen der ersten Stufe.)

(i) $\forall p(Pp \to \forall x \forall y(Gpxy \to (Ux \wedge Vy)))$.

(ii) $\forall p(Pp \to \forall x \forall x' \forall y \forall y'((Gpxy \wedge Gpx'y') \to (x \equiv x' \leftrightarrow y \equiv y')))$.

(iii) Für jedes $R \in S_0$, R n-stellig:

$$\forall p(Pp \to \forall x_1 \dots \forall x_n \forall y_1 \dots \forall y_n((Gpx_1y_1 \wedge \dots \wedge Gpx_ny_n) \to (Rx_1 \dots x_n \leftrightarrow Ry_1 \dots y_n))).$$

((i), (ii) und (iii) beinhalten, daß, für festes $p \in P$, $Gp \cdot \cdot$ den Graphen eines partiellen Isomorphismus von der auf U induzierten S_0-Substruktur in die auf V induzierte S_0-Substruktur beschreibt.)

(iv) Die Axiome von Φ_{pOrd} (für partielle Ordnungen) und die Sätze

$$\forall x(Wx \leftrightarrow (x \equiv c \vee \exists y(y < x \vee x < y))) \wedge \forall x(Wx \to (x < c \vee x \equiv c))$$

(d.h. es ist $<$ die leere Relation und $W = \{c\}$, oder W ist das Feld von $<$ und c das größte Element; in beiden Fällen sprechen wir von W als dem Feld von $<$),

$$\forall x(\exists y\, y < x \to (fx < x \wedge \neg \exists z(fx < z \wedge z < x)))$$

(d.h. f ist Vorgängerfunktion).

(v) $\forall x(Wx \to \exists p(Pp \wedge Ixp)$

(d.h. ist x im Feld von $<$, so ist $I_x = \{p \mid Pp \wedge Ixp\}$ nicht leer).

(vi) $\forall x \forall p \forall u((fx < x \wedge Ixp \wedge Uu) \to$
$\exists q \exists v(Ifxq \wedge Gquv \wedge \forall x' \forall y'(Gpx'y' \to Gqx'y')))$

(die Hin-Eigenschaft).

(vii) Analog ein Satz für die Her-Eigenschaft.

(viii) $\exists x Ux \wedge \exists y Vy \wedge \psi^U \wedge (\neg\psi)^V$

(beachte, daß $U^C = A$, $V^C = B$, $\mathfrak{A} \models_{\mathscr{L}} \psi$, $\mathfrak{B} \models_{\mathscr{L}} \neg\psi$).

Wir halten fest:

3.2. *Zu jedem $m \in \mathbb{N}$ gibt es ein Modell $\mathfrak{C}$ von χ, in dem das Feld W^C von $<^C$ aus genau $(m+1)$ Elementen besteht.* □

Nun zeigen wir

3.3. *Gelte* Lösko($\mathscr{L}$). *Dann trifft eine der folgenden Bedingungen* (a) *oder* (b) *zu.*

(a) *Es gibt S-Strukturen $\mathfrak{A}$ und $\mathfrak{B}$ mit*

$$\mathfrak{A} \models_{\mathscr{L}} \psi, \quad \mathfrak{B} \models_{\mathscr{L}} \neg\psi \text{ und } \mathfrak{A}\restriction_{S_0} \cong \mathfrak{B}\restriction_{S_0}.$$

(b) *In allen Modellen $\mathfrak{D}$ von χ ist das Feld W^D von $<^D$ endlich.*

Beweis. Wir zeigen zunächst:

(∘) Ist die S^+-Struktur $\mathfrak{D}$ ein Modell von χ, in dem das Feld W^D von $<^D$ unendlich ist, so sind der U-Teil und der V-Teil von $\mathfrak{D}$ Träger von S-Substrukturen $\mathfrak{A} := [U^D]^{\mathfrak{D}\restriction S}$ und $\mathfrak{B} := [V^D]^{\mathfrak{D}\restriction S}$ mit

$$\mathfrak{A} \models_{\mathscr{L}} \psi, \quad \mathfrak{B} \models_{\mathscr{L}} \neg\psi \quad \text{und} \quad \mathfrak{A}\restriction_{S_0} \cong_p \mathfrak{B}\restriction_{S_0}.$$

In der Tat: Weil $\mathfrak{D}$ die Sätze unter (viii) erfüllt, ist $U^D \neq \emptyset$, $V^D \neq \emptyset$; und weil S relational ist, sind U^D und V^D Träger von S-Substrukturen. Nach (viii) gilt weiterhin $\mathfrak{D} \models_{\mathscr{L}} \psi^U, \mathfrak{D} \models_{\mathscr{L}} (\neg\psi)^V$, und somit

$$\mathfrak{A} \models_{\mathscr{L}} \psi, \quad \mathfrak{B} \models_{\mathscr{L}} \neg\psi.$$

Man entnimmt den Sätzen (i), (ii) und (iii), daß jedem $p \in P^D$ vermöge G^D ein partieller Isomorphismus von $\mathfrak{A}\restriction_{S_0}$ nach $\mathfrak{B}\restriction_{S_0}$ entspricht, den wir ebenfalls mit p bezeichnen wollen. Wir sondern aus P^D nun auf folgende Weise eine Teilmenge I aus: Seien $f^0c, f^1c, f^2c, \ldots$ abkürzende Schreibweisen für $c, fc, ffc, \ldots$. Da W^D unendlich ist und c^D das letzte Element von $<^D$, besitzt $<^D$ die unendlich lange Vorgängerkette (f ist die Vorgängerfunktion, vgl. (iv))

$$\ldots <^D (f^2c)^D <^D (fc)^D <^D c^D.$$

Wir setzen

$$I := \{p \mid \text{Es gibt ein } n \text{ mit } I^D(f^n c)^D p\}$$

und zeigen

$$I : \mathfrak{A}\restriction_{S_0} \cong_p \mathfrak{B}\restriction_{S_0}.$$

Man erhält nämlich mit (v), daß $I \neq \emptyset$, und mit (vi) und (vii), daß I die Hin- und die Her-Eigenschaft besitzt. Z.B. schließt man für die Hin-Eigenschaft so: Ist $p \in I$, etwa $I^D(f^n c)^D p$, und $a \in A = U^D$, so gibt es nach (vi) ein q mit $I^D(f^{n+1}c)^D q$ (also mit $q \in I$), so daß $q \supset p$ und $a \in \operatorname{def}(q)$. Damit ist ($\circ$) gezeigt.

Wir kehren nun zum Beweis von 3.3 zurück und nehmen an, (b) gelte nicht. Es gibt also ein Modell von χ, in dem das Feld W von $<$ unendlich ist. Wir zeigen mit einer Anwendung von Lösko($\mathscr{L}$), daß der Träger dieses Modells als abzählbar angenommen werden kann. Wegen ($\circ$) gilt dann für den U-Teil $\mathfrak{A}$ und den V-Teil $\mathfrak{B}$

$$\mathfrak{A} \models_{\mathscr{L}} \psi, \quad \mathfrak{B} \models_{\mathscr{L}} \neg\psi \quad \text{und} \quad \mathfrak{A}\restriction_{S_0} \cong_p \mathfrak{B}\restriction_{S_0},$$

denn als höchstens abzählbare partiell isomorphe Strukturen sind $\mathfrak{A}\restriction_{S_0}$ und $\mathfrak{B}\restriction_{S_0}$ isomorph (vgl. XII.1.5(d)). Damit ist Punkt (a) in 3.3 erfüllt.

Sei also $\mathfrak{D}$ ein Modell von χ mit unendlichem Feld W^D von $<^D$. Um von $\mathfrak{D}$ zu einem abzählbaren Modell von χ mit unendlichem Feld zu gelangen, verwenden wir – wie bereits erwähnt – Lösko($\mathscr{L}$); hierzu müssen wir, da Lösko nur Sätze und nicht unendliche Satzmengen betrifft, durch einen einzelnen Satz sicherstellen, daß Feld $<$ unendlich bleibt. Wir erreichen dies wie folgt. Da W^D unendlich ist, besitzt $<^D$ die unendlich lange Vorgängerkette (s.o.)

$$\ldots <^D (f^2c)^D <^D (fc)^D <^D c^D.$$

Sei Q ein neues einstelliges Relationssymbol und sei ϑ der $L(S^+ \cup \{Q\})$-Satz

$$\vartheta = Qc \wedge \forall x(Qx \rightarrow (fx < x \wedge Qfx))$$

(„Q enthält c, und jedes Element von Q besitzt einen unmittelbaren $<$-Vorgänger, der wiederum zu Q gehört").

Mit $Q^D := \{(f^n c)^D \mid n \in \mathbb{N}\}$ gilt dann:

$$(\mathfrak{D}, Q^D) \models_{\mathscr{L}} \chi \wedge \vartheta.$$

Da also $\chi \wedge \vartheta$ erfüllbar ist, existiert nach Lösko($\mathscr{L}$) ein höchstens abzählbares Modell $(\mathfrak{E}, Q^E)$ von $\chi \wedge \vartheta$. $\mathfrak{E}$ ist demnach ein höchstens abzählbares Modell von χ, und das Feld W^E von $<^E$ ist unendlich. □

Wir fassen für die folgenden Anwendungen unsere bisherigen Überlegungen (3.2 und 3.3) zusammen:

3.4 Hauptlemma. *$\mathscr{L}$ sei ein reguläres logisches System mit $\mathscr{L}_{\mathrm{I}} \leq \mathscr{L}$ und* Lösko($\mathscr{L}$). *Ferner sei S eine relationale Symbolmenge und ψ ein Satz in $L(S)$, der zu keinem Satz erster Stufe logisch äquivalent ist. Dann gilt* (a) *oder* (b):

(a) *Für alle endlichen Symbolmengen S_0 mit $S_0 \subset S$ gibt es S-Strukturen $\mathfrak{A}$ und $\mathfrak{B}$ mit*

$$\mathfrak{A} \models_{\mathscr{L}} \psi, \quad \mathfrak{B} \models_{\mathscr{L}} \neg\psi \quad \textit{und} \quad \mathfrak{A}\upharpoonright_{S_0} \cong \mathfrak{B}\upharpoonright_{S_0}.$$

(b) *Für ein einstelliges Relationssymbol W und eine geeignete Symbolmenge S^+ mit $S \cup \{W\} \subset S^+$ und endlichem $S^+ \setminus S$ gibt es einen $L(S^+)$-Satz χ mit*
  (i) *In jedem Modell $\mathfrak{C}$ von χ ist W^C endlich und nicht leer.*
  (ii) *Zu jedem $m \geq 1$ gibt es ein Modell $\mathfrak{C}$ von χ, in dem W^C genau m Elemente hat.*

Wir zeigen nun:

3.5 Erster Satz von Lindström. *Für ein reguläres logisches System $\mathscr{L}$ mit $\mathscr{L}_{\mathrm{I}} \leq \mathscr{L}$ gilt:*

Wenn Lösko($\mathscr{L}$) *und* Endl($\mathscr{L}$), *so $\mathscr{L} \sim \mathscr{L}_{\mathrm{I}}$.*

Beweis. Wir führen den Beweis indirekt und nehmen an, ψ sei ein Satz in $L(S)$, der zu keinem Satz erster Stufe logisch äquivalent ist. Wegen 1.4 können wir S als relational voraussetzen. Da Endl($\mathscr{L}$) gilt, hängt nach 2.2 die Bedeutung von ψ nur von endlich vielen Symbolen ab; wir wählen also eine endliche Teilmenge S_0 von S, so daß für alle S-Strukturen $\mathfrak{A}, \mathfrak{B}$:

$$\text{Wenn} \quad \mathfrak{A}\upharpoonright_{S_0} \cong \mathfrak{B}\upharpoonright_{S_0}, \quad \text{so } (\mathfrak{A} \models_{\mathscr{L}} \psi \quad \text{gdw} \quad \mathfrak{B} \models_{\mathscr{L}} \psi).$$

Somit ist in 3.4 die Bedingung (a) nicht erfüllt, es muß also (b) gelten. Daher gibt es einen $\mathscr{L}$-Satz χ, der (i) und (ii) in 3.4(b) erfüllt. Dies widerspricht aber Endl($\mathscr{L}$): Wegen (i) ist die Satzmenge

$$\{\chi\} \cup \{\text{„}W \text{ enthält mindestens } n \text{ Elemente“} \mid n \in \mathbb{N}\}$$

nicht erfüllbar, wegen (ii) besitzt jedoch jede endliche Teilmenge ein Modell. □

Um abschließend die Rolle der Bedingungen Lösko($\mathscr{L}$) und Endl($\mathscr{L}$) im ersten Satz von Lindström zu verdeutlichen, schildern wir die dem Beweis zugrundeliegende Idee noch einmal in prägnanter Form:

Ausgehend von der Annahme, ψ sei ein $\mathscr{L}$-Satz, der zu keinem Satz erster Stufe logisch äquivalent ist, gewinnt man für $m \geq 1$ Strukturen $\mathfrak{A}$ und $\mathfrak{B}$ mit

(1) $$\mathfrak{A} \models_{\mathscr{L}} \psi \text{ und } \mathfrak{B} \models_{\mathscr{L}} \neg\psi$$

(2) $$\mathfrak{A} \cong_m \mathfrak{B}.$$

Mit Endl($\mathscr{L}$) gelangt man zu Strukturen $\mathfrak{A}$ und $\mathfrak{B}$ mit

(1) $$\mathfrak{A} \models_{\mathscr{L}} \psi \text{ und } \mathfrak{B} \models_{\mathscr{L}} \neg\psi$$

(2′) $$\mathfrak{A} \cong_p \mathfrak{B}.$$

Lösko($\mathscr{L}$) gestattet dann den Übergang zu abzählbaren Strukturen und damit zu

(1) $$\mathfrak{A} \models_{\mathscr{L}} \psi \text{ und } \mathfrak{B} \models_{\mathscr{L}} \neg\psi$$

(2″) $$\mathfrak{A} \cong \mathfrak{B},$$

ein Widerspruch. Hierbei haben wir in (2), (2’) und (2”) den Bezug auf eine endliche Symbolmenge unterschlagen; dieser Bezug ist nicht weiter von Bedeutung, da wegen Endl($\mathscr{L}$) der Satz ψ nur von endlich vielen Symbolen abhängt (vgl. 2.2).

Der Satz 3.5 von Lindström zeichnet die Logik erster Stufe aus: Unter den regulären logischen Systemen gibt es kein echt ausdrucksstärkeres System, welches dem Endlichkeitssatz und dem Satz von Löwenheim und Skolem genügt.

Wenn man die Eigenschaften für reguläre logische Systeme $\mathscr{L}$ betrachtet, so erscheinen Rel($\mathscr{L}$) und Ers($\mathscr{L}$) bei erstem Anblick nicht so grundlegend wie die übrigen. Eine Analyse des Beweises von 3.3 zeigt, daß diese beiden Eigenschaften wesentlich dazu benutzt werden, über zwei Strukturen $\mathfrak{A}$ und $\mathfrak{B}$ in $\mathscr{L}$ zu sprechen, indem man sie in eine neue Struktur $\mathfrak{C}$ packt. Als Alternative zur Verwendung von Rel($\mathscr{L}$) und Ers($\mathscr{L}$) bietet sich jedoch auch die folgende Möglichkeit: Zu gegebenen Strukturen $\mathfrak{A}$ und $\mathfrak{B}$, etwa $\mathfrak{A} = (A, P^{\mathfrak{A}})$ und $\mathfrak{B} = (B, P^{\mathfrak{B}})$ mit $A = B$ (und auf den Fall gleicher Träger kann man sich beschränken), betrachten wir die Struktur $\mathfrak{C} = (A, P^{\mathfrak{C}}, Q^{\mathfrak{C}})$ mit $P^{\mathfrak{C}} = P^{\mathfrak{A}}$ und $Q^{\mathfrak{C}} = P^{\mathfrak{B}}$. Ist $\mathscr{L}$ eines der in Kapitel IX betrachteten logischen Systeme, so ist es möglich, in $\mathfrak{C}$ über $\mathfrak{A}$ zu sprechen, weil $\mathfrak{A} = \mathfrak{C}\upharpoonright_{\{P\}}$, und über $\mathfrak{B}$, weil zu jedem $\varphi \in L(\{P\})$ ein $\varphi' \in L(\{Q\})$ existiert, das in $\mathfrak{C}$ dasselbe aussagt wie φ in $\mathfrak{B}$. (φ' entsteht aus φ durch Ersetzung von P durch Q.) Man kann im Beweis des ersten Satzes von Lindström auf Rel($\mathscr{L}$) und Ers($\mathscr{L}$) verzichten, wenn $\mathscr{L}$ derartige Ersetzungen zuläßt. Wenn man dagegen ersatzlos auf Rel($\mathscr{L}$) und Ers($\mathscr{L}$) verzichtet, lassen sich Gegenbeispiele zu 3.5 angeben (vgl. [2]).

Die Methode, die wir beim Beweis von 3.5 benutzt haben, eignet sich auch dazu, Eigenschaften der Sprache erster Stufe herzuleiten. Die folgenden Aufgaben enthalten Beispiele.

3.6 Aufgabe. Man zeige: Ein Satz der ersten Stufe, dessen Modellklasse gegen Substrukturen abgeschlossen ist, ist logisch äquivalent zu einem universellen Satz. (Zur Umkehrung vgl. III.5.8.) Hinweis: Es sei S endlich, $\psi \in L_{\mathrm{I}}(S)$ und $\mathrm{Mod}^S(\psi)$ abgeschlossen gegen Substrukturen. Für $m \geq 1$ sei $\varphi_m := \bigvee\{\psi^m_{\mathfrak{B}} \mid \mathfrak{B}\ S\text{-Struktur}, \mathfrak{B} \models \psi\}$ (vgl. XI.3.14). Dann gilt $\vdash \psi \rightarrow \varphi_m$, und φ_m ist universell. Wäre ψ zu keinem φ_m logisch äquivalent, so gäbe es (man argumentiere wie beim Beweis von 3.5) S-Strukturen $\mathfrak{A}$ und $\mathfrak{B}$ mit $\mathfrak{A} \models \neg\psi$, $\mathfrak{B} \models \psi$ und $\mathfrak{A}$ ist in $\mathfrak{B}$ einbettbar. $\mathfrak{B}$ besäße somit eine zu $\mathfrak{A}$ isomorphe Substruktur, die kein Modell von ψ ist, ein Widerspruch.

3.7 Aufgabe. Es sei P ein k-stelliges Relationssymbol, das in der Symbolmenge S nicht vorkommt, und Φ eine Menge von $(S \cup \{P\})$-Sätzen. Φ *definiert P implizit*, wenn für jede S-Struktur $\mathfrak{A}$ und $P^1, P^2 \subset A^k$ gilt:

$$\text{Wenn } (\mathfrak{A}, P^1) \models \Phi \text{ und } (\mathfrak{A}, P^2) \models \Phi, \text{ so } P^1 = P^2.$$

Φ *definiert P explizit*, wenn es ein $\psi \in L^S_k$ gibt mit

$$\Phi \models \forall v_0 \ldots \forall v_{k-1}(P v_0 \ldots v_{k-1} \leftrightarrow \psi).$$

Man zeige die Äquivalenz von (1) und (2), den sog. *Definierbarkeitssatz von Beth*:

(1) Φ definiert P explizit. (2) Φ definiert P implizit.

Hinweis: Die Richtung von (1) nach (2) ergibt sich unmittelbar aus den Definitionen. Für die Richtung von (2) nach (1) betrachte man für $n \geq 0$ den Ausdruck

$$\chi^n := \bigvee\{\varphi^n_{\mathfrak{A},\overset{k}{a}} \mid \mathfrak{A}\ S\text{-Struktur}, (\mathfrak{A}, P^A) \models \Phi,\ P^A\overset{k}{a}\}$$

und zeige mit den in diesem Paragraphen entwickelten Methoden, daß $\Phi \models \forall v_0 \ldots \forall v_{k-1}(Pv_0 \ldots v_{k-1} \leftrightarrow \chi^n)$ für ein geeignetes n.

§4 Der zweite Satz von Lindström

Wir kommen nun zu einer Betrachtung logischer Systeme unter stärkerer Berücksichtigung syntaktischer Aspekte. In diesem Zusammenhang erinnern wir an folgende Eigenschaften der Logik erster Stufe: Für eine entscheidbare Symbolmenge S

- sind die S-Sätze konkrete Zeichenreihen, die jeweils nur endlich viele Symbole aus S enthalten,
- ist die Menge der S-Sätze entscheidbar,
- sind etwa der Übergang zur Negation, die Relativierung und die Ersetzung von Funktionssymbolen in effektiver Weise möglich,
- ist – aufgrund der Existenz eines adäquaten Beweiskalküls – die Menge der allgemeingültigen S-Sätze aufzählbar.

Wir werden diese Aspekte allgemein für logische Systeme betrachten. In dem dabei gewonnenen Rahmen können wir dann das in der Einführung dieses Kapitels unter (b) genannte Resultat von Lindström formulieren und beweisen.

Sprechen wir im folgenden etwa von einer entscheidbaren Menge, so verstehen wir darunter eine Menge von Wörtern über einem geeigneten Alphabet, die im Sinne von X.2.5 R-entscheidbar ist.

4.1 Definition. $\mathscr{L}$ sei ein logisches System. $\mathscr{L}$ heißt ein *effektives logisches System*, wenn für jede entscheidbare Symbolmenge S die Menge $L(S)$ entscheidbar ist und zu jedem $\varphi \in L(S)$ eine endliche Teilmenge S_0 von S existiert mit $\varphi \in L(S_0)$.

4.2 Definition. $\mathscr{L}$ und $\mathscr{L}'$ seien effektive logische Systeme.

(a) $\mathscr{L} \leq_{eff} \mathscr{L}'$:gdw zu jedem entscheidbaren S gibt es eine berechenbare Funktion *, die jedem $\varphi \in L(S)$ ein $\varphi^* \in L'(S)$ zuordnet mit $\mathrm{Mod}^S_{\mathscr{L}}(\varphi) = \mathrm{Mod}^S_{\mathscr{L}'}(\varphi^*)$.

(b) $\mathscr{L} \sim_{\mathrm{eff}} \mathscr{L}'$:gdw $\mathscr{L} \leq_{eff} \mathscr{L}'$ und $\mathscr{L}' \leq_{eff} \mathscr{L}$.

$\mathscr{L}_{\mathrm{I}}$, $\mathscr{L}^{\mathrm{w}}_{\mathrm{II}}$, $\mathscr{L}_{\mathrm{II}}$ und $\mathscr{L}_Q$ sind effektive logische Systeme, nicht dagegen $\mathscr{L}_{\omega_1\omega}$. Es gilt etwa $\mathscr{L}_{\mathrm{I}} \leq_{eff} \mathscr{L}_{\mathrm{II}}$, $\mathscr{L}^{\mathrm{w}}_{\mathrm{II}} \leq_{eff} \mathscr{L}_{\mathrm{II}}$.

4.3 Definition. $\mathscr{L}$ sei ein logisches System. $\mathscr{L}$ heißt *effektiv-regulär*, wenn $\mathscr{L}$ effektiv ist und wenn die folgenden effektiven Analoga von Boole($\mathscr{L}$), Rel($\mathscr{L}$) und Ers($\mathscr{L}$) gelten:

Für jede entscheidbare Symbolmenge S:

(i) Es gibt eine berechenbare Funktion, die jedem $\varphi \in L(S)$ ein $\neg\varphi$ zuordnet, ferner eine berechenbare Funktion, die jedem φ und jedem $\psi \in L(S)$ ein $(\varphi \vee \psi)$ zuordnet. (Hierbei stehe z.B. $\neg\varphi$ wieder für einen $L(S)$-Satz ψ mit: $\mathfrak{A} \models_{\mathscr{L}} \psi$ gdw nicht $\mathfrak{A} \models_{\mathscr{L}} \varphi$.)

(ii) Zu einstelligem U gibt es eine berechenbare Funktion, die jedem $\varphi \in L(S)$ ein φ^U zuordnet.

(iii) Es gibt eine berechenbare Funktion, die jedem $\varphi \in L(S)$ ein $\varphi^r \in L(S^r)$ zuordnet. (S^r sei dabei als entscheidbare Symbolmenge gewählt.)

$\mathscr{L}_{\mathrm{I}}$, $\mathscr{L}_{\mathrm{II}}^{\mathrm{w}}$, $\mathscr{L}_{\mathrm{II}}$, $\mathscr{L}_Q$ sind effektiv-reguläre logische Systeme.

$\mathscr{L}$ sei ein effektives logisches System. Wir sagen, daß *für $\mathscr{L}$ die Menge der allgemeingültigen Sätze aufzählbar ist*, wenn für jedes entscheidbare S die Menge

$$\{\varphi \in L(S) \mid \models_{\mathscr{L}} \varphi\}$$

aufzählbar ist.

Gibt es für ein effektives logisches System $\mathscr{L}$ einen adäquaten Beweiskalkül, so ist offenbar für $\mathscr{L}$ die Menge der allgemeingültigen Sätze aufzählbar. Insbesondere ist für $\mathscr{L}_{\mathrm{I}}$ und für $\mathscr{L}_Q$ die Menge der allgemeingültigen Sätze aufzählbar.

Der zweite Satz von Lindström zeigt, daß es unter den effektiv-regulären logischen Systemen mit Lösko($\mathscr{L}$) kein System gibt, das echt ausdrucksstärker ist als $\mathscr{L}_{\mathrm{I}}$ und für das zugleich ein adäquater Beweiskalkül existiert.

4.4 Zweiter Satz von Lindström. *Für ein effektiv-reguläres logisches System $\mathscr{L}$ mit $\mathscr{L}_{\mathrm{I}} \leq_{\mathrm{eff}} \mathscr{L}$ gilt: Wenn* Lösko($\mathscr{L}$) *und wenn für $\mathscr{L}$ die Menge der allgemeingültigen Sätze aufzählbar ist, so ist $\mathscr{L}_{\mathrm{I}} \sim_{\mathrm{eff}} \mathscr{L}$.*

Beweis. $\mathscr{L}$ sei entsprechend vorgegeben. Wir beweisen die Behauptung $\mathscr{L} \leq_{\mathit{eff}} \mathscr{L}_{\mathrm{I}}$ in zwei Schritten:

Zunächst zeigen wir

(+) Für jedes entscheidbare S und zu jedem $\psi \in L(S)$ gibt es einen logisch äquivalenten S-Satz φ erster Stufe.

Anschließend beweisen wir, daß der Übergang von ψ zu φ effektiv durchführbar ist: Wir geben – für entscheidbares S – ein *Verfahren* an, das zu jedem $\psi \in L(S)$ einen S-Satz erster Stufe mit den gleichen Modellen liefert.

Weil $\mathcal{L}$ ein effektives logisches System ist, brauchen wir (vgl. 4.1) die Behauptung (+) nur für *endliches* entscheidbares S zu zeigen; und da für $\mathcal{L}$ (die effektive Variante von) Ers($\mathcal{L}$) gilt, können wir uns mit einer ähnlichen Argumentation wie im Beweis von 1.4 auf relationales S beschränken.

Sei also S entscheidbar, endlich und relational.

Zum Beweis von (+) gehen wir indirekt vor und nehmen an, es sei $\psi \in L(S)$ ein Satz, der zu keinem Satz erster Stufe logisch äquivalent ist. Dann gilt (a) oder (b) in 3.4. Teil (a) besagt für $S_0 := S$ (beachte: S ist endlich), daß es S-Strukturen $\mathfrak{A}$ und $\mathfrak{B}$ gibt mit $\mathfrak{A} \cong \mathfrak{B}$, $\mathfrak{A} \models \psi$ und $\mathfrak{B} \models \neg\psi$. Da dies der Isomorphiebedingung in der Definition 1.1 eines logischen Systems widerspricht, gilt Teil (b) in 3.5; d.h. für eine geeignete endliche Symbolmenge S^+, die S umfaßt und ein einstelliges Relationssymbol W enthält, gibt es einen Satz χ in $L(S^+)$ mit (i) und (ii):

(i) In jedem Modell $\mathfrak{C}$ von χ ist W^C endlich und nicht leer.

(ii) Zu jedem $m \geq 1$ gibt es ein Modell $\mathfrak{C}$ von χ, in dem W^C genau m Elemente hat.

Durchläuft also $\mathfrak{C}$ die Modelle von χ, so durchläuft W^C die endlichen Mengen (Isomorphiebedingung!). Wir werden sehen, daß wir mit (i) und (ii) in der Lage sind, aus dem Satz von Trachtenbrot auf die Nichtaufzählbarkeit der allgemeingültigen $\mathcal{L}$-Sätze zu schließen, im Widerspruch zu unseren Voraussetzungen über $\mathcal{L}$. Wir verfahren dabei ähnlich wie beim Beweis der Unvollständigkeit der zweiten Stufe (vgl. X.5.5).

Nach dem Satz von Trachtenbrot finden wir eine entscheidbare Symbolmenge S_1 mit der Eigenschaft, daß die Menge der im Endlichen allgemeingültigen S_1-Sätze erster Stufe nicht aufzählbar ist. Wir können dabei annehmen, daß S_1 relational ist und disjunkt zu S^+.

* sei eine berechenbare Abbildung, die jedem S_1-Satz φ erster Stufe ein $\varphi^* \in L(S_1)$ zuordnet, das die gleichen Modelle besitzt. Dann gilt für $\varphi \in L_0^{S_1}$:

(○) φ ist im Endlichen allgemeingültig gdw $\models_{\mathscr{L}} \chi \rightarrow (\varphi^*)^W$.

Sei nämlich zunächst φ im Endlichen allgemeingültig und $\mathfrak{A}$ eine $(S^+ \cup S_1)$-Struktur mit $\mathfrak{A} \models_{\mathscr{L}} \chi$. Nach (i) ist W^A endlich und nicht leer, also gilt $[W^A]^{\mathfrak{A} \upharpoonright S_1} \models \varphi$ und daher $[W^A]^{\mathfrak{A} \upharpoonright S_1} \models_{\mathscr{L}} \varphi^*$, demnach $\mathfrak{A} \models_{\mathscr{L}} (\varphi^*)^W$. Die andere Richtung erhält man ähnlich mit (ii).

Aus einem Aufzählungsverfahren $\mathfrak{B}$ für die Menge der allgemeingültigen $L(S^+ \cup S_1)$-Sätze gewinnt man mit (○) nun wie üblich ein Aufzählungsverfahren $\mathfrak{W}$ für die im Endlichen allgemeingültigen S_1-Sätze erster Stufe und gelangt damit zu einem Widerspruch. $\mathfrak{W}$ arbeitet der Reihe nach für $n = 1, 2, 3, \ldots$ folgendermaßen: Zunächst werden die n lexikographisch ersten S_1-Sätze $\varphi_1, \ldots, \varphi_n$ erster Stufe hergestellt und hieraus dann die $L(S^+ \cup S_1)$-Sätze $\chi \rightarrow (\varphi_1^*)^W, \ldots, \chi \rightarrow (\varphi_n^*)^W$. (Man beachte, daß die Abbildung * berechenbar ist und daß die Relativierungen und die Implikationen in effektiver Weise gebildet werden können.) Sodann betrachtet man die n ersten allgemeingültigen $L(S^+ \cup S_1)$-Sätze, die $\mathfrak{B}$ liefert, und notiert diejenigen φ_i, für die $\chi \rightarrow (\varphi_i^*)^W$ unter diesen Sätzen vorkommt.

Nachdem (+) hiermit gezeigt ist, wollen wir nun zu vorgegebenem entscheidbaren S ein effektives Verfahren angeben, das zu jedem $\psi \in L(S)$ einen S-Satz erster Stufe mit den gleichen Modellen liefert. Sei hierzu $\mathfrak{B}$ ein Aufzählungsverfahren für die Menge der allgemeingültigen $L(S)$-Sätze, und * bezeichne jetzt eine berechenbare Funktion, die jedem S-Satz φ erster Stufe ein φ^* aus $L(S)$ mit den gleichen Modellen zuordnet.

Zu vorgegebenem ψ verfahre man der Reihe nach für $n = 1, 2, 3, \ldots$ folgendermaßen: Man stelle mit $\mathfrak{B}$ die n ersten allgemeingültigen Sätze $\psi_1, \ldots, \psi_n$ aus $L(S)$ her, sodann die lexikographisch ersten S-Sätze $\varphi_1, \ldots, \varphi_n$ erster Stufe und dann die $L(S)$-Sätze $\psi \leftrightarrow \varphi_1^*, \ldots, \psi \leftrightarrow \varphi_n^*$. Wenn man dabei zum erstenmal ein i und ein j findet mit $\psi_i = \psi \leftrightarrow \varphi_j^*$ (und das ist wegen (+) schließlich der Fall!), so sei φ_j das ψ zugeordnete φ. □

Die Ergebnisse von Lindström haben eine Reihe von Untersuchungen veranlaßt, deren Ziel es ist, Eigenschaften logischer Systeme und ihre Zusammenhänge in allgemeinem Rahmen zu untersuchen (vgl. etwa [2]). Auf diesem Wege kann es gelingen, wesentliche Aspekte solcher Eigenschaften schärfer zu sehen und damit auch die Einsicht in konkrete logische Systeme zu vertiefen. Wie wollen dies am Beispiel des Endlichkeitssatzes kurz erläutern.

Eine Ordnung $(A, <^A)$, die keine unendliche absteigende Kette, d.h. keine Kette der Gestalt $\ldots <^A a_2 <^A a_1 <^A a_0$, besitzt, nennt man eine *Wohlordnung*. Alle endlichen Ordnungen sind Wohlordnungen, ebenso $(\mathbb{N}, <^{\mathbb{N}})$ oder die Ordnung, die entsteht, wenn man $(\mathbb{N}, <^{\mathbb{N}})$ um eine isomorphe Kopie verlängert. Keine Wohlordnungen sind z.B. $(\mathbb{Z}, <^{\mathbb{Z}})$ oder $(\mathbb{Q}, <^{\mathbb{Q}})$.

Für die folgende Diskussion sei $\mathscr{L}$ ein reguläres logisches System mit $\mathscr{L}_{\mathrm{I}} \leq \mathscr{L}$. Eine Wohlordnung $(A, <^A)$ heißt *$\mathscr{L}$-erreichbar*, wenn es ein S mit $< \in S$ gibt und einen erfüllbaren $L(S)$-Satz ψ, so daß

(a) in jedem Modell $\mathfrak{B}$ von ψ ist $(\text{Feld} <^B, <^B)$ eine Wohlordnung,

(b) es gibt ein Modell $\mathfrak{B}$ von ψ mit $(A, <^A) \subset (\text{Feld} <^B, <^B)$.

Da $\mathscr{L}_{\mathrm{I}} \leq \mathscr{L}$, sind alle endlichen Wohlordnungen $\mathscr{L}$-erreichbar. Gilt Endl($\mathscr{L}$), so ist keine unendliche Wohlordnung $\mathscr{L}$-erreichbar: Hat nämlich ein Satz ψ ein Modell $\mathfrak{A}$, wobei $(\text{Feld} <^A, <^A)$ eine unendliche Wohlordnung ist, so kann man ähnlich wie bei Aufgabe VI.4.11 zeigen, daß ψ ein Modell $\mathfrak{B}$ hat, in dem $(\text{Feld} <^B, <^B)$ eine unendliche absteigende Kette besitzt.

Wenn man Lösko($\mathscr{L}$) voraussetzt und die Regularitätsforderungen leicht verschärft, indem man z.B. Relativierungen geeignet auch für mehrstellige Relationssymbole fordert[1], sind die beiden folgenden Aussagen sogar äquivalent:

(i) Es gilt nicht Endl($\mathscr{L}$).

(ii) $(\mathbb{N}, <^{\mathbb{N}})$ ist $\mathscr{L}$-erreichbar.

Diese Überlegungen liefern eine Motivation, über die Schwarz-Weiß-Unterscheidung "Endl($\mathscr{L}$)" – "nicht Endl($\mathscr{L}$)" hinaus in folgender Weise zu differenzieren: Je mehr (unendliche) Wohlordnungen $\mathscr{L}$-erreichbar sind, desto stärker verletzt $\mathscr{L}$ den Endlichkeitssatz. Die „kleinste" nicht mehr $\mathscr{L}$-erreichbare Wohlordnung, die sog. *Wohlordnungszahl* von $\mathscr{L}$, ist dann ein Maß dafür, wie stark $\mathscr{L}$ den Endlichkeitssatz verletzt. Das Studium der Wohlordnungszahlen hat zu einer Reihe fruchtbarer Untersuchungen geführt (vgl. [1]). Sie zeigen deutlich, daß die Wohlordnungszahl eines logischen Systems einen wesentlichen Einblick in Eigenschaften ermöglicht, die im weiteren Sinne mit dem Endlichkeitssatz zusammenhängen.

---

[1] Eine Darstellung findet man in [2]. Wir bemerken hier nur, daß die in Kapitel IX betrachteten Systeme den verschärften Regularitätsforderungen genügen.

Literaturverzeichnis

Bei Lehrbüchern bezieht sich das Erscheinungsjahr auf die erste Auflage.

[1] J. Barwise: Admissible Sets and Structures. Springer-Verlag, Berlin-Heidelberg-New York 1975

[2] J. Barwise und S. Feferman (Herausgeber): Model-Theoretic Logics. Springer-Verlag, Berlin-Heidelberg-New York-Tokyo 1985

[3] P. Benacerraf und H. Putnam (Herausgeber): Philosophy of Mathematics. Selected Readings. Cambridge University Press, Cambridge ²1983

[4] B. Bolzano: Wissenschaftslehre, Bd. II der vierbändigen Ausgabe. J. E. von Seidel, Sulzbach 1837

[5] C. C. Chang und H. J. Keisler: Model Theory. North-Holland Publishing Company, Amsterdam-London 1973

[6] A. Church: A Note on the Entscheidungsproblem. *The Journal of Symbolic Logic* **1** (1936)

[7] N. Cutland: Computability. Cambridge University Press, Cambridge 1980

[8] H.-D. Ebbinghaus: Einführung in die Mengenlehre. Wissenschaftliche Buchgesellschaft, Darmstadt 1977

[9] G. Frege: Begriffsschrift, eine der arithmetischen nachgebildete Formelsprache des reinen Denkens. Louis Nebert, Halle 1879

[10] U. Friedrichsdorf und A. Prestel: Mengenlehre für den Mathematiker. Fried. Vieweg & Sohn, Braunschweig-Wiesbaden 1985

[11] M. R. Garey und D. S. Johnson: Computers und Intractability. A Guide to the Theory of NP-Completeness. W. H. Freeman and Company, San Francisco 1979.

[12] K. Gödel: Die Vollständigkeit der Axiome des logischen Funktionenkalküls. *Monatshefte für Mathematik und Physik* **37** (1930)

[13] K. Gödel: Über formal unentscheidbare Sätze der Principia Mathematica und verwandter Systeme I. *Monatshefte für Mathematik und Physik* **38** (1931)

[14] L. Henkin: The Completeness of the First-Order Functional Calculus. *The Journal of Symbolic Logic* **14** (1949)

[15] J. M. Henle und E. M. Kleinberg: Infinitesimal Calculus. MIT Press, Cambridge, MA, 1979

[16] H. Hermes: Aufzählbarkeit, Entscheidbarkeit, Berechenbarkeit. Springer-Verlag, Berlin-Göttingen-Heidelberg 1961

[17] H. Hermes: Einführung in die mathematische Logik. B. G. Teubner, Stuttgart 1963

[18] A. Heyting: Intuitionism. An Introduction. North-Holland Publishing Company, Amsterdam 1961

[19] D. Hilbert und P. Bernays: Grundlagen der Mathematik I, II. Springer-Verlag, Berlin-Heidelberg 1934/1939

[20] J. E. Hopcroft und J. D. Ullman: Introduction to Automata Theory, Languages, and Computation. Addison-Wesley Publishing Company, Reading 1979

[21] H. J. Keisler: Logic with the Quantifier "There exist uncountably many". *Annals of Mathematical Logic* **1** (1970)

[22] H. J. Keisler: Model Theory for Infinitary Logic. North-Holland Publishing Company, Amsterdam-London 1971

[23] H. Kleine Büning und S. Schmitgen: Prolog. B. G. Teubner, Stuttgart 1986

[24] K. Kunen: Set Theory. An Introduction to Independence Proofs. North-Holland Publishing Company, Amsterdam-New York-Oxford 1980

[25] P. Lindström: On Extensions of Elementary Logic. *Theoria* **35** (1969)

[26] G. Peano: Arithmetices Principia, Novo Methodo Exposita. Fratres Bocca, Turin 1889

[27] K. Potthoff: Einführung in die Modelltheorie und ihre Anwendungen. Wissenschaftliche Buchgesellschaft, Darmstadt 1981

[28] A. Prestel: Einführung in die Mathematische Logik und Modelltheorie. Friedr. Vieweg & Sohn, Braunschweig-Wiesbaden 1986

[29] A. Robinson: Non-Standard Analysis. North-Holland Publishing Company, Amsterdam-London 1966

[30] H. Scholz und G. Hasenjaeger: Grundzüge der mathematischen Logik. Springer-Verlag, Berlin-Göttingen-Heidelberg 1961

[31] U. Schöning: Logik für Informatiker. B. I. Wissenschaftsverlag, Mannheim 1987

[32] R. M. Smullyan: First-Order Logic. Springer-Verlag, Berlin-Heidelberg-New York 1968

[33] A. Tarski: Der Wahrheitsbegriff in den formalisierten Sprachen. *Studia Philosophica* **1** (1936)

[34] A. Tarski, A. Mostowski und R. M. Robinson: Undecidable Theories. North-Holland Publishing Company, Amsterdam 1953

[35] Ch. Thiel (Herausgeber): Erkenntnistheoretische Grundlagen der Mathematik. Gerstenberg Verlag, Hildesheim 1982.

[36] A. Turing: On Computable Numbers, with an Application to the Entscheidungsproblem. *Proceedings of the London Mathematical Society* **42** (1936/37) und **43** (1937)

Zur weiteren Information verweisen wir den Leser auf das *Handbook of Mathematical Logic*, herausgegeben von J. Barwise, North-Holland Publishing Company, Amsterdam-New York-Oxford 1977.

Teile von [4] sowie [9], [12], [13] finden sich – in englischer Übersetzung – in *From Frege to Gödel*, herausgegeben von J. van Heijenoort,

Harvard University Press, Cambridge, MA, 1967, [12] und [13] überdies in Kurt Gödel: Collected Works, Volume I (herausgegeben von S. Feferman u.a.), Oxford University Press, New York 1986.

Eine Zusammenstellung der Literatur auf dem Gebiet der mathematischen Logik bis 1985 enthält die sechsbändige Ω-*Bibliography of Mathematical Logic*, herausgegeben von G. H. Müller, Springer-Verlag, Berlin-Heidelberg-New York 1987.

Symbolverzeichnis

Sachverzeichnis